現代理論物理学シリーズ **6**

稲見武夫・川上則雄【編集】

MODERN THEORETICAL PHYSICS SERIES

トポロジカル絶縁体・超伝導体

野村健太郎……著

丸善出版

まえがき

　本書はトポロジカル絶縁体およびトポロジカル超伝導体に関する基礎的な教科書である．対象は物性物理学を専攻する学部4年生および修士課程の大学院生である．また他分野の研究者で，トポロジカル絶縁体・超伝導体に興味をもたれている方にも読んでいただきたい．

　本書の内容は2012年，2013年に東北大学，広島大学，北海道大学，山形大学，千葉大学で行った集中講義のノートを基に大幅に加筆を行ったものである．本書の前半ではトポロジカル絶縁体および超伝導体をできるだけ初等的に解説する．トポロジカル絶縁体あるいは超伝導体とは何かを知りたい読者はまずはじめの数章を読んでいただきたい．後半はトポロジカル絶縁体・超伝導体の統一的理解や特徴的な現象，および派生物であるWeyl半金属などに関する話題を紹介する．各章は独立に読めるように書いたつもりである．したがって読者は各々の興味のある章から読み進めていただきたい．

　読者は量子力学と統計力学を一通り学習していることを前提としている．相対論的量子力学に関する基礎的な内容に基づく議論もあるが，未修の読者でも読んでいただけると思う．必要に応じて付録Aの入門的導入を参照していただきたい．固体電子論の知識としては結晶中の電子状態，すなわちエネルギーバンドとBloch波動関数に関しては既知とする．トポロジカル絶縁体の解説では第1量子化のブラケット形式を用いることにしたため，学部生でも読めるはずである．一方トポロジカル超伝導体の解説では第2量子化形式を導入せざるを得ないが，BCS（Bardeen-Cooper-Schrieffer）理論などの予備知識はなくても読めるように書いたつもりである．

本書の執筆に際して，大学院生の井上拓哉，紅林大地，清水庸亮，関根聡彦，松崎出愛，各氏にはたいへん貴重なコメントをいただいた．また長年の共同研究者である，荒木康史，安藤陽一，井村健一郎，大湊友也，倉本義夫，越野幹人，小林浩二，齊藤英治，塩見雄毅，柴田尚和，Oleg Tretiakov，仲井良太，永長直人，Gerrit Bauer，古崎昭，Allan H. MacDonald，Christopher Mudry，山影相，吉岡大二郎，笠真生，各氏をはじめとするこれまで多大なるご教示をいただいた多くの方々に，この場を借りて感謝したい．出版の機会を与えていただいた川上則雄先生，編集部の方々に厚くお礼申し上げたい．最後に私事にわたるが，本書を，長年著者を支えてくれた家族へのささやかな恩返しとしたい．

2016 年 11 月

野村 健太郎

目　次

- 第1章　序論 …………………………………………………………… 1
  - 1.1　はじめに ………………………………………………………… 1
  - 1.2　量子 Hall 絶縁体 ………………………………………………… 3
  - 1.3　トポロジカル絶縁体 …………………………………………… 4
  - 1.4　トポロジカル超伝導体 ………………………………………… 6
  - 1.5　本書の読み方 …………………………………………………… 6

- 第2章　量子力学に現れるトポロジー ……………………………… 9
  - 2.1　ゲージ変換と Aharonov-Bohm 位相 ………………………… 9
  - 2.2　Dirac の磁気単極子（モノポール）…………………………… 13
  - 2.3　Berry 位相 ……………………………………………………… 15
    - 2.3.1　非縮退系の Berry 位相 …………………………………… 15
    - 2.3.2　縮退系の Berry 位相行列 ………………………………… 21
    - 2.3.3　接続と曲率 ………………………………………………… 25

- 第3章　量子 Hall 絶縁体 ……………………………………………… 29
  - 3.1　磁場中電子系における整数量子 Hall 効果 …………………… 29
    - 3.1.1　磁場中の2次元電子系 …………………………………… 30
  - 3.2　Hall 伝導率の量子化 I ………………………………………… 32
    - 3.2.1　Laughlin 理論 ……………………………………………… 33
    - 3.2.2　エッジ状態 ………………………………………………… 35

目次

- 3.3 Hall 伝導率の量子化 II 37
  - 3.3.1 Chern 数（TKNN 公式） 37
  - 3.3.2 量子異常 Hall 効果 40

第 4 章 トポロジカル絶縁体 — 47
- 4.1 歴史的導入 47
- 4.2 2 次元トポロジカル絶縁体 49
  - 4.2.1 スピン軌道相互作用 49
  - 4.2.2 HgTe/CdTe 量子井戸模型 51
  - 4.2.3 エッジ状態 56
- 4.3 3 次元トポロジカル絶縁体 60
  - 4.3.1 Bi_2Se_3 模型 60
  - 4.3.2 トポロジカル不変量と表面状態 65
- 4.4 トポロジカル結晶絶縁体 68

第 5 章 バルク–境界対応とトポロジカル不変量 — 71
- 5.1 時間反転演算子 Θ 71
  - 5.1.1 バンド基底と Θ の行列表示 74
  - 5.1.2 Berry 接続行列 77
- 5.2 バルク–エッジ対応 81
  - 5.2.1 電荷ポンプ 81
  - 5.2.2 スピンポンプ 84
  - 5.2.3 多バンド系への拡張 92
  - 5.2.4 トポロジカル絶縁体：2 次元から 3 次元系へ 93
- 5.3 空間反転対称性をもつ系の $\mathbb{Z}_2$ 不変量 97
  - 5.3.1 空間反転演算子 Π 97
  - 5.3.2 トポロジカル絶縁体の模型 101

第 6 章 カイラル超伝導体・超流動体 — 109
- 6.1 2 次元スピンレス超伝導体の BCS 理論 109
- 6.2 2 次元スピンレス超伝導状態のトポロジー：$\mathbb{Z}$ 不変量 113
- 6.3 エッジ状態と渦状態：Majorana フェルミオン 115

	6.3.1	Bogoliubov-de Gennes 形式	115
	6.3.2	Majorana エッジ状態	119
	6.3.3	Majorana 渦状態	122
6.4	1次元スピンレス超伝導と Majorana ゼロモード		126

第7章 トポロジカル超伝導体・超流動体   133

7.1	スピン 1/2 粒子の対状態		133
7.2	1重項・3重項対ポテンシャル		138
7.3	p 波スピン3重項超伝導状態		142
7.4	ユニタリー状態の BCS 理論		145
	7.4.1	バルク準粒子状態	145
	7.4.2	Dirac ハミルトニアンとの対応	149
7.5	表面状態における Majorana フェルミオン		150

第8章 トポロジカル絶縁体・超伝導体の分類   155

8.1	対称クラス		155
	8.1.1	時間反転対称性	155
	8.1.2	粒子正孔対称性	157
	8.1.3	カイラル対称性	160
8.2	$\mathbb{Z}$ トポロジカル不変量		163
	8.2.1	クラス A および AIII(複素ケース) . . .	165
	8.2.2	A と AIII 以外のクラス(実ケース) . . .	172
8.3	$\mathbb{Z}_2$ トポロジカル不変量		179
	8.3.1	$d=2$ からの次元縮小化	179
	8.3.2	$d=4$ からの次元縮小化	184
	8.3.3	カイラル対称 $\mathbb{Z}_2$ 不変量	190

第9章 トポロジカル絶縁体の有効場の理論   195

9.1	3次元トポロジカル絶縁体の電磁応答		195
	9.1.1	表面量子 Hall 状態	195
	9.1.2	トポロジカル電気磁気効果	199
9.2	1次元トポロジカル絶縁体の有効理論		203

x 目次

   9.2.1 次元縮小化：$(2+1)$ 次元から $(1+1)$ 次元 203
   9.2.2 有効理論の導出 207
 9.3 3 次元トポロジカル絶縁体の有効理論 210
   9.3.1 4 次元量子 Hall 効果の有効理論 210
   9.3.2 次元縮小化：$(4+1)$ 次元から $(3+1)$ 次元 211
   9.3.3 トポロジカル不変量 215

第 10 章 トポロジカル絶縁体表面の乱れの効果 221

 10.1 Dirac 電子の Boltzmann 理論 221
 10.2 乱れの量子効果：Anderson 局在のスケーリング理論 . . . 223
 10.3 Dirac 電子の局在問題：表面状態のトポロジカル保護 . . . 225
   10.3.1 スケーリング解析 225
   10.3.2 スペクトルフローと $\mathbb{Z}_2$ トポロジー論 227
 10.4 トポロジカル表面量子 Hall 効果 230
   10.4.1 磁場中の Dirac 電子の相図 230
   10.4.2 磁気誘起質量項による量子 Hall 効果 234

第 11 章 トポロジカル絶縁体の磁性と Weyl 半金属 239

 11.1 強磁性秩序 239
   11.1.1 局在スピンの自由エネルギー 239
   11.1.2 伝導電子との相互作用 240
   11.1.3 Van Vleck 常磁性 241
 11.2 Dirac 半金属と Weyl 半金属 242
   11.2.1 スピン分裂した Dirac 電子 242
   11.2.2 Weyl ハミルトニアン 244
 11.3 Weyl 半金属の異常 Hall 効果 247
   11.3.1 Hall 伝導率 247
   11.3.2 Nielsen-Ninomiya の定理 249
   11.3.3 Fermi アーク表面状態 251
 11.4 Weyl 半金属の平均場理論 252

第 12 章 カイラル量子異常と電磁応答 255

- 12.1 1次元系におけるカイラル異常 255
  - 12.1.1 1次元フェルミオン系 255
  - 12.1.2 量子 Hall 系のエッジモードとカイラル異常 260
  - 12.1.3 3次元系への拡張 261
- 12.2 経路積分形式による定式化 263
- 12.3 指数定理 268
- 12.4 トポロジカル電磁応答 271
  - 12.4.1 トポロジカル絶縁体相における θ 項の微視的導出 .. 271
  - 12.4.2 Weyl 半金属における磁気モーメント 273

第 13 章 トポロジカル超伝導体の熱応答　　277

- 13.1 量子 Hall 系の電磁応答 277
- 13.2 2次元カイラル超伝導体における量子熱 Hall 効果 282
- 13.3 トポロジカル超伝導の表面 Majorana モード 287
  - 13.3.1 Majorana 粒子のハミルトニアンとラグランジアン . 288
  - 13.3.2 Majorana 粒子のエネルギー流 295
- 13.4 3次元トポロジカル超伝導体の交差相関応答 298

付録 A　Dirac の電子論　　301

- A.1 Dirac 方程式 301
  - A.1.1 Dirac 方程式の導出 301
  - A.1.2 自由粒子解 302
- A.2 対称性 306
  - A.2.1 離散的対称性 306
  - A.2.2 連続的対称性 310
  - A.2.3 双1次形式の変換性 313
  - A.2.4 カイラリティとヘリシティ 317
  - A.2.5 アルファ行列と Clifford 代数 321
- A.3 Dirac 場の量子化 324
  - A.3.1 第2量子化形式 324
  - A.3.2 経路積分形式 326

付録 B 線形応答理論 　　　　　　　　　　　　　　　　329
　B.1 密度行列演算子 329
　B.2 電気伝導度への応用 331

付録 C トポロジー論概説 　　　　　　　　　　　　　　334
　C.1 群の定義と例 334
　　C.1.1 定義 335
　　C.1.2 商群 337
　C.2 Lie 群とその構造 340
　　C.2.1 Lie 群と Lie 代数 340
　　C.2.2 Lie 群の分類 341
　　C.2.3 Lie 群の等質空間 344
　C.3 ホモトピー群 346
　　C.3.1 基本群 346
　　C.3.2 高次元ホモトピー群 349
　　C.3.3 相対ホモトピー群 353
　　C.3.4 補足：写像 355

付録 D 参考文献 　　　　　　　　　　　　　　　　　　361

索　引 　　　　　　　　　　　　　　　　　　　　　　369

第1章 序論

1.1 はじめに

　物質は伝導性のよしあしによって金属と絶縁体に分類される．固体バンド理論の観点からは，伝導帯あるいは価電子帯が部分的に占有されている物質は金属であるといえる．外から電場を印加すると，図 1.1(a) のように，伝導帯の中で電子は励起し，物質の中を行き来することができる．これが電流として測定される．このとき，Fermi 準位近傍に状態が多ければ多いほど，電子は励起しやすく，そのため伝導性が高くなる．電場 $\bm{E} = (E_x, E_y, E_z)$ によって発生する電流 $\bm{j} = (j_x, j_y, j_z)$ に対し

$$j_i = \sum_j \sigma_{ij} E_j \tag{1.1}$$

$(i, j = x, y, z)$ で定義される伝導率 σ_{xx} は Einstein の関係式

$$\sigma_{xx} = e^2 D \rho(E_\mathrm{F}) \tag{1.2}$$

によって与えられる．ここで e は素電荷，D は拡散係数であり電子の動きやすさを特徴付ける．$\rho(E_\mathrm{F})$ は Fermi 準位 E_F における状態密度である．一方，Fermi 準位がバンドギャップの中に位置するときは，電子が励起するためには価電子帯から伝導帯へと遷移しなくてはならない（図 1.1(b) 参照）．ギャップが温度などのエネルギースケールに比べ十分大きいときは，電場を印加しても電流はほとんど発生しない，すなわち絶縁体である．

　このように，バンド絶縁体は電子の励起がギャップによって押さえられた

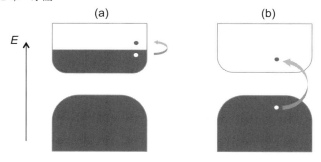

図 1.1 バンド理論における (a) 金属，および (b) 絶縁体の描像．金属では電子は無限に小さいエネルギーで励起できるが，絶縁体での励起エネルギーはバンドギャップよりも大きい．

物質であるため物理的にはとくに面白くない，というのが固体物理学を学んだときの印象ではないだろうか．ところが「電気を通さない」という条件を少し緩めることで話は面白くなっていく．つまり，印加した電場の方向には電流は発生しないが，電場に直交する方向に電流が発生することは可能かどうか問うてみよう．この状態は電流が有限であるにもかかわらず Joule 熱は発生しないため，バンドギャップの存在と矛盾は生じない．この現象は量子 Hall 効果として知られており，1980 年に強磁場下の 2 次元電子系ではじめて観測された．ここで電場に垂直な向きに流れる Hall 電流は上で考えたような，電子がエネルギーの高い状態に励起して発生するようなものではない．むしろ電場によって電子の波動関数（量子力学的状態）が歪められることで誘起した電流と解釈するのが正しい．この量子 Hall 状態において，電流 $\boldsymbol{j}$ が電場 $\boldsymbol{E}$ に垂直な方向へ流れる状況を伝導率を用いて表すと

$$\sigma_{xx} = \sigma_{yy} = 0, \qquad \sigma_{xy} = -\sigma_{yx} = \nu \frac{e^2}{h} \tag{1.3}$$

と書ける．h は Planck 定数，ν は無次元量である．ここで面白いのは ν が整数の値をとる，すなわち量子化されることである．式 (1.2) とは対照的に，量子化された Hall 伝導率は，拡散係数のような系のパラメータなどの変化によって連続的に変わることは許されない．このように，電子の励起はバンドギャップによって抑制されていても，外場に対し何らかの応答を示す絶縁体

が存在する．そして応答の量子化はトポロジーの概念と深く結び付いている．

本書の目的は近年注目を集めているトポロジカル絶縁体およびトポロジカル超伝導体の興味深い物理を初学者に詳細にわたって解説することである．トポロジーとは一言でいえば「柔らかい幾何学」である．図形や空間が柔らかく，連続的に変形できるとしたとき，この連続変形で移り変われる図形はすべて同一視する．有名な例はドーナツとマグカップである．これらは連続変形によって互いに移り変わることができ，穴が一つあいた図形としてトポロジカルに同相である．このとき穴の数がトポロジカル不変量として図形（空間）を特徴付けることができる．では，このトポロジーなるものがいかにして物理現象と関連するのであろうか．1970 年以降急速に発展したゲージ理論や弦理論といった素粒子論の分野でトポロジーの概念が重要な役割を担い，場の量子論を通して物性物理の分野にも（とくに素励起を記述する理論的枠組として）浸透してきた．これに対しトポロジカル絶縁体・超伝導体は比較的新しい分野であり，現在も飛躍的に研究が進んでいる．前者は実空間あるいは時空における場の配位がおもな対象であったが，以下で見るようにトポロジカル絶縁体・超伝導体では波数空間における状態ベクトルの非自明な構造が本質的である．

1.2 量子 Hall 絶縁体

上で触れた量子 Hall 系は，(広義の意味で) トポロジカル絶縁体とよばれるクラスの中でもっとも基本的かつ代表的な例である．これは磁場中の 2 次元電子系において実現する現象で，電子密度や磁場をわずかに変えても（すなわち連続変形の下で）σ_{xy} の値は変わらない．したがって整数 ν はトポロジカル不変量となる[1]．ある「量子 Hall 状態」とその他の「量子 Hall 状態」が等価か異なるかはその整数値 ν が等しいかどうかで決まる[2]．同じ ν をもつ二つの量子 Hall 状態は，連続変形によって互いに移り変わることができる．一方，ある整数値をもつ量子 Hall 状態から他の整数値をもつ量子 Hall 状態

---

[1] 量子 Hall 効果に関する初期の代表的論文に関しては巻末の参考文献を参照されたい．
[2] ここで述べているのは整数量子 Hall 効果とよばれるもので，これとは別に分数量子 Hall 効果とよばれる現象も存在する．後者は電子間相互作用が重要な役割を担う現象であり，本書で議論するような 1 粒子問題とは本質的に異なる．

へ変わる（相転移する）ときは途中で必ずバンドギャップがゼロにならなければならない．このようなトポロジカル不変量によって状態を特徴付ける概念は，従来のバンド理論による金属や絶縁体の分類，あるいは対称性の破れに伴う相転移の秩序パラメータによる記述とは本質的に異なる．

量子 Hall 状態のもう一つの重要な特徴として，試料の境界にカイラルエッジ状態とよばれる，ギャップレスな状態が生じる．空間的に隣接した二つの異なる量子 Hall 絶縁体の境界でもギャップが閉じる必要がある．このような境界におけるギャップレス状態は量子 Hall 系と真空との境界にもエッジ状態として現れ，乱れなどの摂動に対して強固に存在する．磁場中電子系の場合，バルクの電子はサイクロトロン運動を行うが，エッジ状態は電子が壁にぶつかりながら境界に沿って進むスキッピング運動として理解できる（図 1.2(a) 参照）．これがエッジ状態のもっとも直感的な解釈である．

上では外部磁場が印加された電子系を考えたが，スピン軌道相互作用と強磁性磁気モーメントを有する電子系では，外部磁場がなくても Hall 効果が起こる．これを異常 Hall 効果という．さらに強磁性状態にある 2 次元電子系にエネルギーギャップが生じ絶縁体となると，外部磁場ゼロでも Hall 伝導率が量子化する現象，すなわち量子異常 Hall 効果が起こり得る．これから学ぶことを大雑把にいうと，この状態のトポロジカルな性質は 2 次元波数空間（Brillouin 域）に波動関数の位相を貼り付けてできた「空間」[3]にある「穴」によって特徴付けられる．不変量はこの「穴」のまわりを 1 周したときに蓄積される波動関数の位相（Berry 接続の巻付き数）$2\pi\nu$ から与えられる．何のことかさっぱりわからないという読者には，第 2 章からじっくり読んでいただきたい．波動関数の位相のトポロジー的側面について概観する．続く第 3 章で，Hall 伝導率が量子化される機構とトポロジーの関係を具体的な計算を通して理解する．

1.3 トポロジカル絶縁体

時間反転対称性を有するトポロジカルに非自明な絶縁体もまた本書の重要

---

[3] 数学ではファイバー束という．

1.3 トポロジカル絶縁体　5

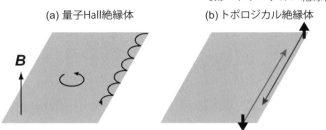

図 1.2 (a) 量子 Hall 絶縁体，および (b) 2 次元トポロジカル絶縁体のイメージ．バルクのエネルギースペクトルにはギャップがあるが，系の端の部分にはギャップレスな励起モードが存在する．

なテーマである．時間反転とは，ある運動状態に対し，時間を逆に進めた状態におき換える操作のことである．運動量 $\boldsymbol{p}$，スピン↑をもった状態 $|\boldsymbol{p},↑\rangle$ は，時間反転のもとで $|-\boldsymbol{p},↓\rangle$ になる．電子が集まってできた多体状態（Slater 行列式）が時間反転操作をする前後で不変であれば，その系は時間反転対称性を有するという．外部磁場や磁気的相互作用があると時間反転対称性は破れる．例えば図 1.2(a) の状況では，すべての電子は反時計まわりに運動しているが，これに時間反転を施した状態はすべて時計まわりに運動した状態となる．量子 Hall 状態においては時間反転対称性の破れが本質的役割を担う．

近年，時間反転対称性を有するトポロジカルに非自明な絶縁体が注目を集めている．これらは（狭義の）トポロジカル絶縁体あるいは量子スピン Hall 絶縁体とよばれている．この系は互いに時間反転な二つの量子 Hall 状態を組み合わせたものとして理解できる．すなわち，「磁場 $\boldsymbol{B}$」のもとでスピン↑の電子が $\nu=+1$ 量子 Hall 状態にあるとする．一方，スピン↓の電子は「磁場 $-\boldsymbol{B}$」によって $\nu=-1$ 量子 Hall 状態にあるとする．二つの系は互いに時間反転な関係にあるため，これらを組み合わせた系は時間反転対称性を有する．スピン軌道相互作用がスピン↑と↓で符号の異なる「磁場」の役割を担う．試料端ではヘリカルエッジとよばれる状態が実現し，スピン↑とスピン↓が互いに反対の方向に運動している（図 1.2(b) 参照）．第 4 章では，時間反転対称性を有するトポロジカル絶縁体の入門的な解説を行う．自明なバンド絶縁体との違いはトポロジカル不変量によって特徴付けられる．トポロジ

カル不変量など，数学的に少々込み入った話については第5章で議論する．

1.4 トポロジカル超伝導体

超伝導はよく知られているように，散逸なしに電流が流れ続ける現象である．微視的理論（BCS理論）における準粒子の励起構造をみると，超伝導体はバルクに有限のエネルギーギャップを有する点で，バンド絶縁体と似ているといえる．トポロジカル超伝導体とはトポロジカル絶縁体の超伝導体類似物である．すなわちバルクは有限のギャップをもつが，系の境界にはギャップレスの励起モードが存在する．通常の（自明な）超伝導体とはトポロジカル不変量によって区別される．第6章ではもっとも簡単な例として2次元のスピンレスフェルミオンのカイラル超伝導体を導入する．これはCooper対が相対角運動量 $L_z = \pm 1$ をもつ超伝導体である．基底状態ではCooper対の相対角運動量が $+1$ か -1 のどちらかに偏極しているため，時間反転対称性が破れている．この系の基本的な性質は第3章で扱う量子Hall絶縁体と酷似している．第7章では時間反転対称性を有するトポロジカルに非自明な超伝導体を解説する．こちらは時間反転対称なトポロジカル絶縁体とよく似た性質をもつ．一方でトポロジカル超伝導体特有の性質は，渦の中心や系の境界にMajorana準粒子が現れる点である．ここでMajorana粒子とはそれ自身が反粒子である粒子である．Majorana準粒子を含む渦は非可換統計に従うなど，奇妙な性質を有し，量子計算への応用も注目を集めている．

1.5 本書の読み方

本書を読むうえで，量子力学，統計力学，および固体物理学の初歩はすでに学んでいることが想定されている．一方，高度な数学の知識はとくに必要ない．量子力学など，物理で慣れ親しんだ題材の中でトポロジーの考え方に触れながら読み進められるように書いたつもりである．

トポロジカル絶縁体あるいは超伝導体とは何かを知りたい読者はまず前半部分を読んでいただきたい．数学的に込み入った議論は後の章に譲って，で

きるだけ初等的かつ直感的に理解できるように努めた．とくにトポロジカル絶縁体の章（第4章）までは量子力学の初歩を知っていれば理解できるはずである．一方トポロジカル超伝導体の解説（第6章および第7章）では第2量子化形式を使わざるを得ないが，フェルミオンの生成，消滅演算子を用いてハミルトニアンを構成する方法を知っていれば十分である．BCS理論を未修の読者にも理解できるように工夫したつもりである．各章は簡単な話題で全体像をつかむところから出発し，徐々に難しい話題に変わっていくような構成になっている．初読の際には理解が難しいと感じた段階で次の章へ飛んでも差し支えない．

　第5章ではトポロジカル不変量とエッジ状態の関係を断熱プロセスの観点から理解し，$\mathbb{Z}_2$不変量の一般的表式を導出する．第8章ではトポロジカル絶縁体・超伝導体の分類理論を解説する．1体のハミルトニアンはその対称性によっていくつかのクラスに分類され，その対称クラスと空間次元からトポロジカルに非自明な状態の存否が決められる．第9章ではトポロジカル絶縁体に特有の電磁応答と，それを記述する有効場の理論を解説する．これらの章ではトポロジカル絶縁体・超伝導体の理論の美しさや深遠さを感じとっていただきたい．

　それ以降の章ではトポロジカル絶縁体・超伝導体の発展的話題を著者の偏見によって選び解説する．この分野の発展のスピードは凄まじく，すべてをフォローするのは著者には不可能であるが，これらの章の内容に興味をもっていただき，読者が各自の研究をスタートするのに役立てば幸いである．

第2章 量子力学に現れるトポロジー

　この章では量子 Hall 絶縁体やトポロジカル絶縁体を解説する際に必要となる量子力学のトポロジー的側面をまとめておく．とくに静電場中の荷電粒子系における Aharonov-Bohm 位相やこれを一般化した，断熱的変化に伴う幾何学的位相すなわち Berry 位相を導出する．非縮退系の Berry 位相および縮退系の Berry 位相行列は，それぞれ量子 Hall 絶縁体およびトポロジカル絶縁体において波動関数のトポロジーを特徴付ける理論的枠組みとなる．

2.1　ゲージ変換と Aharonov-Bohm 位相

　静電磁場中の質量 m，電荷 $-e$ をもつ荷電粒子の問題から始めよう．量子力学の基本原理によれば，電磁場中の荷電粒子の状態は，Schrödinger 方程式

$$\frac{1}{2m}\left(-i\hbar\boldsymbol{\nabla} + \frac{e}{c}\boldsymbol{A}\right)^2 \psi(\boldsymbol{x}) - eA_0(\boldsymbol{x})\psi(\boldsymbol{x}) = E\psi(\boldsymbol{x}) \tag{2.1}$$

によって記述される．ここで A_0 および $\boldsymbol{A}$ はスカラーポテンシャル，ベクトルポテンシャルである．確率振幅，すなわち位置 $\boldsymbol{x}$ で粒子を見いだす確率は波動関数の絶対値の 2 乗 $\psi^*\psi$ で与えられる．したがって波動関数の位相そのものは物理に顔を出さない．このような位相に関する任意性はゲージ不変性として知られている．今，ある波動関数 $\psi(\boldsymbol{x})$ に対して，ゲージ変換

$$\tilde{\psi}(\boldsymbol{x}) = \exp\left[i\frac{-e\Lambda(\boldsymbol{x})}{\hbar c}\right]\psi(\boldsymbol{x}) \tag{2.2}$$

を考えよう（Λ は任意のスカラー関数）．このとき

$$\tilde{\boldsymbol{A}}(\boldsymbol{x}) = \boldsymbol{A}(\boldsymbol{x}) + \boldsymbol{\nabla}\Lambda(\boldsymbol{x}) \tag{2.3}$$

によってベクトルポテンシャルが変更を受けるとすると，Schrödinger 方程式 (2.1) や電磁場

$$\boldsymbol{B} = \boldsymbol{\nabla} \times \boldsymbol{A}, \qquad \boldsymbol{E} = -\boldsymbol{\nabla} A_0 + \frac{\partial \boldsymbol{A}}{\partial t} \tag{2.4}$$

に対する表式は変わらない．このゲージ不変性は現代の理論物理学の根幹をなす基本原理である．このように波動関数の位相そのものは物理量に顔を出さないが，以下で見るように干渉現象においては位相差が重要な役割を担う．

Aharonov-Bohm 効果

図 2.1(a) にあるような，細いソレノイドコイルを磁束 Φ が貫いている系を考えよう．電磁気学で学んだように，ソレノイドコイルを流れる電流によって，コイル内部には磁場が生じるが，コイルの外側では磁場はゼロである．コイルが無限に細いと見なせる場合，磁場は（ソレノイドコイルが z 軸上にあるとして），

$$\boldsymbol{B}(\boldsymbol{r}) = \Phi \delta(x)\delta(y)\hat{\boldsymbol{z}} \tag{2.5}$$

で与えられる．ここで $\hat{\boldsymbol{z}}$ は z 軸方向の単位ベクトルを意味する．磁束の表式

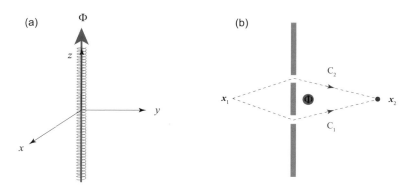

図 2.1 (a) 無限に細いソレノイドによってつくられる磁束，(b) 二重スリットの実験．電子は $\boldsymbol{x}_1$ から発射し，スリットで分離する．$\boldsymbol{x}_2$ で再び交わり干渉するが，このとき磁束 Φ は干渉に影響を及ぼすか．

$\Phi = \int dx dy \, B_z(\boldsymbol{r})$ に対し Stokes の定理を用いると，磁場 (2.5) はベクトルポテンシャル

$$\boldsymbol{A}(\boldsymbol{r}) = \frac{\Phi}{2\pi r^2} \begin{pmatrix} -y \\ x \\ 0 \end{pmatrix} = \frac{\Phi}{2\pi r^2} \hat{\boldsymbol{z}} \times \boldsymbol{r} \equiv \frac{\Phi}{2\pi r} \boldsymbol{e}_\phi \qquad (2.6)$$

から導かれる．古典力学では，荷電粒子に働く力，すなわち Lorentz 力は $\boldsymbol{F} = -(e/c)\dot{\boldsymbol{r}} \times \boldsymbol{B}$ で与えられる．したがって，ソレノイドコイルの外側にある荷電粒子の運動には，磁束は影響を及ぼさない．ところが量子力学では以下で示すように粒子の波動性のため状況は異なってくる．

まず，磁束がゼロ（ベクトルポテンシャルが $\boldsymbol{A} = 0$）のときの Schrödinger 方程式の解を $\psi^{(0)}(\boldsymbol{x})$ としよう．このとき，ベクトルポテンシャル $\boldsymbol{A}$ が有限の場合の Schrödinger 方程式の解は

$$\psi(\boldsymbol{x}) = \psi^{(0)}(\boldsymbol{x}) \exp\left[i \frac{-e}{\hbar c} \int^{\boldsymbol{x}} d\boldsymbol{r} \cdot \boldsymbol{A}(\boldsymbol{r})\right] \qquad (2.7)$$

で与えられる[1]．これを示すには，

$$\begin{aligned}\left(-i\hbar \boldsymbol{\nabla} + \frac{e}{c}\boldsymbol{A}\right)\psi &= \exp\left(i\frac{-e}{\hbar c}\int^{\boldsymbol{x}} d\boldsymbol{r} \cdot \boldsymbol{A}\right) \\ &\quad \times \left[\left(-i\hbar \boldsymbol{\nabla} + \frac{e}{c}\boldsymbol{A}\right)\psi^{(0)} + \psi^{(0)}(-i\hbar)i\frac{-e}{\hbar c}\boldsymbol{A}\right] \\ &= \exp\left(i\frac{-e}{\hbar c}\int^{\boldsymbol{x}} d\boldsymbol{r} \cdot \boldsymbol{A}\right)(-i\hbar \boldsymbol{\nabla} \psi^{(0)}) \qquad (2.8)\end{aligned}$$

であることに気付けばよい．同様に

$$\left(-i\hbar \boldsymbol{\nabla} + \frac{e}{c}\boldsymbol{A}\right)^2 \psi = \exp\left(i\frac{-e}{\hbar c}\int^{\boldsymbol{x}} d\boldsymbol{r} \cdot \boldsymbol{A}\right)(-\hbar^2 \boldsymbol{\nabla}^2 \psi^{(0)}) \qquad (2.9)$$

が得られ，したがって $\psi^{(0)}$ が $\boldsymbol{A} = 0$ の Schrödinger 方程式の解であれば，ψ は $\boldsymbol{A} \neq 0$ の Schrödinger 方程式 (2.1) の解となる．

今，図 2.1(b) にあるように，位置 $\boldsymbol{x}_1$ から電子を発射したとして $\boldsymbol{x}_2$ における電子波の干渉を考える．電子ビームはダブルスリットによって二つに分

---

[1] 線積分の始点が書かれてないが，これは任意に選ぶことができる．始点を変えることはゲージ変換をすることと等しい．

離されるが，その後位置 $\bm{x}_2$ で再び混ざり合って干渉する．干渉領域での波動関数は，下のスリット（経路 C_1）を通過した状態と上のスリット（経路 C_2）を通過した状態の重ね合わせとして，

$$\psi(\bm{x}) = \psi_1^{(0)}(\bm{x}) \exp\left[i\frac{-e}{\hbar c}\int_{\text{Path }C_1}^{\bm{x}} d\bm{r}\cdot \bm{A}(\bm{r})\right]$$
$$+ \psi_2^{(0)}(\bm{x}) \exp\left[i\frac{-e}{\hbar c}\int_{\text{Path }C_2}^{\bm{x}} d\bm{r}\cdot \bm{A}(\bm{r})\right] \quad (2.10)$$

の形に書くことができる．このとき，磁束による二つの経路 C_1 と C_2 の位相差 $\Delta\phi$ は

$$\begin{aligned}\Delta\phi &\equiv \frac{-e}{\hbar c}\int_{C_1} d\bm{r}\cdot\bm{A}(\bm{r}) - \frac{-e}{\hbar c}\int_{C_2} d\bm{r}\cdot\bm{A}(\bm{r}) \\ &= \frac{-e}{\hbar c}\oint_C d\bm{r}\cdot\bm{A}(\bm{r}) \\ &= \frac{-e}{\hbar c}\int_S d\bm{S}\cdot\bm{B}(\bm{r}) = \frac{-e}{\hbar c}\Phi\end{aligned} \quad (2.11)$$

で与えられる．ここで閉経路 C は C_2 の逆向きの経路に経路 C_1 を付け加えたものであり，また面積分の範囲 S は閉経路 C によって囲まれる領域で，中にソレノイドコイルを含む．このようにして，$B\neq 0$ の領域には電子は侵入できない場合でも，磁場（磁束）の値が電子の干渉に影響を与えることが示唆される．したがって磁場の強度を変えると，位置 $\bm{x}_2$ に粒子を見いだす確率が三角関数的に変化し，その周期は磁束の基本単位

$$\phi_0 \equiv \frac{2\pi\hbar c}{e} \quad (2.12)$$

で与えられる．

上で見たように，ベクトルポテンシャルはゲージ変換によって変更を受けるが，その周回積分である位相差 (2.11) はゲージによらない，すなわちゲージ不変量である．この磁場による干渉模様の変化は Aharonov-Bohm 位相とよばれ，電子線ホログラフィーを用いた実験や量子リングでその効果は観測されている．

以上の結果を少し異なった見方でまとめておく．電子を箱の中に閉じ込めて，その箱をゆっくりと動かし，図 2.1(a) のソレノイドのまわりに 1 周させ

たとしよう．箱の中の電子の波動関数は，ソレノイドを1周する前と1周した後で位相因子 $e^{i\Delta\phi}$ だけ異なっている．

2.2 Dirac の磁気単極子（モノポール）

次に磁気単極子のまわりの荷電粒子の量子力学的状態を考える．電磁気学では磁気単極子（モノポール）は存在しないとして定式化が行われるが，もし磁気単極子が存在するとした場合，Maxwell 方程式の一つは，磁荷密度 ρ_M を用いて

$$\boldsymbol{\nabla}\cdot\boldsymbol{B} = 4\pi\rho_\mathrm{M} \tag{2.13}$$

となる．とくに点状の磁気単極子が原点にある場合には，Gauss の法則により磁場は

$$\boldsymbol{B} = \frac{e_\mathrm{M}}{r^2}\left(\frac{\boldsymbol{r}}{r}\right) \tag{2.14}$$

で与えられる．磁場 (2.14) は一見するとベクトルポテンシャル

$$\boldsymbol{A}(\boldsymbol{r}) = e_\mathrm{M}\frac{1-\cos\theta}{r\sin\theta}\boldsymbol{e}_\phi \tag{2.15}$$

から導けるように思える．実際，極座標表示 $\boldsymbol{r}=r(\sin\theta\cos\phi, \sin\theta\sin\phi, \cos\theta)$ での回転の表式

$$\begin{aligned}\boldsymbol{\nabla}\times\boldsymbol{A} = &\left[\frac{1}{r\sin\theta}\frac{\partial}{\partial\theta}(A_\phi\sin\theta) - \frac{\partial A_\theta}{\partial\phi}\right]\mathbf{e}_r \\ &+ \frac{1}{r}\left[\frac{1}{\sin\theta}\frac{\partial A_r}{\partial\phi} - \frac{\partial}{\partial r}(rA_\phi)\right]\mathbf{e}_\theta \\ &+ \frac{1}{r}\left[\frac{\partial}{\partial r}(rA_\theta) - \frac{\partial A_r}{\partial\theta}\right]\mathbf{e}_\phi\end{aligned} \tag{2.16}$$

に代入して確かめられる．しかしこのベクトルポテンシャル (2.15) には問題がある．すなわち z 軸の負の側 ($\theta=\pi$) で特異的である[2]．このベクトルポテンシャルが特異的となる $z<0$, $x=y=0$ の半直線を Dirac ストリングとよぶ．そこで (2.15) の代わりに

---

[2] $\theta\to 0$ で $\boldsymbol{A}\to 0$ であるが，一方 $\theta\to\pi$ では $\boldsymbol{A}$ は発散することを確かめよ．

$$A(r) = e_\mathrm{M} \frac{-1 - \cos\theta}{r \sin\theta} e_\phi \tag{2.17}$$

として見ると，$\theta = \pi$ での特異性は消えるが，今度は $\theta = 0$ に Dirac ストリングが現れてしまう．

しかしベクトルポテンシャルは単に B を得るための手段であるから，A を表すのにあらゆる場所で成り立つ単一の表現に限る必要はない．今，ベクトルポテンシャルを

$$A(r) = \begin{cases} A^\mathrm{N}(r) = e_\mathrm{M} \dfrac{+1 - \cos\theta}{r \sin\theta} e_\phi & (0 \leq \theta \leq \pi - \epsilon) \\ A^\mathrm{S}(r) = e_\mathrm{M} \dfrac{-1 - \cos\theta}{r \sin\theta} e_\phi & (\epsilon < \theta \leq \pi) \end{cases} \tag{2.18}$$

で定義したとしよう．これらを合わせることで，あらゆる場所で $B = \nabla \times A$ を導く正しい表式が得られる．ここで，$\epsilon < \theta < \pi - \epsilon$ では A^N と A^S のどちらを使ってもよい．これら二つのポテンシャルは同じ磁場を与えるので，互いにゲージ変換で結び付いている．

$$A^\mathrm{N} - A^\mathrm{S} = \frac{2e_\mathrm{M}}{r \sin\theta} e_\phi \tag{2.19}$$

と，グラジェントの極座標表示

$$\nabla \Lambda = e_r \frac{\partial \Lambda}{\partial r} + e_\theta \frac{1}{r} \frac{\partial \Lambda}{\partial \theta} + e_\phi \frac{1}{r \sin\theta} \frac{\partial \Lambda}{\partial \phi} \tag{2.20}$$

からただちに，ゲージ変換は

$$A^\mathrm{N} - A^\mathrm{S} = \nabla \Lambda, \qquad \Lambda = 2e_\mathrm{M} \phi \tag{2.21}$$

で与えられることがわかる．

磁荷の量子化

磁荷 e_M が作るモノポール磁場 (2.14) の中にある電荷 $-e$ をもつ荷電粒子の量子力学の問題を考えよう．波動関数は

$$\frac{1}{2m}\left(-i\hbar\nabla + \frac{e}{c}A\right)^2 \psi(x) = E\psi(x) \tag{2.22}$$

を解いて与えられるが，その形は用いるゲージによる．ここで，領域 $0 \leq \theta < \pi - \epsilon$ ではベクトルポテンシャル A^N を，領域 $\epsilon < \theta \leq \pi$ では A^S を用いる．

領域 $\epsilon < \theta < \pi - \epsilon$ では $\bm{A}^\mathrm{N}$ と $\bm{A}^\mathrm{S}$ のどちらのベクトルポテンシャルを用いてもよいが，得られる波動関数 $\psi^\mathrm{N}(\bm{x})$ と $\psi^\mathrm{S}(\bm{x})$ は互いに

$$\psi^\mathrm{N} = \exp\left(-i\frac{2ee_\mathrm{M}\phi}{\hbar c}\right)\psi^\mathrm{S} \tag{2.23}$$

によって結び付いている．

　ここで量子力学の要請から波動関数 $\psi^\mathrm{N}(\bm{x})$ と $\psi^\mathrm{S}(\bm{x})$ は一価でなくてはならないことに注意する．半径 r を固定して，赤道上 $\theta = \pi/2$ を $\phi = 0$ から 2π まで 1 周したとしよう．このときそれぞれ一価である $\psi^\mathrm{N}(\bm{x})$ と $\psi^\mathrm{S}(\bm{x})$ は元と同じ値に戻ってこなければならない．条件 (2.23) のもとで，これを可能にするのは

$$\frac{2ee_\mathrm{M}}{\hbar c} = N \qquad (N \in \mathbb{Z}) \tag{2.24}$$

のときに限られる．すなわちモノポールが存在すれば，その磁荷は

$$e_\mathrm{M} = N\frac{\hbar c}{2e} \tag{2.25}$$

のように量子化していなければならない．これをモノポールに対する Dirac の量子化条件という．

　この条件を満たすモノポールが作る全磁束は磁束量子 ϕ_0 を単位に量子化されることが，式 (2.14) の面積分から示される．

$$\int d\bm{S}\cdot\bm{B} = N\frac{\hbar c}{2e}4\pi = N\phi_0 \tag{2.26}$$

2.3　Berry 位相

2.3.1　非縮退系の Berry 位相

　量子力学における波動関数の位相に関するトピックスを見てきたが，以上の話を一般化した理論形式に書き直そう．エネルギースペクトルが離散的な系として，まずは縮退がない場合を考える．量子力学の講義で学んだように，n 番目エネルギー E_n をもつ固有状態 $|n\rangle$ は，時間が進むにつれ

$$|\Psi_n;t\rangle = e^{-iE_n t/\hbar}|n\rangle \tag{2.27}$$

のように，位相因子が変化する．今，系にはあるパラメータ $\bm{R} = (R_x, R_y, R_z)$

があるとして[3]，これがゆっくりと変化したとしよう．スピンの系を例として考えると，磁場とスピンの間には Zeeman 相互作用 $\mathcal{H} = \boldsymbol{S} \cdot \boldsymbol{R}$ が働く．$g\mu_{\mathrm{B}}$ などの因子は別として，$\boldsymbol{R}$ は磁場に相当する．磁場の向きの変化が十分ゆっくりであれば，スピンの向きは磁場の向きに追従し，時々刻々と磁場方向の成分 $(\boldsymbol{S} \cdot \boldsymbol{R}/|\boldsymbol{R}|)$ を一定に保つ．したがって，n 番目の状態は磁場の向きが変化しても，n 番目の準位のままである．このような変化を「量子力学的断熱変化」という．このようにハミルトニアンおよびその固有値が時間にゆっくりと依存するときには，ナイーブには (2.27) の位相因子は単に，

$$\exp\left(-\frac{i}{\hbar}E_n t\right) \to \exp\left(-\frac{i}{\hbar}\int_0^t dt' E_n[\boldsymbol{R}(t')]\right) \tag{2.28}$$

におき換わるだけかと思える．しかし，この章のはじめに見たように，例えば電子を図 2.1(a) にあるようなソレノイドの周りを 1 周させると Aharonov-Bohm 位相が付け加わる．ごく一般にパラメータ $\boldsymbol{R}$ に対する断熱変化のもとで，波動関数には Berry 位相あるいは幾何学的位相とよばれるものが現れる．以下では一般的な状況で Berry 位相が現れることを示し，その具体的な形を導出する．

時間に依存するパラメータ $\boldsymbol{R}(t)$ を含むハミルトニアン $H[\boldsymbol{R}(t)]$ の n 番目の固有状態 $|n, \boldsymbol{R}(t)\rangle$ は時刻 t で

$$H[\boldsymbol{R}(t)]\,|n, \boldsymbol{R}(t)\rangle = E_n[\boldsymbol{R}(t)]\,|n, \boldsymbol{R}(t)\rangle \tag{2.29}$$

を満たす[4]．$\boldsymbol{R}$ が時刻 0 の $\boldsymbol{R}(0) = \boldsymbol{R}_0$ から出発してゆっくりと（断熱的に）変化したとき，状態の時間発展は

$$i\hbar\frac{\partial}{\partial t}|\Psi_n;t\rangle = H[\boldsymbol{R}(t)]\,|\Psi_n;t\rangle \tag{2.30}$$

に従い，

$$|\Psi_n;t\rangle = \exp\left(i\gamma_n(t) - \frac{i}{\hbar}\int_0^t dt'\, E_n[\boldsymbol{R}(t')]\right)|n, \boldsymbol{R}(t)\rangle \tag{2.31}$$

で与えられる．ここで指数部分の第 1 項 $i\gamma_n(t)$ は幾何学的位相（Berry 位相）

---
[3] 高次元への拡張は容易である．巻末の文献を参照されたい．
[4] ここで，時間 t に無関係に，状態ベクトル $|n, \boldsymbol{R}\rangle$ の全体の位相を決めるルール（ゲージ固定条件）が定めてあるとする．

で，第2項は動力学的な項である．$\gamma_n(t)$ を求めるため (2.31) を (2.30) に代入する．

$$\begin{aligned}
0 &= \left(H - i\hbar\frac{\partial}{\partial t}\right)|\Psi_n;t\rangle \\
&= \left(H - i\hbar\frac{\partial}{\partial t}\right)\exp\left[i\gamma_n(t) - \frac{i}{\hbar}\int_0^t dt'\ E_n[\bm{R}(t')]\right]|n,\bm{R}(t)\rangle \\
&= \exp\left[i\gamma_n(t) - \frac{i}{\hbar}\int_0^t dt'\ E_n[\bm{R}(t')]\right] \\
&\quad \times \left(H + \hbar\frac{d\gamma_n(t)}{dt} - E_n[\bm{R}(t)] - i\hbar\frac{\partial}{\partial t}\right)|n,\bm{R}(t)\rangle
\end{aligned} \quad (2.32)$$

左から $\langle n,\bm{R}(t)|$ を掛けて，式 (2.29) を用いると，

$$\begin{aligned}
\frac{d\gamma_n(t)}{dt} &= i\langle n,\bm{R}(t)|\frac{\partial}{\partial t}|n,\bm{R}(t)\rangle \\
&= i\langle n,\bm{R}(t)|\bm{\nabla}_R|n,\bm{R}(t)\rangle \cdot \dot{\bm{R}}(t)
\end{aligned} \quad (2.33)$$

を得る．とくに $\bm{R}$ が図 2.2(a) にあるような閉じたループ C 上を時刻 $t=0$ から変化し $t=T$ で元の位置 $\bm{R}(T) = \bm{R}_0$ に戻ったとき，Berry 位相 $\gamma_n[\mathrm{C}]$ は

$$\gamma_n[\mathrm{C}] = \int_0^T dt\ \dot{\bm{R}}(t) \cdot i\langle n,\bm{R}(t)|\bm{\nabla}_R|n,\bm{R}(t)\rangle$$

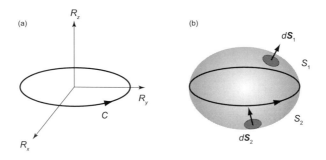

図 2.2 量子力学的断熱効果の概念図．時間変動するパラメータ $\bm{R}$ を含むハミルトニアン $H[\bm{R}]$ の固有状態を考える．$\bm{R}$ の時間変化が十分ゆっくりであれば，時間発展のもとで量子数は変わらない．

$$= \oint_C d\boldsymbol{R} \cdot i\langle n, \boldsymbol{R}|\boldsymbol{\nabla}_R|n, \boldsymbol{R}\rangle$$
$$\equiv -\oint_C d\boldsymbol{R} \cdot \boldsymbol{A}_n(\boldsymbol{R}) = -\int_S d\boldsymbol{S} \cdot \boldsymbol{B}_n(\boldsymbol{R}) \tag{2.34}$$

で与えられる.

$$\boldsymbol{A}_n(\boldsymbol{R}) = -i\langle n, \boldsymbol{R}|\boldsymbol{\nabla}_R|n, \boldsymbol{R}\rangle \tag{2.35}$$

および

$$\boldsymbol{B}_n(\boldsymbol{R}) = \boldsymbol{\nabla}_R \times \boldsymbol{A}_n(\boldsymbol{R}) \tag{2.36}$$

はそれぞれ Berry 接続, Berry 曲率とよばれる.

もし波動関数に対し $|n, \boldsymbol{R}\rangle' = e^{i\Lambda(\boldsymbol{R})}|n, \boldsymbol{R}\rangle$ でゲージ変換を行うと, Berry 接続は

$$\boldsymbol{A}'_n(\boldsymbol{R}) = -i\Big(\langle n, \boldsymbol{R}|e^{-i\Lambda(\boldsymbol{R})}\Big)\boldsymbol{\nabla}_R\Big(e^{i\Lambda(\boldsymbol{R})}|n, \boldsymbol{R}\rangle\Big)$$
$$= \boldsymbol{A}_n(\boldsymbol{R}) + \boldsymbol{\nabla}_R\Lambda(\boldsymbol{R}) \tag{2.37}$$

のように変更するが, $\boldsymbol{\nabla}_R \times \boldsymbol{\nabla}_R\Lambda(\boldsymbol{R}) = 0$ より Berry 曲率 $\boldsymbol{B}_n(\boldsymbol{R})$ は変わらない.

また, 式 (2.34) の曲面 S は閉ループ C によって縁どられる任意の曲面であり, 図 2.2(b) の上側の S_1 や下側の S_2 のように, 選び方に任意性がある. Berry 位相はこのような曲面の選び方にはよらないはずである. ただし波動関数の位相にはもともと 2π の不定性があるので

$$\int_{S_1} d\boldsymbol{S}_1 \cdot \boldsymbol{B}_n(\boldsymbol{R}) = \int_{S_2} d\boldsymbol{S}_2 \cdot \boldsymbol{B}_n(\boldsymbol{R}) + 2\pi N \quad (N \in \mathbb{Z}) \tag{2.38}$$

であればよい. 上側の S_1 と下側の S_2 を合わせた閉曲面での積分として

$$\int_{S_1-S_2} d\boldsymbol{S} \cdot \boldsymbol{B}_n(\boldsymbol{R}) = 2\pi N \quad (N \in \mathbb{Z}) \tag{2.39}$$

のように書き直すとこれはモノポールに対する Dirac の量子化条件 (2.26) と本質的に同じである.

ここで Berry 位相に関する等価な表式を求めておく[5].

---

[5] 以下では $\boldsymbol{\nabla}_R = \boldsymbol{\nabla}$ と略記し, また $\boldsymbol{\nabla}_R|n, \boldsymbol{R}\rangle$ を $|\boldsymbol{\nabla}n, \boldsymbol{R}\rangle$ と書くことにする.

2.3 Berry 位相

$$\begin{aligned}
\gamma_n[\mathrm{C}] &= \int d\boldsymbol{S} \cdot \boldsymbol{\nabla} \times i\langle n, \boldsymbol{R}|\boldsymbol{\nabla}\, n, \boldsymbol{R}\rangle \\
&= \int d\boldsymbol{S} \cdot i\langle \boldsymbol{\nabla}\, n, \boldsymbol{R}| \times |\boldsymbol{\nabla}\, n, \boldsymbol{R}\rangle \\
&= \sum_{m(\neq n)} \int d\boldsymbol{S} \cdot i\langle \boldsymbol{\nabla}\, n, \boldsymbol{R}|m, \boldsymbol{R}\rangle \times \langle m, \boldsymbol{R}|\boldsymbol{\nabla}\, n, \boldsymbol{R}\rangle
\end{aligned} \quad (2.40)$$

最後の式で $m = n$ の項はゼロとなることが示される[6]．さらに関係式[7]

$$\langle m, \boldsymbol{R}|\boldsymbol{\nabla}|n, \boldsymbol{R}\rangle = \frac{\langle m, \boldsymbol{R}|(\boldsymbol{\nabla}H[\boldsymbol{R}])\,|n, \boldsymbol{R}\rangle}{E_n - E_m} \quad (2.41)$$

を代入すると，Berry 曲率は

$$\boldsymbol{B}_n(\boldsymbol{R}) = \sum_{m(\neq n)} \frac{\langle n, \boldsymbol{R}|\left(\boldsymbol{\nabla}H\right)|m, \boldsymbol{R}\rangle \times \langle m, \boldsymbol{R}|\left(\boldsymbol{\nabla}H\right)|n, \boldsymbol{R}\rangle}{i\left(E_n(\boldsymbol{R}) - E_m(\boldsymbol{R})\right)^2} \quad (2.42)$$

で表される．

二準位系の Berry 位相

具体例として二準位系の Berry 位相を求めてみよう．二準位系を記述する一般的なハミルトニアンはスピン 1/2 と磁場の結合の形

$$H[\boldsymbol{R}] = \boldsymbol{R} \cdot \boldsymbol{\sigma} \quad (2.43)$$

に表すことができる．ここで $\boldsymbol{\sigma} = (\sigma_x, \sigma_y, \sigma_z)$ は Pauli 行列である．

$$\sigma_x = \begin{pmatrix} 0 & 1 \\ 1 & 0 \end{pmatrix}, \quad \sigma_y = \begin{pmatrix} 0 & -i \\ i & 0 \end{pmatrix}, \quad \sigma_z = \begin{pmatrix} 1 & 0 \\ 0 & -1 \end{pmatrix} \quad (2.44)$$

ハミルトニアン (2.43) は固有エネルギー $E_+ = +|\boldsymbol{R}|$ と $E_- = -|\boldsymbol{R}|$，および固有スピノール

---

[6] $\langle n|n\rangle = 1$ の微分がゼロであることから，$\langle \boldsymbol{\nabla} n|n\rangle = -\langle n|\boldsymbol{\nabla} n\rangle$．したがって $\langle \boldsymbol{\nabla} n|n\rangle \times \langle n|\boldsymbol{\nabla} n\rangle = -\langle n|\boldsymbol{\nabla} n\rangle \times \langle n|\boldsymbol{\nabla} n\rangle = 0$

[7] $\langle m, \boldsymbol{R}|\boldsymbol{\nabla} n, \boldsymbol{R}\rangle$ は次のようにして求まる．固有値方程式を $\boldsymbol{R}$ で微分した

$$\left(\boldsymbol{\nabla}H[\boldsymbol{R}]\right)|n, \boldsymbol{R}\rangle + H[\boldsymbol{R}]|\boldsymbol{\nabla} n, \boldsymbol{R}\rangle = \left(\boldsymbol{\nabla}E_n(\boldsymbol{R})\right)|n, \boldsymbol{R}\rangle + E_n(\boldsymbol{R})|\boldsymbol{\nabla} n, \boldsymbol{R}\rangle$$

に左から $\langle m, \boldsymbol{R}|$ を掛け，$\langle m, \boldsymbol{R}|\left(\boldsymbol{\nabla}H[\boldsymbol{R}]\right)|n, \boldsymbol{R}\rangle = \left(E_n(\boldsymbol{R}) - E_m(\boldsymbol{R})\right)\langle m, \boldsymbol{R}|\boldsymbol{\nabla} n, \boldsymbol{R}\rangle$ が得られる．

$$|+,\boldsymbol{R}\rangle = e^{-i\psi/2}\begin{pmatrix} e^{-i\phi/2}\cos\frac{\theta}{2} \\ e^{+i\phi/2}\sin\frac{\theta}{2} \end{pmatrix}, \quad |-,\boldsymbol{R}\rangle = e^{-i\psi/2}\begin{pmatrix} e^{-i\phi/2}\sin\frac{\theta}{2} \\ -e^{+i\phi/2}\cos\frac{\theta}{2} \end{pmatrix} \tag{2.45}$$

をもつ．ここで $\boldsymbol{R}=R(\sin\theta\cos\phi,\sin\theta\sin\phi,\cos\theta)$, $R=|\boldsymbol{R}|$ とした．$e^{-i\psi/2}$ はゲージの自由度として任意にとれる位相因子である．$|+,\boldsymbol{R}\rangle$ に対する Berry 接続は定義から

$$\begin{aligned}
\boldsymbol{A}_+(\boldsymbol{R}) &= -i\langle +,\boldsymbol{R}|\boldsymbol{\nabla}|+,\boldsymbol{R}\rangle \\
&= -ie^{+i\psi/2}\left(e^{+i\phi/2}\cos\frac{\theta}{2}, e^{-i\phi/2}\sin\frac{\theta}{2}\right) \\
&\quad \times e^{-i\psi/2}\begin{pmatrix} -\frac{i}{2}\boldsymbol{\nabla}(\psi+\phi)\,e^{-i\phi/2}\cos\frac{\theta}{2} - \frac{1}{2}\boldsymbol{\nabla}\theta\,e^{-i\phi/2}\sin\frac{\theta}{2} \\ -\frac{i}{2}\boldsymbol{\nabla}(\psi-\phi)\,e^{+i\phi/2}\sin\frac{\theta}{2} + \frac{1}{2}\boldsymbol{\nabla}\theta\,e^{+i\phi/2}\cos\frac{\theta}{2} \end{pmatrix} \\
&= -i\left[-\frac{i}{2}\boldsymbol{\nabla}\psi - \frac{i}{2}\boldsymbol{\nabla}\phi\left(\cos^2\frac{\theta}{2}-\sin^2\frac{\theta}{2}\right)\right] \\
&= \frac{1}{2}\left(-\boldsymbol{\nabla}\psi - \boldsymbol{\nabla}\phi\cos\theta\right) \tag{2.46}
\end{aligned}$$

で与えられる．θ と ϕ は $\boldsymbol{R}$ ベクトルを指定する角度であるので，$\boldsymbol{R}$ と $|+,\boldsymbol{R}\rangle = |\theta,\phi\rangle$ が1対1対応するように ψ を決めよう．次の二つが便利である．

$$\underline{\psi=-\phi}, \quad \boldsymbol{A}_+^{\mathrm{N}}(\boldsymbol{R}) = \frac{1}{2}(+1-\cos\theta)\boldsymbol{\nabla}\phi = \frac{+1-\cos\theta}{2R\sin\theta}\boldsymbol{e}_\phi \tag{2.47}$$

$$\underline{\psi=+\phi}, \quad \boldsymbol{A}_+^{\mathrm{S}}(\boldsymbol{R}) = \frac{1}{2}(-1-\cos\theta)\boldsymbol{\nabla}\phi = \frac{-1-\cos\theta}{2R\sin\theta}\boldsymbol{e}_\phi \tag{2.48}$$

先の Dirac モノポールの場合と同様に $\boldsymbol{A}^{\mathrm{N}}$ は $\theta=\pi$ で Berry 接続が特異的となるため，$\boldsymbol{R}$ 空間の北半球側で用いるのがよく，一方 $\boldsymbol{A}^{\mathrm{S}}$ は $\theta=0$ で特異的になるため南半球側で用いるのがよい．すなわちここでも単一のゲージ固定で，すべてのパラメータ領域の Berry 接続を定義することはできない．

式 (2.45) で $\theta\to\pi-\theta$, $\phi\to\phi+\pi$, および $\psi\to\psi-\pi$ としたとき $|+,\boldsymbol{R}\rangle\to|-,\boldsymbol{R}\rangle$ となることから，$\boldsymbol{A}_-(\boldsymbol{R})$ は

$$\boldsymbol{A}_-(\boldsymbol{R}) = \frac{1}{2}\left(-\boldsymbol{\nabla}\psi + \boldsymbol{\nabla}\phi\cos\theta\right) \tag{2.49}$$

$$\underline{\psi=+\phi}, \quad \boldsymbol{A}_-^{\mathrm{N}}(\boldsymbol{R}) = \frac{1}{2}(-1+\cos\theta)\boldsymbol{\nabla}\phi = \frac{-1+\cos\theta}{2R\sin\theta}\boldsymbol{e}_\phi \tag{2.50}$$

$$\underline{\psi=-\phi}, \quad \boldsymbol{A}_-^{\mathrm{S}}(\boldsymbol{R}) = \frac{1}{2}(+1+\cos\theta)\boldsymbol{\nabla}\phi = \frac{+1+\cos\theta}{2R\sin\theta}\boldsymbol{e}_\phi \tag{2.51}$$

のように得られる．極座標表示の回転の表式 (2.16) を用いて Berry 曲率は次のように求まる．

$$\begin{aligned}\boldsymbol{B}_\pm(\boldsymbol{R}) &= \boldsymbol{\nabla} \times \boldsymbol{A}_\pm^{\mathrm{N}}(\boldsymbol{R}) = \boldsymbol{\nabla} \times \boldsymbol{A}_\pm^{\mathrm{S}}(\boldsymbol{R}) \\ &= \pm\frac{1}{2}\frac{\boldsymbol{R}}{R^3}\end{aligned} \quad (2.52)$$

これを式 (2.14) と比較しよう．このようにしてパラメータ空間で Dirac のモノポールを構成することができる．

2.3.2 縮退系の Berry 位相行列

上では縮退がない場合の断熱変化を考えた．一方，量子力学の世界では系になんらかの対称性があると縮退が生じる．後で詳しく見るように，時間反転対称性があるスピン 1/2 の粒子の系は，ある運動状態 $|n\rangle$ に対し，時間反転操作を行った状態 $|n'\rangle$ は $|n\rangle$ とは異なった状態で，同じエネルギー準位に属する．すなわち，(少なくとも) 2 重に縮退している．

以下では，簡単のため 2 重縮退した系での断熱変化を考える．あるパラメータ $\boldsymbol{R}(t)$ が時刻 0 に $\boldsymbol{R}_0$ を出発し，ゆっくりと変化したとする．時刻 t において，n 番目のエネルギー準位 $E_n[\boldsymbol{R}(t)]$ に属する縮退した二つの固有状態を $|n,1,\boldsymbol{R}(t)\rangle$ と $|n,2,\boldsymbol{R}(t)\rangle$ と書くことにする．時刻 $t=0$ での $|n,1,\boldsymbol{R}_0\rangle$ および $|n,2,\boldsymbol{R}_0\rangle$ の状態は，時間が進むにつれ，互いに交じり合う．これらの状態は

$$\begin{aligned}|\Psi_{n,1};t\rangle = \exp\Big(&-\frac{i}{\hbar}\int_0^t dt'\, E_n[\boldsymbol{R}(t')]\Big) \\ &\times \Big[\Omega_{11}(t)|n,1,\boldsymbol{R}(t)\rangle + \Omega_{21}(t)|n,2,\boldsymbol{R}(t)\rangle\Big]\end{aligned} \quad (2.53)$$

$$\begin{aligned}|\Psi_{n,2};t\rangle = \exp\Big(&-\frac{i}{\hbar}\int_0^t dt'\, E_n[\boldsymbol{R}(t')]\Big) \\ &\times \Big[\Omega_{12}(t)|n,1,\boldsymbol{R}(t)\rangle + \Omega_{22}(t)|n,2,\boldsymbol{R}(t)\rangle\Big]\end{aligned} \quad (2.54)$$

あるいはインデックス $\alpha,\,\beta = 1,\,2$ を用いて

$$|\Psi_{n,\beta};t\rangle = \exp\Big(-\frac{i}{\hbar}\int_0^t dt'\, E_n[\boldsymbol{R}(t')]\Big)\sum_{\alpha=1,2}\Omega_{\alpha\beta}(t)\,|n,\alpha,\boldsymbol{R}(t)\rangle \quad (2.55)$$

のように表される．ここで，波動関数のノルムの保存から時間変動する 2×2 行列 $\Omega_{\alpha\beta}(t)$ はユニタリーでなければならない．また初期条件から $\Omega_{\alpha\beta}(0) = \delta_{\alpha\beta}$ である．すなわち縮退がない場合の Berry 位相 $e^{i\gamma(t)}$ は，縮退がある場合にはユニタリー行列 Ω におき換わるわけである．Schrödinger 方程式 (2.30) を用いてこの Berry 位相行列の表式を求めよう．

$$\begin{aligned}
0 &= \left(H - i\hbar\frac{\partial}{\partial t}\right)|\Psi_{n,\beta};t\rangle \\
&= \left(H - i\hbar\frac{\partial}{\partial t}\right)\exp\left[-\frac{i}{\hbar}\int_0^t dt'\, E_n[\boldsymbol{R}(t')]\right]\sum_\gamma \Omega_{\gamma\beta}(t)|n,\gamma,\boldsymbol{R}(t)\rangle \\
&= \exp\left[-\frac{i}{\hbar}\int_0^t dt'\, E_n[\boldsymbol{R}(t')]\right] \\
&\quad \times \sum_\gamma \left(\Omega_{\gamma\beta}(H-E_n) - i\hbar\frac{d\Omega_{\gamma\beta}}{dt} + \Omega_{\gamma\beta}(-i\hbar)\frac{\partial}{\partial t}\right)|n,\gamma,\boldsymbol{R}(t)\rangle
\end{aligned} \tag{2.56}$$

に左から $\langle n,\alpha,\boldsymbol{R}(t)|$ を掛けると，

$$\begin{aligned}
\frac{d\Omega_{\alpha\beta}(t)}{dt} &= -\sum_\gamma \Omega_{\gamma\beta}(t)\langle n,\alpha,\boldsymbol{R}(t)|\frac{\partial}{\partial t}|n,\gamma,\boldsymbol{R}(t)\rangle \\
&= -\dot{\boldsymbol{R}}(t)\cdot\sum_\gamma \Omega_{\gamma\beta}(t)\langle n,\alpha,\boldsymbol{R}(t)|\boldsymbol{\nabla}_R|n,\gamma,\boldsymbol{R}(t)\rangle \\
&= -i\sum_\gamma \dot{\boldsymbol{R}}(t)\cdot\boldsymbol{A}_{\alpha\gamma}[\boldsymbol{R}(t)]\,\Omega_{\gamma\beta}(t)
\end{aligned} \tag{2.57}$$

が得られる．ただし

$$\boldsymbol{A}_{\alpha\beta}[\boldsymbol{R}] \equiv -i\langle n,\alpha,\boldsymbol{R}|\boldsymbol{\nabla}_R|n,\beta,\boldsymbol{R}\rangle \tag{2.58}$$

は Berry 接続行列とよばれる．これによって時刻 t における Ω 行列と $t+dt$ における Ω 行列は

$$\begin{aligned}
\Omega(t+dt) &= \Omega(t) - idt\dot{\boldsymbol{R}}(t)\cdot\boldsymbol{A}[\boldsymbol{R}(t)]\Omega(t) \;\; + \cdots \\
&= \left(1 - idt\dot{\boldsymbol{R}}(t)\cdot\boldsymbol{A}[\boldsymbol{R}(t)]\right)\Omega(t) \;\; + \cdots
\end{aligned}$$

$$\simeq \exp\left(-idt\dot{\bm{R}}(t)\cdot\bm{A}[\bm{R}(t)]\right)\Omega(t) \tag{2.59}$$

によって関係付けられていることがわかる．したがって t における Ω 行列を $t=0$ における Ω 行列を用いて表すには，$e^{-i\Delta\bm{R}\cdot\bm{A}(\bm{R})}$ を掛ける操作を繰り返していけばよい．経路順序積の記法

$$\cdots e^{-i\Delta\bm{R}_3\cdot\bm{A}(\bm{R}_0+\Delta\bm{R}_1+\Delta\bm{R}_2)}e^{-i\Delta\bm{R}_2\cdot\bm{A}(\bm{R}_0+\Delta\bm{R}_1)}e^{-i\Delta\bm{R}_1\cdot\bm{A}(\bm{R}_0)}$$
$$\equiv P\exp\left[-i\int_{\bm{R}_0}d\bm{R}\cdot\bm{A}(\bm{R})\right] \tag{2.60}$$

を用いて，さらに $\Omega(0)=1$ であることを思い出すと，

$$\Omega(t) = P\exp\left(-i\int_{\bm{R}_0}^{\bm{R}(t)}d\bm{R}\cdot\bm{A}(\bm{R})\right) \tag{2.61}$$

と表される．とくに $\bm{R}$ が 1 周して時刻 T で元の $\bm{R}_0$ に戻ったときの Berry 位相行列は

$$\Omega[\mathrm{C}] = P\exp\left(-i\oint_C d\bm{R}\cdot\bm{A}(\bm{R})\right) \tag{2.62}$$

と表されるが，これは縮退がない場合の Berry 位相

$$e^{i\gamma[\mathrm{C}]} = \exp\left(-i\oint_{\mathrm{C}} d\bm{R}\cdot\bm{A}(\bm{R})\right)$$

の単純な拡張である．

ゲージ変換

　非縮退系でのゲージ変換は単に位相因子の変化であったが，ここでは縮退した二つの状態の混ぜ合わせとして一般化されたゲージ変換

$$|n,\alpha,\bm{R}\rangle' = \sum_{\gamma} U_{\gamma\alpha}(\bm{R})|n,\gamma,\bm{R}\rangle \tag{2.63}$$

を考える．ここで U はユニタリー行列とする．Berry 接続行列はゲージ変換のもとで

$$\bm{A}'_{\alpha\beta}(\bm{R}) = -i\langle n,\alpha,\bm{R}|'\,\bm{\nabla}_R|n,\beta,\bm{R}\rangle'$$

$$
\begin{aligned}
&= -i \sum_{\gamma,\delta} \langle n,\gamma,\boldsymbol{R}|U^{\dagger}_{\alpha\gamma}(\boldsymbol{R})\, \boldsymbol{\nabla}_R\, U_{\delta\beta}(\boldsymbol{R})|n,\delta,\boldsymbol{R}\rangle \\
&= \sum_{\gamma,\delta} U^{\dagger}_{\alpha\gamma}(\boldsymbol{R})\boldsymbol{A}_{\gamma\delta}(\boldsymbol{R})U_{\delta\beta}(\boldsymbol{R}) \\
&\quad - i\sum_{\gamma,\delta} U^{\dagger}_{\alpha\gamma}(\boldsymbol{R})\Big(\boldsymbol{\nabla}_R U_{\delta\beta}(\boldsymbol{R})\Big)\langle n,\gamma,\boldsymbol{R}|n,\delta,\boldsymbol{R}\rangle \quad (2.64)
\end{aligned}
$$

すなわち

$$
\boldsymbol{A}'(\boldsymbol{R}) = U^{\dagger}(\boldsymbol{R})\boldsymbol{A}(\boldsymbol{R})U(\boldsymbol{R}) - iU^{\dagger}(\boldsymbol{R})\boldsymbol{\nabla}_R U(\boldsymbol{R}) \quad (2.65)
$$

のように変わる．

このゲージ変換のもとで，$e^{-i\Delta\boldsymbol{R}\cdot\boldsymbol{A}'(\boldsymbol{R})}$ は

$$
\begin{aligned}
e^{-i\Delta\boldsymbol{R}\cdot\boldsymbol{A}'(\boldsymbol{R})} &\simeq 1 - i\Delta\boldsymbol{R}\cdot\boldsymbol{A}'(\boldsymbol{R}) \\
&\simeq 1 - i\Delta\boldsymbol{R}\cdot U^{\dagger}(\boldsymbol{R})\boldsymbol{A}(\boldsymbol{R})U(\boldsymbol{R}) - \Delta\boldsymbol{R}\cdot U^{\dagger}(\boldsymbol{R})\boldsymbol{\nabla}_R U(\boldsymbol{R}) \\
&\simeq U^{\dagger}(\boldsymbol{R})\Big(1 - i\Delta\boldsymbol{R}\cdot\boldsymbol{A}(\boldsymbol{R})\Big)\Big(U(\boldsymbol{R}) - \Delta\boldsymbol{R}\cdot\boldsymbol{\nabla}_R U(\boldsymbol{R})\Big) \\
&\simeq U^{\dagger}(\boldsymbol{R})e^{-i\Delta\boldsymbol{R}\cdot\boldsymbol{A}(\boldsymbol{R})}U(\boldsymbol{R}-\Delta\boldsymbol{R}) \quad (2.66)
\end{aligned}
$$

となる．$\boldsymbol{R}_0$ を出発して $\boldsymbol{R}_0$ に戻るループ C に対して Ω は，

$$
\Omega'[\mathrm{C}] = U^{\dagger}(\boldsymbol{R}_0)\Omega[\mathrm{C}]U(\boldsymbol{R}_0) \quad (2.67)
$$

と書けるが，

$$
\begin{aligned}
|\Psi_{n,\beta};T\rangle' &= \sum_{\gamma} |\Psi_{n,\gamma};T\rangle\, U_{\gamma\beta} \\
&= \exp\Big(-\frac{i}{\hbar}\int_0^T dt\, E_n[\boldsymbol{R}(t)]\Big) \sum_{\eta,\gamma} |n,\eta,\boldsymbol{R}_0\rangle\, \Omega_{\eta\gamma}U_{\gamma\beta} \\
&= \exp\Big(-\frac{i}{\hbar}\int_0^T dt\, E_n[\boldsymbol{R}(t)]\Big) \sum_{\alpha,\eta,\delta,\gamma} |n,\eta,\boldsymbol{R}_0\rangle U_{\eta\alpha}\, U^{\dagger}_{\alpha\delta}\Omega_{\delta\gamma}U_{\gamma\beta} \\
&= \exp\Big(-\frac{i}{\hbar}\int_0^T dt\, E_n[\boldsymbol{R}(t)]\Big) \sum_{\alpha} |n,\alpha,\boldsymbol{R}_0\rangle'\, \Omega'_{\alpha\beta} \quad (2.68)
\end{aligned}
$$

となっており，Berry 位相行列の定義 (2.55) と整合している．

$\Omega[\mathrm{C}]$ のトレースをとった量

$$W[\mathrm{C}] \equiv \mathrm{tr}\Omega[\mathrm{C}] = \mathrm{tr}P\exp\left(-i\oint_{\mathrm{C}} d\boldsymbol{R}\cdot\boldsymbol{A}(\boldsymbol{R})\right) \tag{2.69}$$

は Wilson ループとよばれる．トレースの公式 $\mathrm{tr}[ABC] = \mathrm{tr}[BCA] = \mathrm{tr}[CAB]$ と関係式 (2.67) より Wilson ループはゲージ不変量である．

2.3.3 接続と曲率

この章では Berry 接続および Berry 曲率を導入したが，なぜ接続や曲率という名前が用いられるのか，幾何学との関連があるのではないかと思われたかもしれない．そこで曲がった空間における接続と曲率の概念を紹介し，これらと量子論との関係について触れる．例として図 2.3(a) のように曲面とそれに接するベクトル $\boldsymbol{V}$ を考える．ベクトル $\boldsymbol{V}$ を平行移動してみよう．P_0 を出発して $\mathrm{P}_0 \to \mathrm{P}_1 \to \mathrm{P}_2 \to \mathrm{P}_0$ の経路を平行移動して再び P_0 に戻ったとする．このとき平行移動する前と後では $\boldsymbol{V}$ の向きが異なっていることに注意する．一方，平坦な面に接するベクトルは平行移動のもとで向きを変えない．このように，ベクトルの平行移動によって空間の曲がり具合を特徴付けることができる．

このような性質のため，曲がった空間では，ベクトル量の微分をとるときに注意が必要である．通常，ベクトル $\boldsymbol{V}$ の微分 $\boldsymbol{V}(\boldsymbol{x}+\Delta\boldsymbol{x}) - \boldsymbol{V}(\boldsymbol{x})$ を成分で表して $V^i(\boldsymbol{x}+\Delta\boldsymbol{x}) - V^i(\boldsymbol{x})$ と書くが，基底ベクトルが座標に依存すると

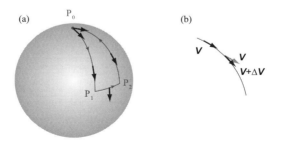

図 2.3 (a) 曲面上のベクトルをある閉経路上に平行移動させて元の位置に戻すと，平行移動の前と後では $\boldsymbol{V}$ の向きが異なる．(b) ベクトル $\boldsymbol{V}$ を平行移動させると $\boldsymbol{V}+\Delta\boldsymbol{V}$ に変わる．

きには，これは正しくない[8]．考えるべき量は

$$V^i(\boldsymbol{x}+\Delta\boldsymbol{x})\hat{\boldsymbol{e}}_i(\boldsymbol{x}+\Delta\boldsymbol{x}) - V^i(\boldsymbol{x})\hat{\boldsymbol{e}}_i(\boldsymbol{x}) \tag{2.70}$$

であり[9]，これと $\bigl[V^i(\boldsymbol{x}+\Delta\boldsymbol{x}) - V^i(\boldsymbol{x})\bigr]\hat{\boldsymbol{e}}_i(\boldsymbol{x})$ を混同してはならない．ここで $\{\hat{\boldsymbol{e}}_i(\boldsymbol{x})\}$ は位置 $\boldsymbol{x}$ における基底ベクトルの組であり，位置 $\boldsymbol{x}+\Delta\boldsymbol{x}$ における基底 $\{\hat{\boldsymbol{e}}_i(\boldsymbol{x}+\Delta\boldsymbol{x})\}$ との間の関係は

$$\hat{\boldsymbol{e}}_i(\boldsymbol{x}+\Delta\boldsymbol{x}) = \hat{\boldsymbol{e}}_i(\boldsymbol{x}) + \Gamma^k_{ji}\Delta x^j \hat{\boldsymbol{e}}_k(\boldsymbol{x}) \tag{2.71}$$

のように接続とよばれる量 Γ によって与えられる．式 (2.71) より接続は

$$\Gamma^k_{ji}(\boldsymbol{x}) = \hat{\boldsymbol{e}}^k(\boldsymbol{x}) \cdot \partial_j \hat{\boldsymbol{e}}_i(\boldsymbol{x}) \tag{2.72}$$

で与えられる[10]．これと Berry 接続（式 (2.58)）との類似性に注意する．式 (2.70) は接続を用いて $\Delta\boldsymbol{x}$ の 1 次までで

$$\begin{aligned}V^i(\boldsymbol{x}+\Delta\boldsymbol{x})\Bigl(\hat{\boldsymbol{e}}_i(\boldsymbol{x}) + \Gamma^k_{ji}\Delta x^j \hat{\boldsymbol{e}}_k(\boldsymbol{x})\Bigr) - V^i(\boldsymbol{x})\hat{\boldsymbol{e}}_i(\boldsymbol{x}) \\ = \hat{\boldsymbol{e}}_i(\boldsymbol{x})\Bigl[V^i(\boldsymbol{x}+\Delta\boldsymbol{x}) - V^i(\boldsymbol{x}) + \Delta x^j \Gamma^i_{jk} V^k(\boldsymbol{x})\Bigr]\end{aligned} \tag{2.73}$$

と書ける．このようにして曲がった空間におけるベクトルの微分（共変微分）は

$$\begin{aligned}D_j V^i &= \lim_{\Delta x^j \to 0}\left[\frac{V^i(\boldsymbol{x}+\Delta\boldsymbol{x}) - V^i(\boldsymbol{x})}{\Delta x^j} + \Gamma^i_{jk} V^k(\boldsymbol{x})\right] \\ &= \frac{\partial V^i}{\partial x^j} + \Gamma^i_{jk} V^k\end{aligned} \tag{2.74}$$

で与えられる．

接続 Γ^i_{jk} は基底 $\{\hat{\boldsymbol{e}}_k(\boldsymbol{x})\}$ の選び方に依存し，それ自身が空間の曲がり具合を与えるものではない．上の考察からわかるように曲がった空間では平行移動の操作，すなわち微分が非可換である．曲率はこの微分の非可換性によって与えられる．

$$\Bigl(D_a D_b - D_b D_a\Bigr)V^i = R^i_{jab} V^j \tag{2.75}$$

---

[8] このことは平坦な空間でも，極座標や円筒座標のような曲線座標に対しても同様である．
[9] 表記の簡略化のため続いて現れた添字に対しては和をとると約束し（縮約記法），$\sum$ を省略する．
[10] ここで $\hat{\boldsymbol{e}}^k(\boldsymbol{x}) \cdot \hat{\boldsymbol{e}}_i(\boldsymbol{x}) = \delta^k_i$ を用いた．

によって定義される R^i_{jab} は Riemann 曲率テンソルとよばれ，曲がった空間を特徴付ける．平坦な空間ではゼロである．

量子力学の問題でも同様の側面が見られる．量子力学的状態を記述する Hilbert 空間を張る基底としてハミルトニアン $H[\boldsymbol{R}]$ の固有状態の組 $\{|n, \alpha, \boldsymbol{R}\rangle\}$ を用いる．この節ではパラメータ空間の $\boldsymbol{R}$ と $\boldsymbol{R} + \Delta\boldsymbol{R}$ の間で

$$|n, \beta, \boldsymbol{R} + \Delta\boldsymbol{R}\rangle = |n, \beta, \boldsymbol{R}\rangle + i \sum_\alpha \boldsymbol{A}_{\alpha\beta}(\boldsymbol{R}) \cdot \Delta\boldsymbol{R} |n, \alpha, \boldsymbol{R}\rangle \quad (2.76)$$

の関係が成り立つことを示した．式 (2.71) と比べると $\boldsymbol{A}_{\alpha\beta}(\boldsymbol{R})$ を Berry 接続とよぶ理由がわかる．状態ベクトルに作用する共変微分は

$$\boldsymbol{D} = \frac{\partial}{\partial \boldsymbol{R}} + i\boldsymbol{A}(\boldsymbol{R}) \quad (2.77)$$

で与えられ，これらの非可換性から Berry 曲率が与えられる．

$$\begin{aligned}
D_a D_b &- D_b D_a \\
&= \bigl(\partial_a + iA_a\bigr)\bigl(\partial_b + iA_b\bigr) - \bigl(\partial_b + iA_b\bigr)\bigl(\partial_a + iA_a\bigr) \\
&= i\bigl(\partial_a A_b - \partial_b A_a + i(A_a A_b - A_b A_a)\bigr)
\end{aligned} \quad (2.78)$$

とくに縮退がなく（Berry 接続は互いに可換），パラメータが $\boldsymbol{R} = (R_x, R_y, R_z)$ で与えられる場合には曲率は

$$\boldsymbol{B}(\boldsymbol{R}) = \boldsymbol{\nabla}_R \times \boldsymbol{A}(\boldsymbol{R}) \quad (2.79)$$

によって与えられる[11]．

以上から曲がった空間と量子力学で定義された接続と曲率の類似性が明らかになった．ここで注意したいのは，曲がった空間では平行移動したベクトルの向きが，その経路に依存するのに対し，量子力学では（簡単のため縮退のない場合を考える）パラメータ空間を動くとき，波動関数の位相がその経路に依存することである．

---

[11] 一般の次元では微分形式を用いて定式化するのが便利である．

第3章 量子Hall絶縁体

　この章では量子 Hall 効果を解説する．磁場中の電子状態の問題から出発し，Hall 伝導率が量子化する機構を見る．章の後半では Hall 伝導率が Berry 曲率を用いてトポロジカル不変量として表され，その量子化が説明される．

3.1 磁場中電子系における整数量子 Hall 効果

　半導体界面に形成される 2 次元電子系に垂直な強磁場をかけてその抵抗および Hall 抵抗を測定すると，低温では，ある有限の磁場範囲にわたって伝導率がゼロ $\sigma_{xx} = 0$ になり，同時に Hall 伝導率が普遍定数 ($e^2/h = [25.813\,\mathrm{k\Omega}]^{-1}$) の整数倍

$$\sigma_{xy} = N\frac{e^2}{h} \tag{3.1}$$

という形で量子化される．これが（整数）量子 Hall 効果である[1]．ここで e は電子の電荷，h は Planck 定数，整数 N は Landau 準位の占有率（つまり第何番目の Landau 準位まで電子が詰まっているか）に相当する．この量子化則は試料の大きさ，形状，およびクオリティー（易動度）といった系の詳細によらず普遍的である．このような普遍定数が正確に測定される背景には次の 2 点がある．(1) 一つは系の 2 次元性である．2 次元では伝導度（抵抗）と伝導率（抵抗率）が同じ次元をもつため，たとえば Hall 抵抗 R_H と Hall

---

[1] これに対し，Hall 伝導率が e^2/h を単位に分数値に量子化されるのが分数量子 Hall 効果である．分数量子 Hall 効果に関しては電子間相互作用の効果が本質的である．ここでは相互作用は無視して，整数量子 Hall 効果のみを扱う．

抵抗率 ρ_H が一致する．(2) 二つめに Hall 伝導率（抵抗率）が量子化される領域で $\sigma_{xx} = \rho_{xx} = 0$ となるため，Hall 電圧を測定する電極が正確に電流と直交している必要がないことである．さらに「整数」に量子化される現象の背景にはトポロジーとの密接な関係がある．その関係を明らかにするのが本章の目的である．以下では $e > 0$ とし，磁場は $+z$ 方向を向いているとする．

3.1.1 磁場中の2次元電子系

磁場中の2次元電子系のハミルトニアン
$$H(p_x, p_y) = \frac{1}{2m}\left(\boldsymbol{p} + \frac{e}{c}\boldsymbol{A}\right)^2 \tag{3.2}$$
の固有状態を考えよう．ベクトルポテンシャルとして Landau ゲージ
$$\boldsymbol{A} = (0, Bx, 0) \tag{3.3}$$
を用いると，ハミルトニアン
$$H(p_x, p_y) = \frac{1}{2m}\left[p_x^2 + \left(p_y + \frac{e}{c}Bx\right)^2\right] \tag{3.4}$$
は座標の y 成分を含まないため，y 方向の運動量が保存量となる．したがって波動関数は $\psi(x, y) = (e^{ik_y y}/\sqrt{L_y})\varphi_{k_y}(x)$ の形で書ける．そこで p_y をその固有値 $\hbar k_y$ でおき換えた，$H(p_x, \hbar k_y)$ の固有状態を調べる．
$$\begin{aligned}
H(p_x, \hbar k_y) &= \frac{1}{2m}\left[p_x^2 + \left(\hbar k_y + \frac{eB}{c}x\right)^2\right] \\
&= \frac{1}{2m}p_x^2 + \frac{e^2 B^2}{2mc^2}\left(x + \frac{\hbar c k_y}{eB}\right)^2 \\
&= \frac{1}{2m}p_x^2 + \frac{m\omega_\mathrm{c}^2}{2}(x - X)^2
\end{aligned} \tag{3.5}$$
ここで $\omega_\mathrm{c} = eB/mc$，$X = -\hbar c k_y/eB = -\ell_B^2 k_y$，$\ell_B = \sqrt{\hbar c/eB}$ とした．ℓ_B を磁気長という．$X = 0$ としたハミルトニアン (3.5) の固有状態は調和振動子の問題でよく知られているように
$$\phi_n(x) = \left(\frac{1}{2^n n! \sqrt{\pi}\ell_B}\right)^{1/2} \exp\left[-\frac{1}{2}\left(\frac{x}{\ell_B}\right)^2\right] H_n\left(\frac{x}{\ell_B}\right) \tag{3.6}$$
で与えられる．ただし H_n は Hermite 多項式で，$n = 0, 1, 2, \cdots$．したがってハミルトニアン (3.4) の固有関数は

3.1 磁場中電子系における整数量子 Hall 効果

$$\psi_{n,X}(x,y) = \frac{1}{\sqrt{L_y}} e^{-i(X/\ell_B^2)y} \phi_n(x-X) \tag{3.7}$$

と書ける．これは y 方向に広がっており，x 方向には X のまわりに $\sqrt{2n+1}\,\ell_B$ 程度の幅に局在している．一方，エネルギー固有値は

$$E_n = \hbar\omega_c\left(n + \frac{1}{2}\right) \tag{3.8}$$

となる．n で指定される準位を n 次の Landau 準位とよぶ．

次に x 方向に電場 E がある場合を考える．

$$H(p_x, p_y) = \frac{1}{2m}\left[p_x^2 + \left(p_y + \frac{e}{c}Bx\right)^2\right] + eEx \tag{3.9}$$

ここで中心座標の x 成分 X と運動量の y 成分 $\hbar k_y$ が

$$\frac{X}{\ell_B} = -\frac{\ell_B}{\hbar}\left(\hbar k_y + mc\frac{E}{B}\right) \tag{3.10}$$

で対応しているとして，ハミルトニアンを変形する．

$$\begin{aligned}
H(p_x, \hbar k_y) &= \frac{1}{2m}p_x^2 + \frac{1}{2m}\left(\hbar k_y + \frac{e}{c}Bx\right)^2 + eEx \\
&= \frac{1}{2m}p_x^2 + \frac{1}{2m}\left(-mc\frac{E}{B} - \frac{\hbar}{\ell_B^2}X + \frac{e}{c}Bx\right)^2 + eEx \\
&= \frac{1}{2m}p_x^2 + \frac{1}{2m}\left(-mc\frac{E}{B} - \frac{eB}{c}X + \frac{e}{c}Bx\right)^2 + eEx \\
&= \frac{1}{2m}p_x^2 + \frac{1}{2m}\left(-mc\frac{E}{B} + \frac{e}{c}B(x-X)\right)^2 + eEx \\
&= \frac{1}{2m}p_x^2 + \frac{m}{2}\left(\frac{eB}{mc}\right)^2(x-X)^2 + \frac{m}{2}\left(c\frac{E}{B}\right)^2 \\
&\quad - \frac{1}{2m}2mc\frac{E}{B}\frac{e}{c}B(x-X) + eEx \\
&= \frac{1}{2m}p_x^2 + \frac{m}{2}\omega_c^2(x-X)^2 + eEX + \frac{m}{2}\left(c\frac{E}{B}\right)^2 \tag{3.11}
\end{aligned}$$

第 3 項および第 4 項が電場による項であるが定数である．したがってエネルギー固有値は

$$E_{n,X} = \hbar\omega_c\left(n + \frac{1}{2}\right) + eEX + \frac{m}{2}\left(c\frac{E}{B}\right)^2 \tag{3.12}$$

で与えられ，X に依存する．一方，波動関数は電場がない場合と変わらず，y 方向，すなわち等ポテンシャル線に沿って伸びており，電場方向（x 方向）

への広がり幅は $\sqrt{2n+1}\,\ell_B$ 程度である．

y 方向に長さ L_y の周期的境界条件を課した場合 k_y の値は m' を整数として $k_y = -(2\pi/L_y)m'$ となる．一方 k_y および X のとり得る値の範囲は x 軸方向の系の幅 $(0 \sim L_x)$，すなわち $X_{\max} - X_{\min} = \ell_B^2(2\pi/L_y)(m_{\max} - m_{\min})$ より

$$X = \ell_B^2 \frac{2\pi}{L_y} m', \qquad 0 \leq m' \leq N_\phi = \frac{L_x L_y}{2\pi \ell_B^2} \tag{3.13}$$

で与えられる．つまりそれぞれの Landau 準位には N_ϕ 個の状態があり，それらは電場 $E = 0$ の場合は縮退している．電子数 N_e とこの縮重度 N_ϕ の比を占有率といい

$$\nu = \frac{N_\mathrm{e}}{N_\phi} \tag{3.14}$$

で表す．各状態での速度の期待値は $p_y = -(eB/c)X - mcE/B$ などを用いて次のように表される．

$$\langle n, X | v_x | n, X \rangle = \langle n, X | \frac{p_x}{m} | n, X \rangle = 0 \tag{3.15}$$

$$\begin{aligned}
\langle n, X | v_y | n, X \rangle &= \langle n, X | \frac{p_y + (e/c)Bx}{m} | n, X \rangle \\
&= \langle n, X | \left[\frac{eB}{mc}(x - X) - c\frac{E}{B} \right] | n, X \rangle \\
&= -c \frac{E}{B} \tag{3.16}
\end{aligned}$$

したがって，すべての状態は n や X によらない一定の速さ cE/B で，電場と磁場に直交する方向に運動している．

3.2 Hall 伝導率の量子化 I

ここでは二つの異なった描像から Hall 伝導率の量子化の説明を行う．一つめはバルクの現象として電流密度と Hall 電場の関係を導く．もう一方は電流がエッジを流れる描像で，Hall 伝導度あるいは Hall 抵抗を導く．

3.2.1 Laughlin 理論

電流を計算するために，図 3.1(a) にあるような y 方向に周期的境界条件を課したシリンダー系を考えよう．ここでシリンダー軸の方向に磁束を貫いた場合を考える．このとき，y 方向に流れる電流密度は

$$j_y = \frac{c}{L_x}\frac{\partial E_{\text{total}}}{\partial \Phi} \tag{3.17}$$

で与えられる[2]．2 次元シリンダー系に垂直な一様磁場とシリンダー方向に（試行実験として仮想的に）挿入された磁束はまとめてベクトルポテンシャル $\boldsymbol{A} = (0, Bx - \Phi/L_y, 0)$ によって記述される．するとハミルトニアンは式 (3.5) から

$$H(p_x, \hbar k_y) \to H\left(p_x, \hbar k_y - \frac{e\Phi}{cL_y}\right) \tag{3.18}$$

のようにおき換わることがわかる．このことは y 方向の運動量（波数）が

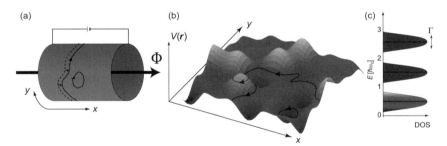

図 3.1 (a) シリンダー状の量子 Hall 系．2 次元面に垂直な磁場 $\boldsymbol{B}$ に加え，シリンダーを貫く磁束 Φ を挿入する．(b) 不純物ポテンシャルの様子．強磁場極限では電子は等ポテンシャル線に沿って運動する．(c) 不純物による乱れがある場合の状態密度．Landau 準位が幅をもつ．

---
[2] この関係式は次のようにして得られる．

$$\frac{c}{L_x}\frac{\partial}{\partial \Phi}\langle H_{\text{total}}\rangle = \frac{c}{L_x}\frac{\partial}{\partial \Phi}\Big\langle \sum_{i=1}^{N_e}\Big\{\frac{p_{ix}^2 + [p_{iy} + (e/c)A_y]^2}{2m} - eEx_i\Big\}\Big\rangle$$

$$= \frac{-e}{L_xL_y}\Big\langle \sum_{i=1}^{N_e}\frac{p_{iy} + (e/c)A_y}{m}\Big\rangle = j_y$$

$$k_y \to k_y - \frac{2\pi}{L_y}\left(\frac{\Phi}{\phi_0}\right) \tag{3.19}$$

あるいは，中心座標（の x 成分）が

$$X \to X + \left(\frac{\Phi}{\phi_0}\right)\frac{L_x}{N_\phi} \tag{3.20}$$

のようにおき換わることを意味している．$\phi_0 = hc/e$ は磁束量子である．こうして，磁束を $\Phi \to \Phi + \phi_0$ のように増加させた場合，x 方向に局在している固有状態（波動関数）が x 方向に $\Delta X = L_x/N_\phi$ だけシフトすることが示された．増加した磁束 $\Delta\Phi$ が磁束量子 ϕ_0 に相当する場合には，シフトした固有状態はもともと一つ隣にあった固有状態と重なる（一致する）．このように増加した磁束がゲージ変換で波動関数の位相に吸収され，$\Delta\Phi = q\phi_0$（q は整数）の場合は帳消しになることをグローバルなゲージ不変性という．

さてここで，N 個の Landau 準位が完全に占有されている場合，$\nu = N$，すなわち $N_e = NN_\phi$ 個の電子からなる系を考えよう．$\partial E_{\text{total}}/\partial\Phi \to \Delta E_{\text{total}}/\Delta\Phi$，さらに $\Delta\Phi = \phi_0$，$\Delta E = (eE\Delta X) \times N_e$ として

$$j_y = \frac{c}{L_x}\frac{\Delta E}{\Delta\Phi} = \frac{c}{L_x}\frac{(eEL_x/N_\phi)N_e}{hc/e} = N\frac{e^2}{h}E \tag{3.21}$$

となることがわかる．したがって Fermi 準位が Landau 準位間に位置するときはつねに整数の占有率となり，Hall 伝導率は $\sigma_{xy} = -Ne^2/h$ のように量子化する．

不純物が存在する場合

これまでは，乱れが存在しないクリーン極限の場合を調べてきたが，ここで乱れがある場合を考えよう．簡単のため，強磁場極限を想定する．このとき磁気長は十分短く，不純物ポテンシャルの空間変化の特徴的長さよりも小さくなる．磁気長のスケールで見れば不純物ポテンシャルは一様電場と見なせ，（上で見たように）電子状態は等ポテンシャル線に沿って運動している．図 3.1(b) に描かれているように，不純物ポテンシャルは極大や極小を作るが，ほとんどの等ポテンシャル線はそれらのまわりに閉じた経路となっている．したがって波動関数はこれらの閉曲線に沿って局在している．波動関数が系全体にわたって広がることができるのは極大極小の中間領域でそこでは

等ポテンシャル線が閉じない．実際，図 3.1(c) に示されているように，不純物ポテンシャルによって広がった Landau 準位の大部分は局在状態となるが，Landau 準位の中心には非局在状態が存在する．

実際，数値計算によれば Landau 準位の中心 E_c に近付くにつれ波動関数の局在長は

$$\xi(E) \sim \frac{1}{|E-E_c|^\nu} \quad (3.22)$$

のように発散する．この結果は強磁場中の無限大の系では，Landau 準位の中心に局在長が無限大の状態，すなわち非局在状態が存在することを示している[3]．

さて，ここで再び Laughlin の議論に戻ろう．シリンダー系の不純物により局在した状態は実効的に単連結となり磁束の挿入によってなんら変化をもたらさない．つまり局在状態は境界条件の変化の影響を受けない．逆に，磁束を挿入した際に変化するのは各 Landau 準位の中心にただ一つ存在する非局在状態のみで，磁束量子 1 本分の正味の変化は一方の電極から他方の電極に電子が出入りする．Fermi 準位以下の N 個の非局在状態に電子が占有する系で，電極間に電位差 V が加えられている場合，磁束の変化に伴う全系のエネルギー変化は $\Delta E = -eVN$ となる．このようにして Hall 電流

$$j_y = \frac{c}{L_x}\frac{\Delta E}{\Delta \Phi} = \frac{c}{L_x}\frac{eVN}{hc/e} = N\frac{e^2}{h}E \quad (3.23)$$

および量子化 Hall 伝導率 $\sigma_{xy} = -Ne^2/h$ が得られる．この値は Fermi 準位が局在状態中にあれば，その位置によらず変わらない．すなわち Hall 伝導率は量子化する．

3.2.2 エッジ状態

上の議論では系の端の影響を考えなかった．次に 2 次元電子が図 3.2(a) のようにポテンシャル $U(x)$ によって閉じ込められている場合を考えよう．系のハミルトニアンは

---

[3] ν は不純物ポテンシャルや系の詳細によらず普遍的な値をとることが知られている．

第 3 章 量子 Hall 絶縁体

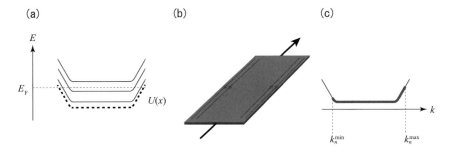

図 3.2 (a) 閉じ込めポテンシャルがある場合の Landau 準位（実線）．点線はポテンシャル $U(x)$ を表す．(b) エッジ状態の様子．(c) 電流が流れているときのエッジ状態の様子．

$$H(p_x, p_y) = \frac{1}{2m}\left[p_x^2 + \left(p_y + \frac{e}{c}Bx\right)^2\right] + U(x) \tag{3.24}$$

で与えられる．ここでも y 方向の運動量は保存する．ポテンシャル $U(x)$ の勾配が磁気長に比べ緩やかな場合は $U(x)$ を展開して 2 次以上の項を無視することができる．このとき局所的にはハミルトニアンは (3.9) と等価になる．したがってエネルギー固有値は X の関数として得られ，図 3.2(a) にあるように系の端に近付くにつれ上昇する．これは分散を表し，式 (3.16) より固有状態は系の端部分で 1 方向に速度 $v = -(c/eB)dU/dx$ で運動する．このような系の端に沿って運動する状態をエッジ状態という．N 個の Landau 準位が占有されている場合には，N 本のエッジチャンネルが存在する．

N 本のエッジ状態によって運ばれる電流を計算する．上で考えた中心座標 X から波数の表示に移る $X \to k = -X/\ell_B^2$, $E_{n,X} \to E_n(k)$. このとき N 個のエッジ状態による電流は

$$\begin{aligned}I &= -e\sum_{n=1}^{N}\int_{k_n^{\min}}^{k_n^{\max}}\frac{dk}{2\pi}\frac{\partial E_n(k)}{\hbar\partial k}\\&= -\frac{e}{h}\sum_{n=1}^{N}\left[E_n(k_n^{\max}) - E_n(k_n^{\min})\right]\end{aligned} \tag{3.25}$$

で与えられる．ここで $k_n^{\max}$ と $k_n^{\min}$ は電子によって占められた最大と最小の波数である（図 3.2(c)）．

電流が流れている状態では左右の化学ポテンシャルが異なる．この差が Hall 電圧 V_H として観測される．左の電極では左の各エッジ状態の化学ポテンシャルの平均，右では右の各エッジ状態の平均が観測されると考えると，Hall 電圧は

$$-eV_\mathrm{H} = \frac{1}{N}\sum_{n=1}^{N}\left[E_n(k_n^{\mathrm{max}}) - E_n(k_n^{\mathrm{min}})\right] \tag{3.26}$$

で与えられ，したがって Hall 抵抗は

$$R_\mathrm{H} = \frac{V_\mathrm{H}}{I} = \frac{h}{e^2}\frac{1}{N} \tag{3.27}$$

によって量子化される．

3.3 Hall 伝導率の量子化 II

3.3.1 Chern 数（TKNN 公式）

ここでは量子 Hall 効果のトポロジカルな側面として，Hall 伝導率がトポロジカル不変量として表されることを見る．ここではやや簡略化された方法で Hall 伝導率に対する Kubo 公式を導こう[4]．ここで行いたいのは y 方向に電場 E をかけたときに x 方向に流れる電流密度 $\langle j_x \rangle_E$ の計算である．電場の項を元のハミルトニアン H に対する摂動項 $V = -(-e)Ey$ と見なし，量子力学の摂動論の公式を用いる．電場の効果は 1 次の近似で

$$|n\rangle_E = |n\rangle + \sum_{m(\neq n)} \frac{\langle m|(eEy)|n\rangle}{E_n - E_m}|m\rangle + \cdots \tag{3.28}$$

と表される．ここで $|n\rangle$ は電場がない場合のエネルギー固有状態を表す．したがって，電場により駆動される Hall 電流は，

$$\langle j_x \rangle_E = \sum_n f(E_n)\langle n|_E \frac{-ev_x}{L^2}|n\rangle_E$$

---
[4] Kubo 公式の標準的な導出は付録 B を参照されたい．

38　第 3 章　量子 Hall 絶縁体

$$
\begin{aligned}
&= \langle j_x \rangle_{E=0} + \frac{1}{L^2} \sum_n f(E_n) \sum_{m(\neq n)} \left(\frac{\langle n|(-ev_x)|m\rangle \langle m|(eEy)|n\rangle}{E_n - E_m} \right. \\
&\quad \left. + \frac{\langle n|(eEy)|m\rangle \langle m|(-ev_x)|n\rangle}{E_n - E_m} \right)
\end{aligned} \tag{3.29}
$$

と書け[5]，速度 $v_y = (1/i\hbar)[y, H]$ の行列表現 $\langle m|v_y|n\rangle = (1/i\hbar)(E_n - E_m)\langle m|y|n\rangle$ を用いると，Hall 伝導率に対する Kubo 公式

$$
\begin{aligned}
\sigma_{xy} &= \frac{\langle j_x \rangle_E}{E} \\
&= -\frac{i\hbar e^2}{L^2} \sum_{n\neq m} f(E_n) \frac{\langle n|v_x|m\rangle \langle m|v_y|n\rangle - \langle n|v_y|m\rangle \langle m|v_x|n\rangle}{(E_n - E_m)^2}
\end{aligned} \tag{3.30}
$$

が得られる．ここでは簡単のため，乱れがなく並進不変な場合を考えよう．Bloch 状態 $|u_{n\bm{k}}\rangle$ を用いて，σ_{xy} は

$$
\begin{aligned}
\sigma_{xy} &= -\frac{i\hbar e^2}{L^2} \sum_{\bm{k}} \sum_{n\neq m} f(E_{n\bm{k}}) \\
&\quad \times \frac{\langle u_{n\bm{k}}|v_x|u_{m\bm{k}}\rangle \langle u_{m\bm{k}}|v_y|u_{n\bm{k}}\rangle - \langle u_{n\bm{k}}|v_y|u_{m\bm{k}}\rangle \langle u_{m\bm{k}}|v_x|u_{n\bm{k}}\rangle}{(E_{n\bm{k}} - E_{m\bm{k}})^2}
\end{aligned} \tag{3.31}
$$

と書ける．ここで速度演算子が $v_\mu = \partial \mathcal{H}(\bm{k})/\hbar \partial k_\mu$ ($\mu = x, y, z$) と書けることに注意すると，これは式 (2.42) とよく似た形であることに気付く．

$$
\langle u_{m\bm{k}}|v_\mu|u_{n\bm{k}}\rangle = \frac{1}{\hbar}(E_{n\bm{k}} - E_{m\bm{k}}) \langle u_{m\bm{k}}|\frac{\partial}{\partial k_\mu}|u_{n\bm{k}}\rangle \tag{3.32}
$$

の関係式[6]，および $0 = (\partial/\partial k_\mu)\langle u_{n\bm{k}}|u_{m\bm{k}}\rangle = \langle (\partial/\partial k_\mu) u_{n\bm{k}}|u_{m\bm{k}}\rangle + \langle u_{n\bm{k}}|(\partial/\partial k_\mu) u_{m\bm{k}}\rangle$ を用いて σ_{xy} を次のように書き換える．

---

[5] Fermi 分布関数の中のエネルギーは電場がない場合のエネルギーを用いる．統計重み因子が電場の（断熱的）印加によって変化しないという過程は，非平衡線形応答を記述するための処方箋である（付録 B 参照）．

[6] この関係式は，$\mathcal{H}|u_{n\bm{k}}\rangle = E_{n\bm{k}}|u_{n\bm{k}}\rangle$ の両辺を k_μ で微分した，

$$
\left(\frac{\partial \mathcal{H}}{\partial k_\mu}\right)|u_{n\bm{k}}\rangle + \mathcal{H}\frac{\partial}{\partial k_\mu}|u_{n\bm{k}}\rangle = \left(\frac{\partial E_{n\bm{k}}}{\partial k_\mu}\right)|u_{n\bm{k}}\rangle + E_{n\bm{k}}\frac{\partial}{\partial k_\mu}|u_{n\bm{k}}\rangle
$$

に左から $\langle u_{m\bm{k}}|$ を掛けることで得られる．

3.3 Hall 伝導率の量子化 II

$$\begin{aligned}
\sigma_{xy} &= -\frac{ie^2}{\hbar L^2}\sum_{\bm{k}}\sum_{n\neq m}f(E_{n\bm{k}})\bigg(\langle\frac{\partial}{\partial k_x}u_{n\bm{k}}|u_{m\bm{k}}\rangle\langle u_{m\bm{k}}|\frac{\partial}{\partial k_y}u_{n\bm{k}}\rangle \\
&\quad -\langle\frac{\partial}{\partial k_y}u_{n\bm{k}}|u_{m\bm{k}}\rangle\langle u_{m\bm{k}}|\frac{\partial}{\partial k_x}u_{n\bm{k}}\rangle\bigg) \\
&= -\frac{ie^2}{\hbar L^2}\sum_{\bm{k}}\sum_{n}f(E_{n\bm{k}})\bigg(\langle\frac{\partial}{\partial k_x}u_{n\bm{k}}|\frac{\partial}{\partial k_y}u_{n\bm{k}}\rangle - \langle\frac{\partial}{\partial k_y}u_{n\bm{k}}|\frac{\partial}{\partial k_x}u_{n\bm{k}}\rangle\bigg) \\
&= -\frac{ie^2}{\hbar L^2}\sum_{\bm{k}}\sum_{n}f(E_{n\bm{k}})\bigg(\frac{\partial}{\partial k_x}\langle u_{n\bm{k}}|\frac{\partial}{\partial k_y}u_{n\bm{k}}\rangle - \frac{\partial}{\partial k_y}\langle u_{n\bm{k}}|\frac{\partial}{\partial k_x}u_{n\bm{k}}\rangle\bigg)
\end{aligned} \quad (3.33)$$

ここで Berry 接続を

$$\bm{a}_n(\bm{k}) = -i\langle u_{n\bm{k}}|\frac{\partial}{\partial\bm{k}}|u_{n\bm{k}}\rangle \quad (3.34)$$

で定義する．Fermi 準位がギャップの中にある場合，$\bm{k}$ の和は波数空間全体あるいは Brillouin 域でとることになる．したがって Hall 伝導度の表式は

$$\boxed{\sigma_{xy} = \nu\frac{e^2}{h}, \qquad \nu = \sum_n\int_{\mathrm{BZ}}\frac{d^2\bm{k}}{2\pi}\bigg(\frac{\partial a_{n,y}}{\partial k_x} - \frac{\partial a_{n,x}}{\partial k_y}\bigg)} \quad (3.35)$$

と書ける．式 (3.35) は提案者の名前にちなんで TKNN 公式とよばれる[7]．ここでバンド指数 n に関する和は Fermi 準位の下のすべての状態に対し行う．バンド n からの寄与

$$\nu_n = \int_{\mathrm{BZ}}\frac{d^2\bm{k}}{2\pi}\bigg(\frac{\partial a_{n,y}}{\partial k_x} - \frac{\partial a_{n,x}}{\partial k_y}\bigg) \quad (3.36)$$

は第 1 Chern 数あるいは単に Chern 数とよばれる．ベクトル $\bm{a}_n(\bm{k})$ が Brillouin 域内の全域で正則な（一価関数としてなめらかに変化している）場合は式 (3.36) は，Stokes の定理（あるいは Green の定理）より

$$\nu_n = \frac{1}{2\pi}\oint_{\partial\mathrm{BZ}}d\bm{k}\cdot\bm{a}_n(\bm{k}) \quad (3.37)$$

---

[7] 付録 D の参考文献 [13] を参照されたい．

と書ける．∂BZ は Brillouin 域の境界を表す．Brillouin 域は $\bm{k}$ 空間で周期性をもちゾーンの左端と右端，および上側と下側の境界は同一視されるため，この積分はゼロとなる．

これが非ゼロになるのは特異点がある場合のみである．すなわち，(ある一つのゲージで与えられる）$\bm{a}(\bm{k})$ が定義できない（発散する）点が Brillouin 域に存在する場合である．これまでのいくつかの例で見たように，このような $\bm{a}(\bm{k})$ の特異性は異なったゲージを局所的に用いることで回避できた．例えば Brillouin 域のある領域 R_I では $\bm{a}^I(\bm{k})$ によって与えられ，他の領域 R_{II} では $\bm{a}^{II}(\bm{k})$ で与えられる場合を考えよう．領域 R_I と R_{II} での波動関数が $|u_{n\bm{k}}^I\rangle = e^{i\chi_n(\bm{k})}|u_{n\bm{k}}^{II}\rangle$ で関係付けられているとき，二つの Berry 接続は $\bm{a}^I(\bm{k}) = \bm{a}^{II}(\bm{k}) + \partial\chi_n(\bm{k})/\partial\bm{k}$ で関係している．式 (3.36) は

$$\begin{aligned}\nu_n &= \frac{1}{2\pi}\int_{R_I} d^2\bm{k}\, \bm{\nabla}\times \bm{a}_n^I(\bm{k}) + \frac{1}{2\pi}\int_{R_{II}} d^2\bm{k}\, \bm{\nabla}\times \bm{a}_n^{II}(\bm{k}) \\ &= \frac{1}{2\pi}\oint_{\partial R_I} d\bm{k}\cdot \bm{a}_n^I(\bm{k}) + \frac{1}{2\pi}\oint_{\partial R_{II}} d\bm{k}\cdot \bm{a}_n^{II}(\bm{k}) \\ &= \frac{1}{2\pi}\oint_{\partial R_I} d\bm{k}\cdot \left(\bm{a}_n^I(\bm{k}) - \bm{a}_n^{II}(\bm{k})\right) \\ &= \frac{1}{2\pi}\oint_{\partial R_I} d\bm{k}\cdot \frac{\partial \chi_n(\bm{k})}{\partial \bm{k}}\end{aligned} \qquad (3.38)$$

のように書け，波動関数の一価性から χ_n は領域 R_I のまわりを 1 周したとき 2π の整数倍変化することが要請される．このように特異点が存在するとそのまわりをベクトル $\bm{a}(\bm{k})$ が何回回ったか，すなわち巻付き数（winding number）を定義できるが，式 (3.38) はその巻付き数になっている．

3.3.2 量子異常 Hall 効果

Hall 伝導率を単純な 2 バンド格子模型に対し実際に計算してみよう．磁場が軌道運動に作用する場合は上で考えたので，ここでは外部磁場がゼロ，ただしスピンが偏極している場合に起きる Hall 効果，すなわち異常 Hall 効果を考える．2×2 行列で与えられるハミルトニアンは一般に

$$\mathcal{H}(\bm{k}) = \epsilon(\bm{k}) + \bm{R}(k_x, k_y)\cdot \bm{\tau}$$

$$= \begin{pmatrix} \epsilon(\bm{k}) + R_z(\bm{k}) & R_x(\bm{k}) - iR_y(\bm{k}) \\ R_x(\bm{k}) + iR_y(\bm{k}) & \epsilon(\bm{k}) - R_z(\bm{k}) \end{pmatrix} \quad (3.39)$$

の形に書ける．ここで

$$\tau_x = \begin{pmatrix} 0 & 1 \\ 1 & 0 \end{pmatrix}, \quad \tau_y = \begin{pmatrix} 0 & -i \\ i & 0 \end{pmatrix}, \quad \tau_z = \begin{pmatrix} 1 & 0 \\ 0 & -1 \end{pmatrix} \quad (3.40)$$

はスピンに対する Pauli 行列である．$\bm{\tau}$ に依存する部分は，磁場があるときの Zeeman 項や，スピン軌道相互作用項（Rashba 項や Dresselhaus 項）に相当する．一方 $\epsilon(\bm{k})$ はスピンによらないエネルギー項を与える．具体的な模型として

$$\bm{R}(k_x, k_y) = \begin{pmatrix} R_x(\bm{k}) \\ R_y(\bm{k}) \\ R_z(\bm{k}) \end{pmatrix} = \begin{pmatrix} t\sin k_x a \\ t\sin k_y a \\ m + r\sum_{\mu=x,y}[1 - \cos k_\mu a] \end{pmatrix} \quad (3.41)$$

の場合を考える．格子間隔 a および t, r は正の実数とし，簡単のため $t = r = a = 1$ とおく．以下では m をパラメータとして Hall 伝導度を計算する．単位行列に比例する $\epsilon(\bm{k})$ の項は以下の議論で重要ではないので，無視することにする．スペクトル構造を図 3.3(a) に示す．この模型は例えば Hg$_{1-x}$Mn$_x$Te/Cd$_{1-x}$Mn$_x$Te 量子井戸の電子状態を記述する模型としても用

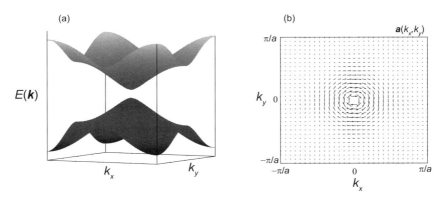

図 **3.3** (a) 2 バンド模型 (3.39) のエネルギー分散，(b) $m < 0$ の場合の Berry 接続 $\bm{a}_-^{\rm N}(k_x, k_y)$.

いられるが，次章で導入するトポロジカル絶縁体の模型のプロトタイプと考えていただきたい．Pauli 行列 $\boldsymbol{\tau}$ は必ずしも実際のスピン自由度でなくてもよい．Haldane は蜂の巣格子模型に複素数の次近接格子ホッピングパラメータを導入して同様の模型を構成したが，このときは $\boldsymbol{\tau}$ は蜂の巣格子模型の副格子の自由度に対応する．このような場合 $\boldsymbol{\tau}$ を擬スピンとよぶ．以下ではとくに Hall 伝導度が量子化される場合として，Fermi 準位がギャップの中にある場合を考える．

$\boldsymbol{k}$ 空間の Berry 接続は

$$\begin{aligned}
a_\mu^\pm(\boldsymbol{k}) &= -i\langle \pm, \boldsymbol{R}(\boldsymbol{k})|\frac{\partial}{\partial k_\mu}|\pm, \boldsymbol{R}(\boldsymbol{k})\rangle \\
&= -i\frac{\partial R_a(\boldsymbol{k})}{\partial k_\mu}\langle \pm, \boldsymbol{R}|\frac{\partial}{\partial R_a}|\pm, \boldsymbol{R}\rangle \\
&= \frac{\partial R_a(\boldsymbol{k})}{\partial k_\mu}A_a^\pm(\boldsymbol{R}) \qquad (a=x,y,z)
\end{aligned} \tag{3.42}$$

のように $\boldsymbol{R}$ 空間の Berry 接続 $A_a^\pm(\boldsymbol{R}) = -i\langle \pm, \boldsymbol{R}|\partial/\partial R_a|\pm, \boldsymbol{R}\rangle$ と関係している．(a についての和の記号 $\sum_a$ を省略した．) そこでゲージ固定をする際にも前章と同様に $\boldsymbol{R}$ 空間で北半球 $R_z > 0$ となる $\boldsymbol{k}$ 空間の領域では式 (3.42) で $\boldsymbol{A}^{\mathrm{N}}$ を採用し，$R_z < 0$ となる領域では $\boldsymbol{A}^{\mathrm{S}}$ を採用する．まずは $m > 0$ の場合を考えよう．このとき，すべての k_x, k_y に対し $\cos\theta \equiv R_z/R > 0$ なので，Berry 曲率は単一のゲージ $\boldsymbol{A}^{\mathrm{N}}$ で与えられ，Brillouin 域にわたって正則である．したがって巻付き数はゼロ，すなわち $\sigma_{xy} = 0$ となる．

次に $m < 0$ (ただし $m > -2$) の場合を考えよう．このときゲージ $\boldsymbol{A}^{\mathrm{N}}$ を用いた場合の Berry 接続 $\boldsymbol{a}_\perp^{\mathrm{N}}(\boldsymbol{k})$ を図 3.3(b) に示す．原点のまわりに渦構造を示し，その中心で特異的になっている状況が見える．これは特異点 $k_x = k_y = 0$ で $\boldsymbol{R}$ ベクトルがちょうど $-\hat{\boldsymbol{z}}$ 方向を向いているためである．この特異性は ($\boldsymbol{A}^{\mathrm{S}}$ への) ゲージ変換で取り除くことができる．このとき式 (3.35) の ν は整数値 -1 をとる．

$\boldsymbol{k}$ 空間の Berry 曲率 $b_z^\pm(\boldsymbol{k})$ を計算しよう．

$$\begin{aligned}
b_z^\pm(\boldsymbol{k}) &= \frac{\partial a_y^\pm}{\partial k_x} - \frac{\partial a_x^\pm}{\partial k_y} \\
&= \frac{\partial}{\partial k_x}\left(\frac{\partial R_b}{\partial k_y}A_b^\pm(\boldsymbol{R})\right) - \frac{\partial}{\partial k_y}\left(\frac{\partial R_a}{\partial k_x}A_a^\pm(\boldsymbol{R})\right)
\end{aligned}$$

3.3 Hall 伝導率の量子化 II

$$\begin{aligned}
&= \frac{\partial^2 R_b}{\partial k_x \partial k_y} A_b^{\pm} + \frac{\partial R_b}{\partial k_y} \frac{\partial R_a}{\partial k_x} \frac{\partial A_b^{\pm}}{\partial R_a} - \frac{\partial^2 R_a}{\partial k_y \partial k_x} A_a^{\pm} - \frac{\partial R_a}{\partial k_x} \frac{\partial R_b}{\partial k_y} \frac{\partial A_a^{\pm}}{\partial R_b} \\
&= \frac{\partial R_a}{\partial k_x} \frac{\partial R_b}{\partial k_y} \left(\frac{\partial A_b^{\pm}}{\partial R_a} - \frac{\partial A_a^{\pm}}{\partial R_b} \right)
\end{aligned} \tag{3.43}$$

$\boldsymbol{R}$ 空間の Berry 曲率 $\boldsymbol{B}^{\pm}(\boldsymbol{R})$ (式 (2.52)) を用いると,

$$\begin{aligned}
b_z^{\pm}(\boldsymbol{k}) &= \frac{\partial R_a}{\partial k_x} \frac{\partial R_b}{\partial k_y} \epsilon_{abc} B_c^{\pm} = \frac{\partial R_a}{\partial k_x} \frac{\partial R_b}{\partial k_y} \epsilon_{abc} \left(\pm \frac{1}{2} \frac{R_c}{R^3} \right) \\
&= \pm \frac{1}{2R^3} \boldsymbol{R} \cdot \left(\frac{\partial \boldsymbol{R}}{\partial k_x} \times \frac{\partial \boldsymbol{R}}{\partial k_y} \right)
\end{aligned} \tag{3.44}$$

を得る. 単位ベクトル $\hat{\boldsymbol{R}} = \boldsymbol{R}/R$ を用いると,

$$\begin{aligned}
&R\hat{\boldsymbol{R}} \cdot \frac{\partial (R\hat{\boldsymbol{R}})}{\partial k_x} \times \frac{\partial (R\hat{\boldsymbol{R}})}{\partial k_y} \\
&= R\hat{\boldsymbol{R}} \cdot \left(R \frac{\partial \hat{\boldsymbol{R}}}{\partial k_x} + \hat{\boldsymbol{R}} \frac{\partial R}{\partial k_x} \right) \times \left(R \frac{\partial \hat{\boldsymbol{R}}}{\partial k_y} + \hat{\boldsymbol{R}} \frac{\partial R}{\partial k_y} \right) \\
&= R^3 \hat{\boldsymbol{R}} \cdot \frac{\partial \hat{\boldsymbol{R}}}{\partial k_x} \times \frac{\partial \hat{\boldsymbol{R}}}{\partial k_y} + R^2 \frac{\partial R}{\partial k_x} \hat{\boldsymbol{R}} \cdot \hat{\boldsymbol{R}} \times \frac{\partial \hat{\boldsymbol{R}}}{\partial k_y} \\
&\quad + R^2 \frac{\partial R}{\partial k_y} \hat{\boldsymbol{R}} \cdot \frac{\partial \hat{\boldsymbol{R}}}{\partial k_x} \times \hat{\boldsymbol{R}} + R \frac{\partial R}{\partial k_x} \frac{\partial R}{\partial k_y} \hat{\boldsymbol{R}} \cdot \hat{\boldsymbol{R}} \times \hat{\boldsymbol{R}} \\
&= R^3 \hat{\boldsymbol{R}} \cdot \frac{\partial \hat{\boldsymbol{R}}}{\partial k_x} \times \frac{\partial \hat{\boldsymbol{R}}}{\partial k_y}
\end{aligned} \tag{3.45}$$

したがって Hall 伝導度は $\boldsymbol{R}$ ベクトルの関数として,

$$\sigma_{xy} = -\frac{e^2}{h} \int_{\mathrm{BZ}} \frac{d^2 \boldsymbol{k}}{4\pi} \hat{\boldsymbol{R}} \cdot \left(\frac{\partial \hat{\boldsymbol{R}}}{\partial k_x} \times \frac{\partial \hat{\boldsymbol{R}}}{\partial k_y} \right) \tag{3.46}$$

と表すことができる. 右辺は次のようにして巻付き数であることがわかる. 図 3.4(c) にあるように波数空間の微小領域 $dk_x dk_y$ は $\boldsymbol{R}$ 空間では $\hat{\boldsymbol{R}}(k_x, k_y)$ で張られる単位球上の領域へと写像される. この球上の微小領域の面積 (立体角) は

$$d\boldsymbol{S} = \left(\frac{\partial \hat{\boldsymbol{R}}}{\partial k_x} dk_x \right) \times \left(\frac{\partial \hat{\boldsymbol{R}}}{\partial k_y} dk_y \right) \tag{3.47}$$

で与えられる. したがって, 式 (3.46) は波数空間の Brillouin 域を覆い尽くすように $\boldsymbol{k}$ が変わったときに, $\boldsymbol{R}$ 空間の球を何回覆い尽くすかを数えた量

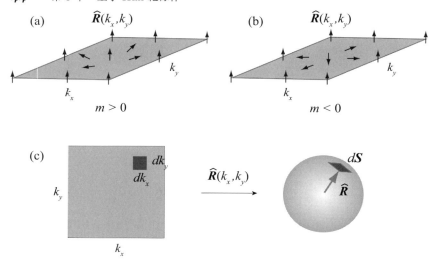

図 3.4 波数 $\bm{k} = (k_x, k_y)$ と単位ベクトル $\hat{\bm{R}}(k_x, k_y)$ との関係. (a) トポロジカルに自明な場合, (b) 非自明な場合, (c) 式 (3.46) の積分は $\bm{k}$ が Brillouin 域を覆うとき, $\hat{\bm{R}}$ ベクトルが単位球を何回覆うかを数える巻付き数（winding number）で特徴付けられる.

であり，つねに整数値を与える．$m > 0$ の場合は図 3.4(a) からわかるように，$\bm{k}$ から $\hat{\bm{R}}$ への写像では $\bm{k}$ が Brillouin 域全体を動いても，球面を覆い尽くさない，すなわち巻付き数はゼロである．これは基底状態が自明な絶縁体であり，量子 Hall 効果は起こらないこと（$\sigma_{xy} = 0$）を意味している．一方，$m < 0$（ただし $m > -2r$）の場合は，図 3.4(b) からわかるように，$\bm{k}$ からの写像によって $\bm{R}$ 空間の球を 1 回覆い尽くす．基底状態は量子異常 Hall 相 $\sigma_{xy} = -e^2/h$ である．このように有限の Chern 数をもつ絶縁体を量子 Hall 絶縁体あるいは Chern 絶縁体とよぶ．

エッジ状態

次に系に境界があるとしてエッジ状態を調べよう．磁場中の Landau 準位の問題でも系に境界があるとエッジ状態が存在することを見た．エッジに電流が流れる描像で Hall 伝導率の量子化を説明することもできたが，今の場合

も同様である．ハミルトニアン (3.39) は系に周期的境界条件が課された場合に波数表示されたものであるが，ここでは x 方向にのみ周期的境界条件が課され，y 方向には端が存在する場合を考える（図 3.5(a) 参照）．x 方向には並進対称性があるので波数 k_x を量子数にとって，エネルギー固有値を k_x の関数としてプロットした結果が図 3.5(b) である．$m < 0$ のときは上下のバンドの間のギャップ内にエッジモードのスペクトルが現れる．$k_x = 0$ の近傍ではスペクトルは $E = \pm vk$ のように線形近似できる．$E = +vk$ が一方の端のエッジモードで，$E = -vk$ はもう一方の端でのエッジモードに対応する．これはエッジ状態はエッジに沿って 1 方向のみに進むモードすなわちカイラルエッジモードであることを意味する．$m > 0$ の場合にはこのようなエッジモードは現れない．

$m < 0$ の基底状態と $m > 0$ の基底状態はトポロジカルに異なった状態である．二つの状態は $m = 0$ で隔てられ，そこではギャップが消失する．非自明な $m < 0$ の領域と真空の間の試料端でもギャップが消失しなければならないが，これは図 3.5(b) にあるエッジモードに他ならない．一方，自明な $m > 0$ の領域と真空の間ではエッジモードは現れない．この意味で $\sigma_{xy} = 0$ の状態は真空とトポロジカルにつながっている．

この章の最後にカイラルエッジ状態の波動関数とエネルギー分散を解析的に求めてみよう．簡単のため，状況として，左側 $y < 0$ が非自明相 $m < 0$，右側 $y > 0$ では $m > 0$ の自明相があり，その境界 $y = 0$ でのエッジ状態を考える．

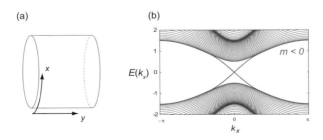

図 **3.5** (a) 境界がある量子 Hall 絶縁体，(b) 境界がある模型のエネルギー分散．$m < 0$ の場合，エッジ状態が存在する．

まずハミルトニアン (3.39) に対し連続近似を行う．波数 $\boldsymbol{k}$ に関して 2 次以上の項を無視して[8]，$k_a \to -i\partial/\partial x_a$ のおき換えを行うと

$$\mathcal{H} = \begin{pmatrix} m(y) & \hbar v(-i\frac{\partial}{\partial x} - \frac{\partial}{\partial y}) \\ \hbar v(-i\frac{\partial}{\partial x} + \frac{\partial}{\partial y}) & -m(y) \end{pmatrix} \tag{3.48}$$

を得る．ただし $v = ta/\hbar$ とした．ここで状態ベクトル

$$\exp\left[-\frac{1}{\hbar v}\int^y dy' m(y')\right] \begin{pmatrix} 1 \\ -1 \end{pmatrix}$$

にハミルトニアン (3.48) を作用させるとゼロになる．すなわちエネルギーゼロの固有状態であることがわかる．エネルギー $E = -\hbar v k_x$ をもつ，$y = 0$ 近傍に局在したエッジ状態の波動関数は

$$\begin{pmatrix} u \\ v \end{pmatrix} = N \exp\left[ik_x x - \frac{1}{\hbar v}\int^y dy' m(y')\right] \begin{pmatrix} 1 \\ -1 \end{pmatrix} \tag{3.49}$$

で与えられる．

---

[8] このとき，波数の大きいモードに関する情報は失われる．ただしエッジの波動関数の形やエネルギー分散などの低エネルギーのふるまいに影響はない．

第4章　トポロジカル絶縁体

　前章ではトポロジカルに非自明な絶縁体として量子 Hall 絶縁体を考えた．バルク状態はトポロジカル不変量で特徴付けられ，系の境界にはギャップレス励起モードが存在する．量子 Hall 系では時間反転対称性の破れが本質的であるが，この章ではトポロジカルに非自明な絶縁体の概念を時間反転対称性がある場合に拡張する．発見的導入によって空間 2 次元と 3 次元で非自明な絶縁体が実現し得ることを解説する．

4.1　歴史的導入

　この章では時間反転不変性の概念が重要な役割を担う．時間反転とは，ある粒子の運動状態を，その時間の流れを逆にした運動状態におき換える操作である．例えば運動量 $\bm{p}$ で運動している状態は時間反転のもとで $-\bm{p}$ の運動状態に変わる．スピンアップの状態はスピンダウンの状態に変わる．さらに系が時間反転不変であるとは粒子がある運動を行ったとすると，その時間の流れを逆にした運動も可能であることを意味する．磁場中の電子はサイクロトロン回転運動を行うが，その回転の向きは磁場の向きによって決まってしまうため，時間反転に対し不変でない．したがって強磁場下で実現する量子 Hall 状態は時間反転対称性が破れているが，これは Hall 効果にとって必要条件である．実際，量子 Hall 系のエッジ状態は 1 方向のみに運動し，鏡映対称性をもたないという意味でカイラルとよばれている．もし磁場が $+z$ 方向を向いていたとすると，エッジ状態は上（$+z$ 方向）から見て時計回りに運

動している．これを時間反転すると，エッジ状態が反時計回りに運動する量子 Hall 状態に変わるが，これは磁場が $-z$ 方向を向いた場合の量子 Hall 状態に他ならない．

2005 年，Kane と Mele は量子 Hall 系を時間反転対称性を有する系に拡張した．これは次のようなアイディアである [19, 20]．まずスピンアップの電子が通常の量子 Hall 状態にあるとしよう．次に，これと時間反転の関係にあるスピンダウンの電子系を導入し，これら二つを組み合わせると，時間反転対称性をもった絶縁相が完成する（図 4.1 参照）．もちろんスピンアップの電子とスピンダウンの電子にそれぞれ逆向きの磁場を印加することは不可能であるが，スピン軌道相互作用がその役割を担うことができる．このような系は量子スピン Hall 系と名付けられた．このときエッジではスピンアップの電子とスピンダウンの電子がそれぞれ逆方向に進む，ヘリカルエッジとよばれる状態が実現する．このようにスピンと軌道運動が強い相関をもつにはある程度強いスピン軌道相互作用の存在が必要である．Kane と Mele によってはじめに提案された系は蜂の巣構造をもつグラフェンの模型であったが，グラフェンを構成する炭素は非常に軽い元素で，そのためスピン軌道相互作用は量子スピン Hall 状態を実現するにはあまりにも弱い [19]．その後，Bernevig, Hughes と Zhang [22] は HgTe を CdTe で挟んだ量子井戸構造で，この量子スピン Hεll 系が実現することを提案し，翌年 König らによって実験的にその存在が確認された [23]．

スピンのある成分，例えば z 成分が保存している場合には，この系は z 成分のスピン Hall 伝導率によって特徴付けられる．この状況は量子 Hall 状態が量子化された Hall 伝導率によって特徴付けられる状況と対応している．ところがこれは特殊な状況で，通常はスピン軌道相互作用のもとではスピンは保存されず，スピン流の定義は曖昧になる．一般のスピン軌道相互作用に対する時間反転不変な絶縁体は整数ではなく $\mathbb{Z}_2$ とよばれる 2 値数によって特徴付けられる．この $\mathbb{Z}_2$ 不変量は波動関数のパリティ，すなわち空間反転の偶奇性と関係していて，通常の絶縁体では「$\mathbb{Z}_2$ even（偶）」である．スピン軌道相互作用が十分強い場合には価電子帯の一部が伝導帯と反転し，「$\mathbb{Z}_2$ odd（奇）」の状態となる．この意味で量子スピン Hall 絶縁体という言葉はあまり適切ではなく，$\mathbb{Z}_2$ トポロジカル絶縁体，あるいは単に（狭義の意味で）ト

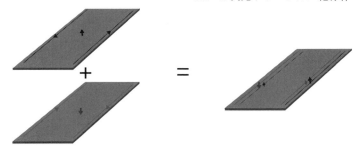

図 4.1 量子スピン Hall 系(トポロジカル絶縁体)の概念図.スピン↑の電子の量子 Hall 系とそれを時間反転したスピン↓の量子 Hall 系を組み合わせることで時間反転不変な絶縁体,量子スピン Hall 系が得られる.

ポロジカル絶縁体とよばれるようになった.この $\mathbb{Z}_2$ トポロジカル絶縁体は3次元系でも実現することが理論的に予測され,$Bi_{1-x}Sb_x$ や Bi_2Se_3,Bi_2Te_3 などの物質でその存在が確認された [4].以下ではこのトポロジカル絶縁体を具体的な模型に沿って解説していく.

4.2 2次元トポロジカル絶縁体

4.2.1 スピン軌道相互作用

この章の議論で重要な役割を担うスピン軌道相互作用について簡単に復習しておこう.原子は正の電荷をもつ原子核とそのまわりの電子からなり,それらの間には中心力ポテンシャル $\phi(r)$ が働く.ここで r は原子核から電子までの距離である.スピン軌道相互作用は直感的に次のように理解できる.価電子に注目すると,速度 $\boldsymbol{v}$ で電場 $\boldsymbol{E} = -\boldsymbol{\nabla}\phi$ の中を運動するとき有効磁場 $\boldsymbol{B}_{\text{eff}} = -(\boldsymbol{v}/c) \times \boldsymbol{E}$ を感じる.電子は磁気モーメント $-g\mu_B \boldsymbol{S}/\hbar$ をもつのでこれらの間に働く相互作用

$$\begin{aligned}H_{\text{SO}} &= \frac{g\mu_B \boldsymbol{S}}{\hbar} \cdot \boldsymbol{B}_{\text{eff}} = g\left(\frac{e}{2mc}\right)\boldsymbol{S} \cdot \left(-\frac{\boldsymbol{p}}{cm} \times \boldsymbol{E}\right) \\ &= \frac{-e}{m^2 c^2 r}\frac{\partial \phi}{\partial r}\boldsymbol{r} \times \boldsymbol{p} \cdot \boldsymbol{S}\end{aligned} \quad (4.1)$$

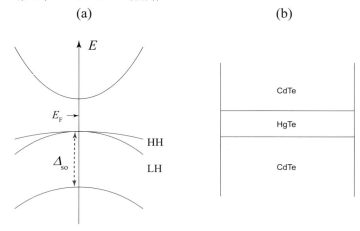

図 4.2 (a) 通常の半導体のバンド構造．s 軌道は伝導帯，p 軌道は価電子帯となる．スピン軌道相互作用が大きい系ではバンドの順序が反転し得る．(b) HgTe と CdTe の量子井戸構造．井戸幅によってバンドの反転が制御できる．

がスピン軌道相互作用と見なせる．よく知られているようにこの大雑把な導出では相対論的量子力学による正確な結果と因子 2 だけ異なる．以下では正しい因子も係数 λ に含めて

$$H_{\mathrm{SO}} = \lambda \boldsymbol{r} \times \boldsymbol{p} \cdot \boldsymbol{S} \tag{4.2}$$

と表すことにする．一様磁場の効果との類似性を見るために，対称ゲージでのベクトルポテンシャル $\boldsymbol{A} = (1/2)\boldsymbol{B} \times \boldsymbol{r}$ を用いて，Schrödinger ハミルトニアン (2.1) の磁場を含む運動項を

$$\begin{aligned}H_B &= -\frac{e}{c}\frac{\boldsymbol{p}}{m} \cdot \boldsymbol{A} \\ &= \frac{-e}{2mc}\boldsymbol{r} \times \boldsymbol{p} \cdot \boldsymbol{B}\end{aligned} \tag{4.3}$$

の形で表す．式 (4.2) と比較すると（係数の違いは別として）$\boldsymbol{B}$ が $\boldsymbol{S}$ におき換わっている．したがってスピンアップとスピンダウンは互いに「逆向き」の磁場を感じていると見なすことができる．スピン軌道相互作用 (4.2) があるときにはスピン $\boldsymbol{S}$ と軌道角運動量 $\boldsymbol{L} = \boldsymbol{r} \times \boldsymbol{p}$ は独立には保存しないが，合

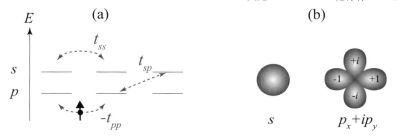

図 4.3 量子井戸構造におけるホッピングの様子. (a) s 軌道および p 軌道の間のホッピング, (b) s 状態および $p_x + ip_y$ 状態の波動関数の異方性.

成角運動量 $\bm{J} = \bm{L} + \bm{S}$ は保存される. 式 (4.2) は

$$H_{\mathrm{SO}} = \lambda \bm{L} \cdot \bm{S}$$
$$= \frac{\lambda}{2}\left(\bm{J}^2 - \bm{L}^2 - \bm{S}^2\right) \qquad (4.4)$$

のように表され, $\bm{J}^2 = J(J+1)$ と J_z の固有状態 $|J, J_z\rangle$ によって対角化される.

4.2.2 HgTe/CdTe 量子井戸模型

2次元のトポロジカル絶縁体として実際に実験的に実現されている HgTe/CdTe の量子井戸構造を考えよう. 例えば GaAs のような通常の半導体は s 軌道からなる伝導帯と p 軌道からなる価電子帯を有する. p 軌道状態はスピンを含めると, もともと 6 重に縮退しているがスピン軌道相互作用によって縮退が解ける. スピン 1/2 と軌道角運動量 $L = 1$ の合成角運動量は $J = 3/2$ と $J = 1/2$ の固有状態をもつ. $J = 3/2$ の状態のうち $J_z = \pm 3/2$ からなるバンドは重い正孔バンド (heavy hole band, HH), $J_z = \pm 1/2$ は軽い正孔バンド (light hole band, LH) とよばれる. また $J = 1/2$ のバンドはスプリットオフバンドとよばれる. 一般に, 合成角運動量が $J = 1/2$ のスプリットオフバンドは低エネルギー側に, $J = 3/2$ のバンドは高エネルギー側にシフトする. このエネルギー分裂の大きさ Δ_{so} はスピン軌道相互作用の大きさによって決まり, 重い元素ほど大きく分裂する. バルク 3 次元 CdTe ではバ

ンドの並び方は通常の半導体と同様であるのに対し，バルク 3 次元 HgTe では $J = 3/2$ の p 軌道バンドのエネルギーが上へと大きくシフトし，s 軌道バンドと上下逆転する．

量子井戸構造では井戸幅を調節することによってバンド反転を制御できる．また，バルクでは重い正孔バンドと軽い正孔バンドは $\bm{k} = 0$ で縮退していたが（図 4.2(a) 参照），量子井戸構造では z 方向の閉じ込め効果によって回転対称性が破れるため，これら二つのバンドは分離する．ここでは s 軌道と重い正孔バンドのみに着目し，それ以外のバンドは Fermi 準位から離れているため無視する．サイト $\bm{R}$ にある四つの状態を次のように表す．$|\bm{R}, s, \uparrow\rangle$, $|\bm{R}, s, \downarrow\rangle$, $|\bm{R}, p_+, \uparrow\rangle$, $|\bm{R}, p_-, \downarrow\rangle$. ここで $p_\pm = p_x \pm i p_y$ とした．ホッピングハミルトニアンは，s 軌道から s 軌道，および p 軌道から p 軌道に加え，s 軌道と p 軌道の間の混成ホッピングも導入すると

$$\begin{aligned}
H_t = -\sum_{\bm{R},\sigma_z} \sum_{\mu=\pm x, \pm y} \Big(& t_{ss} |\bm{R}+\mathbf{e}_\mu, s, \sigma_z\rangle\langle \bm{R}, s, \sigma_z| \\
& -t_{pp} |\bm{R}+\mathbf{e}_\mu, p_{\sigma_z}, \sigma_z\rangle\langle \bm{R}, p_{\sigma_z}, \sigma_z| \\
& +t_{sp} e^{i\theta_\mu \sigma_z} |\bm{R}+\mathbf{e}_\mu, s, \sigma_z\rangle\langle \bm{R}, p_{\sigma_z}, \sigma_z| \\
& +t_{sp} e^{-i\theta_\mu \sigma_z} |\bm{R}+\mathbf{e}_\mu, p_{\sigma_z}, \sigma_z\rangle\langle \bm{R}, s, \sigma_z| \Big)
\end{aligned} \quad (4.5)$$

で与えられる．このとき p 軌道の波動関数の異方性（図 4.3(b) 参照）のため s と p の間のホッピング方向によって t_{sp} に伴う位相因子が異なることに注意する．θ_μ は s と p の間のホッピングで p から s を見たときのボンドと x 軸とのなす角で，$\bm{R}$ にある p 軌道から $\bm{R}+\bm{e}_x$ にある s 軌道に飛び移ったときは $\theta = 0$，$\bm{R}$ にある p 軌道から $\bm{R}+\bm{e}_y$ にある s 軌道に飛び移ったときは $\theta = \pi/2$ となる．s 軌道から p 軌道へはその Hermite 共役で与えられる．これにサイトポテンシャル項

$$H_0 = \sum_{\bm{R},\sigma_z} \Big(\epsilon_s |\bm{R}, s, \sigma_z\rangle\langle \bm{R}, s, \sigma_z| + \epsilon_p |\bm{R}, p_{\sigma_z}, \sigma_z\rangle\langle \bm{R}, p_{\sigma_z}, \sigma_z| \Big) \quad (4.6)$$

を加えた $H_{\mathrm{BHZ}} = H_0 + H_t$ を提唱者の名前にちなんで Bernevig-Hughes-

Zhang（BHZ）模型とよぶ．

エネルギー分散を見るために，Fourier 変換

$$|\bm{R}, s, \sigma_z\rangle = \frac{1}{\sqrt{L^2}} \sum_{\bm{k}} e^{i\bm{k}\cdot\bm{R}} |\bm{k}, s, \sigma_z\rangle$$

$$|\bm{R}, p_{\sigma_z}, \sigma_z\rangle = \frac{1}{\sqrt{L^2}} \sum_{\bm{k}} e^{i\bm{k}\cdot\bm{R}} |\bm{k}, p_{\sigma_z}, \sigma_z\rangle$$

を用いてハミルトニアンを波数表示しよう．このとき，x および y 方向に周期的境界条件を課したことになる．

$$\sum_{\bm{R},\mu=\pm x,\pm y} |\bm{R}+\bm{e}_\mu, s, \sigma_z\rangle\langle \bm{R}, s, \sigma_z|$$

$$= \sum_{\bm{R},\mu=\pm x,\pm y} \left[\sum_{\bm{k}} \frac{e^{i\bm{k}\cdot(\bm{R}+\bm{e}_\mu)}}{\sqrt{L^2}}|\bm{k}, s, \sigma_z\rangle\right]\left[\sum_{\bm{k}'} \frac{e^{-i\bm{k}'\cdot\bm{R}}}{\sqrt{L^2}}\langle \bm{k}', s, \sigma_z|\right]$$

$$= \sum_\mu \sum_{\bm{k}} \sum_{\bm{k}'} e^{i\bm{k}\cdot\bm{e}_\mu}|\bm{k}, s, \sigma_z\rangle\langle \bm{k}', s, \sigma_z| \sum_{\bm{R}} \frac{e^{i(\bm{k}-\bm{k}')\cdot\bm{R}}}{L^2}$$

$$= 2\sum_{\bm{k}} \left(\cos k_x + \cos k_y\right)|\bm{k}, s, \sigma_z\rangle\langle \bm{k}, s, \sigma_z| \tag{4.7}$$

$$\sum_{\bm{R},\mu=\pm x,\pm y} |\bm{R}+\bm{e}_\mu, p_{\sigma_z}, \sigma_z\rangle\langle \bm{R}, p_{\sigma_z}, \sigma_z|$$

$$= 2\sum_{\bm{k}} \left(\cos k_x + \cos k_y\right)|\bm{k}, p_{\sigma_z}, \sigma_z\rangle\langle \bm{k}, p_{\sigma_z}, \sigma_z| \tag{4.8}$$

および

$$\sum_{\bm{R},\mu=\pm x,\pm y} e^{i\theta_\mu}|\bm{R}+\bm{e}_\mu, s, \uparrow\rangle\langle \bm{R}, p_+, \uparrow|$$

$$= \sum_{\bm{R}} \Big[(+1)|\bm{R}+\bm{e}_x, s, \uparrow\rangle\langle \bm{R}, p_+, \uparrow| + (-1)|\bm{R}-\bm{e}_x, s, \uparrow\rangle\langle \bm{R}, p_+, \uparrow|$$

$$+ (+i)|\bm{R}+\bm{e}_y, s, \uparrow\rangle\langle \bm{R}, p_+, \uparrow| + (-i)|\bm{R}-\bm{e}_y, s, \uparrow\rangle\langle \bm{R}, p_+, \uparrow|\Big]$$

$$= \sum_{\bm{k}} \Big[(+e^{i\bm{k}\cdot\bm{e}_x})|\bm{k}, s, \uparrow\rangle\langle \bm{k}, p_+, \uparrow| + (-e^{-i\bm{k}\cdot\bm{e}_x})|\bm{k}, s, \uparrow\rangle\langle \bm{k}, p_+, \uparrow|$$

$$+(+ie^{i\boldsymbol{k}\cdot\boldsymbol{e}_y})|\boldsymbol{k},s,\uparrow\rangle\langle\boldsymbol{k},p_+,\uparrow|+(-ie^{-i\boldsymbol{k}\cdot\boldsymbol{e}_y})|\boldsymbol{k},s,\uparrow\rangle\langle\boldsymbol{k},p_+,\uparrow|\Big]$$

$$=-2\sum_{\boldsymbol{k}}\Big(\sin k_y - i\sin k_x\Big)|\boldsymbol{k},s,\uparrow\rangle\langle\boldsymbol{k},p_+,\uparrow| \tag{4.9}$$

などから，ハミルトニアンは $\{|\boldsymbol{k},s,\uparrow\rangle,|\boldsymbol{k},s,\downarrow\rangle,|\boldsymbol{k},p_+,\uparrow\rangle,|\boldsymbol{k},p_-,\downarrow\rangle\}$ を基底とする行列表示で

$$\begin{aligned}
\mathcal{H}_{\mathrm{BHZ}}(\boldsymbol{k}) &= \begin{pmatrix} \epsilon_s - 2t_{ss}(\cos k_x + \cos k_y) & 2t_{sp}(\sigma_z \sin k_y - i\sin k_x) \\ 2t_{sp}(\sigma_z \sin k_y + i\sin k_x) & \epsilon_p + 2t_{pp}(\cos k_x + \cos k_y) \end{pmatrix} \\
&= \Big[\frac{\epsilon_s+\epsilon_p}{2} - (t_{ss}-t_{pp})(\cos k_x+\cos k_y)\Big]\begin{pmatrix} I & 0 \\ 0 & I \end{pmatrix} \\
&\quad + \Big[\frac{\epsilon_s-\epsilon_p}{2} - (t_{ss}+t_{pp})(\cos k_x+\cos k_y)\Big]\begin{pmatrix} I & 0 \\ 0 & -I \end{pmatrix} \\
&\quad + 2t_{sp}\sin k_x \begin{pmatrix} 0 & -iI \\ iI & 0 \end{pmatrix} + 2t_{sp}\sin k_y \begin{pmatrix} 0 & \sigma_z \\ \sigma_z & 0 \end{pmatrix}
\end{aligned} \tag{4.10}$$

で与えられる．I は 2×2 単位行列である．この模型は $[\mathcal{H}_{\mathrm{BHZ}}(\boldsymbol{k}),\sigma_z]=0$，すなわち σ_z がよい量子数になっていることに注意する．

エネルギー分散 $E(\boldsymbol{k})$ の解析的表式を求めるためには 4×4 行列

$$\begin{aligned}
\alpha^1 &= \tau_x \otimes \sigma_x = \begin{pmatrix} 0 & \sigma_x \\ \sigma_x & 0 \end{pmatrix}, \quad \alpha^2 = \tau_x \otimes \sigma_y = \begin{pmatrix} 0 & \sigma_y \\ \sigma_y & 0 \end{pmatrix}, \\
\alpha^3 &= \tau_x \otimes \sigma_z = \begin{pmatrix} 0 & \sigma_z \\ \sigma_z & 0 \end{pmatrix}, \quad \alpha^4 = \tau_y \otimes I = \begin{pmatrix} 0 & -iI \\ iI & 0 \end{pmatrix}, \\
\alpha^0 &= \tau_z \otimes I = \begin{pmatrix} I & 0 \\ 0 & -I \end{pmatrix}
\end{aligned} \tag{4.11}$$

を用いて，ハミルトニアンを

$$\mathcal{H}(\boldsymbol{k}) = \epsilon_0(\boldsymbol{k})I + \sum_{a=1}^{4} R_a(\boldsymbol{k})\alpha^a \tag{4.12}$$

の形に表すのが便利である．アルファ行列の満たす関係式

$$\alpha^a\alpha^b + \alpha^a\alpha^b = 2\delta^{ab} \tag{4.13}$$

を用いて

$$\left(\sum_{a=0}^{4} R_a(\boldsymbol{k})\alpha^a\right)^2 = \sum_{a,b} R_a(\boldsymbol{k})R_b(\boldsymbol{k})\alpha^a\alpha^b$$
$$= \sum_{a,b} R_a(\boldsymbol{k})R_b(\boldsymbol{k})\frac{1}{2}\left(\alpha^a\alpha^b + \alpha^b\alpha^a\right)$$
$$= \sum_a R_a(\boldsymbol{k})R_a(\boldsymbol{k}) \quad (4.14)$$

が示される．これを用いてエネルギー分散

$$E_\pm(\boldsymbol{k}) = \epsilon_0(\boldsymbol{k}) \pm \sqrt{\sum_a R_a(\boldsymbol{k})R_a(\boldsymbol{k})} \quad (4.15)$$

が得られる．BHZ模型に対しては

$$\epsilon_0(\boldsymbol{k}) = (\epsilon_s + \epsilon_p)/2 - (t_{ss} - t_{pp})(\cos k_x + \cos k_y)$$
$$R_1(\boldsymbol{k}) = 0$$
$$R_2(\boldsymbol{k}) = 0$$
$$R_3(\boldsymbol{k}) = 2t_{sp}\sin k_y$$
$$R_4(\boldsymbol{k}) = 2t_{sp}\sin k_x$$
$$R_0(\boldsymbol{k}) = \frac{(\epsilon_s - 4t_{ss}) - (\epsilon_p + 4t_{pp})}{2} + (t_{ss} + t_{pp})(2 - \cos k_x - \cos k_y)$$
$$(4.16)$$

である．

この模型は第3章で導入した2×2行列の模型 (3.39) を 4×4 行列に拡張したものと見なせる．とくに式 (4.16) の $R_0(\boldsymbol{k})$ の第1項 $(1/2)\{(\epsilon_s - 4t_{ss}) - (\epsilon_p + 4t_{pp})\}$ は第3章の式 (3.41) の m に対応し，「質量」ギャップを与える．第3章でバンド反転，すなわち $m>0$ から $m<0$ に変わるときに，トポロジーが変化したように今の場合も s バンドと p バンドが反転したときにトポロジーが変わるかもしれない．

$\mathcal{H}_{\mathrm{BHZ}}$ のバンド構造の典型的な例を図 4.4 に示す．いくつかの k_y の値に対し，エネルギーを k_x の関数としてプロットした．図 4.4(a) は，スピン軌道相互作用が小さい通常の絶縁体および半導体の様子である．スピン軌道相互

56 第 4 章 トポロジカル絶縁体

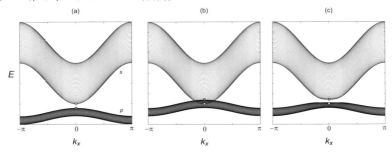

図 4.4 量子井戸構造におけるエネルギー分散．(a) 通常の絶縁体あるいは半導体の場合，s 軌道は Fermi 準位の上（伝導帯）に位置し，p 軌道は Fermi 準位の下（価電子帯）にある．(b) スピン軌道相互作用が強い場合．s 軌道の $\bm{k}=0$ 状態と p 軌道（重い正孔バンド）の $\bm{k}=0$ 状態のエネルギーが反転する．sp 混成がない場合 ($t_{sp}=0$)，(c) sp 混成 (t_{sp}) によってギャップが開く．

作用が強くなるにつれ，重い正孔バンドの $\bm{k}=0$ における状態の準位が上昇し，s 軌道バンドの $\bm{k}=0$ の状態と上下逆転する．図 4.4(b) は sp 混成がない場合のバンド図であるが実際は有限の sp 混成によってギャップが開く（図 4.4(c)）．このようにして強いスピン軌道相互作用によって新たにギャップが空いた絶縁体状態は，元の絶縁体状態とトポロジカルに異なった相であることが期待される．これを確かめるもっとも直接的な方法はエッジモードの存在を確認することである．

4.2.3 エッジ状態

$y=0$ および $y=L_y$ にエッジがある系を考え，x 方向には周期的境界条件を課す．x 方向のみに対して並進対称性があるので x に対する Fourier 変換 $|x,y,s/p,\sigma_z\rangle = (1/\sqrt{L_x})\sum_{k_x} e^{ik_x x}|k_x,y,s/p,\sigma_z\rangle$ を用いてホッピングハミルトニアンを書き換えると，H_t は次のように与えられる．

$$H_t = -t_{ss} \sum_{k_x,y,\sigma_z} \Big(2\cos k_x |k_x,y,s,\sigma_z\rangle\langle k_x,y,s,\sigma_z|$$
$$+|k_x,y+1,s,\sigma_z\rangle\langle k_x,y,s,\sigma_z| + |k_x,y,s,\sigma_z\rangle\langle k_x,y+1,s,\sigma_z|\Big)$$

$$
\begin{aligned}
&+t_{pp} \sum_{k_x,y,\sigma_z} \Big(2\cos k_x |k_x,y,p,\sigma_z\rangle\langle k_x,y,p,\sigma_z| \\
&\qquad + |k_x,y+1,p,\sigma_z\rangle\langle k_x,y,p,\sigma_z| + |k_x,y,p,\sigma_z\rangle\langle k_x,y+1,p,\sigma_z|\Big) \\
&-t_{sp}\sum_{k_x,y,\sigma_z}\Big(2i\sin k_x |k_x,y,s,\sigma_z\rangle\langle k_x,y,p,\sigma_z| \\
&\qquad +(+i\sigma_z)|k_x,y+1,s,\sigma_z\rangle\langle k_x,y,p,\sigma_z| \\
&\qquad +(-i\sigma_z)|k_x,y,s,\sigma_z\rangle\langle k_x,y+1,p,\sigma_z|\Big) \\
&-t_{sp}\sum_{k_x,y,\sigma_z}\Big(-2i\sin k_x |k_x,y,p,\sigma_z\rangle\langle k_x,y,s,\sigma_z| \\
&\qquad +(+i\sigma_z)|k_x,y+1,p,\sigma_z\rangle\langle k_x,y,s,\sigma_z| \\
&\qquad +(-i\sigma_z)|k_x,y,p,\sigma_z\rangle\langle k_x,y+1,s,\sigma_z|\Big)
\end{aligned}
\tag{4.17}
$$

ここで y についての和は $\sum_{y=0}^{L_y-1}$ である．これらを行列表示して対角化するとエッジがある場合のエネルギー分散 $E(k_x)$ が得られる．図 4.5(a) にあるように，バンド反転がない場合，すなわち通常の絶縁体ではエッジモードの分散は現れない．一方，バンド反転が生じた場合には，伝導帯と価電子帯をつなぐ分散が現れる（図 4.5(b)）．$k_x = 0$ で分散が交わり，この領域では $E \propto \pm|k_x|$ のように k_x の 1 次で与えらえる．このような線形分散が交差する点を Dirac 点という．

量子 Hall 絶縁体の場合との相違に注意したい．第 3 章で見たように，量子 Hall 状態はカイラルエッジモードを有する．すなわち試料の端を 1 方向のみに運動するモードである．量子 Hall 絶縁体のエッジモードが摂動に対し安定に存在することは，摂動による後方散乱が起こり得ないことから理解できた．一方，トポロジカル絶縁体では磁場の代わりにスピン軌道相互作用が本質的な役割を担っている．スピン軌道相互作用は時間反転対称性を有するため，もし運動量 $+\hbar k_x$ スピン↑の運動状態があれば，その時間反転である $-\hbar k_x$, ↓の状態も存在する．したがって今の場合，互いに逆向きスピンが互いに逆向きに運動する，ヘリカルエッジモードが存在する．系に摂動を加えても時間反転対称性を破らない限りヘリカルエッジモードは安定に存在する．とくに $k_x = 0$（Dirac 点）におけるエッジモードは本質的な役割をもつ．k_x と $-k_x$ の時間反転なペアは $k_x = 0$ では 2 重に縮退していなければならない．

58 第 4 章　トポロジカル絶縁体

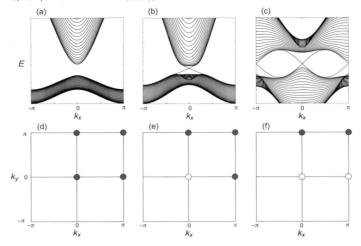

図 4.5 境界がある場合のエネルギー分散．(a) s 軌道と p 軌道の反転がない場合，エッジモードは存在しない．(b) スピン軌道相互作用によって s 軌道の $\bm{k}=0$ 状態と p 軌道（重い正孔バンド）の $\bm{k}=0$ 状態のエネルギーが反転した場合．エッジモードの分散が現れる．(c) 異方的な系，$\bm{k}=(0,0)$ に加え，$\bm{k}=(\pi,0)$ でも s と p の反転が生じた場合．下の図 (d-f) は Brillouin 域内の時間反転対称運動量における占有状態のパリティを示す．(a) では占有状態はすべて p 軌道からなり，パリティはつねに奇．(b) では $\bm{k}=(0,0)$ におけるバンド反転のため $(0,0)$ でのみ占有状態はパリティ偶となる．(c) $\bm{k}=(0,0)$ および $\bm{k}=(\pi,0)$ においてパリティ偶の場合．

系が時間反転対称性を有する限り，図 4.6(a) のように $k_x=0$ での縮退が解けることは原理的に不可能である．同様なことが $k_x=\pm\pi$ でも起こり得る．Brillouin 域は波数空間で周期構造をもつので $k_x=+\pi$ と $k_x=-\pi$ は同一視され，したがって $k_x=0$ と同様に $k_x=\pi$ でも二つの準位は縮退していなくてはならない．このように $\bm{k}\to-\bm{k}$ のもとで不変な波数の値を「時間反転不変な波数」という．2 次元では独立な時間反転不変な波数は四つ存在する．図 4.6(b) のように $k_x=\pi$ に Dirac 点をもつエッジモードが現れた場合も (a) の場合と同様に時間反転対称性を破らない摂動に対し安定である．(a) はバンド反転が $\bm{k}=(0,0)$ で生じた場合であるが，(b) の状況はバンド反転が $\bm{k}=(0,0)$，$\bm{k}=(\pi,0)$ および $\bm{k}=(0,\pi)$ の 3 点で生じた場合に相当する．

エッジモードの安定性をさらに議論するために，別の状態を考える．系が異方的であるとしよう．すなわち x 方向のホッピングと y 方向のホッピング

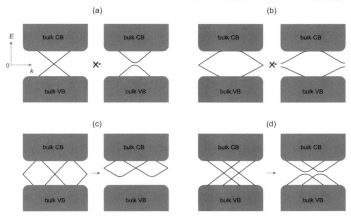

図 4.6 エッジモードの安定性．(a) $k_x = 0$ に Dirac 点がある場合．時間反転対称性により $k_x = 0$ における縮退を解くことはできない，(b) $k_x = \pi$ に Dirac 点がある場合，(c) $k_x = 0$ と $k_x = \pi$ に Dirac 点がある場合，(d) $k_x = 0$ に 2 個の Dirac 点がある場合．時間反転対称性があってもギャップが生じ，エッジモードが連続的に消失することが可能となる．

が異なる場合を考える．このとき，$\bm{k} = (0,0)$ および $\bm{k} = (\pi,0)$ の 2 点でバンド反転が生じるが他の二つの時間反転不変な波数では反転していない状況を考えることができる．この場合のエッジ状態の様子は図 4.5(c) にあるように，$k_x = 0$ と $k_x = \pi$ の 2 点にそれぞれ Dirac 点が現れる．実はこのような二つの Dirac 点をもつエッジモードは安定ではない．図 4.6(c) や (d) のように時間反転対称性があっても，エッジモードにギャップが生じ，分散が連続的に消失することが可能である．

一般に Dirac 点が偶数個の場合は不安定であるが，奇数個の Dirac 点をもつエッジモードある場合は少なくとも一つのエッジ分散は，いかなる時間反転対称な摂動のもとでも安定に存在することができる．奇数個の Dirac 点からなるエッジモードをもつ系は「強いトポロジカル絶縁体」とよばれ，一方，偶数個の Dirac 点をもつ系は「弱いトポロジカル絶縁体」とよばれる．「強い」「弱い」の違いはバンド反転の生じる回数の偶奇性と関連している．s 軌道の波動関数は空間反転，すなわちパリティ変換に対し「偶」であるが，p 軌道は

「奇」である．すなわち，p 軌道と s 軌道のエネルギーが逆転すると，Fermi 準位以下の波動関数のパリティが変わる．スピン軌道相互作用の弱い通常の絶縁体から出発して，時間反転対称な波数におけるバンド反転が奇数回生じた場合は強いトポロジカル絶縁体，偶数回のときは弱いトポロジカル絶縁体となる．このように「強い」あるいは「弱い」絶縁体の違いは

$$(-1)^{\nu_0} = \zeta(0,0)\zeta(\pi,0)\zeta(0,\pi)\zeta(\pi,\pi) \tag{4.18}$$

の ν_0 の偶奇性によって特徴付けられる．ここで $\zeta(\mathbf{\Lambda})$ は時間反転不変な波数 $\mathbf{k} = \mathbf{\Lambda}$ における占有状態の波動関数のパリティ固有値である．s 軌道状態は $+1$，p 軌道状態は -1 である．ν_0 は $\mathbb{Z}_2$ トポロジカル不変量とよばれる．$\mathbb{Z}_2$ は数学の記号で「偶数」と「奇数」の二つの元のみからなる集合である．図 4.5(a) では価電子帯はすべて p 軌道からなるので，四つの時間反転対称な波数において $\zeta = -1$，したがって $\nu_0 = 0$ である．図 4.5(b) では $\mathbf{k} = (0,0)$ においてバンド反転が生じ $\zeta(0,0) = +1$ それ以外では $\zeta = -1$ であるので，$\mathbb{Z}_2$ トポロジカル不変量は $\nu_0 = 1$ である．図 4.5(c) では $\mathbf{k} = (0,0)$ および $\mathbf{k} = (\pi,0)$ においては $\zeta = +1$，$\mathbf{k} = (0,\pi)$ および $\mathbf{k} = (\pi,\pi)$ においては $\zeta = -1$ で $\nu_0 = 0$ となる．

ここでは系が空間反転対称性を有することを仮定した．実はここで議論されるトポロジカルに非自明な絶縁体は時間反転対称性が本質であり，空間反転対称性は必ずしも必要ではない．ただし空間反転対称性がない場合の議論は数学的に込み入ってくるので，第 5 章で扱うことにする．

4.3　3 次元トポロジカル絶縁体

4.3.1　Bi_2Se_3 模型

次に 3 次元トポロジカル絶縁体の模型を Bi_2Se_3 を例にとって考えよう．Bi_2Se_3 の結晶構造は図 4.7 にあるように層構造をなしており，(Se1, Bi1, Se2,

4.3 3次元トポロジカル絶縁体   **61**

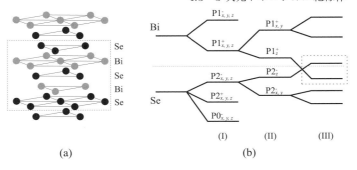

図 4.7 (a) 3次元トポロジカル絶縁体 Bi_2Se_3 の層構造. (b) Bi および Se の p 軌道の準位. (I) では結合・反結合状態の分裂, (II) では結晶場分裂, (III) ではスピン軌道相互作用による分裂を示す.

Bi1', Se1')を一つの単位 (quintuple) とする. 原子の電子配置は $Bi:6s^26p^3$, $Se:4s^24p^4$ で, ともに最外殻電子は p 軌道にあり, それ以外の軌道は簡単のため無視する. ユニットセルには5個の原子があり, それぞれ p_x, p_y, p_z 軌道をもつため, 合計 $5 \times 3 = 15$ 個の軌道状態 (スピンを含めると30個) がある. これらを

$$|\Lambda, p_\alpha\rangle \qquad (p_\alpha = p_x, p_y, p_z) \tag{4.19}$$

のように表す. ただし Λ =Se1, Bi1, Se2, Bi1', Se1' とする. 結晶中では, まず Bi と Se の結合により Bi の $3\times 3=9$ の p 状態のエネルギーは上に押し上げられ, 一方 Se の $3\times 3=9$ の p 準位は下に押し下げられる (図4.7). 次にBi1 と Bi1' との軌道混成を考えると, それらの結合状態と反結合状態に分裂する. これを $|P1^+, \alpha\rangle$ と $|P1^-, \alpha\rangle$ と書く. ± は結合・反結合を意味する. 同様に三つの Se の軌道混成を考えると, $|P2^+, \alpha\rangle$, $|P2^-, \alpha\rangle$ および $|P0^-, \alpha\rangle$ に分裂する. これらのエネルギーの関係は図4.7(b) の (I) に示してある. さらに結晶は層構造をなしているので, p_z 軌道は p_x および p_y 軌道と分裂する (結晶場分裂). このとき, 図4.7(b) の (II) にあるように, $P1^+$ に関しては p_z のエネルギーが p_x, p_y のエネルギーより低くなるが, $P2^-$ に関しては p_z のエネルギーが p_x, p_y のそれより高くなる. このようにして Fermi 準位近傍では伝導バンドはおもに $|P1^+, p_z\rangle$ によって構成され, 一方価電子バンド

は $|P2^-, p_z\rangle$ によって構成される.

ここまではまだスピン軌道相互作用が考慮されていない. 単一原子の p 軌道は前節で述べたように合成角運動量 $\boldsymbol{J} = \boldsymbol{L} + \boldsymbol{S}$ の $\boldsymbol{J}^2$ の固有値 $J(J+1)$ を用いて $J = 3/2$ の状態と $J = 1/2$ の状態に分離する. 今, 五つの原子が z 軸方向に並んでいるユニットセルのみを考えると, z 軸まわりの回転対称性を有することから,

$$|\Lambda, +\frac{3}{2}\rangle = |\Lambda, p_+, \uparrow\rangle \tag{4.20}$$

$$|\Lambda, -\frac{3}{2}\rangle = |\Lambda, p_-, \downarrow\rangle \tag{4.21}$$

の $J_z = \pm 3/2$ をもつ状態に加え, $J_z = +1/2$ をもつ,

$$|\Lambda_+, +\frac{1}{2}\rangle = u_+|\Lambda, p_z, \uparrow\rangle + v_+|\Lambda, p_+, \downarrow\rangle \tag{4.22}$$

$$|\Lambda_-, +\frac{1}{2}\rangle = u_-|\Lambda, p_z, \uparrow\rangle + v_-|\Lambda, p_+, \downarrow\rangle \tag{4.23}$$

とその時間反転に対応する $J_z = -1/2$ をもつ状態

$$|\Lambda_+, -\frac{1}{2}\rangle = u_+^*|\Lambda, p_z, \downarrow\rangle + v_+^*|\Lambda, p_-, \uparrow\rangle \tag{4.24}$$

$$|\Lambda_-, -\frac{1}{2}\rangle = u_-^*|\Lambda, p_z, \downarrow\rangle + v_-^*|\Lambda, p_-, \uparrow\rangle \tag{4.25}$$

が存在する. ここで $p_\pm = p_x \pm ip_y$ である. 係数 $(u_\pm, v_\pm)$ はスピン軌道相互作用および p_z と $p_\pm$ のエネルギー分裂項のハミルトニアンを対角化することで得られる. スピン軌道相互作用項 $H_{\rm SO} = (\lambda/2)(L_z\sigma_z + L_+\sigma_-/2 + L_-\sigma_+/2)$ の行列要素は

$$\langle\Lambda, p_+, \uparrow|H_{\rm SO}|\Lambda, p_+, \uparrow\rangle = \langle\Lambda, p_-, \downarrow|H_{\rm SO}|\Lambda, p_-, \downarrow\rangle = +\frac{\lambda}{2} \tag{4.26}$$

$$\langle\Lambda, p_+, \downarrow|H_{\rm SO}|\Lambda, p_+, \downarrow\rangle = \langle\Lambda, p_-, \uparrow|H_{\rm SO}|\Lambda, p_-, \uparrow\rangle = -\frac{\lambda}{2} \tag{4.27}$$

$$\langle\Lambda, p_+, \downarrow|H_{\rm SO}|\Lambda, p_z, \uparrow\rangle = \langle\Lambda, p_-, \uparrow|H_{\rm SO}|\Lambda, p_z, \downarrow\rangle = +\frac{\lambda}{2\sqrt{2}} \tag{4.28}$$

および $\langle\Lambda, p_z, \sigma_z|H_{\rm SO}|\Lambda, p_z, \sigma_z'\rangle = 0$ で与えられることから, 係数 $(u_\pm, v_\pm)$ は $J_z = +1/2$ セクターのハミルトニアン

$$\begin{pmatrix} \epsilon_z & \lambda/2\sqrt{2} \\ \lambda/2\sqrt{2} & \epsilon_{xy} - \lambda/2 \end{pmatrix} \tag{4.29}$$

の固有スピノールとして得られる.ここで ϵ_z と ϵ_{xy} はそれぞれ p_z 状態と $p_\pm$ 状態のエネルギーである.

このようにしてスピン軌道相互作用を考慮に入れたユニットセルの中の電子状態は図 4.7(b) の (III) のようになる.Bi 原子のスピン軌道相互作用によって $|P1^+, p_z, \sigma_z\rangle$ 状態は $|P1^+, p_\pm, \sigma_z\rangle$ と結合して,さらに低エネルギー側に押し下げられる.この状態を $|P1^+_-, \pm 1/2\rangle$ と表す.一方,Se 原子のスピン軌道相互作用によって $|P2^-, p_z, \sigma_z\rangle$ は $|P2^-, p_\pm, \sigma_z\rangle$ と結合してさらに高エネルギー側に押し上げられる.この状態を $|P2^-_+, \pm 1/2\rangle$ と表す.スピン軌道相互作用が十分大きいときは Bi 原子の p 軌道の最低エネルギー状態と Se 原子の最高エネルギー状態の準位が交差する.

これらのエネルギー準位は $\{|P1^+_-, \pm 1/2\rangle, |P2^-_+, \pm 1/2\rangle\}$ を基底として一様成分 $\boldsymbol{k}=0$ のハミルトニアン

$$\mathcal{H}(0) = \begin{pmatrix} \epsilon_0 + M_0 & 0 & 0 & 0 \\ 0 & \epsilon_0 + M_0 & 0 & 0 \\ 0 & 0 & \epsilon_0 - M_0 & 0 \\ 0 & 0 & 0 & \epsilon_0 - M_0 \end{pmatrix} \quad (4.30)$$

によって記述される.スピン軌道相互作用を導入する前の状況は $M_0 > 0$ に相当し $|P1^+_-, \pm 1/2\rangle$ のエネルギーが $|P2^-_+, \pm 1/2\rangle$ のエネルギーよりも大きい.一方,スピン軌道相互作用によってエネルギー準位が逆転した場合は $M_0 < 0$ の状況に対応する.次に $\boldsymbol{k}=0$ (Γ 点) 近傍のハミルトニアンを $\boldsymbol{k}\cdot\boldsymbol{p}$ 近似を用いて導出する.

スピン軌道相互作用を導入する前の Bloch 関数に作用するハミルトニアンは

$$\begin{aligned}\mathcal{H}(\boldsymbol{k}) &= e^{-i\boldsymbol{k}\cdot\boldsymbol{x}}\Big[-\frac{\hbar^2}{2m}\boldsymbol{\nabla}^2 + V(\boldsymbol{x})\Big]e^{+i\boldsymbol{k}\cdot\boldsymbol{x}} \\ &= \Big[-\frac{\hbar^2}{2m}\boldsymbol{\nabla}^2 + V(\boldsymbol{x})\Big] + \frac{\hbar^2 \boldsymbol{k}^2}{2m} + \frac{\hbar}{m}\boldsymbol{k}\cdot\big(-i\hbar\boldsymbol{\nabla}\big)\end{aligned} \quad (4.31)$$

と表される.最後の項 $\mathcal{H}' = (\hbar/m)\boldsymbol{k}\cdot\boldsymbol{p}$ を摂動論的に扱うのが $\boldsymbol{k}\cdot\boldsymbol{p}$ 近似である.ただし $\boldsymbol{p} = -i\hbar\boldsymbol{\nabla}$ とした.まずは $\mathcal{H}'$ を行列表示しよう.時間反転対称性に加え,結晶は空間反転対称性および 3 回回転対称性を有する.同じパリティをもつ状態間の $\boldsymbol{p}$ の行列要素はゼロである.したがって有限になるの

は $\langle P1^+_-, \pm 1/2 | p_x | P2^-_+, \pm 1/2 \rangle$ などの成分である．z 軸まわりの 3 回回転変換，すなわち $U_3 = \exp\bigl[-i(2\pi/3)(L_z + \sigma_z/2)\bigr]$ のもとで

$$\langle P1^+_-, -\tfrac{1}{2} | p_x | P2^-_+, +\tfrac{1}{2} \rangle = \langle P1^+_-, -\tfrac{1}{2} | U_3 U_3^\dagger p_x U_3 U_3^\dagger | P2^-_+, +\tfrac{1}{2} \rangle \quad (4.32)$$

の右辺を書き換えて左辺と比較する．$U_3^\dagger | P2^-_+, +1/2 \rangle = e^{i\pi/3} | P2^-_+, +1/2 \rangle$ を用いて右辺は

$$\langle P1^+_-, -\tfrac{1}{2} | e^{+i\pi/3} \Bigl[p_x \cos\Bigl(\tfrac{2\pi}{3}\Bigr) - p_y \sin\Bigl(\tfrac{2\pi}{3}\Bigr) \Bigr] e^{+i\pi/3} | P2^-_+, +\tfrac{1}{2} \rangle$$
$$= \langle P1^+_-, -\tfrac{1}{2} | p_x | P2^-_+, +\tfrac{1}{2} \rangle \Bigl(\tfrac{1}{4} - i\tfrac{\sqrt{3}}{4} \Bigr)$$
$$\quad - i \langle P1^+_-, -\tfrac{1}{2} | p_y | P2^-_+, +\tfrac{1}{2} \rangle \Bigl(\tfrac{3}{4} + i\tfrac{\sqrt{3}}{4} \Bigr)$$

と書ける．こうして行列要素の満たすべき関係式

$$\langle P1^+_-, -\tfrac{1}{2} | p_y | P2^-_+, +\tfrac{1}{2} \rangle = i \langle P1^+_-, -\tfrac{1}{2} | p_x | P2^-_+, +\tfrac{1}{2} \rangle \equiv \tfrac{m}{\hbar} A$$

が得られる．同様に

$$\langle P1^+_-, +\tfrac{1}{2} | p_x | P2^-_+, +\tfrac{1}{2} \rangle = \langle P1^+_-, -\tfrac{1}{2} | p_y | P2^-_+, -\tfrac{1}{2} \rangle = 0$$

が導かれる．x 軸まわりの 2 回回転対称性からは

$$\langle P1^+_-, +\tfrac{1}{2} | p_z | P2^-_+, +\tfrac{1}{2} \rangle = \langle P1^+_-, -\tfrac{1}{2} | p_z | P2^-_+, -\tfrac{1}{2} \rangle \equiv \tfrac{m}{i\hbar} A'$$
$$\langle P1^+_-, +\tfrac{1}{2} | p_z | P2^-_+, -\tfrac{1}{2} \rangle = \langle P1^+_-, -\tfrac{1}{2} | p_z | P2^-_+, +\tfrac{1}{2} \rangle = 0$$

が得られる．以上から $\mathcal{H}'$ の行列表示は

$$\begin{pmatrix} 0 & 0 & -iA'k_z & A(k_y + ik_x) \\ 0 & 0 & A(k_y - ik_x) & -iA'k_z \\ iA'k_z & A(k_y + ik_x) & 0 & 0 \\ A(k_y - ik_x) & iA'k_z & 0 & 0 \end{pmatrix} \quad (4.33)$$

で与えられる．これを対角化してエネルギーを求めるのが 1 次の摂動論である．一方，k^2 の次数は 2 次の摂動論から，$(r/2)(k_x^2 + k_y^2) + (r'/2)k_z^2 \equiv M(\bm{k}) - M_0$ として

$$\begin{pmatrix} M(\boldsymbol{k}) - M_0 & 0 & 0 & 0 \\ 0 & M(\boldsymbol{k}) - M_0 & 0 & 0 \\ 0 & 0 & -M(\boldsymbol{k}) + M_0 & 0 \\ 0 & 0 & 0 & -M(\boldsymbol{k}) + M_0 \end{pmatrix} \quad (4.34)$$

が得られる．ただし $r > 0$, $r' > 0$ である．

Γ点近傍で単純化された有効ハミルトニアンは $\boldsymbol{k}$ の2次までの近似で

$$\mathcal{H}(\boldsymbol{k}) = \epsilon(\boldsymbol{k})I \\ + \begin{pmatrix} M(\boldsymbol{k}) & 0 & -iA'k_z & A(k_y+ik_x) \\ 0 & M(\boldsymbol{k}) & A(k_y-ik_x) & -iA'k_z \\ iA'k_z & A(k_y+ik_x) & -M(\boldsymbol{k}) & 0 \\ A(k_y-ik_x) & iA'k_z & 0 & -M(\boldsymbol{k}) \end{pmatrix} \quad (4.35)$$

で与えられる．ここで $\epsilon(\boldsymbol{k}) = C_0 + C'k_z^2 + C(k_x^2 + k_y^2)$ とした．各係数は第1原理計算とのフィッティングによって決められている．

4.3.2 トポロジカル不変量と表面状態

ハミルトニアン (4.35) をアルファ行列を用いて

$$\mathcal{H}(\boldsymbol{k}) = \epsilon(\boldsymbol{k})I + \sum_{a=0}^{4} R_a(\boldsymbol{k})\alpha^a \quad (4.36)$$

の形に表して，エネルギー分散

$$E_{\pm}(\boldsymbol{k}) = \epsilon(\boldsymbol{k}) \pm \sqrt{\sum_a R_a(\boldsymbol{k})R_a(\boldsymbol{k})} \quad (4.37)$$

が得られることは前節と同様である．ここで

$$\begin{aligned} R_1(\boldsymbol{k}) &= Ak_x & \rightarrow & \quad A\sin k_x \\ R_2(\boldsymbol{k}) &= Ak_y & \rightarrow & \quad A\sin k_y \\ R_3(\boldsymbol{k}) &= A'k_z & \rightarrow & \quad A'\sin k_z \\ R_4(\boldsymbol{k}) &= 0 & & \end{aligned} \quad (4.38)$$

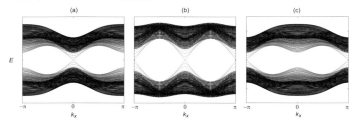

図 4.8 表面をもつ 3 次元絶縁体のエネルギー分散．(a) バンド反転したトポロジカル絶縁体では伝導帯と価電子帯を結ぶ線形分散が表面に存在する，(b) バンド反転が偶数回生じた絶縁体には偶数個の Dirac 分散が現れる，(c) Dirac 点が $(k_x, k_y) = (\pi, \pi)$ に現れた場合．

$$R_0(\bm{k}) = M(\bm{k}) \quad \rightarrow \quad M_0 + r \sum_{i=x,y} (1 - \cos k_i) + r'(1 - \cos k_z)$$

とすると，正方格子上に有効模型を作ることができる[1]．スピン軌道相互作用が弱い場合は $M_0 > 0$ に相当し，$M_0 = 0$ でギャップが閉じてバンド反転し，$M_0 < 0$ でトポロジカル絶縁相となることが期待される．2 次元の場合と同様にトポロジカル相はギャップレス表面状態の存在によって特徴付けられる．図 4.8 には x および y 方向に周期的境界条件を課し，z 方向には固定端境界条件を課した場合のエネルギー分散を示す．簡単のため系は等方的である ($A' = A$, $r' = r$) とした．(a) は $M_0 = -r < 0$ の場合で，$\bm{k} = (0,0,0)$ 点でバンド反転したトポロジカル状態に相当する．ギャップ内には表面状態があることがわかる．$k_x = k_y = 0$ 点に Dirac 点が存在し，その近傍で $E_{2d} \propto \pm\sqrt{k_x^2 + k_y^2}$ となる線形分散が存在することがわかる．

正方格子模型では Brillouin 域は立方体となる．時間反転不変な波数は

$$\bm{\Lambda}_1 = (0,0,0), \quad \bm{\Lambda}_2 = (\pi,0,0), \quad \bm{\Lambda}_3 = (0,\pi,0), \quad \bm{\Lambda}_4 = (\pi,\pi,0)$$
$$\bm{\Lambda}_5 = (0,0,\pi), \quad \bm{\Lambda}_6 = (\pi,0,\pi), \quad \bm{\Lambda}_7 = (0,\pi,\pi), \quad \bm{\Lambda}_8 = (\pi,\pi,\pi)$$

の 8 個存在する．これらすべての点上で $R_1(\bm{\Lambda}) = R_2(\bm{\Lambda}) = R_3(\bm{\Lambda}) = 0$ となるのでギャップが閉じる条件は $R_0(\bm{\Lambda}) = M_0 + r\sum_{a=x,y,z}(1-\cos \Lambda^a)$ に

---

[1] ここでアルファ行列を前節で導入した Dirac 表示のものと一致させるためには，ユニタリー行列 $U = \text{diag}(1,1,-i,i)$ を用いて，$\mathcal{H} \to U^\dagger \mathcal{H} U$ で書き換えればよい．

よって決まる．$M_0 = 0$ において $\boldsymbol{\Lambda}_1 = (0,0,0)$ で $P1^+$ と $P2^-$ のバンド反転が起こる．$M_0 < 0$ では $M_0 = -2r$ において $\boldsymbol{\Lambda}_2, \boldsymbol{\Lambda}_3, \boldsymbol{\Lambda}_5$ でバンドが反転する．さらに $M_0 = -4r$ では $\boldsymbol{\Lambda}_4, \boldsymbol{\Lambda}_6, \boldsymbol{\Lambda}_7$ でバンド反転が生じ，$M_0 = -6r$ では $\boldsymbol{\Lambda}_8$ で反転する．図 4.8(b) は $M_0 = -3r$ の場合のエネルギー分散を示す．$(k_x, k_y) = (\pi, 0)$ および $(0, \pi)$ の 2 点に Dirac 点が存在する．(c) では $(k_x, k_y) = (\pi, \pi)$ に Dirac 点が存在する．

強いトポロジカル絶縁相を特徴付ける不変量は

$$(-1)^{\nu_0} = \prod_{i=1}^{8} \zeta(\boldsymbol{\Lambda}_i) \tag{4.39}$$

で与えらえる．M_0 が変化するにつれ，次のように $\mathbb{Z}_2$ 不変量は変化する．

- $M_0 < -6r$, $-4r < M_0 < -2r$ および $0 < M_0$ では「$\mathbb{Z}_2$ 偶」，すなわち自明な絶縁相が実現し，

- $-6r < M_0 < -4r$ および $-2r < M_0 < 0$ の場合には「$\mathbb{Z}_2$ 奇」つまり非自明な絶縁相が実現する．

$-4r < M_0 < -2r$ の場合（図 4.8）は二つの Dirac 点が現れたが，これらは「弱い」トポロジカル不変量，(ν_1, ν_2, ν_3)

$$(-1)^{\nu_1} = \prod_{n_2=0,\pi} \prod_{n_3=0,\pi} \delta(\boldsymbol{\Lambda}_{\pi,n_2,n_3}) \tag{4.40}$$

$$(-1)^{\nu_2} = \prod_{n_1=0,\pi} \prod_{n_3=0,\pi} \delta(\boldsymbol{\Lambda}_{n_1\pi,n_3}) \tag{4.41}$$

$$(-1)^{\nu_3} = \prod_{n_1=0,\pi} \prod_{n_2=0,\pi} \delta(\boldsymbol{\Lambda}_{n_1,n_2,\pi}) \tag{4.42}$$

によって特徴付けられる．$\nu_0 = 1$ の場合は，表面に奇数個の Dirac 分散が生じ，これらは時間反転対称性を破らない摂動に対し安定に存在する．一方，$\nu_0 = 0$ の場合には (ν_1, ν_2, ν_3) の値によって偶数個の Dirac 分散が表面に現れる．$-4r < M_0 < -2r$ では $(\nu_1, \nu_2, \nu_3) = (1,1,1)$ となる．これらの表面状態は一般に時間反転対称性を破らない摂動に対し安定ではない．

68 第 4 章 トポロジカル絶縁体

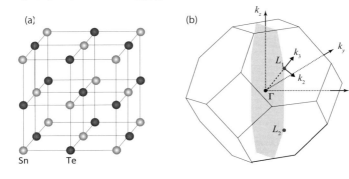

図 4.9 (a) SnTe および PbTe の結晶構造，(b) Brillouin 域の図．$Pb_{1-x}Sn_xTe$ はある x において四つの L 点でバンドが反転する．

4.4 トポロジカル結晶絶縁体

　この章では時間反転対称な絶縁体は $\mathbb{Z}_2$ 不変量によってトポロジカルに異なった二つのクラスに分類されることを示した．$\mathbb{Z}_2$ 非自明な絶縁体の表面には線形分散で近似されるギャップレス励起構造が現れ，これらは時間反転対称な摂動に対し安定である．これに対し $\mathbb{Z}_2$ 自明な絶縁体では，表面にギャップレス励起構造が現れたとしても，なんらかの時間反転対称な摂動を加えることによって表面励起に有限のギャップが生じることがある（弱いトポロジカル絶縁体）．ここでは系に鏡映対称性などの付加的な対称性がある場合，これによって $\mathbb{Z}_2$ 自明な絶縁体であっても表面状態が安定に存在することを見る．

　具体的に SnTe および PbTe を考える．これらの物質はともに図 4.9 に示すような岩塩型結晶構造を有するが，Brillouin 域の L 点近傍では価電子帯と伝導帯が逆になっていることが知られている．すなわち $Pb_{1-x}Sn_xTe$ はある x の値でバンドギャップが閉じて，その前後でバンドが反転する．バンド反転は偶数個の点（四つの L 点）で起こるため，$\mathbb{Z}_2$ 不変量は変わらない．実際 SnTe も PbTe も $\mathbb{Z}_2$ 自明相である．しかし結晶格子のもつ鏡映対称性を考慮に入れると，このバンド反転はある種のトポロジカル転移と見なせる．

　このトポロジーを特徴付けるため，波数空間の中で二つの L 点と Γ 点を含む平面，$\Gamma L_1 L_2$ 面，を考えよう．L 点近傍のバンド構造は $\boldsymbol{k} \cdot \boldsymbol{p}$ 近似におけ

4.4 トポロジカル結晶絶縁体

るハミルトニアン

$$\mathcal{H}(k_x, k_y, k_z) = m\tau_z + v(k_1\sigma_2 - k_2\sigma_1)\tau_x + v'k_3\tau_y \tag{4.43}$$

によって記述される．ここで (k_1, k_2, k_3) は L 点をゼロとする，互いに直交する波数ベクトルの成分で，k_3 は ΓL に沿った成分，k_1 は鏡映面に垂直な [110] 方向の成分，k_2 はこれら二つに直交する成分である．$\sigma_3 = \pm 1$ は ΓL 方向の全角運動量 $\pm 1/2$ を表し，$\tau_z = \pm 1$ はカチオン（陽イオン，すなわち Sn あるいは Pb）とアニオン（陰イオン，すなわち Te）サイトを表す．$m > 0$ は L 点における伝導帯および価電子帯がそれぞれカチオンとアニオンによって与えられる状況であり，一方 $m < 0$ はその逆の状況である．結晶の (110) 面を鏡映面とする反転操作は $M = \sigma_1$ によって与えられる．

$$\sigma_1 \mathcal{H}(k_1, k_2, k_3)\sigma_1 = \mathcal{H}(-k_1, k_2, k_3) \tag{4.44}$$

波数空間の $\Gamma L_1 L_2$ 面（$k_1 = 0$ 面）上ではハミルトニアンは鏡映対称性を有する，すなわち $[\mathcal{H}(0, k_2, k_3), M] = 0$ を満たすため，$\mathcal{H}(0, k_2, k_3)$ を $\sigma_1 = \pm 1$ の二つのセクターに分解できる．

$$\mathcal{H}_0^{(\pm)} = m\tau_z \mp vk_2\tau_x + v'k_3\tau_y \tag{4.45}$$

は 2×2 行列の 2 次元空間 Dirac ハミルトニアンに等しく，そのトポロジカルな性質は Chern 数によって特徴付けられる．

PbTe から SnTe の間で L 点における伝導帯と価電子帯のカチオン/アニオン特性が入れ替わるが，これは $\bm{k} \cdot \bm{p}$ 理論では m の符号の変化に相当する．第 3 章で見たように，m の符号反転によって $\mathcal{H}^{(\pm)}$ の占有状態の Chern 数は 1 変わる．± をスピンの z 成分にたとえると，この状況は量子スピン Hall 効果の場合と似ている．時間反転対称性のため Chern 数の和 $\nu^{(+)} + \nu^{(-)}$ はゼロでなければならないが，差は有限となり得る．そこでミラー Chern 数 $\nu_\mathrm{M} = (\nu^{(+)} - \nu^{(-)})/2$ を定義する．

$k_1 = 0$ 面は二つの L 点（L_1 と L_2）を含むが，これらは $[1\bar{1}0]$ 軸まわりの π 回転によって関係付けられる．この回転の下で σ_1 および $\Gamma L_1 L_2$ 面の向きが反転する．このことから L_1 と L_2 における Berry 曲率 $b^{(\pm)}(L_1)$ と $b^{(\pm)}(L_2)$ の間に

$$b^{(+)}(L_1) = -b^{(-)}(L_2), \qquad b^{(-)}(L_1) = -b^{(+)}(L_2) \qquad (4.46)$$

すなわち

$$b^{(+)}(L_1) - b^{(-)}(L_1) = b^{(+)}(L_2) - b^{(-)}(L_2) \qquad (4.47)$$

の関係が成り立つ．したがってミラー Chern 数は L_1 と L_2 で同じ寄与をもち，$\Gamma L_1 L_2$ 面上で定義されるミラー Chern 数はバンド反転によって 2 変化することになる．このようにして PbTe と SnTe のトポロジカルな違いが特徴付けられる．

有限の Chern 数をもつ絶縁体（量子 Hall 絶縁体）はその境界にギャップレスのエッジモードを有する．今の問題でも $M = \sigma_1 = \pm 1$ の二つのセクターが互いに独立であるときには，系の境界にギャップレス表面状態が生じることが期待できる．これに対し，鏡映対称性を破る摂動によって $M = 1$ と -1 の状態が重なりをもつときには表面にギャップが生じ得る．上の議論では SnTe と PbTe のどちらがトポロジカルに非自明であるかを決めることはできないが，境界のある系で第 1 原理計算を用いてギャップレス表面状態があるか否かを見ることでこの問題を解決することができる．実際 {110} 鏡映面に対する鏡映対称性をもった境界面において，SnTe は表面状態を有することが示されている．このような結晶構造に付随する対称性によって特徴付けられるトポロジカルに非自明な絶縁体をトポロジカル結晶絶縁体という．

第5章 バルク–境界対応とトポロジカル不変量

この章ではバルクのトポロジカル不変量とエッジ状態(表面状態)の関係を明らかにする.時間反転不変な絶縁体の $\mathbb{Z}_2$ トポロジカル不変量に対する一般的表式を導出し,具体的な模型に対し計算する.

5.1 時間反転演算子 Θ

はじめに時間反転演算子 Θ の一般的性質をまとめ,後で用いる関係式を導出しておく.ある運動を記述する波動関数 $|\psi\rangle$ に対して,時間の流れを逆にした運動を記述する波動関数が $\Theta|\psi\rangle$ で与えられるとき,Θ を時間反転演算子という.運動量は $\bm{p} = -i\hbar\bm{\nabla}$ で与えられるので,複素共役をとれば $\bm{r} \to \bm{r}$ かつ $\bm{p} \to -\bm{p}$ となる.K を複素共役演算子だとすると $K\bm{r}K = \bm{r}$, $K(-i\hbar\bm{\nabla})K = +i\hbar\bm{\nabla}$ となるので,スピンを考えなくてよければ $\Theta = K$ で十分である.一方,スピン $1/2$ の電子に対しては,スピン演算子が Pauli 行列,

$$\sigma_x = \begin{pmatrix} 0 & 1 \\ 1 & 0 \end{pmatrix}, \quad \sigma_y = \begin{pmatrix} 0 & -i \\ i & 0 \end{pmatrix}, \quad \sigma_z = \begin{pmatrix} 1 & 0 \\ 0 & -1 \end{pmatrix} \tag{5.1}$$

を用いて $(\hbar/2)\bm{\sigma}$ で与えられる.スピンは軌道角運動量と同様に時間反転によって符号が変わる.$\bm{\sigma} \to -\bm{\sigma}$.スピンに対する時間反転操作として上のように $\Theta = K$,すなわち複素共役をとっただけでは,y 成分だけは $\sigma_y \to K\sigma_y K = -\sigma_y$ のように符号が変わるが,σ_x と σ_z は符号が変わらず不十分である.そこでスピン空間に対しては y 軸まわりに180度回転することにし

て，回転演算子 $e^{-i\pi\sigma_y/2} = -i\sigma_y$ を掛けた

$$\Theta = -i\sigma_y K \tag{5.2}$$

を時間反転演算子とすれば，行列部分が σ_x と σ_z の符号を変え，正しい時間反転操作を実現することが確認できる．$-i\sigma_y$ は実数なので K と並び替えができる．

スピン 1/2 の粒子に対する時間反転演算子に関する重要な性質の一つは，

$$\Theta^2 = -1 \tag{5.3}$$

となることである．ハミルトニアンが $[H, \Theta] = 0$ を満たすとき，系は時間反転不変であるという．このとき，ハミルトニアン H の固有状態 $|n\rangle$ と，その時間反転 $\Theta|n\rangle$ は同じエネルギー固有値 E_n をもつことがすぐにわかる．では，$\Theta|n\rangle$ は元の状態 $|n\rangle$ と同じ状態なのか，それとも別の状態になるのか．もし同じ状態であれば，これら二つは位相因子を別として等しい

$$\Theta|n\rangle = e^{i\alpha}|n\rangle. \tag{5.4}$$

両辺に再度 Θ を作用させると，

$$\Theta\Theta|n\rangle = \Theta e^{i\alpha}|n\rangle = e^{-i\alpha}\Theta|n\rangle = |n\rangle \tag{5.5}$$

となるが，これは (5.3) と矛盾する．したがって，$\Theta|n\rangle$ と $|n\rangle$ は二つの異なる状態であることが示された．こうして，スピン 1/2 の系ではどんなに複雑な場合でも，時間反転対称性があれば（少なくとも）2 重に縮退していることがわかる．これは Kramers の定理とよばれるもので，2 重に縮退した状態 $\Theta|n\rangle$ と $|n\rangle$ を Kramers 対とよぶ．

時間反転演算子は線形演算子ではないことに注意しよう．したがって $\langle\psi|\Theta$ は Θ が $\langle\psi|$ に右から作用したと思ってはいけない．以下では混乱を避けるため，ケットベクトル $\Theta|\psi\rangle$ に対するブラベクトルは $\langle\Theta\psi|$ と記す．また，$\Theta|\psi\rangle c$ という書き方も紛らわしいので，$\Theta\big(|\psi\rangle c\big) = c^*|\Theta\psi\rangle$ のように記す．

後のため，いくつか重要な関係式を導いておこう．ここで基底系 $\{|\sigma\rangle\}$ は σ_z の固有状態である．

$$\langle\psi|\Theta|\phi\rangle = \sum_{\sigma\sigma'}\langle\psi|\sigma\rangle\langle\sigma|(-i\sigma_y)|\sigma'\rangle\langle\sigma'|\phi\rangle^*$$

$$= \sum_{\sigma\sigma'} \langle\phi|\sigma'\rangle\langle\sigma'|i\sigma_y|\sigma\rangle\langle\sigma|\psi\rangle^* = -\langle\phi|\Theta|\psi\rangle \tag{5.6}$$

$$\langle\Theta\psi|\Theta\phi\rangle = \Big[\sum_{\sigma}\langle\sigma|\psi\rangle\langle\sigma|(+i\sigma_y)\Big]\Big[\sum_{\sigma'}(-i\sigma_y)|\sigma'\rangle\langle\sigma'|\phi\rangle^*\Big]$$

$$= \sum_{\sigma\sigma'}\langle\phi|\sigma'\rangle\langle\sigma|\sigma'\rangle\langle\sigma|\psi\rangle = \langle\phi|\psi\rangle \tag{5.7}$$

(5.6) では $-i\sigma_y$ が反対称行列であることを用いた．一般の線形演算子 A に対しては，

$$\langle\Theta\psi|\Theta A\Theta^{-1}|\Theta\phi\rangle = \langle\Theta\psi|\Theta A|\phi\rangle = \langle\Theta\psi|\Theta A\phi\rangle = \langle A\phi|\psi\rangle$$
$$= \langle\phi|A^\dagger|\psi\rangle \tag{5.8}$$

が成り立つ．

実空間や波数空間でのスピノールがどのように変化するかを見てみよう．まず

$$\Theta|\boldsymbol{x},\uparrow\rangle = |\boldsymbol{x},\downarrow\rangle \tag{5.9}$$

$$\Theta|\boldsymbol{x},\downarrow\rangle = -|\boldsymbol{x},\uparrow\rangle \tag{5.10}$$

である．これらはまとめて

$$\Theta|\boldsymbol{x},\sigma\rangle = \sigma|\boldsymbol{x},-\sigma\rangle \tag{5.11}$$

と表せる．波数空間では，

$$\Theta|\boldsymbol{k},\sigma\rangle = \Theta\Big[\int d^d\boldsymbol{x}\sum_{\sigma'}|\boldsymbol{x},\sigma'\rangle\langle\boldsymbol{x},\sigma'|\boldsymbol{k},\sigma\rangle\Big]$$
$$= \int d^d\boldsymbol{x}\sum_{\sigma'}\sigma'|\boldsymbol{x},-\sigma'\rangle\langle\boldsymbol{x},\sigma'|\boldsymbol{k},\sigma\rangle^*$$
$$= \int d^d\boldsymbol{x}\sum_{\sigma'}\sigma|\boldsymbol{x},-\sigma'\rangle\langle\boldsymbol{x},-\sigma'|-\boldsymbol{k},-\sigma\rangle$$
$$= \sigma|-\boldsymbol{k},-\sigma\rangle. \tag{5.12}$$

したがって，$\langle\boldsymbol{x},\sigma|\Theta|\psi\rangle = -\langle\psi|\Theta|\boldsymbol{x},\sigma\rangle = -\langle\psi|\boldsymbol{x},-\sigma\rangle\sigma$ より，時間反転のもとでスピノールは

$$\begin{pmatrix}\psi_\uparrow(\boldsymbol{x})\\\psi_\downarrow(\boldsymbol{x})\end{pmatrix} \longrightarrow \begin{pmatrix}-\psi_\downarrow^*(\boldsymbol{x})\\\psi_\uparrow^*(\boldsymbol{x})\end{pmatrix}, \qquad \begin{pmatrix}\psi_\uparrow(\boldsymbol{k})\\\psi_\downarrow(\boldsymbol{k})\end{pmatrix} \longrightarrow \begin{pmatrix}-\psi_\downarrow^*(-\boldsymbol{k})\\\psi_\uparrow^*(-\boldsymbol{k})\end{pmatrix} \tag{5.13}$$

と変換される.

5.1.1　バンド基底と Θ の行列表示
S_z 保存系

量子 Hall 系では,Fermi 準位がギャップの中にあり,電流が電場に垂直な方向に流れる.量子スピン Hall 系はこれと似た絶縁体で,電流の代わりにスピン流が電場と垂直な方向に流れ,スピン Hall 伝導率が量子化する.量子 Hall 効果においては時間反転対称性の破れが重要であったが,後者では時間反転対称性は保たれる.電流は時間反転に対し,奇(odd)であるのに対し,スピン流は偶(even)であることに起因する.これは Kane と Mele によって理論的に提唱された現象で,スピンアップとダウンに対する,二つの量子 Hall 状態を対にした模型で実現する.ハミルトニアンとして 4×4 行列

$$\mathcal{H}_{\mathrm{QSH}}(\bm{k}) = \begin{pmatrix} \mathcal{H}_\uparrow(\bm{k}) & 0 \\ 0 & \mathcal{H}_\downarrow(\bm{k}) \end{pmatrix} = \begin{pmatrix} \mathcal{H}_{\mathrm{QAH}}(\bm{k}) & 0 \\ 0 & \mathcal{H}_{\mathrm{QAH}}^*(-\bm{k}) \end{pmatrix} \quad (5.14)$$

を考え,対角項の $\mathcal{H}_{\mathrm{QAH}}(\bm{k})$ は第 3 章で考えたような 2×2 行列のハミルトニアンである.簡単のため Brillouin 域は四つの点 $(\pm\pi, \pm\pi)$ で囲まれた正方形とする.

電流とスピン流をそれぞれ

$$\bm{j}^{\mathrm{c}} = \bm{j}_\uparrow + \bm{j}_\downarrow \quad (5.15)$$

$$\bm{j}^{s_z} = \bm{j}_\uparrow - \bm{j}_\downarrow \quad (5.16)$$

で定義する.ここで $\bm{j}_\uparrow$ と $\bm{j}_\downarrow$ はそれぞれスピン↑の電子とスピン↓の電子の電流である.時間反転対称な系では,Hall 電流に対しては $\bm{j}_\uparrow$ と $\bm{j}_\downarrow$ が互いに打ち消し合いゼロとなるが,Hall スピン流は有限となり得る.

ハミルトニアンが式 (5.14) のように 4×4 行列で与えられており,Fermi 準位がギャップ中にある場合には,その下にある二つのバンドを考えることになる.今,スピンの z 成分は保存されており,スピンアップおよびダウンの二つのエネルギーはつねに縮退している.その Bloch 状態を $|u_{\uparrow\bm{k}}\rangle$ および $|u_{\downarrow\bm{k}}\rangle$ とする.このバンド構造のもとで次の二つのタイプの Berry 接続を導入する.

$$\boldsymbol{a}^{\mathrm{c}}(\boldsymbol{k}) = -i\Big(\langle u_{\uparrow\boldsymbol{k}}|\boldsymbol{\nabla}_k|u_{\uparrow\boldsymbol{k}}\rangle + \langle u_{\downarrow\boldsymbol{k}}|\boldsymbol{\nabla}_k|u_{\downarrow\boldsymbol{k}}\rangle\Big) \tag{5.17}$$

$$\boldsymbol{a}^{s_z}(\boldsymbol{k}) = -i\Big(\langle u_{\uparrow\boldsymbol{k}}|\boldsymbol{\nabla}_k|u_{\uparrow\boldsymbol{k}}\rangle - \langle u_{\downarrow\boldsymbol{k}}|\boldsymbol{\nabla}_k|u_{\downarrow\boldsymbol{k}}\rangle\Big) \tag{5.18}$$

後者はスピン Berry 接続とよばれる．これらの Berry 接続から，(電荷) Hall 伝導率とスピン Hall 伝導率が

$$\sigma_{xy}^{\mathrm{c}}/(\frac{e^2}{h}) = \int_{\mathrm{BZ}} \frac{d^2\boldsymbol{k}}{2\pi}\,\boldsymbol{\nabla}_k \times \boldsymbol{a}^c(\boldsymbol{k}) \tag{5.19}$$

$$\sigma_{xy}^{s_z}/(\frac{e^2}{h}) = \int_{\mathrm{BZ}} \frac{d^2\boldsymbol{k}}{2\pi}\,\boldsymbol{\nabla}_k \times \boldsymbol{a}^{s_z}(\boldsymbol{k}) \tag{5.20}$$

のように与えられるが，時間反転対称性から $\sigma_{xy}^{\mathrm{c}} = 0$ である．スピンの z 成分が保存している時間反転対称な絶縁相は整数のトポロジカル不変量 $\sigma_{xy}^{s_z}/(e^2/h) = \nu \in \mathbb{Z}$ によって特徴付けられる．

S_z 非保存系

スピンの z 成分が保存する系は特殊であり，スピン軌道相互作用を有する系のハミルトニアンは次のようにスピンに対する非対角項をもつ．

$$\mathcal{H}_{\mathrm{2dTI}}(\boldsymbol{k}) = \begin{pmatrix} \mathcal{H}_{\mathrm{QAH}}(\boldsymbol{k}) & \Gamma^\dagger(\boldsymbol{k}) \\ \Gamma(\boldsymbol{k}) & \mathcal{H}_{\mathrm{QAH}}^*(-\boldsymbol{k}) \end{pmatrix} \tag{5.21}$$

このときスピン z 成分は保存されない $[\sigma_z, \mathcal{H}] \neq 0$．この基底で時間反転演算子は

$$\Theta = -i\sigma_y K = \begin{pmatrix} 0 & -I \\ I & 0 \end{pmatrix} K \tag{5.22}$$

と書ける．I は 2×2 単位行列である．ハミルトニアン (5.21) は，$\Gamma(-\boldsymbol{k}) = -\Gamma^{\mathrm{T}}(\boldsymbol{k})$ のとき，

$$\Theta^{-1}\mathcal{H}(-\boldsymbol{k})\Theta = \mathcal{H}(\boldsymbol{k}) \tag{5.23}$$

を満たすことが確かめられる．

Γ がゼロおよび有限の場合のエネルギー分散の様子を図 5.1(a)(b) に示す．再び Fermi 準位はギャップの中にあるとして，その下にある二つのバンドを取り扱う．Fermi 準位以下の状態に関する Berry 接続を求める際に，スピン

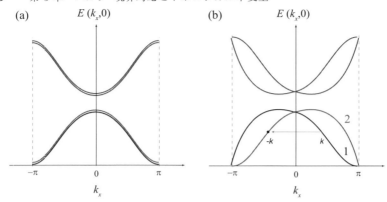

図 5.1 エネルギー分散: (a) S_z が保存する場合．各 $\bm{k}$ においてスピンアップとダウンはつねに縮退する，(b) S_z が非保存の場合．スピンの縮退は解けるが，$|u_{1,\bm{k}}\rangle$ とその時間反転 $|u_{2,-\bm{k}}\rangle$ の縮退（Kramers 縮退）は残る．

↑↓ を基底にすると Fermi 準位の上下のバンドが分離されないため，ハミルトニアンを対角化する基底であるバンドインデックス基底 $\alpha = 1, 2$ を用いるのが便利である．

$$\mathcal{H}(\bm{k})|u_{\alpha\bm{k}}\rangle = E_{\alpha\bm{k}}|u_{\alpha\bm{k}}\rangle \tag{5.24}$$

まずはこのバンド基底 $\{|u_{\alpha\bm{k}}\rangle\}$ で時間反転演算子を行列の形で表すことを考えよう．時間反転不変なハミルトニアンに対し，式 (5.23) より

$$\begin{aligned}\mathcal{H}(-\bm{k})\bigl(\Theta|u_{\beta\bm{k}}\rangle\bigr) &= \Theta\mathcal{H}(\bm{k})|u_{\beta\bm{k}}\rangle \\ &= E_{\beta\bm{k}}\bigl(\Theta|u_{\beta\bm{k}}\rangle\bigr)\end{aligned} \tag{5.25}$$

すなわち $\Theta|u_{\beta\bm{k}}\rangle$ は $\mathcal{H}(-\bm{k})$ の固有状態であるから $|u_{\gamma-\bm{k}}\rangle$ で展開して

$$\Theta|u_{\beta\bm{k}}\rangle = \sum_{\gamma} w_{\gamma\beta}(\bm{k})|u_{\gamma-\bm{k}}\rangle, \qquad w_{\alpha\beta}(\bm{k}) = \langle u_{\alpha-\bm{k}}|\Theta|u_{\beta\bm{k}}\rangle \tag{5.26}$$

と書ける．この w 行列は時間反転対称性をもつ絶縁体のトポロジーを特徴付けるのに本質的な役割を担う．まず w がユニタリー行列であることを示しておこう．

$$\sum_\alpha w^\dagger_{\gamma\alpha}(\bm{k}) w_{\alpha\beta}(\bm{k}) = \sum_\alpha w^*_{\alpha\gamma}(\bm{k}) w_{\alpha\beta}(\bm{k})$$
$$= \sum_\alpha \langle \Theta u_{\gamma\bm{k}} | u_{\alpha-\bm{k}} \rangle \langle u_{\alpha-\bm{k}} | \Theta u_{\beta\bm{k}} \rangle$$
$$= \langle \Theta u_{\gamma\bm{k}} | \Theta u_{\beta\bm{k}} \rangle = \langle u_{\beta\bm{k}} | u_{\gamma\bm{k}} \rangle = \delta_{\beta\gamma} \quad (5.27)$$

$\Theta^2 = -1$ は $w(-\bm{k})w(\bm{k}) = -1$ と表される．波数 $\bm{k}$ の Bloch 状態と $-\bm{k}$ の Bloch 状態は時間反転操作を通して次のように関係する．

$$|u_{\alpha-\bm{k}}\rangle = -\Theta\Theta|u_{\alpha-\bm{k}}\rangle$$
$$= -\sum_\beta \Theta\Big(|u_{\beta\bm{k}}\rangle \langle u_{\beta\bm{k}}|\Theta|u_{\alpha-\bm{k}}\rangle\Big)$$
$$= \sum_\beta \Theta\Big(|u_{\beta\bm{k}}\rangle\, w_{\alpha\beta}(\bm{k})\Big)$$
$$= \sum_\beta w^*_{\alpha\beta}(\bm{k})\, |\Theta u_{\beta\bm{k}}\rangle \quad (5.28)$$

ここで関係式 (5.6) $\langle \psi | \Theta | \phi \rangle = -\langle \phi | \Theta | \psi \rangle$ を用いた．関係式 (5.6) を用いると，w 行列は

$$w_{\beta\alpha}(-\bm{k}) = \langle u_{\beta+\bm{k}} | \Theta u_{\alpha-\bm{k}} \rangle = -\langle u_{\alpha-\bm{k}} | \Theta u_{\beta+\bm{k}} \rangle$$
$$= -w_{\alpha\beta}(\bm{k}) \quad (5.29)$$

を満たし，とくに $\bm{k} = 0$ のとき w は反対称行列になる．Brillouin 域の中には $\bm{k} = 0$ 点の他にも，正方形 Brillouin 域の場合の k_x, k_y が 0 および $\pm\pi$ のように $-\bm{k}$ と $\bm{k}$ が等価になる点がある．これらの点を時間反転不変波数といい，$\bm{k} = \bm{\Lambda}$ と表す．$\bm{k} = \bm{\Lambda}$ では w は反対称行列となり，

$$w(\bm{\Lambda}) = \begin{pmatrix} 0 & -w_{21}(\bm{\Lambda}) \\ w_{21}(\bm{\Lambda}) & 0 \end{pmatrix} = w_{21}(\bm{\Lambda}) \begin{pmatrix} 0 & -1 \\ 1 & 0 \end{pmatrix} \quad (5.30)$$

で与えられる．

5.1.2　Berry 接続行列

基底状態を構成する波動関数のトポロジーは Berry 接続によって記述される．量子 Hall 絶縁体では個々のバンド n に対し Berry 接続 $\bm{a}_n(\bm{k})$ を導入し

たが，上で述べたように時間反転対称性がある系では，Kramers 対に対応する二つの縮退したバンドがあるので，次の $2 \times 2 = 4$ 種類の Berry 接続を成分とする行列を考えることになる．

$$\bm{a}_{\alpha\beta}(\bm{k}) = -i\langle u_{\alpha\bm{k}}|\bm{\nabla}_k|u_{\beta\bm{k}}\rangle \tag{5.31}$$

Pauli 行列で展開して，

$$\begin{pmatrix} \bm{a}_{11}(\bm{k}) & \bm{a}_{12}(\bm{k}) \\ \bm{a}_{21}(\bm{k}) & \bm{a}_{22}(\bm{k}) \end{pmatrix} \equiv \frac{1}{2}\begin{pmatrix} \bm{a}^0(\bm{k}) + \bm{a}^z(\bm{k}) & \bm{a}^x(\bm{k}) - i\bm{a}^y(\bm{k}) \\ \bm{a}^x(\bm{k}) + i\bm{a}^y(\bm{k}) & \bm{a}^0(\bm{k}) - \bm{a}^z(\bm{k}) \end{pmatrix}$$

$$= \underbrace{\bm{a}^0(\bm{k})\frac{\sigma^0}{2}}_{\text{U(1) part}} + \underbrace{\bm{a}^a(\bm{k}) \cdot \frac{\sigma^a}{2}}_{\text{SU(2) part}} \tag{5.32}$$

のように表すと便利である．右辺第 1 項を U(1) 部分，第 2 項を SU(2) 部分という．U(1) 部分は二つのバンドの対角和に相当し，電荷セクターに対応する．

$$\bm{a}^c = \bm{a}^0 = \mathrm{tr}[\bm{a}] = -i\langle u_{1\bm{k}}|\bm{\nabla}_k|u_{1\bm{k}}\rangle - i\langle u_{2\bm{k}}|\bm{\nabla}_k|u_{2\bm{k}}\rangle \tag{5.33}$$

時間反転対称性がある場合 U(1) 部分は非自明な効果はもたらさないため[1]，SU(2) 部分に興味がある．SU(2) 部分はスピン自由度あるいはバンドの自由度に対応し，Pauli 行列 σ^a ($a=1,2,3$) はスピン演算子をバンド基底で対角化されるようにユニタリー変換したものと解釈する．

ゲージ不変性

Berry 接続行列のゲージ変換について述べておく必要がある．第 2 章で見たように U(1) Berry 接続 $\bm{a}_n(\bm{k}) = -i\langle u_{n\bm{k}}|\bm{\nabla}_k|u_{n\bm{k}}\rangle$ は，ゲージ変換 $|u'_{n\bm{k}}\rangle = e^{i\chi(\bm{k})}|u_{n\bm{k}}\rangle$ のもとで

$$\bm{a}'_n(\bm{k}) = \bm{a}_n(\bm{k}) + \bm{\nabla}_k\chi(\bm{k}) \tag{5.34}$$

のように変換する．一方，量子 Hall 状態を特徴付ける（第 1) Chern 数 (3.36) はゲージ不変量であった．

この章では Fermi 準位の下に，互いに時間反転な二つのバンドがある場合

---

[1] $\bm{a}^0(\bm{k})$ から導かれる第 1 Chern 数は 0 となる．証明は後述．

を考えているので，これら二つを混ぜる変換

$$|u'_{\alpha\bm{k}}\rangle = \sum_{\gamma} U_{\gamma\alpha}(\bm{k})|u_{\gamma\bm{k}}\rangle \tag{5.35}$$

を考えよう．ここで U は 2×2 ユニタリー行列，γ に対する和は Fermi 準位より下の二つバンドに対してとる．例えばここではバンド基底を用いているが，スピン基底に移るには式 (5.35) の形のユニタリー変換を行うことになる．Berry 位相行列はこの U(2) ゲージ変換のもとで

$$\begin{aligned}
\bm{a}'_{\alpha\beta}(\bm{k}) &= -i\langle u'_{\alpha\bm{k}}|\bm{\nabla}_k|u'_{\beta\bm{k}}\rangle \\
&= -i\langle u_{\gamma\bm{k}}|U^{\dagger}_{\alpha\gamma}(\bm{k})\bm{\nabla}_k U_{\delta\beta}(\bm{k})|u_{\delta\bm{k}}\rangle \\
&= U^{\dagger}_{\alpha\gamma}(\bm{k})\bm{a}_{\gamma\delta}(\bm{k})U_{\delta\beta}(\bm{k}) - iU^{\dagger}_{\alpha\gamma}(\bm{k})\bigl(\bm{\nabla}_k U_{\delta\beta}(\bm{k})\bigr)\langle u_{\gamma\bm{k}}|u_{\delta\bm{k}}\rangle
\end{aligned} \tag{5.36}$$

すなわち

$$\bm{a}'(\bm{k}) = U^{\dagger}(\bm{k})\bm{a}(\bm{k})U(\bm{k}) - iU^{\dagger}(\bm{k})\bm{\nabla}_k U(\bm{k}) \tag{5.37}$$

のように変わる．一方，Slater 行列式で書かれた多体の波動関数は，この変換のもとで不変である[2]．U(1) の場合，Berry 曲率は $\bm{b}(\bm{k})=\bm{\nabla}_k\times\bm{a}(\bm{k})$ で定義されたが，U(2) の場合は，

$$\bm{b}(\bm{k})\equiv\bm{\nabla}_k\times\bm{a}(\bm{k})+i\,\bm{a}(\bm{k})\times\bm{a}(\bm{k}) \tag{5.39}$$

で定義される．ゲージ変換 (5.37) のもとで

$$\bm{b}'(\bm{k}) = U^{\dagger}(\bm{k})\bm{b}(\bm{k})U(\bm{k}) \tag{5.40}$$

となる[3]．

---

[2] 一般に多体の波動関数は $\Psi(\bm{x}_1,\bm{x}_2,\cdots)=\det\langle\bm{x}_i|\varphi_m\rangle$ と書けるが，これはゲージ変換 $|\varphi'_n\rangle=|\varphi_m\rangle U_{mn}$（$U$ はユニタリー行列）のもとで

$$\Psi' = \det\bigl[\langle\bm{x}_i|\varphi_m\rangle U_{mn}\bigr] = \det\langle\bm{x}_i|\varphi_m\rangle\cdot\det U_{mn} = \Psi e^{i\varphi} \tag{5.38}$$

となる．

[3] 証明：

$$\bm{b}' = \bm{\nabla}\times\bm{a}' + i\bm{a}'\times\bm{a}'$$

また，時間反転対称性に起因して，U(2) Berry 接続 $a_{\alpha\beta}(k)$ と $a_{\alpha\beta}(-k)$ の間には以下のような関係が成り立つ[4]．

$$\begin{aligned}
a_{\alpha\beta}(-k) &= +i\langle u_{\alpha-k}|\frac{\partial}{\partial k}|u_{\beta-k}\rangle \\
&= i\Big(\sum_{\alpha'} w_{\alpha\alpha'}(k)\langle \Theta\, u_{\alpha'k}|\Big)\frac{\partial}{\partial k}\Big(\sum_{\beta'} w^*_{\beta\beta'}(k)|\Theta\, u_{\beta'k}\rangle\Big) \\
&= i\sum_{\alpha'\beta'} w_{\alpha\alpha'}(k)w^*_{\beta\beta'}(k)\langle \Theta\, u_{\alpha'k}|\frac{\partial}{\partial k}|\Theta\, u_{\beta'k}\rangle \\
&\quad + i\sum_{\alpha'\beta'}\langle \Theta\, u_{\alpha'k}|\Theta\, u_{\beta'k}\rangle w_{\alpha\alpha'}(k)\frac{\partial}{\partial k}w^*_{\beta\beta'}(k) \\
&= \sum_{\alpha'\beta'} w_{\alpha\alpha'}(k)w^\dagger_{\beta'\beta}(k)i\langle\frac{\partial}{\partial k}u_{\beta'k}|u_{\alpha'k}\rangle \\
&\quad + i\sum_{\alpha'\beta'}\delta_{\alpha'\beta'}w_{\alpha\alpha'}(k)\frac{\partial}{\partial k}w^\dagger_{\beta'\beta}(k) \\
&= \sum_{\alpha'\beta'} w_{\alpha\alpha'}(k)a^*_{\alpha'\beta'}(k)w^\dagger_{\beta'\beta}(k) + i\sum_{\alpha'} w_{\alpha\alpha'}(k)\frac{\partial}{\partial k}w^\dagger_{\alpha'\beta}(k)
\end{aligned}$$

すなわち

$$a(-k) = w(k)a^*(k)w^\dagger(k) + iw(k)\frac{\partial}{\partial k}w^\dagger(k) \tag{5.42}$$

が得られる．とくに U(1) 部分はトレースをとって，

$$a^0(-k) = a^0(k) + i\,\mathrm{tr}\Big[w(k)\frac{\partial}{\partial k}w^\dagger(k)\Big] \tag{5.43}$$

となる．さらに，$w\nabla w^\dagger = -(\nabla w)w^\dagger$ を用いて，

$$a^0(k) = a^0(-k) + i\,\mathrm{tr}\Big[w^\dagger(k)\frac{\partial}{\partial k}w(k)\Big] \tag{5.44}$$

$$\begin{aligned}
&= \nabla\times\Big(U^\dagger aU - iU^\dagger\nabla U\Big) + i\Big(U^\dagger aU - iU^\dagger\nabla U\Big)\times\Big(U^\dagger aU - iU^\dagger\nabla U\Big) \\
&= U^\dagger(\nabla\times a)U + (\nabla U^\dagger)\times aU - U^\dagger a\times(\nabla U) - i(\nabla U^\dagger)\times(\nabla U) \\
&\quad + iU^\dagger a\times aU - (\nabla U^\dagger)\times aU + U^\dagger a\times(\nabla U) + i(\nabla U^\dagger)\times(\nabla U) \\
&= U^\dagger(\nabla\times a + ia\times a)U = U^\dagger bU
\end{aligned} \tag{5.41}$$

[4] 式 (5.28) および $\langle\Theta\psi|\Theta\phi\rangle = \langle\phi|\psi\rangle$ を用いる．

が得られる．Berry 曲率に関しては，式 (5.42) を用いて，関係式

$$\bm{b}(-\bm{k}) = w(\bm{k})\Big(-\bm{b}^*(\bm{k})\Big)w^\dagger(\bm{k}) \tag{5.45}$$

が導かれる[5]．トレースをとると，U(1) 部分の関係式

$$\bm{b}^0(-\bm{k}) = -\bm{b}^0(\bm{k}) \tag{5.46}$$

が得られる．

5.2 バルク–エッジ対応

時間反転不変な絶縁体のトポロジカル不変量を導出する．まずは，電荷ポンプが量子 Hall 効果と関連していることを示し，これに類似してスピンポンプが量子スピン Hall 効果に対する明確な解釈を与えることを見る．

5.2.1 電荷ポンプ

量子 Hall 効果に類似したトポロジカルな性質は電荷ポンプ効果において見られる．周期構造をもった 1 次元電子系を考えよう．電子状態は Bloch 波動関数 $\phi_k(x) = e^{ikx}u(k,x)$ によって記述される．以下ではこれを

$$|k\rangle = e^{ikx}|u_k\rangle \tag{5.47}$$

のように表す．これを逆 Fourier 変換した，

$$\begin{aligned}|R\rangle &= \sum_{k=-\pi}^{\pi} \frac{e^{-ikR}}{\sqrt{L}} |k\rangle \\ &= \sum_{k=-\pi}^{\pi} \frac{e^{ik(x-R)}}{\sqrt{L}} |u_k\rangle\end{aligned} \tag{5.48}$$

は Wannier 状態とよばれ，位置 R に電子が局在した状態を表す．以下では格子定数 a を 1 とする．

これから考えるプロセスは第 3 章における Laughlin 理論のそれとよく似

---

[5] 証明は (5.41) と同様．

ている．Laughlin 理論ではシリンダー系の軸方向に磁束をゆっくりと挿入したとき，中心座標 X のまわりに局在していた波動関数が一つ隣の中心座標の位置に移動する様子を調べた．今の場合，格子系ハミルトニアンがゆっくりと時間発展して時刻 $t_1 \sim t_2$ の間に，$H(t_1)$ から $H(t_2)$ になったとする．このとき電子分布の空間的シフト，すなわち分極

$$\Delta P_\rho = \langle R=0; t_2 | x | R=0; t_2 \rangle - \langle R=0; t_1 | x | R=0; t_1 \rangle$$
$$= P_\rho(t_2) - P_\rho(t_1) \tag{5.49}$$

を考えよう．Bloch 関数を用いると，

$$P_\rho = \left(\sum_{k'=-\pi}^{\pi} \langle u_{k'} | \frac{e^{-ik'x}}{\sqrt{L}} \right) x \left(\sum_{k=-\pi}^{\pi} \frac{e^{ikx}}{\sqrt{L}} |u_k\rangle \right)$$
$$= \left(\sum_{k'=-\pi}^{\pi} \langle u_{k'} | \frac{e^{-ik'x}}{\sqrt{L}} \right) \left(\sum_{k=-\pi}^{\pi} -i \frac{\partial}{\partial k} \left[\frac{e^{ikx}}{\sqrt{L}} \right] |u_k\rangle \right)$$
$$= \frac{1}{L} \sum_{k'=-\pi}^{\pi} \sum_{k=-\pi}^{\pi} \langle u_{k'} | e^{-i(k'-k)x} \, i \frac{\partial}{\partial k} | u_k \rangle \tag{5.50}$$

と書ける．最後に部分積分を行った．さらに関係式[6] $\langle u_{k'} | e^{-i(k'-k)x} i\partial/\partial k | u_k \rangle$ $= \delta_{k,k'} \langle u_k | i(\partial/\partial k) | u_k \rangle$ を用いると，P_ρ を

$$P_\rho = \frac{1}{L} \sum_{k=-\pi}^{\pi} \langle u_k | i \frac{\partial}{\partial k} | u_k \rangle = -\int_{-\pi}^{\pi} \frac{dk}{2\pi} a_k(k) \tag{5.51}$$

---

[6] この関係式は次のようにして示される．

$$[\text{LHS}] = \int_0^{L=Na} dx \, u_{k'}^*(x) e^{-i(k'-k)x} \, i \frac{\partial}{\partial k} u_k(x)$$
$$= \sum_{j=0}^{N-1} \int_0^a dx' \, u_{k'}^*(ja+x') e^{-i(k'-k)(ja+x')} i \frac{\partial}{\partial k} u_k(ja+x')$$
$$= \left[\sum_{j=0}^{N-1} e^{-i(k'-k)ja} \right] \int_0^a dx' \, u_{k'}^*(x') e^{-i(k'-k)x'} \, i \frac{\partial}{\partial k} u_k(x')$$
$$= \delta_{k',k} N \int_0^a dx' \, u_k^*(x') e^{-i(k-k)x'} \, i \frac{\partial}{\partial k} u_k(x')$$
$$= \delta_{k',k} \int_0^{Na} dx' \, u_k^*(x') i \frac{\partial}{\partial k} u_k(x') \quad = [\text{RHS}]$$

と書くことができる．ただし $a_k(k) = -i\langle u_k|\partial/\partial k|u_k\rangle$ は U(1) Berry 接続である．

ここで P_ρ のゲージ依存性について注意する．ゲージ変換 $|\tilde{u}(k)\rangle = e^{i\Lambda(k)}|u(k)\rangle$ のもとで，分極は

$$\tilde{P}_\rho = i\int_{-\pi}^{\pi}\frac{dk}{2\pi}\langle u(k)|e^{-i\Lambda(k)}\frac{\partial}{\partial k}e^{i\Lambda(k)}|u(k)\rangle = P_\rho - \int_{-\pi}^{\pi}\frac{dk}{2\pi}\frac{\partial \Lambda(k)}{\partial k}$$
$$= P_\rho - \frac{\Lambda(\pi) - \Lambda(-\pi)}{2\pi} \tag{5.52}$$

のように変わる．波動関数の一価性の要請 $|u_{k+2\pi}\rangle = |u_k\rangle$ から Λ に対して $\Lambda(k+2\pi) = \Lambda(k) + 2\pi m$（$m$ は整数）という条件が課されるが，これによって $\tilde{P}_\rho = P_\rho - m$ が示される．したがって，P_ρ には格子定数（ここでは 1）の整数倍の不定性がある．これは周期的並進対称な系を考えているので，当然といえよう．一方，t_1 から t_2 までの分極

$$P_\rho(t_2) - P_\rho(t_1) = -\oint_{-\pi}^{\pi}\frac{dk}{2\pi}a_k(k,t_2) + \oint_{-\pi}^{\pi}\frac{dk}{2\pi}a_k(k,t_1) \tag{5.53}$$

はゲージによらない．ゲージ変換による変化分が t_1 と t_2 の差をとることでキャンセルするからである．Stokes の定理を用いると，この量は

$$P_\rho(t_2) - P_\rho(t_1) = \oint_{-\pi}^{\pi}\frac{dk}{2\pi}\int_{t_1}^{t_2}dt\left(\partial_k a_t(k,t) - \partial_t a_k(k,t)\right) \tag{5.54}$$

のように書くことができる．ここで $a_k(k,t) = -i\langle u_k(t)|\partial/\partial k|u_k(t)\rangle$, $a_t(k,t) = -i\langle u_k(t)|\partial/\partial t|u_k(t)\rangle$ である．したがって，時刻 $t = 0$ から T までの断熱的サイクル1回による分極はゲージ不変であり，

$$P_\rho(T) - P_\rho(0) = \int_0^T dt\oint_{-\pi}^{\pi}\frac{dk}{2\pi}\left(\partial_k a_t(k,t) - \partial_t a_k(k,t)\right) \tag{5.55}$$

のように第 1 Chern 数として書ける．このようにして電荷ポンプでは，1回の断熱サイクルによる粒子のシフト，すなわち分極が整数値をとる第 1 Chern 数によって特徴付けられる．

今簡単のため二つのバンドからなる系を考え，下のバンドはすべて電子で占有されて，上のバンドはすべて非占有とする．時刻 $t = 0$ から $t = T$ までのスペクトルの変化の様子を図 5.2 に示す．格子ポテンシャルに由来するエ

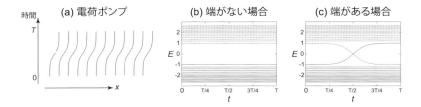

図 5.2 (a) 電荷ポンプ 1 サイクルの様子，(b) 周期的境界条件下のエネルギー，(c) 固定端がある場合のエネルギー．後者では $t=0$ で下のバンドにあった電子が $t=T$ では上のバンドにポンプされる．

ネルギーと P_ρ の相関がない場合，周期的境界条件を満たす系では電子分布の変化すなわち分極のプロセスで，各エネルギー値は変化しない（図5.2(b)）．一方，系に端がある場合には状況は異なる．図5.2(c) には 1 サイクル後に，下のバンドにあった電子の一つが上のバンドに移った状態へと変化する様子が示されている．これは（例えば）左端にあった電子一つが，右端にポンプされたことに他ならず $P_\rho(T) - P_\rho(0) = 1$ の場合に相当する．ここで重要な結論はゼロでない電荷ポンプのためにはプロセスの間 $0 < t < T$ で上のバンドと下のバンドを結ぶギャップ内準位がなくてはならないことである．これはいい換えると，ギャップ内準位が存在するか否かは，端のある系でスペクトルを実際に計算しないでも，周期的境界条件のもとで分極を計算すればわかるということである．

図5.2(c) で t を k_y と読み替えると，これは 2 次元系で端がある場合のエッジ状態のスペクトル $E(k_y)$ と対応する．このようにして，断熱プロセスによって記述されるバルクのトポロジー的性質と端がある場合のギャップ内準位すなわちエッジ状態の存在が関係付けられる．

5.2.2 スピンポンプ

次にスピンポンプの議論に移ろう．電荷ポンプの考察から量子 Hall 系における第 1 Chern 数とカイラルエッジ状態の関係が明らかになったように，スピンポンプの議論を通して，$\mathbb{Z}_2$ すなわち 0 と 1 の 2 値数で与えられるバル

クの不変量とヘリカルエッジ状態の関係が明らかになる．具体的な模型として，図 5.3(a) および (b) にあるような副格子 A B からなる系を考える．とくに (b) のように，A B ともに同じサイトポテンシャルをもつが，A と B の間のホッピング振幅は図のように一様ではなく，交互に変わる 2 量体構造をもつ場合を考える．さらに交替磁場もあるとし，これらが次式のように時間によって変化して元に戻る断熱サイクルを考える．

$$t_{\text{AB}}(t) = 1 + \cos t, \quad t_{\text{BA}}(t) = 1 - \cos t, \quad m(t) = m_0 \sin t \quad (5.56)$$

周期は $T = 2\pi$ となっている．この系のハミルトニアンは

$$\begin{aligned}
H_{\text{1D}}[t] = &-t_{\text{AB}}(t) \sum_{n=1}^{L} \Big(|R_n, \text{A}, s\rangle\langle R_n, \text{B}, s| + |R_n, \text{B}, s\rangle\langle R_n, \text{A}, s| \Big) \\
&- t_{\text{BA}}(t) \sum_{n=1}^{L-1} \Big(|R_n, \text{B}, s\rangle\langle R_{n+1}, \text{A}, s| + |R_{n+1}, \text{A}, s\rangle\langle R_n, \text{B}, s| \Big) \\
&+ m(t) \sum_{n=1}^{L} s \Big(|R_n, \text{A}, s\rangle\langle R_n, \text{A}, s| - |R_n, \text{B}, s\rangle\langle R_n, \text{B}, s| \Big) \\
&+ \Delta_R i \sigma^y_{ss'} \bigg[\sum_{n=1}^{L} \Big(|R_n, \text{A}, s\rangle\langle R_n, \text{B}, s'| - |R_n, \text{B}, s\rangle\langle R_n, \text{A}, s'| \Big) \\
&+ \sum_{n=1}^{L-1} \Big(|R_n, \text{B}, s'\rangle\langle R_{n+1}, \text{A}, s| - |R_{n+1}, \text{A}, s\rangle\langle R_n, \text{B}, s'| \Big) \bigg]
\end{aligned}$$

で与えられる．AB 副格子を一つのユニットセルとしたとき，第 1 項と第 2 項はセル内，セル間のホッピングを記述する．第 3 項は交替磁場が↑スピンと↓スピンが交互に並んだ状態を形成する効果を記述する．$\Delta_R = 0$ の場合，スピンの z 成分は保存するが，$\Delta_R \neq 0$ の場合は最後の 2 項によってスピンフリップが生じ，z 成分は保存量ではなくなる．

ここでハミルトニアンを波数表示で

$$H_{\text{1D}}[t] = \sum_k (|\text{A}k\uparrow\rangle, |\text{B}k\uparrow\rangle, |\text{A}k\downarrow\rangle, |\text{B}k\downarrow\rangle) \mathcal{H}(k,t) \begin{pmatrix} \langle \text{A}k\uparrow| \\ \langle \text{B}k\uparrow| \\ \langle \text{A}k\downarrow| \\ \langle \text{B}k\downarrow| \end{pmatrix} \quad (5.57)$$

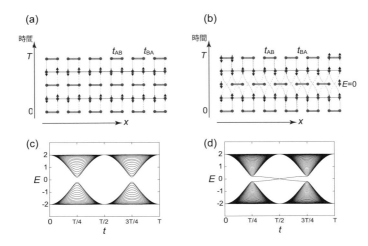

図 5.3 (a) (b) 周期的ポテンシャル中のスピンポンプ．時間発展のもとでの基底状態の変化の様子．(a) 自明なサイクルでは正味のスピンポンプはないが，(b) 非自明なサイクルはスピンをポンプする．(c) 自明なサイクルでの 1 粒子エネルギー準位の時間変化，(d) 非自明な場合．

の形に表す．ここで

$$
\mathcal{H}(k,t) = \begin{pmatrix} m(t) & -t_k^*(t) & 0 & \Delta_R(1-e^{-ik}) \\ -t_k(t) & -m(t) & -\Delta_R(1-e^{ik}) & 0 \\ 0 & -\Delta_R(1-e^{-ik}) & -m(t) & -t_k^*(t) \\ \Delta_R(1-e^{ik}) & 0 & -t_k(t) & m(t) \end{pmatrix}
\tag{5.58}
$$

だたし $t_k(t) = t_{\mathrm{BA}}(t) + t_{\mathrm{AB}}(t)e^{ik}$ とした．$\mathcal{H}(k,t)$ は時間反転に対し

$$\Theta \mathcal{H}(k,t) \Theta^{-1} = \mathcal{H}(-k,-t) \tag{5.59}$$

を満足する．

図 5.3 の上の二つの図は結合が強い極限での基底状態の時間発展の様子を示している．時刻 $t = T/4$ および $3T/4$ では交替磁場が印加してスピンは↑と↓が交互に並んだ状態にロックされる．一方 $t = 0, T/2$ では二量体化が支

配的となり，スピンは各二量体化されたユニットセル内でシングレットを組む[7]．(a) ではつねに同じ副格子の二量体化が起きるが，(b) では二量体化が交互に生じる．前者を自明なサイクル，後者を非自明なサイクルとよぶことにしよう．後者のサイクルにおいて，もし系に周期的境界条件が課されておらず，端が存在する場合には $t = T/2$ の基底状態は $T = 0$ の場合と明確に区別される．$t = 0$ ではすべてのセルでシングレット対が形成されるが，$t = T/2$ では系の両端のスピンだけはシングレット対を形成できず孤立する．この場合 $t = T$ での両端の二量体セル内でもシングレットを作らず励起状態となる．1 サイクルで，左端にはダウンスピンが，右端にはアップスピンが生成される．すなわち左から右へスピンがポンプされる．

図 5.3 の (c) と (d) は端がある場合の，1 サイクルにおける系のエネルギースペクトルの時間発展を示している．$t = T/2$ では端の不対スピンに相当する，ゼロエネルギー準位（mid-gap 状態）が存在する．周期的境界条件下では，不対スピンが存在しないため，このようなゼロエネルギー準位は存在しない．以下では，周期的境界条件のもとで，上の自明なサイクルと非自明なサイクルといかにして区別するかを考察する．

S_z 保存系

スピンの z 成分が保存する場合にはスピンポンプは

$$P_{\rm s} \equiv P_\uparrow - P_\downarrow \tag{5.60}$$

によって記述される．ここで

$$P_\uparrow = -\int_{-\pi}^{\pi} \frac{dk}{2\pi} a_\uparrow(k), \qquad a_\uparrow(k) = -i\langle u_{\uparrow k} | \partial_k | u_{\uparrow k} \rangle \tag{5.61}$$

$$P_\downarrow = -\int_{-\pi}^{\pi} \frac{dk}{2\pi} a_\downarrow(k), \qquad a_\downarrow(k) = -i\langle u_{\downarrow k} | \partial_k | u_{\downarrow k} \rangle \tag{5.62}$$

である．もし $P_{\rm s}(T/2) - P_{\rm s}(0)$ がゼロでなければ，1 サイクルでスピンはポンプされる．

---

[7] 簡単のため 2 つのサイト A B からなる 2 準位系を考えよう．ハミルトニアン $\mathcal{H} = \epsilon_0 |{\rm A}\rangle\langle{\rm A}| + \epsilon_0 |{\rm B}\rangle\langle{\rm B}| - t_0 |{\rm A}\rangle\langle{\rm B}| - t_0 |{\rm B}\rangle\langle{\rm A}|$ の固有状態は $|\psi_\pm\rangle = (|{\rm A}\rangle \pm |{\rm B}\rangle)/\sqrt{2}$，固有エネルギーは $E = \epsilon_0 \mp t_0$ で与えられる．$t_0 > 0$ のとき，エネルギーが低いのは $|\psi_+\rangle$ であり，これは軌道部分が（A と B の入れ替えに対し）対称で，したがってスピンはシングレット（反対称）となる．$\epsilon_0 = 0$, $t_0 = 2$ としたのが図 5.3 の $t = 0$ の状態である．

S_z 非保存系

一方で $\Delta_R \neq 0$ の場合はスピンが保存しないため，スピンポンプの物理的な意味は明らかではない．しかし，以下ではバンド 1，2 に対する分極の差，

$$P_\theta \equiv P_1 - P_2$$
$$= -\int_{-\pi}^{\pi} \frac{dk}{2\pi} a^z(k) \tag{5.63}$$

が自明なサイクルと非自明なサイクルのトポロジカルな区別を与えることを見る．ここで

$$a^z(k) = a_1(k) - a_2(k) \tag{5.64}$$
$$= \langle u_{1k}|(-i\partial_k)|u_{1k}\rangle - \langle u_{2k}|(-i\partial_k)|u_{2k}\rangle \tag{5.65}$$

は (5.32) で導入した SU(2) Berry 接続行列の対角成分である．$P_\theta(T/2) - P_\theta(0)$ がゼロでなければ S_z が保存している場合と同様に，系に端があれば $t = T/2$ あるいは $t = 0$ のどちらかでギャップ内状態が現れる．この場合はスピンは保存量ではないので，スピンポンプというより，時間反転不変ポンプとよぶことにする．

$t = 0$ および $T/2$ では，系は時間反転不変である．このとき，例えば，$|u_2(k)\rangle$ を時間反転した $\Theta|u_2(k)\rangle$ は位相因子を別として $|u_1(-k)\rangle$ に等しい（図 5.1(b) 参照）．したがって，

$$\Theta|u_{2,k}\rangle = e^{-i\chi(k)}|u_{1,-k}\rangle \tag{5.66}$$
$$\Theta|u_{1,k}\rangle = -e^{-i\chi(-k)}|u_{2,-k}\rangle \tag{5.67}$$

の関係が成り立つ[8]．これを用いて，w 行列は ($t=0$ と $T/2$ で)

$$w(k) = \begin{pmatrix} \langle u_{1,-k}|\Theta|u_{1k}\rangle & \langle u_{1,-k}|\Theta|u_{2k}\rangle \\ \langle u_{2,-k}|\Theta|u_{1k}\rangle & \langle u_{2,-k}|\Theta|u_{2k}\rangle \end{pmatrix}$$
$$= \begin{pmatrix} 0 & e^{-i\chi(k)} \\ -e^{-i\chi(-k)} & 0 \end{pmatrix} \tag{5.68}$$

---

[8] 第 2 式は第 1 式から次のように導かれる．$\Theta|u_1(-k)\rangle = e^{-i\chi(k)}\Theta^2|u_2(k)\rangle = -e^{-i\chi(k)}|u_2(k)\rangle$.

と表される. $t = 0$ あるいは $T/2$ における, $a^z(k)$ と $a^z(-k)$ は式 (5.42) より

$$a^z(-k) = \mathrm{tr}\Big[\sigma^z a(-k)\Big]$$
$$= \mathrm{tr}\Big[w^\dagger(k)\sigma^z w(k)a^*(k)\Big] + i\mathrm{tr}\Big[\sigma^z w(k)\frac{\partial}{\partial k}w^\dagger(k)\Big] \quad (5.69)$$

で関係付けられる. $w^\dagger \sigma^z w = -\sigma^z$ であることに注意すると,

$$a^z(-k) = -a^z(k) + i\mathrm{tr}\Big[\sigma^z w(k)\frac{\partial}{\partial k}w^\dagger(k)\Big] \quad (5.70)$$

以上の関係式を用いて P_θ は $t = 0$ あるいは $T/2$ で次のように表すことができる.

$$\begin{aligned}
P_\theta &= -\int_{-\pi}^{0}\frac{dk}{2\pi}a^z(k) - \int_{0}^{\pi}\frac{dk}{2\pi}a^z(k) \\
&= -\int_{0}^{\pi}\frac{dk}{2\pi}a^z(-k) - \int_{0}^{\pi}\frac{dk}{2\pi}a^z(k) \\
&= -\int_{0}^{\pi}\frac{dk}{2\pi}i\mathrm{tr}\Big[\sigma^z w(k)\frac{\partial}{\partial k}w^\dagger(k)\Big] \\
&= \int_{0}^{\pi}\frac{dk}{2\pi}i\mathrm{tr}\Big[w^{-1}(k)\sigma^z\frac{\partial}{\partial k}w(k)\Big] \quad (5.71)
\end{aligned}$$

ここで $ww^\dagger = 1$ およびその微分 $w\partial w^\dagger/\partial k + (\partial w/\partial k)w^\dagger = 0$ を用いた.

$$\begin{aligned}
P_\theta &= \int_{0}^{\pi}\frac{dk}{2\pi}i\mathrm{tr}\Big[w^{-1}(k)\frac{\partial w(k)}{\partial k}\Big] \\
&\quad + \int_{0}^{\pi}\frac{dk}{2\pi}i\mathrm{tr}\Big[w^{-1}(k)(\sigma^z - 1)\frac{\partial w(k)}{\partial k}\Big] \quad (5.72)
\end{aligned}$$

の第 1 項は

$$\begin{aligned}
\int_{0}^{\pi}\frac{dk}{2\pi}i\frac{\partial}{\partial k}\mathrm{tr}\log w &= \int_{0}^{\pi}\frac{dk}{2\pi}i\frac{\partial}{\partial k}\log\det w \\
&= \frac{i}{2\pi}\Big(\log\det w(\pi) - \log\det w(0)\Big) \\
&= \frac{1}{i\pi}\log\sqrt{\frac{\det w(0)}{\det w(\pi)}} \quad (5.73)
\end{aligned}$$

一方, 第 2 項は

$$\int_0^\pi \frac{dk}{2\pi} i\mathrm{tr}\Big[\begin{pmatrix} 0 & w_{21}^{-1} \\ w_{12}^{-1} & 0 \end{pmatrix} \begin{pmatrix} 0 & 0 \\ 0 & -2 \end{pmatrix} \begin{pmatrix} 0 & \frac{\partial w_{12}}{\partial k} \\ \frac{\partial w_{21}}{\partial k} & 0 \end{pmatrix} \Big]$$

$$= \frac{-2i}{2\pi} \int_0^\pi dk \,\mathrm{tr}\Big[\begin{pmatrix} 0 & w_{21}^{-1} \\ w_{12}^{-1} & 0 \end{pmatrix} \begin{pmatrix} 0 & 0 \\ \frac{\partial w_{21}}{\partial k} & 0 \end{pmatrix} \Big]$$

$$= \frac{1}{i\pi} \int_0^\pi dk \, w_{21}^{-1} \frac{\partial w_{21}}{\partial k} = \frac{1}{i\pi} \log \frac{w_{21}(\pi)}{w_{21}(0)} \tag{5.74}$$

ここで $w_{21}(\pi) = \langle u_{2,-\pi} | \Theta | u_{1,\pi} \rangle = -e^{-i\chi(-\pi)} = -e^{-i\chi(+\pi)} = -w_{12}(\pi)$ より $\det w(\pi) = [w_{21}(\pi)]^2$, したがって P_θ は

$$P_\theta = \frac{1}{i\pi} \log \sqrt{\frac{w_{21}(0)^2}{w_{21}(\pi)^2}} + \frac{1}{i\pi} \log \frac{w_{21}(\pi)}{w_{21}(0)}$$

$$= \frac{1}{i\pi} \log \left(\frac{\sqrt{w_{21}(0)^2}}{w_{21}(0)} \frac{w_{21}(\pi)}{\sqrt{w_{21}(\pi)^2}} \right) \tag{5.75}$$

と書ける．対数関数の性質として，その虚部には 2π の不定性があることを思い出そう[9]．また，複素数 z に対し $z/\sqrt{z^2}$ という量は $+1$ か -1 のどちらかであることを注意しておく．実際，複素平面上で z が上半面にあるときは $z/\sqrt{z^2} = +1$，下半面にあるときは -1 となる．$\log(+1) = 0$ および $\log(-1) = \log(e^{i\pi}) = i\pi$ より，(5.75) は 0 か 1 の 2 値数を与える．

図 5.3(a) と (b) には，$0 \leq t \leq T$ で Wannier 状態の中心が変化していく様子が描かれている．時刻 $t = 0$ と $T/2$ では隣り合うスピンがシングレット対を形成することでギャップを生成する．(a) ではシングレット対を構成するパートナーが $t = 0$ と $T/2$ で変わらないが，(b) ではパートナーの交換が起きる．この違いは

$$P_\theta(T/2) - P_\theta(0) \tag{5.76}$$

の値によって区別される．(b) は $P_\theta(T/2) - P_\theta(0) = 1$ の場合であるが，$T/2$ では系の両端にスピンはシングレット対を作るパートナーがないため不対のまま残っている．図 5.3 にあるように，これら両端の不対スピン状態はギャップ内準位としてスペクトルの中に現れる．一方 (a)，$P_\theta(T/2) - P_\theta(0) = 0$ の場合は $t = 0$ と $T/2$ で対のパートナーを交換しないので，両端に不対スピン状態は現

---

[9] $\log(re^{i\theta}) = \log r + i\theta$

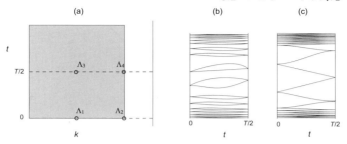

図 **5.4** (a) (k, t) 平面の様子．$t = 0$ と $T/2$ では時間反転不変となっているため，エネルギースペクトルは二重縮退する．(b) Kramers 対がパートナーを交換しない場合．(c) 交換する場合．$\mathbb{Z}_2$ 不変量によって区別できる．

れず，スペクトルはつねにギャップをもつ．同様に $P_\theta(T/2) - P_\theta(0) = \pm 2$ の場合も相対位置が 2 ずれることで両端に二つずつスピンが現れるが，これらは新たにシングレット状態を構成し，ギャップを生成することが可能である．このようにして 1 サイクルにギャップ内状態が現れるかどうかは $P_\theta(T/2) - P_\theta(0)$ が偶数か奇数か，すなわち，

$$P_\theta(T/2) - P_\theta(0) \pmod{2} \tag{5.77}$$

によって決まる．

ここまでは簡単のため，$t = 0$ と $T/2$ で完全に二量体化する模型を考えたが，それ以外のパラメータ領域でも，1 サイクルを自明なサイクルと非自明なサイクルに分類できる．一般の場合のエネルギースペクトルのフローは図 5.4 のようになる．$t = 0$ および $T/2$ では時間反転対称性のために，スペクトルは二重縮退している．上で考えたシングレット対のパートナーの交換のプロセスは特殊な状況であるが，より一般的なスピン軌道相互作用がある場合には Kramers 対のパートナーの交換におき換わる．対を交換するサイクルでは最大のエネルギー値と最小のエネルギー値が途切れることなくスペクトルで結び付いている．このため，端のある系では上のバンド（伝導帯）と下のバンド（価電子帯）がつながらなくてはならず，これが安定なエッジモードの起源である．一方，対を交換しない場合には各準位はつながっていないため，端があっても上のバンドのスペクトルと下のバンドのそれがつながっ

ている必要はない．これら二つのプロセスは

$$(-1)^{P_\theta(T/2)-P_\theta(0)} = \prod_{i=1}^{4} \frac{w_{12}(\mathbf{\Lambda}_i)}{\sqrt{w_{12}(\mathbf{\Lambda}_i)^2}} \tag{5.78}$$

によって分類される．ただし，

$\mathbf{\Lambda}_1 = (0, t=0)$, $\mathbf{\Lambda}_2 = (\pi, t=0)$, $\mathbf{\Lambda}_3 = (0, t=T/2)$, $\mathbf{\Lambda}_4 = (\pi, t=T/2)$
とし，式 (5.75) を用いた．

5.2.3 多バンド系への拡張

以上の議論では 4 バンド模型で下から二つのバンドが占有されている場合の $\mathbb{Z}_2$ 時間反転分極を考えてきたが，ここでは一般に $2N$ 個のバンドが占有されている場合へ拡張する．各バンド n ($n = 1, 2, \cdots, N$) に対し

$$\Theta|u_2^n(k)\rangle = e^{-i\chi_n(k)}|u_1^n(-k)\rangle \tag{5.79}$$

$$\Theta|u_1^n(k)\rangle = -e^{-i\chi_n(-k)}|u_2^n(-k)\rangle \tag{5.80}$$

を満たすバンドインデックスを基底にとるのが便利である．$2N \times 2N$ 型の w 行列は

$$w(k) = \begin{pmatrix} 0 & -W(-k) \\ W(k) & 0 \end{pmatrix} \tag{5.81}$$

$$W_{nn'}(k) = -e^{-i\chi_n(-k)}\delta_{nn'} \tag{5.82}$$

で与えられる．このとき P_θ を計算する．式 (5.72) の第 1 項は (5.73) と変わらない．第 2 項も (5.74) と同様にして

$$\int_0^\pi \frac{dk}{2\pi} i \, \mathrm{tr} \begin{pmatrix} 0 & -W(-k) \\ W(k) & 0 \end{pmatrix}^{-1} \begin{pmatrix} 0 & 0 \\ 0 & -2 \end{pmatrix} \begin{pmatrix} 0 & -\frac{\partial W(-k)}{\partial k} \\ \frac{\partial W(k)}{\partial k} & 0 \end{pmatrix}$$

$$= \frac{-2i}{2\pi} \int_0^\pi dk \, \mathrm{tr}\left[W^{-1}(k)\frac{\partial W(k)}{\partial k}\right]$$

$$= \frac{1}{i\pi} \int_0^\pi dk \frac{\partial}{\partial k} \mathrm{tr} \log W(k) = \frac{1}{i\pi} \int_0^\pi dk \frac{\partial}{\partial k} \log \det W(k)$$

$$= \frac{1}{i\pi} \log \left[\frac{\det W(\pi)}{\det W(0)} \right] \tag{5.83}$$

さらに $\det w(k) = \det W(k) \cdot \det W(-k)$ より

$$P_\theta = \frac{1}{i\pi} \log \left(\frac{\sqrt{\det W(0)^2}}{\det W(0)} \frac{\det W(\pi)}{\sqrt{\det W(\pi)^2}} \right) \tag{5.84}$$

を得る．これは式 (5.75) の多バンド系への単純な拡張である．次にこれを w 行列を用いて表そう．ここで $2N \times 2N$ 反対称行列 A に対し

$$\mathrm{Pf}[A] = \frac{1}{2^N N!} \sum_{\sigma \in S_{2N}} \mathrm{sgn}(\sigma) \prod_{i=1}^{N} A_{\sigma(2i-1),\sigma(2i)} \tag{5.85}$$

という記号を導入する．ここで S_{2N} は置換群，$\mathrm{sgn}(\sigma)$ は元 $\sigma \in S_{2N}$ の符号（偶置換か奇置換か）を表す．行列式とは $\det[A] = \mathrm{Pf}[A]^2$ の関係にある．

$$\mathrm{Pf} \begin{pmatrix} 0 & -B^\mathrm{T} \\ B & 0 \end{pmatrix} = (-1)^{N(N+1)/2} \det B \tag{5.86}$$

より P_θ は

$$P_\theta = \frac{1}{i\pi} \log \left(\frac{\sqrt{\det w(0)}}{\mathrm{Pf}[w(0)]} \frac{\mathrm{Pf}[w(\pi)]}{\sqrt{\det w(\pi)}} \right) \tag{5.87}$$

の形に表すことができる．こうして $\mathbb{Z}_2$ 不変量 ν の一般形式

$$(-1)^\nu = \prod_{i=1}^{4} \frac{\mathrm{Pf}[w(\mathbf{\Lambda}_i)]}{\sqrt{\det[w(\mathbf{\Lambda}_i)]}} \tag{5.88}$$

が導かれた．

5.2.4 トポロジカル絶縁体：2次元から3次元系へ

これまで (t, k) として扱ってきた量を (k_x, k_y) におき換えることを考えてみよう．すなわち式 (5.58) を k_x と k_y の関数として与えられる2次元系のハミルトニアンであるとする．式 (5.59) は

$$\Theta \mathcal{H}(k_x, k_y)\Theta^{-1} = \mathcal{H}(-k_x, -k_y) \tag{5.89}$$

となり，この2次元電子系は時間反転対称性を有する．2次元 Brillouin 域内の時間反転不変な波数は，$\mathbf{\Lambda}_i$ と $-\mathbf{\Lambda}_i$ が同一視される点

$$\begin{aligned}\mathbf{\Lambda}_1 = \mathbf{\Lambda}_{0,0} = (0,0), &\qquad \mathbf{\Lambda}_2 = \mathbf{\Lambda}_{0,\pi} = (0,\pi), \\ \mathbf{\Lambda}_3 = \mathbf{\Lambda}_{\pi,0} = (\pi,0), &\qquad \mathbf{\Lambda}_4 = \mathbf{\Lambda}_{\pi,\pi} = (\pi,\pi)\end{aligned} \tag{5.90}$$

で与えられる（図 5.5）．$y=0$ と $y=L$ に端がある場合は k_x を量子数にとってスペクトルを計算することができる．例として図 5.5(a) および (b) を見ると，伝導帯と価電子帯をつなぐエッジ状態の分散がある．これらのエッジ状態が時間反転対称性を破らない摂動のもとで安定に存在し得るかどうかが，トポロジカルに非自明であるか自明かに対応する．これらをバルクの情報を用いて特徴付けるために2次元 Brillouin 域を k_x 軸に射影しよう．射影された k_x 軸上で時間反転不変な波数は $\Lambda_0^{(1\mathrm{D})}=0$ と $\Lambda_\pi^{(1\mathrm{D})}=\pi$ である．今 ± 1 の値をとる量

$$\delta(\mathbf{\Lambda}) \equiv \frac{\mathrm{Pf}\bigl[w(\mathbf{\Lambda})\bigr]}{\sqrt{\det\bigl[w(\mathbf{\Lambda})\bigr]}} \tag{5.91}$$

を用いて

$$W(\Lambda_0^{(1\mathrm{D})}) = \delta(\mathbf{\Lambda}_{0,0})\,\delta(\mathbf{\Lambda}_{0,\pi}) \tag{5.92}$$
$$W(\Lambda_\pi^{(1\mathrm{D})}) = \delta(\mathbf{\Lambda}_{\pi,0})\,\delta(\mathbf{\Lambda}_{\pi,\pi}) \tag{5.93}$$

を定義する．これらはそれぞれ $W(\Lambda_0^{(1\mathrm{D})})=(-1)^{P_\theta(\Lambda_0^{(1\mathrm{D})})}$ および $W(\Lambda_\pi^{(1\mathrm{D})})=(-1)^{P_\theta(\Lambda_\pi^{(1\mathrm{D})})}$ のように表せ，前節のトポロジカルな断熱プロセスを特徴付ける (5.78) と関連していることがわかる．Fermi 準位がギャップの中にあるとして，$W(\Lambda_0^{(1\mathrm{D})})W(\Lambda_\pi^{(1\mathrm{D})}) = +1$ の場合は，$\Lambda_0^{(1\mathrm{D})}$ から $\Lambda_\pi^{(1\mathrm{D})}$ の間でエッジの分散が Fermi 準位と交差する点 (Fermi 点) が偶数個存在する（自明相）．一方 $W(\Lambda_0^{(1\mathrm{D})})W(\Lambda_\pi^{(1\mathrm{D})}) = -1$ のときは奇数個の Fermi 点が存在する（非自明相）．こうして2次元の時間反転不変なバンド絶縁体を分類するトポロジカル不変量として

$$(-1)^\nu = W(\Lambda_0^{(1\mathrm{D})})W(\Lambda_\pi^{(1\mathrm{D})})$$

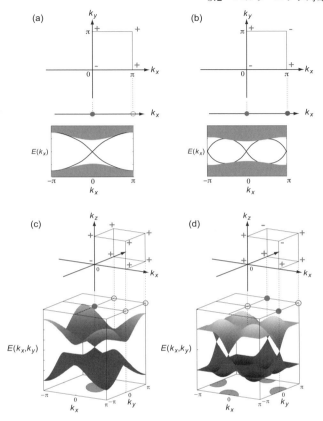

図 5.5 波数空間における時間反転不変な点と表面スペクトルの関係.

$$= \prod_{n_1=0,\pi} \prod_{n_2=0,\pi} \delta(\mathbf{\Lambda}_{n_1,n_2}) \tag{5.94}$$

が得られた.

2次元トポロジカル絶縁体に関する以上の議論はただちに3次元系に拡張できる. 3次元系の Brillouin 域には 8 個の時間反転不変な波数

$$\mathbf{\Lambda}_{0,0,0},\ \mathbf{\Lambda}_{0,0,\pi},\ \mathbf{\Lambda}_{\pi,0,0},\ \mathbf{\Lambda}_{\pi,0,\pi},\ \mathbf{\Lambda}_{0,\pi,0},\ \mathbf{\Lambda}_{0,\pi,\pi},\ \mathbf{\Lambda}_{\pi,\pi,0},\ \mathbf{\Lambda}_{\pi,\pi,\pi}$$

が存在する (図 5.5). これらの点で, ハミルトニアンは $\Theta \mathcal{H}(\mathbf{\Lambda}_i) \Theta^{-1} = \mathcal{H}(\mathbf{\Lambda}_i)$

を満たす,すなわち時間反転不変であるので,Kramers 縮退している.Fermi 準位がバンドギャップの中にあるとし,z 軸に垂直な境界面をもつ系を考えよう.3 次元 Brillouin 域を表面の 2 次元 Brillouin 域に射影する.そこで

$$
\begin{aligned}
W(\mathbf{\Lambda}_{0,0}^{\mathrm{2D}}) &= \delta(\mathbf{\Lambda}_{0,0,0})\delta(\mathbf{\Lambda}_{0,0,\pi}) \\
W(\mathbf{\Lambda}_{\pi,0}^{\mathrm{2D}}) &= \delta(\mathbf{\Lambda}_{\pi,0,0})\delta(\mathbf{\Lambda}_{\pi,0,\pi}) \\
W(\mathbf{\Lambda}_{0,\pi}^{\mathrm{2D}}) &= \delta(\mathbf{\Lambda}_{0,\pi,0})\delta(\mathbf{\Lambda}_{0,\pi,\pi}) \\
W(\mathbf{\Lambda}_{\pi,\pi}^{\mathrm{2D}}) &= \delta(\mathbf{\Lambda}_{\pi,\pi,0})\delta(\mathbf{\Lambda}_{\pi,\pi,\pi})
\end{aligned}
\tag{5.95}
$$

を定義する.Fermi 準位がバルクギャップの中にある場合,表面状態のエネルギー分散と Fermi 準位が交差する点の集合は曲線となるが,これを Fermi アークとよぶ.射影された 2 次元 Brillouin 域の時間反転不変な 2 点,例えば $\mathbf{\Lambda}_{0,0}^{\mathrm{2D}}$ と $\mathbf{\Lambda}_{\pi,\pi}^{\mathrm{2D}}$ を結ぶ経路を考えると,$W(\mathbf{\Lambda}_{0,0}^{\mathrm{2D}})W(\mathbf{\Lambda}_{\pi,\pi}^{\mathrm{2D}}) = +1$ の場合には,2 点を結ぶ経路は Fermi アークと偶数回(ゼロ,すなわち交わらない場合を含む)交差し,一方 $W(\mathbf{\Lambda}_{0,0}^{\mathrm{2D}})W(\mathbf{\Lambda}_{\pi,\pi}^{\mathrm{2D}}) = -1$ の場合には奇数回交差する.交差する回数は摂動によって変わり得る.しかし偶数から偶数あるいは奇数から奇数に変わることは可能であるが,偶数から奇数に変わることはない.図 5.5 に $\delta(\mathbf{\Lambda}) = \pm1$ の配列の例を示す.(c) では $\mathbf{\Lambda}_{0,0}^{\mathrm{2D}}$ と $\mathbf{\Lambda}_{\pi,\pi}^{\mathrm{2D}}$ の間で Fermi アークと 1 回交差するが,(d) では経路によって 0 回,あるいは 2 回交差する.実際,(c) では表面状態のエネルギー分散に Dirac 型の線形分散が一つ存在する.一方 (d) では二つの Dirac 型分散が存在する.

一般に,時間反転不変な 3 次元系の絶縁相は

$$
(-1)^{\nu} = \prod_{n_1=0,\pi}\prod_{n_2=0,\pi}\prod_{n_3=0,\pi}\delta(\mathbf{\Lambda}_{n_1,n_2,n_3}) \tag{5.96}
$$

で定義される $\mathbb{Z}_2$ 不変量 ν によって二つのクラスに分類される.$\nu = 0$ の相では各表面 Brillouin 域には 0 個あるいは 2 個の閉じた Dirac 点が存在する.

1/2 逆格子ベクトル $\mathbf{\Lambda} = m_1\bm{b}_1 + m_2\bm{b}_2 + m_3\bm{b}_3$(ただし $\bm{b}_1 = (\pi,0,0)$,$\bm{b}_2 = (0,\pi,0)$,$\bm{b}_3 = (0,0,\pi)$)に垂直な表面に対して,$m_1 = \nu_1$,$m_2 = \nu_2$ かつ $m_3 = \nu_3$ の場合は Dirac 分散が生じないが,それ以外の場合は二つの Dirac 分散が生じる.ここで (ν_1,ν_2,ν_3) は

$$
(-1)^{\nu_1} = \prod_{n_2=0,\pi}\prod_{n_3=0,\pi}\delta(\mathbf{\Lambda}_{\pi,n_2,n_3}), \tag{5.97}
$$

$$(-1)^{\nu_2} = \prod_{n_1=0,\pi} \prod_{n_3=0,\pi} \delta(\mathbf{\Lambda}_{n_1\pi,n_3}), \tag{5.98}$$

$$(-1)^{\nu_3} = \prod_{n_1=0,\pi} \prod_{n_2=0,\pi} \delta(\mathbf{\Lambda}_{n_1,n_2,\pi}) \tag{5.99}$$

で定義され，弱 $\mathbb{Z}_2$ インデックスとよばれる．

ここで，$\nu = 0$ の相においては，表面状態（の Dirac 分散）が存在する/しないという問題がデリケートであることに注意する．例えばユニットセルが 2 倍になるような摂動を入れたとしよう．このとき，半分に折りたたまれた Brillouin 域では二つの Dirac 点が重なることがあるが，この摂動によってギャップが開き得る．また乱れが存在すると，これらの絶縁相ともっとも単純な絶縁相の区別はなくなってしまうであろう．この意味で $\nu = 0$ の絶縁相は弱いトポロジカル絶縁相とよばれる．これに対し $\nu = 1$ の絶縁相では，表面状態はより robust であり，それゆえ強いトポロジカル絶縁相とよばれる．

5.3 空間反転対称性をもつ系の $\mathbb{Z}_2$ 不変量

特殊な場合として，空間反転対称性がある場合を考えよう．このとき，$\mathbb{Z}_2$ 不変量の計算は簡略化される．

5.3.1 空間反転演算子 Π

まず，空間反転演算子を

$$\Pi\,|\,\boldsymbol{x},\sigma\rangle = |-\boldsymbol{x},\sigma\rangle \tag{5.100}$$

を満たすものとして定義する．すなわち，座標の符号を反転するが，スピンの σ 符号は変えない．$\Pi^2 = 1$ より，Π の固有値は ± 1 である．運動量の固有状態に対して，次のように作用する．

$$\begin{aligned}\Pi\,|\,\boldsymbol{k},\sigma\rangle &= \Pi \int d^3\boldsymbol{x}'|\boldsymbol{x}',\sigma'\rangle\langle\boldsymbol{x}',\sigma'|\,\boldsymbol{k},\sigma\rangle \\ &= \int d^3\boldsymbol{x}'|-\boldsymbol{x}',\sigma\rangle\langle\boldsymbol{x}',\sigma|\,\boldsymbol{k},\sigma\rangle\end{aligned}$$

$$= \int d^3\boldsymbol{x} |\boldsymbol{x},\sigma\rangle\langle -\boldsymbol{x},\sigma|\boldsymbol{k},\sigma\rangle \quad (\boldsymbol{x}' = -\boldsymbol{x})$$
$$= |-\boldsymbol{k},\sigma\rangle \tag{5.101}$$

ここで $\langle -\boldsymbol{x}|\boldsymbol{k}\rangle = e^{-i\boldsymbol{k}\cdot\boldsymbol{x}}/\sqrt{L^3} = \langle \boldsymbol{x}|-\boldsymbol{k}\rangle$ を用いた．

空間反転のもとでハミルトニアン $H = \sum_{\boldsymbol{k},\sigma\sigma'} |\boldsymbol{k},\sigma\rangle\mathcal{H}_{\sigma\sigma'}(\boldsymbol{k})\langle\boldsymbol{k},\sigma'|$ は次のように変換する．

$$\Pi H \Pi^{-1} = \sum_{\boldsymbol{k},\sigma\sigma'} |-\boldsymbol{k},\sigma\rangle\mathcal{H}_{\sigma\sigma'}(\boldsymbol{k})\langle -\boldsymbol{k},\sigma'|$$
$$= \sum_{\boldsymbol{k},\sigma\sigma'} |\boldsymbol{k},\sigma\rangle\mathcal{H}_{\sigma\sigma'}(-\boldsymbol{k})\langle\boldsymbol{k},\sigma'| \tag{5.102}$$

したがって，$\mathcal{H}(-\boldsymbol{k}) = \mathcal{H}(\boldsymbol{k})$ を満たす場合には，$\Pi H \Pi^{-1} = H$ となり，系は空間反転不変である．また空間反転と時間反転は可換である

$$[\Pi, \Theta] = 0 \tag{5.103}$$

ことが適当な基底を用いて簡単に示せる．

$\mathbb{Z}_2$ 不変量

各時間反転不変な波数 $\boldsymbol{\Lambda}_i$ における価電子バンド状態の空間反転演算子の固有値 $\zeta(\boldsymbol{\Lambda}_i) = \pm 1$ がわかっているとしよう．このとき，$\mathbb{Z}_2$ 不変量は次のように得られる．

$$(-1)^\nu = \prod_{i=1}^{2^d} \zeta(\boldsymbol{\Lambda}_i) \tag{5.104}$$

ここで $d = 2, 3$ は空間次元である．

以下では，式 (5.104) を証明する．時間反転対称性と空間反転対称性のそれぞれに対し，Berry 曲率のトレース（すなわち電荷セクター）$\boldsymbol{b}^0(\boldsymbol{k}) = \mathrm{tr}\boldsymbol{b}(\boldsymbol{k}) = \nabla_{\boldsymbol{k}} \times \boldsymbol{a}^0(\boldsymbol{k})$ は（式 (5.46) 参照）

$$時間反転 \quad \to \quad \boldsymbol{b}^0(-\boldsymbol{k}) = -\boldsymbol{b}^0(\boldsymbol{k}) \tag{5.105}$$
$$空間反転 \quad \to \quad \boldsymbol{b}^0(-\boldsymbol{k}) = +\boldsymbol{b}^0(\boldsymbol{k}) \tag{5.106}$$

5.3 空間反転対称性をもつ系の $\mathbb{Z}_2$ 不変量

であることから[10],Berry 曲率 $\boldsymbol{b}^0(\boldsymbol{k})$ はすべての $\boldsymbol{k}$ でゼロとなる.このとき,$\boldsymbol{a}^0(\boldsymbol{k}) = 0$ としてよい.あるいは,$\boldsymbol{a}^0(\boldsymbol{k}) = 0$ となるようなゲージが次のようにして得られる.任意のゲージから出発したとして,

$$v_{\alpha\beta}(\boldsymbol{k}) \equiv \langle u_{\alpha\boldsymbol{k}}|\Pi\Theta|u_{\beta\boldsymbol{k}}\rangle \tag{5.107}$$

なる量を考える.この v 行列に関する次の三つの重要な性質に注意しよう.

- $v(\boldsymbol{k})$ は反対称行列である.

$$v_{\alpha\beta} = \langle\alpha|\Pi\Theta|\beta\rangle = \langle\alpha|\Theta\cdot\Pi|\beta\rangle = -\langle\beta|\Pi\cdot\Theta|\alpha\rangle = -v_{\beta\alpha}$$

- $v(\boldsymbol{k})$ はユニタリー行列である.

$$\sum_\beta v_{\alpha\beta}v_{\gamma\beta}^* = \sum_\beta \langle\alpha|\Pi\Theta|\beta\rangle\langle\gamma|\Pi\Theta|\beta\rangle^* = \sum_\beta \langle\alpha|\Pi\Theta|\beta\rangle(-1)\langle\beta|\Pi\Theta|\gamma\rangle$$
$$= \langle\alpha|\Pi\Theta(-1)\Pi\Theta|\gamma\rangle = \langle\alpha|\gamma\rangle = \delta_{\alpha\gamma}$$

- $v(\boldsymbol{k})$ は $\boldsymbol{a}^0(\boldsymbol{k})$ と次のように関連している[11].$(i/2)\mathrm{tr}\bigl[v^\dagger \boldsymbol{\nabla}_{\boldsymbol{k}} v\bigr] = \boldsymbol{a}^0(\boldsymbol{k})$

ユニタリー行列の行列式の絶対値は 1 となるので

---

[10] $|u_{\alpha-\boldsymbol{k}}\rangle = \sum_\beta \pi_{\alpha\beta}^*(\boldsymbol{k})\Pi|u_{\beta\boldsymbol{k}}\rangle$, $\pi_{\alpha\beta}(\boldsymbol{k}) = \langle u_{\alpha-\boldsymbol{k}}|\Pi|u_{\beta\boldsymbol{k}}\rangle$ を用いて,

$$b_i^0(-\boldsymbol{k}) = -i\epsilon_{ijk}\sum_{\alpha=1,2}\langle\frac{\partial}{\partial k_j}u_{\alpha-\boldsymbol{k}}|\frac{\partial}{\partial k_k}u_{\alpha-\boldsymbol{k}}\rangle$$
$$= -i\epsilon_{ijk}\sum_{\alpha\beta\beta'}\pi_{\alpha\beta'}\pi_{\alpha\beta}^*\langle\frac{\partial}{\partial k_j}\Pi u_{\beta'\boldsymbol{k}}|\frac{\partial}{\partial k_k}\Pi u_{\beta\boldsymbol{k}}\rangle$$
$$-i\epsilon_{ijk}\sum_{\alpha\beta\beta'}\frac{\partial\pi_{\alpha\beta'}}{\partial k_j}\frac{\partial\pi_{\alpha\beta}^*}{\partial k_k}\langle\Pi u_{\beta'\boldsymbol{k}}|\Pi u_{\beta\boldsymbol{k}}\rangle$$
$$= -i\epsilon_{ijk}\sum_{\beta\beta'}\delta_{\beta\beta'}\langle\frac{\partial}{\partial k_j}u_{\beta'\boldsymbol{k}}|\frac{\partial}{\partial k_k}u_{\beta\boldsymbol{k}}\rangle - i\epsilon_{ijk}\sum_{\alpha\beta}\frac{\partial\pi_{\alpha\beta}}{\partial k_j}\frac{\partial\pi_{\beta\alpha}^*}{\partial k_k} = b_i^0(\boldsymbol{k})$$

[11] 以下その証明

$$\frac{i}{2}\sum_{\alpha\beta}(v^\dagger)_{\beta\alpha}\boldsymbol{\nabla}_k v_{\alpha\beta} = \frac{i}{2}\sum_{\alpha\beta}(v_{\alpha\beta})^*\boldsymbol{\nabla}_k v_{\alpha\beta} = \frac{i}{2}\sum_{\alpha\beta}\langle\alpha|\Pi\Theta|\beta\rangle^*\boldsymbol{\nabla}_k\langle\alpha|\Pi\Theta|\beta\rangle$$
$$= \frac{i}{2}\sum_{\alpha\beta}\langle\Pi\Theta\beta|\alpha\rangle\Bigl(\langle\boldsymbol{\nabla}\alpha|\Pi\Theta\beta\rangle + \langle\alpha|\boldsymbol{\nabla}\Pi\Theta\beta\rangle\Bigr)$$
$$= \frac{i}{2}\sum_{\alpha\beta}\langle\boldsymbol{\nabla}\alpha|\Pi\Theta\beta\rangle\langle\Pi\Theta\beta|\alpha\rangle + \frac{i}{2}\sum_{\alpha\beta}\langle\Pi\Theta\beta|\alpha\rangle\langle\alpha|\boldsymbol{\nabla}\Pi\Theta\beta\rangle$$

第5章 バルク–境界対応とトポロジカル不変量

$$\begin{aligned}\boldsymbol{a}^0(\boldsymbol{k}) &= \frac{i}{2}\mathrm{tr}\left[v^\dagger(\boldsymbol{k})\boldsymbol{\nabla}_k v(\boldsymbol{k})\right] = \frac{i}{2}\mathrm{tr}\boldsymbol{\nabla}_k \log v(\boldsymbol{k}) = \frac{i}{2}\boldsymbol{\nabla}_k \log \det[v(\boldsymbol{k})] \\ &= i\boldsymbol{\nabla}_k \log \sqrt{\det[v(\boldsymbol{k})]}\end{aligned} \tag{5.108}$$

は実数で，その値は Bloch 状態 $\{|u_{\alpha,\boldsymbol{k}}\rangle\}$ の位相から決まる．$\boldsymbol{a}^0(\boldsymbol{k})=0$ とするためには，適当な U(1) ゲージ変換によって $|u_\alpha(\boldsymbol{k})\rangle$ の位相を，すべての $\boldsymbol{k}$ に対して，

$$\mathrm{Pf}[v(\boldsymbol{k})] = 1$$

となるように決めればよい．

次に w 行列を計算する．バンド $\alpha=1,2$ における，Π の固有値を $\zeta_\alpha(\boldsymbol{\Lambda}_i)$，すなわち $\Pi|u_\alpha(\boldsymbol{\Lambda}_i)\rangle = \zeta_\alpha(\boldsymbol{\Lambda}_i)|u_\alpha(\boldsymbol{\Lambda}_i)\rangle$ とすると

$$\begin{aligned}w_{\alpha\beta}(\boldsymbol{\Lambda}_i) &= \langle u_{\alpha,-\boldsymbol{\Lambda}_i}|\Theta|u_{\beta\boldsymbol{\Lambda}_i}\rangle = \langle u_{\alpha,\boldsymbol{\Lambda}_i}|\Theta|u_{\beta\boldsymbol{\Lambda}_i}\rangle \\ &= \langle u_{\alpha,\boldsymbol{\Lambda}_i}|\Pi\Pi\Theta|u_{\beta\boldsymbol{\Lambda}_i}\rangle \\ &= \zeta_\alpha(\boldsymbol{\Lambda}_i)\langle u_{\alpha,\boldsymbol{\Lambda}_i}|\Pi\Theta|u_{\beta\boldsymbol{\Lambda}_i}\rangle \\ &= \zeta_\alpha(\boldsymbol{\Lambda}_i)\, v_{\alpha\beta}(\boldsymbol{\Lambda}_i)\end{aligned} \tag{5.109}$$

一方，$\Pi\Theta=\Theta\Pi$ なのでこれは $\zeta_\beta(\boldsymbol{\Lambda}_i)\, v_{\alpha\beta}(\boldsymbol{\Lambda}_i)$ とも書ける．実際，Kramers 縮退のため $\zeta_1(\boldsymbol{\Lambda}_i)=\zeta_2(\boldsymbol{\Lambda}_i)$ であるので以下 ζ のバンドの添字を省略する．したがって

$$\mathrm{Pf}[w(\boldsymbol{\Lambda}_i)] = \mathrm{Pf}[v(\boldsymbol{\Lambda}_i)]\zeta(\boldsymbol{\Lambda}_i)$$

であることが示された．$\mathrm{Pf}[v]=1$ となるゲージを考えているので，

$$\delta(\boldsymbol{\Lambda}_i) \equiv \frac{\mathrm{Pf}[w(\boldsymbol{\Lambda}_i)]}{\sqrt{\det[w(\boldsymbol{\Lambda}_i)]}} = \zeta(\boldsymbol{\Lambda}_i) \tag{5.110}$$

$2N$ のバンドが占有されている一般の場合は，

$$\delta(\boldsymbol{\Lambda}_i) \equiv \frac{\mathrm{Pf}[w(\boldsymbol{\Lambda}_i)]}{\sqrt{\det[w(\boldsymbol{\Lambda}_i)]}} = \prod_{n=1}^{N} \zeta_{2n}(\boldsymbol{\Lambda}_i) \tag{5.111}$$

$$\begin{aligned}&= \frac{i}{2}\sum_\alpha \langle \boldsymbol{\nabla}\alpha|\alpha\rangle + \frac{i}{2}\sum_\beta \langle \Pi\Theta\beta|\boldsymbol{\nabla}\Pi\Theta\beta\rangle = \frac{i}{2}\sum_\alpha \langle \boldsymbol{\nabla}\alpha|\alpha\rangle + \frac{i}{2}\sum_\beta \langle \Pi\Theta\beta|\Pi\Theta\boldsymbol{\nabla}\beta\rangle \\ &= \frac{i}{2}\sum_\alpha \langle \boldsymbol{\nabla}\alpha|\alpha\rangle + \frac{i}{2}\sum_\beta \langle \Theta\beta|\Theta\boldsymbol{\nabla}\beta\rangle = \frac{i}{2}\sum_\alpha \langle \boldsymbol{\nabla}\alpha|\alpha\rangle + \frac{i}{2}\sum_\beta \langle \boldsymbol{\nabla}\beta|\beta\rangle = \boldsymbol{a}^0(\boldsymbol{k})\end{aligned}$$

となる．以上の結果をまとめると，空間反転対称性をもつ系では$\mathbb{Z}_2$トポロジカル不変量が，時間反転不変な波数$\boldsymbol{\Lambda}_i$における，パリティ$\zeta(\boldsymbol{\Lambda}_i)$の情報だけから計算できる．

5.3.2　トポロジカル絶縁体の模型

以下では具体的に格子模型に対し，$\mathbb{Z}_2$不変量を計算してみる．

4 バンド模型

ユニットセルに二つの副格子A,Bをもつスピン1/2の模型を考える．Pauli行列$(\sigma_x, \sigma_y, \sigma_z)$を実スピン，$(\tau_x, \tau_y, \tau_z)$を副格子の自由度を記述する擬スピンとする．副格子A,Bが空間反転（パリティ変換）によって入れ替わる場合を考えると，空間反転演算子は

$$\Pi = \tau_x \otimes I \tag{5.112}$$

と書ける．一方，時間反転演算子は

$$\Theta = I \otimes (-i\sigma_y) K \tag{5.113}$$

で与えられている．4×4行列のハミルトニアンを5個の「アルファ行列」と4×4単位行列Iを用いて，

$$\mathcal{H}(\boldsymbol{k}) = \epsilon(\boldsymbol{k}) I + \sum_{a=0}^{4} R_a(\boldsymbol{k}) \alpha^a \tag{5.114}$$

のように表す．アルファ行列は

$$\alpha^a \alpha^b + \alpha^b \alpha^a = 2\delta^{ab} \tag{5.115}$$

を満足することから，エネルギー固有値

$$E(\boldsymbol{k}) = \epsilon(\boldsymbol{k}) \pm \sqrt{\sum_a R_a(\boldsymbol{k})^2} \tag{5.116}$$

が得られる．

今の問題では

$$\alpha^1 = \tau_z \otimes \sigma_x = \begin{pmatrix} \sigma_x & 0 \\ 0 & -\sigma_x \end{pmatrix}, \qquad \alpha^2 = \tau_z \otimes \sigma_y = \begin{pmatrix} \sigma_y & 0 \\ 0 & -\sigma_y \end{pmatrix},$$

$$\alpha^3 = \tau_z \otimes \sigma_z = \begin{pmatrix} \sigma_z & 0 \\ 0 & -\sigma_z \end{pmatrix}, \qquad \alpha^4 = \tau_y \otimes I = \begin{pmatrix} 0 & -iI \\ iI & 0 \end{pmatrix},$$

$$\alpha^0 = \tau_x \otimes I = \begin{pmatrix} 0 & I \\ I & 0 \end{pmatrix} \tag{5.117}$$

とする[12]のが便利である．このとき，

$$\Theta \alpha^a \Theta^{-1} = \begin{cases} -\alpha^a & (a = 1, 2, 3, 4) \\ +\alpha^a & (a = 0) \end{cases} \tag{5.118}$$

$$\Pi \alpha^a \Pi^{-1} = \begin{cases} -\alpha^a & (a = 1, 2, 3, 4) \\ +\alpha^a & (a = 0) \end{cases} \tag{5.119}$$

が成り立つ．

α^0 のみが時間反転 Θ および空間反転 Π のもとで偶であるので，時間反転対称かつ空間反転対称な系では，$\bm{k} = \bm{\Lambda}_i$ におけるハミルトニアンは

$$\mathcal{H}(\bm{k} = \bm{\Lambda}_i) = \epsilon(\bm{\Lambda}_i) I + R_0(\bm{\Lambda}_i) \alpha^0 \tag{5.120}$$

の形でなければならない．したがって $\bm{k} = \bm{\Lambda}_i$ でのエネルギー固有値は α^0 を対角化して，$\epsilon(\Lambda_i) \pm |R_0(\Lambda_i)|$ で与えられる．ここで α^0 の固有値は ± 1 であることを用いた．今，空間反転演算子は $\Pi = \alpha^0$ であることに注意する．パリティ偶 ($\zeta = +1$) 状態と奇 (-1) の状態のどちらのエネルギーが低いかは，$R_0(\Lambda_i)$ の符号で決まる．$\bm{k} = \bm{\Lambda}_i$ で $R_0(\bm{\Lambda}_i)$ が正のときは，$\zeta = -1$ の状態のエネルギーが低くなり，一方 $R_0(\bm{\Lambda}_i)$ が負のときには $\zeta = +1$ となる．こうして

$$\delta(\bm{\Lambda}_i) = -\mathrm{sgn}\left[R_0(\bm{\Lambda}_i)\right] \tag{5.121}$$

が導かれた．

---

[12] Weyl 表示とよばれる．

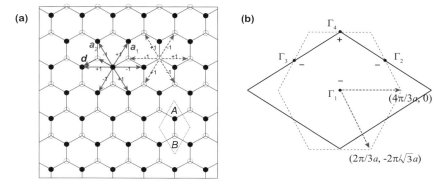

図 5.6 (a) Kane-Mele 模型の実空間表示，(b) 波数空間における時間反転不変点 $\Lambda_1, \Lambda_2, \Lambda_3, \Lambda_4$.

Kane-Mele 模型

Kane と Mele によって導入された蜂の巣格子上の量子スピン Hall 系の模型は

$$\begin{aligned} H_{\mathrm{KM}} &= -t \sum_{\langle ij \rangle} c_{i,s}^\dagger c_{j,s} + i\lambda_{\mathrm{so}} \sum_{\langle\langle ij \rangle\rangle} \nu_{ij} c_{i,s}^\dagger \sigma_{ss'}^z c_{j,s'} \\ &= H_t + H_{\mathrm{so}} \end{aligned} \tag{5.122}$$

と表すことができる[13]．第 1 項は蜂の巣格子の最近接格子間を運動するホッピングハミルトニアンで，第 2 項がスピン軌道相互作用に起因するギャップ項である．ここで $\boldsymbol{a}_1 = (a/2, \sqrt{3}a/2)$ と $\boldsymbol{a}_2 = (-a/2, \sqrt{3}a/2)$ は，図 5.6 にあるように，副格子間を結ぶ基本ベクトルで，蜂の巣格子のユニットセルを構成する．また $\nu_{ij} = (2/\sqrt{3}) [\hat{\boldsymbol{d}}_i \times \hat{\boldsymbol{d}}_j]_z = \pm 1$ にある $\boldsymbol{d}$ は図 5.6 にあるように，最近接格子間を結ぶベクトルである．まずはホッピングハミルトニアン

$$H_t = -t \sum_{\boldsymbol{R}} \left(c_{\mathrm{A}\,\boldsymbol{R}}^\dagger c_{\mathrm{B}\,\boldsymbol{R}} + c_{\mathrm{A}\,\boldsymbol{R}+\boldsymbol{a}_1}^\dagger c_{\mathrm{B}\,\boldsymbol{R}} + c_{\mathrm{A}\,\boldsymbol{R}+\boldsymbol{a}_2}^\dagger c_{\mathrm{B}\,\boldsymbol{R}} \right.$$

---

[13] ここからは便利な第 2 量子化形式の記法を用いる．生成消滅演算子を未修の読者は，例えば $c_{i,s}^\dagger c_{j,s}$ を $|\boldsymbol{R}_i, s\rangle\langle \boldsymbol{R}_j, s|$ におき換えて読んでいただきたい．ここで i や j は格子の位置を表す．$\langle ij \rangle$ は i と j が再近接のときのみ和をとることを意味する．

$$+ c_{\text{B }\bm{R}}^\dagger c_{\text{A }\bm{R}} + c_{\text{B }\bm{R}}^\dagger c_{\text{A }\bm{R}+\bm{a}_1} + c_{\text{B }\bm{R}}^\dagger c_{\text{A }\bm{R}+\bm{a}_2}\Bigg) \quad (5.123)$$

をFourier変換して波数表示しよう．$c_{\tau_z \bm{R}} = (1/\sqrt{N}) \sum_{\bm{k}} c_{\tau_z \bm{k}} e^{i\bm{k}\cdot\bm{R}}$ とおくと（$\tau_z = \text{A, B}$），

$$H_t = -t \sum_{\bm{k}} (c_{\text{A }\bm{k}}^\dagger, c_{\text{B }\bm{k}}^\dagger) \mathcal{H}_t(\bm{k}) \begin{pmatrix} c_{\text{A }\bm{k}} \\ c_{\text{B }\bm{k}} \end{pmatrix} \quad (5.124)$$

ここで

$$\begin{aligned}
\mathcal{H}_t(\bm{k}) &= -t \begin{pmatrix} 0 & 1 + e^{-i\bm{k}\cdot\bm{a}_1} + e^{-i\bm{k}\cdot\bm{a}_2} \\ 1 + e^{i\bm{k}\cdot\bm{a}_1} + e^{i\bm{k}\cdot\bm{a}_2} & 0 \end{pmatrix} \\
&= -t\Big(1 + \sum_{\mu=1,2} \cos \bm{k}\cdot\bm{a}_\mu\Big) \tau_x \otimes I - t\Big(\sum_{\mu=1,2} \sin \bm{k}\cdot\bm{a}_\mu\Big) \tau_y \otimes I
\end{aligned}$$
$$(5.125)$$

である．

一方，スピン軌道相互作用項

$$\begin{aligned}
H_{\text{so}} = \lambda_{\text{so}} \sum_{\bm{R}} \bigg(& ic_{\text{A }\bm{R}+\bm{a}_1}^\dagger \sigma_z c_{\text{A }\bm{R}} - ic_{\text{A }\bm{R}+\bm{a}_2}^\dagger \sigma_z c_{\text{A }\bm{R}} + ic_{\text{A }\bm{R}+\bm{a}_2-\bm{a}_1}^\dagger \sigma_z c_{\text{A }\bm{R}} \\
& - ic_{\text{A }\bm{R}-\bm{a}_1}^\dagger \sigma_z c_{\text{A }\bm{R}} + ic_{\text{A }\bm{R}-\bm{a}_2}^\dagger \sigma_z c_{\text{A }\bm{R}} - ic_{\text{A }\bm{R}-\bm{a}_2+\bm{a}_1}^\dagger \sigma_z c_{\text{A }\bm{R}} \\
& - ic_{\text{B }\bm{R}+\bm{a}_1}^\dagger \sigma_z c_{\text{B }\bm{R}} + ic_{\text{B }\bm{R}+\bm{a}_2}^\dagger \sigma_z c_{\text{B }\bm{R}} - ic_{\text{B }\bm{R}+\bm{a}_2-\bm{a}_1}^\dagger \sigma_z c_{\text{B }\bm{R}} \\
& + ic_{\text{B }\bm{R}-\bm{a}_1}^\dagger \sigma_z c_{\text{B }\bm{R}} - ic_{\text{B }\bm{R}-\bm{a}_2}^\dagger \sigma_z c_{\text{B }\bm{R}} + ic_{\text{B }\bm{R}-\bm{a}_2+\bm{a}_1}^\dagger \sigma_z c_{\text{B }\bm{R}} \bigg)
\end{aligned}$$

は波数表示をすると

$$\begin{aligned}
H_{\text{so}} = \lambda_{\text{so}} \sum_{\bm{k}} \bigg(& ie^{-i\bm{k}\cdot\bm{a}_1} - ie^{-i\bm{k}\cdot\bm{a}_2} + ie^{-i\bm{k}\cdot(\bm{a}_2-\bm{a}_1)} \\
& -ie^{i\bm{k}\cdot\bm{a}_1} + ie^{i\bm{k}\cdot\bm{a}_2} - ie^{i\bm{k}\cdot(\bm{a}_2-\bm{a}_1)}\bigg) c_{\text{A }\bm{k}}^\dagger \sigma_z c_{\text{A }\bm{k}} \\
-\lambda_{\text{so}} \sum_{\bm{k}} \bigg(& ie^{-i\bm{k}\cdot\bm{a}_1} - ie^{-i\bm{k}\cdot\bm{a}_2} + ie^{-i\bm{k}\cdot(\bm{a}_2-\bm{a}_1)} \\
& -ie^{i\bm{k}\cdot\bm{a}_1} + ie^{i\bm{k}\cdot\bm{a}_2} - ie^{i\bm{k}\cdot(\bm{a}_2-\bm{a}_1)}\bigg) c_{\text{B }\bm{k}}^\dagger \sigma_z c_{\text{B }\bm{k}}
\end{aligned}$$

$$= 2\lambda_{\text{so}} \sum_{\bm{k}} \sum_{\tau_z=\pm 1} \left(\sin \bm{k} \cdot \bm{a}_1 - \sin \bm{k} \cdot \bm{a}_2 \right.$$
$$\left. + \sin \bm{k} \cdot (\bm{a}_2 - \bm{a}_1) \right) c^\dagger_{\tau_z \bm{k}} (\tau_z \sigma_z) c_{\tau_z \bm{k}} \tag{5.126}$$

と書くことができる．A に対しては $\tau_z = +1$，B に対しては $\tau_z = -1$ とした．こうして，Kane-Mele 模型は

$$\mathcal{H}_{\text{KM}}(\bm{k}) = R_3^{\text{KM}}(\bm{k})\alpha^3 + R_4^{\text{KM}}(\bm{k})\alpha^4 + R_0^{\text{KM}}(\bm{k})\alpha^0 \tag{5.127}$$

$$R_1^{\text{KM}}(\bm{k}) = 0$$
$$R_2^{\text{KM}}(\bm{k}) = 0$$
$$R_3^{\text{KM}}(\bm{k}) = 2\lambda_{\text{so}}[\sin \bm{k} \cdot \bm{a}_1 - \sin \bm{k} \cdot \bm{a}_2 + \sin \bm{k} \cdot (\bm{a}_2 - \bm{a}_1)]$$
$$R_4^{\text{KM}}(\bm{k}) = -t[\sin \bm{k} \cdot \bm{a}_1 + \sin \bm{k} \cdot \bm{a}_2]$$
$$R_0^{\text{KM}}(\bm{k}) = -t[1 + \cos \bm{k} \cdot \bm{a}_1 + \cos \bm{k} \cdot \bm{a}_2] \tag{5.128}$$

のように表すことができる．

この蜂の巣格子の模型における，波数空間の時間反転不変点は $\bm{\Lambda}_1 = (0,0)$，$\bm{\Lambda}_2 = (\pi/a, \pi/\sqrt{3}a)$，$\bm{\Lambda}_3 = (-\pi/a, \pi/\sqrt{3}a)$，$\bm{\Lambda}_4 = (0, 2\pi/\sqrt{3}a)$ で与えられる．実際に計算してみると $R_0(\bm{\Lambda}_1)$, $R_0(\bm{\Lambda}_2)$, $R_0(\bm{\Lambda}_3)$ は負，$R_0(\bm{\Lambda}_4)$ は正であることから，この模型は $\mathbb{Z}_2$ 奇（odd）のトポロジカル絶縁相に相当することがわかる．

Bernevig-Hughes-Zhang 模型

2 次元トポロジカル絶縁体として実験的に確認された CdTe に両端から挟まれた HgTe からなる量子井戸構造は第 4 章で導入したように Bernevig，Hughes および Zhang の模型で記述される．

$$H_{\text{BHZ}} = \sum_{i,\alpha=s,p} \sum_{\sigma_z=\pm} \epsilon_\alpha c^\dagger_{i\alpha\sigma_z} c_{i\alpha\sigma_z} - \sum_{i,\alpha,\beta} \sum_{\mu=\pm x, \pm y} t^{\alpha\beta}_{\mu\sigma_z} c^\dagger_{i+\mu,\alpha,\sigma_z} c_{i,\beta,\sigma_z} \tag{5.129}$$

α, β $(=s,p)$ はバンド，$\sigma_z = \pm 1$ はスピンの z 成分の符号，μ は四つの最近接ボンドを表す．ホッピング項はバンド基底での行列

を含む．θ_μ は x 軸と μ 方向のなす角，$0, \pi/2, \pi, 3\pi/2$ を表す．s 軌道はパリティ偶 $(+1)$，p 軌道は奇 (-1) であるから，空間反転演算子は

$$\Pi = \tau_z \otimes I \tag{5.131}$$

で与えられる．したがって今の場合 Dirac のアルファ行列を

$$\alpha^1 = \tau_x \otimes \sigma_x = \begin{pmatrix} 0 & \sigma_x \\ \sigma_x & 0 \end{pmatrix}, \qquad \alpha^2 = \tau_x \otimes \sigma_y = \begin{pmatrix} 0 & \sigma_y \\ \sigma_y & 0 \end{pmatrix},$$

$$\alpha^3 = \tau_x \otimes \sigma_z = \begin{pmatrix} 0 & \sigma_z \\ \sigma_z & 0 \end{pmatrix}, \qquad \alpha^4 = \tau_y \otimes I = \begin{pmatrix} 0 & -iI \\ iI & 0 \end{pmatrix},$$

$$\alpha^0 = \tau_z \otimes I = \begin{pmatrix} I & 0 \\ 0 & -I \end{pmatrix} \tag{5.132}$$

で定義する[14]のが便利である．

Fourier 変換を行うとハミルトニアンは次のように表される（式 (4.10) 参照）．

$$\mathcal{H}_{\mathrm{BHZ}}(\boldsymbol{k}) = \epsilon(\boldsymbol{k})I + \sum_{a=0}^{4} R_a(\boldsymbol{k})\alpha^a \tag{5.133}$$

$$\begin{aligned}
\epsilon(\boldsymbol{k}) &= (\epsilon_s + \epsilon_p)/2 - (t_{ss} - t_{pp})(\cos k_x + \cos k_y) \\
R_1(\boldsymbol{k}) &= 0 \\
R_2(\boldsymbol{k}) &= 0 \\
R_3(\boldsymbol{k}) &= 2t_{sp} \sin k_y \\
R_4(\boldsymbol{k}) &= 2t_{sp} \sin k_x \\
R_0(\boldsymbol{k}) &= (\epsilon_s - \epsilon_p)/2 - (t_{ss} + t_{pp})(\cos k_x + \cos k_y)
\end{aligned} \tag{5.134}$$

$\mathbb{Z}_2$ 不変量を与える符号因子は，$n_1, n_2 = 0, 1$ として

---

[14] Dirac 表示とよばれる．

$$\delta(\mathbf{\Lambda}(n_1, n_2)) = -\mathrm{sgn}\left\{\frac{\epsilon_s - \epsilon_p}{2} - (t_{ss} + t_{pp})\left[(-1)^{n_1} + (-1)^{n_2}\right]\right\}$$
(5.135)

となる．$\epsilon_s - \epsilon_p > 4(t_{ss} + t_{pp})$ の場合はすべての時間反転対称点で $\delta(\mathbf{\Lambda}(n_1, n_2))$ は負，すなわち系は単なる絶縁体である．実際，Brillouin 域全体で s バンドは伝導帯，p バンドは価電子帯となっている．一方 $\epsilon_s - \epsilon_p < 4(t_{ss} + t_{pp})$ の場合には，$\mathbf{k} = 0$ 点でバンドが反転し，$\delta(\mathbf{\Lambda}(0,0))$ は正，したがってトポロジカル絶縁体となる[15]．

3 次元トポロジカル絶縁体：$\mathrm{Bi}_2\mathrm{Se}_3$

次に 3 次元トポロジカル絶縁体の模型を $\mathrm{Bi}_2\mathrm{Se}_3$ を例にとって考えよう．ハミルトニアンは第 4 章で導出したように，

$$\mathcal{H}(\mathbf{k}) = \epsilon(\mathbf{k})I + \begin{pmatrix} M(\mathbf{k}) & 0 & A_1 k_z & A_2 k_- \\ 0 & M(\mathbf{k}) & A_2 k_+ & -A_1 k_z \\ A_1 k_z & A_2 k_- & -M(\mathbf{k}) & 0 \\ A_2 k_+ & -A_2 k_z & 0 & -M(\mathbf{k}) \end{pmatrix} + O(\mathbf{k}^2)$$
(5.136)

の形に書くことができる．ここで $k_\pm = k_x \pm i k_y$，$\epsilon(\mathbf{k}) = C_0 + C_1 k_z^2 + C_2(k_x^2 + k_y^2)$，$M(\mathbf{k}) = M_0 + M_1 k_z^2 + M_2(k_x^2 + k_y^2)$ とした．各係数は第 1 原理計算とのフィッティングによって決められている．式 (5.136) を式 (5.132) のアルファ行列を用いて式 (5.114) の形に表すと $R_0(\mathbf{k}) = M_0 + M_1 k_z^2 + M_2(k_x^2 + k_y^2)$ となる．時間反転不変な波数は Γ 点 ($\mathbf{k} = 0$) とそこから十分遠方にある．$\mathbb{Z}_2$ 不変量はこれらの時間反転不変な波数における R_0 の符号の積で与えられる．スピン軌道相互作用が強い場合には図 4.7 に示したように $P1^+$ と $P2^-$ が $\mathbf{k} = 0$ で準位交差し，トポロジカル非自明相になる．

---

[15] $\epsilon_s - \epsilon_p > 0$, $t_{ss} > 0$, $t_{pp} > 0$ に注意する．

第6章 カイラル超伝導体・超流動体

　この章ではトポロジカルに非自明な超伝導体を議論する．境界のあるトポロジカルに非自明な絶縁体はギャップレスなエッジ状態をもつように，トポロジカル超伝導体はバルクの超伝導ギャップ中にエッジや渦に局在した準位を有する．以下ではこれらの性質を BCS 理論の拡張である Bogoliubov-de Gennes 理論によって記述する．

6.1 2次元スピンレス超伝導体の BCS 理論

　BCS 理論によれば，超伝導体の基底状態は電子対の Bose 凝縮相として解釈でき，一方，励起状態はギャップをもったフェルミオン的準粒子によって記述される．トポロジカル絶縁体とのアナロジーでいえば通常の s 波超伝導体は自明なバンド絶縁体に対応するが，電子対の対称性によってはギャップレスエッジ状態を有する非自明な超伝導相も存在する．以下では量子 Hall 絶縁体と対応関係をもつ 2 次元スピンレスフェルミオンのカイラル p 波超伝導状態を BCS 理論および Bogoliubov-de Gennes 理論に基づき議論する．とくに際立った特徴としてエッジ状態がカイラル Majorana フェルミオンで記述されることを見る．

　引力相互作用のある 2 次元スピンレスフェルミオン系のハミルトニアン $H = H_0 + V$ を考える．ここで

$$H_0 = \sum_{\boldsymbol{k}} (\epsilon_{\boldsymbol{k}} - \mu) c_{\boldsymbol{k}}^\dagger c_{\boldsymbol{k}} \qquad (6.1)$$

$\epsilon_{\bm{k}}$ はスピンレスフェルミオンの運動エネルギー項,μ は化学ポテンシャル,$\bm{k}=(k_x,k_y)$ は 2 次元波数ベクトル,相互作用ハミルトニアンは

$$V = \frac{1}{2}\sum_{\bm{k},\bm{k}'} V(\bm{k},\bm{k}') c_{\bm{k}}^\dagger c_{-\bm{k}}^\dagger c_{-\bm{k}'} c_{\bm{k}'} \tag{6.2}$$

で与えられるとする[1].BCS 理論によれば,引力的相互作用によって互いに逆向きの運動量をもった電子が対を形成し,さらにその電子対が凝縮して $\langle c_{-\bm{k}} c_{\bm{k}} \rangle \neq 0$ の状態になる.そこでいわゆる平均場近似を行う.

$$\begin{aligned}
V &= \frac{1}{2}\sum_{\bm{k},\bm{k}'} V(\bm{k},\bm{k}') \Big[\langle c_{\bm{k}}^\dagger c_{-\bm{k}}^\dagger \rangle + \big(c_{\bm{k}}^\dagger c_{-\bm{k}}^\dagger - \langle c_{\bm{k}}^\dagger c_{-\bm{k}}^\dagger \rangle\big)\Big] \\
&\quad \times \Big[\langle c_{-\bm{k}'} c_{\bm{k}'} \rangle + \big(c_{-\bm{k}'} c_{\bm{k}'} - \langle c_{-\bm{k}'} c_{\bm{k}'} \rangle\big)\Big] \\
&\to \frac{1}{2}\sum_{\bm{k},\bm{k}'} V(\bm{k},\bm{k}') \bigg(\langle c_{-\bm{k}'} c_{\bm{k}'} \rangle c_{\bm{k}}^\dagger c_{-\bm{k}}^\dagger + \langle c_{\bm{k}}^\dagger c_{-\bm{k}}^\dagger \rangle c_{-\bm{k}'} c_{\bm{k}'} \\
&\qquad - \langle c_{\bm{k}}^\dagger c_{-\bm{k}}^\dagger \rangle \langle c_{-\bm{k}'} c_{\bm{k}'} \rangle \bigg) \\
&\equiv V_{\text{BCS}} \tag{6.3}
\end{aligned}$$

超伝導状態のオーダーパラメータである対ポテンシャルを

$$\Delta(\bm{k}) = \sum_{\bm{k}'} V(\bm{k},\bm{k}') \langle c_{-\bm{k}'} c_{\bm{k}'} \rangle \tag{6.4}$$

とおくと,BCS ハミルトニアンは

$$\begin{aligned}
H_{\text{BCS}} &= H_0 + V_{\text{BCS}} \\
&= \sum_{\bm{k}}(\epsilon_{\bm{k}}-\mu)c_{\bm{k}}^\dagger c_{\bm{k}} + \frac{1}{2}\sum_{\bm{k}}\Delta(\bm{k})c_{\bm{k}}^\dagger c_{-\bm{k}}^\dagger + \frac{1}{2}\sum_{\bm{k}}\Delta^*(\bm{k})c_{-\bm{k}} c_{\bm{k}}
\end{aligned} \tag{6.5}$$

あるいは,Nambu 形式とよばれる

$$H_{\text{BCS}} = \frac{1}{2}\sum_{\bm{k}} (c_{\bm{k}}^\dagger, c_{-\bm{k}}) \begin{pmatrix} \epsilon_{\bm{k}}-\mu & \Delta(\bm{k}) \\ \Delta^*(\bm{k}) & -\epsilon_{\bm{k}}+\mu \end{pmatrix} \begin{pmatrix} c_{\bm{k}} \\ c_{-\bm{k}}^\dagger \end{pmatrix} \tag{6.6}$$

---
[1] 重心がゼロでない項は無視した.

のように書ける．$V(\bm{k}, \bm{k}')$ は相対座標に関して偶関数であったとすると，$V(-\bm{k}, -\bm{k}') = V(\bm{k}, \bm{k}')$ を満たす．$\Delta(\bm{k})$ の定義式 (6.4) より

$$\Delta(-\bm{k}) = -\Delta(\bm{k}) \tag{6.7}$$

が示される．

平均場近似によってハミルトニアンは $c_{\bm{k}}$ と $c_{\bm{k}}^\dagger$ の 2 次形式になったので，次に新しい演算子

$$\alpha_{\bm{k}}^\dagger = u_{\bm{k}} c_{\bm{k}}^\dagger + v_{\bm{k}} c_{-\bm{k}} \tag{6.8}$$

を用いて，これが

$$[H_{\text{BCS}}, \alpha_{\bm{k}}^\dagger] = E_{\bm{k}} \alpha_{\bm{k}}^\dagger \tag{6.9}$$

となるように対角化しよう．ここで $|u_{\bm{k}}|^2 + |v_{\bm{k}}|^2 = 1$ とする．式 (6.8) を式 (6.9) に代入し両辺を比較すると $u_{\bm{k}}$ と $v_{\bm{k}}$ に関する方程式

$$\begin{pmatrix} \epsilon_{\bm{k}} - \mu & \Delta(\bm{k}) \\ \Delta^*(\bm{k}) & -\epsilon_{\bm{k}} + \mu \end{pmatrix} \begin{pmatrix} u_{\bm{k}} \\ v_{\bm{k}} \end{pmatrix} = E_{\bm{k}} \begin{pmatrix} u_{\bm{k}} \\ v_{\bm{k}} \end{pmatrix} \tag{6.10}$$

が得られる．

正のエネルギー解は，固有エネルギー

$$E_{\bm{k}} = \sqrt{(\epsilon_{\bm{k}} - \mu)^2 + |\Delta(\bm{k})|^2} \tag{6.11}$$

および固有スピノール

$$\begin{pmatrix} u_{\bm{k}} \\ v_{\bm{k}} \end{pmatrix} = \frac{1}{\sqrt{2E_{\bm{k}}(E_{\bm{k}} + \epsilon_{\bm{k}} - \mu)}} \begin{pmatrix} E_{\bm{k}} + \epsilon_{\bm{k}} - \mu \\ \Delta^*(\bm{k}) \end{pmatrix} \tag{6.12}$$

$$= \begin{pmatrix} \sqrt{\frac{1}{2}\left(1 + (\epsilon_{\bm{k}} - \mu)/E_{\bm{k}}\right)} \\ \sqrt{\frac{1}{2}\left(1 - (\epsilon_{\bm{k}} - \mu)/E_{\bm{k}}\right)} \frac{\Delta^*(\bm{k})}{|\Delta(\bm{k})|} \end{pmatrix} \tag{6.13}$$

で与えられる．一方，負のエネルギー $-E_{\bm{k}}$ をもつ解は，式 (6.10) の複素共役をとったものが

$$\begin{pmatrix} \epsilon_{\bm{k}} - \mu & \Delta(\bm{k}) \\ \Delta^*(\bm{k}) & -\epsilon_{\bm{k}} + \mu \end{pmatrix} \begin{pmatrix} -v_{\bm{k}}^* \\ u_{\bm{k}}^* \end{pmatrix} = -E_{\bm{k}} \begin{pmatrix} -v_{\bm{k}}^* \\ u_{\bm{k}}^* \end{pmatrix} \tag{6.14}$$

と書けることから $(-v_{\bm{k}}^*, u_{\bm{k}}^*)^{\mathrm{T}}$ で与えられることがわかる．Nambu スピノールには全体に掛かる位相因子，すなわちゲージの自由度があるが，以下では $u_{\bm{k}}$ をつねに実数とすることでゲージを固定する．準粒子の生成消滅演算子を用いて BCS ハミルトニアンは

$$H_{\mathrm{BCS}} = \sum_{\bm{k}} E_{\bm{k}} \alpha_{\bm{k}}^\dagger \alpha_{\bm{k}} + \mathrm{const.} \tag{6.15}$$

で表される．

次に，超伝導状態を記述する基底状態の表式を，「準粒子演算子 $\alpha_{\bm{k}}$ に対する真空状態」すなわち

$$\alpha_{\bm{k}} |\Psi_{\mathrm{BCS}}\rangle = 0 \tag{6.16}$$

を満たすものとして導こう．そこで

$$\begin{aligned}
\alpha_{\bm{k}} \left(u_{\bm{k}} + v_{\bm{k}}^* c_{-\bm{k}}^\dagger c_{\bm{k}}^\dagger \right) |0\rangle &= (u_{\bm{k}} c_{\bm{k}} + v_{\bm{k}}^* c_{-\bm{k}}^\dagger) \left(u_{\bm{k}} + v_{\bm{k}}^* c_{-\bm{k}}^\dagger c_{\bm{k}}^\dagger \right) |0\rangle \\
&= u_{\bm{k}}^2 c_{\bm{k}} |0\rangle + u_{\bm{k}} v_{\bm{k}}^* c_{\bm{k}} c_{-\bm{k}}^\dagger c_{\bm{k}}^\dagger |0\rangle \\
&\quad + u_{\bm{k}} v_{\bm{k}}^* c_{-\bm{k}}^\dagger |0\rangle + (v_{\bm{k}}^*)^2 c_{-\bm{k}}^\dagger c_{-\bm{k}}^\dagger c_{\bm{k}}^\dagger |0\rangle \\
&= 0
\end{aligned} \tag{6.17}$$

であることに注意すると，基底状態は

$$|\Psi_{\mathrm{BCS}}\rangle = \prod_{\bm{k}}{}' \left(u_{\bm{k}} + v_{\bm{k}}^* c_{-\bm{k}}^\dagger c_{\bm{k}}^\dagger \right) |0\rangle \tag{6.18}$$

となることがわかる．ここで $\bm{k}$ に関する積 $\prod_{\bm{k}}'$ は $\bm{k}$ 空間の半分に制限する．基底状態が電子対の Bose 凝縮と関連していることは，

$$g_{\bm{k}} = \frac{v_{\bm{k}}^*}{u_{\bm{k}}} \tag{6.19}$$

を用いて，基底状態の表式を次のように書き換えるとわかる．

$$\begin{aligned}
|\Psi_{\mathrm{BCS}}\rangle &= \prod_{\bm{k}}{}' u_{\bm{k}} \left(1 + g_{\bm{k}} c_{-\bm{k}}^\dagger c_{\bm{k}}^\dagger \right) |0\rangle = \prod_{\bm{k}}{}' u_{\bm{k}} \exp\left[g_{\bm{k}} c_{-\bm{k}}^\dagger c_{\bm{k}}^\dagger \right] |0\rangle \\
&= \left(\prod_{\bm{k}'}{}' u_{\bm{k}'} \right) \exp\left[\sum_{\bm{k}} g_{\bm{k}} c_{-\bm{k}}^\dagger c_{\bm{k}}^\dagger \right] |0\rangle
\end{aligned} \tag{6.20}$$

この状態は電子の数が不定であるので，N（偶数）個の電子からなる状態は，これを射影して，

$$|\Psi_{\text{BCS}}^{(N)}\rangle = \left[\sum_{\bm{k}} g_{\bm{k}} c_{-\bm{k}}^\dagger c_{\bm{k}}^\dagger\right]^{N/2} |0\rangle \tag{6.21}$$

と書ける．$\sum_{\bm{k}} g_{\bm{k}} c_{-\bm{k}}^\dagger c_{\bm{k}}^\dagger = b_0^\dagger$ をボソンの生成演算子だと見なせば，これはまさしく Bose 凝縮した状態である．

6.2　2次元スピンレス超伝導状態のトポロジー：$\mathbb{Z}$ 不変量

ハミルトニアン

$$\mathcal{H}(\bm{k}) = \begin{pmatrix} \epsilon_{\bm{k}} - \mu & \Delta(\bm{k}) \\ \Delta^*(\bm{k}) & -\epsilon_{\bm{k}} + \mu \end{pmatrix} = \bm{R}(\bm{k}) \cdot \bm{\tau},$$

$$\bm{R}(\bm{k}) = \begin{pmatrix} \text{Re}\Delta(\bm{k}) \\ -\text{Im}\Delta(\bm{k}) \\ \epsilon_{\bm{k}} - \mu \end{pmatrix} \tag{6.22}$$

で記述される系の基底状態のトポロジーは，$\bm{k} = (k_x, k_y)$ から $\hat{\bm{R}}(\bm{k}) = \bm{R}(\bm{k})/|\bm{R}(\bm{k})|$ への写像によって特徴付けられる[2]．図 6.1 にあるように，2次元の場合は $\bm{k}$ が波数空間全域（格子系では Brillouin 域）を覆うとき，$\hat{\bm{R}}$ ベクトルが半径 1 の球面を何回覆うかによって特徴付けられる．第 3 章で示したように，この巻付き数 ν は

$$\nu = \int \frac{d^2\bm{k}}{4\pi} \hat{\bm{R}} \cdot \left(\frac{\partial \hat{\bm{R}}}{\partial k_x} \times \frac{\partial \hat{\bm{R}}}{\partial k_y}\right) \tag{6.23}$$

で与えられ，これがゼロでない場合がトポロジカル超伝導体である．

そこでトポロジカル非自明相として，電子対が相対角運動量 $l_z = -1$ をもった場合を考えよう．このとき，オーダーパラメータは

$$\Delta(\bm{k}) = \Delta e^{i\phi} \frac{k_x - ik_y}{k_{\text{F}}} \tag{6.24}$$

と書ける．連続体近似のもとで，運動エネルギーを $\epsilon_{\bm{k}} = \bm{k}^2/2m$ としたとき，

---

[2] $\bm{\tau} = (\tau_x, \tau_y, \tau_z)$ は Pauli 行列．

第 6 章 カイラル超伝導体・超流動体

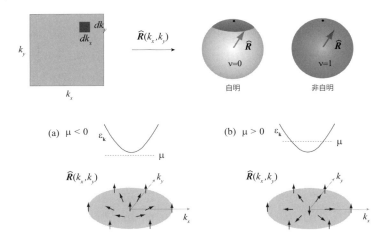

図 6.1 2 次元スピンレスフェルミオン超伝導状態における波数 $\bm{k}=(k_x,k_y)$ と単位ベクトル $\hat{\bm{R}}=(\hat{R}_x,\hat{R}_y,\hat{R}_z)$ の関係. (a) カイラル p 波超伝導体の $\mu<0$ の場合, (b) $\mu>0$ の場合.

波数 $\bm{k}$ と $\hat{\bm{R}}$ の関係を図 6.1 に記す. $R_z(\bm{k})=\bm{k}^2/2m-\mu$ より $\mu<0$（μ がバンド下端の下）の場合は自明相（$\nu=0$），一方 $\mu>0$（μ がバンド下端の上）の場合は非自明相（$\nu=-1$）であることがわかる.

非自明相の基底状態を具体的に書き表そう.

$$g_{\bm{k}} = \frac{v_{\bm{k}}^*}{u_{\bm{k}}} = \frac{\Delta(\bm{k})}{|\Delta(\bm{k})|}\sqrt{\frac{E_{\bm{k}}-\epsilon_{\bm{k}}+\mu}{E_{\bm{k}}+\epsilon_{\bm{k}}-\mu}} = \frac{\Delta(\bm{k})}{|\Delta(\bm{k})|}\frac{E_{\bm{k}}-\epsilon_{\bm{k}}+\mu}{\sqrt{E_{\bm{k}}^2-(\epsilon_{\bm{k}}-\mu)^2}}$$
$$= \frac{\Delta(\bm{k})}{|\Delta(\bm{k})|}\frac{E_{\bm{k}}-\epsilon_{\bm{k}}+\mu}{|\Delta(\bm{k})|} = \frac{E_{\bm{k}}-\epsilon_{\bm{k}}+\mu}{\Delta^*(\bm{k})} \tag{6.25}$$

の因子は，弱結合ペアリング極限での低エネルギー領域では $\mu \gg \Delta$ として

$$g_{\bm{k}} \simeq \frac{2\mu}{\Delta^*(\bm{k})} \propto \frac{1}{k_x+ik_y} \tag{6.26}$$

と書け，これを逆 Fourier 変換したものは $g(\bm{r})=1/(x+iy)=1/z$ で与え

られる[3]. ここで $z = x + iy$ とした. したがって

$$\sum_{\boldsymbol{k}} c^\dagger_{\boldsymbol{k}} g_{\boldsymbol{k}} c^\dagger_{-\boldsymbol{k}} = \sum_{\boldsymbol{k}} \left(\int d^2\boldsymbol{x}\, \Psi^\dagger(\boldsymbol{x}) \frac{e^{i\boldsymbol{k}\cdot\boldsymbol{x}}}{\sqrt{L^2}} \right) g_{\boldsymbol{k}} \left(\int d^2\boldsymbol{x}'\, \Psi^\dagger(\boldsymbol{x}') \frac{e^{-i\boldsymbol{k}\cdot\boldsymbol{x}'}}{\sqrt{L^2}} \right)$$

$$= \int d^2\boldsymbol{x}\, d^2\boldsymbol{x}'\, \Psi^\dagger(\boldsymbol{x}) \left(\frac{1}{L^2} \sum_{\boldsymbol{k}} g_{\boldsymbol{k}} e^{i\boldsymbol{k}(\boldsymbol{x}-\boldsymbol{x}')} \right) \Psi^\dagger(\boldsymbol{x}')$$

$$= \int d^2\boldsymbol{x}\, d^2\boldsymbol{x}'\, \Psi^\dagger(\boldsymbol{x}) \frac{1}{z-z'} \Psi^\dagger(\boldsymbol{x}') \tag{6.27}$$

を用いて，BCS 状態は実座標で

$$|\Psi_{\rm BCS}\rangle = \exp\left[\int d^2\boldsymbol{x}\, d^2\boldsymbol{x}'\, \Psi^\dagger(\boldsymbol{x}) \frac{1}{z-z'} \Psi^\dagger(\boldsymbol{x}') \right] |0\rangle \tag{6.28}$$

あるいは

$$|\Psi^{(N)}_{\rm BCS}\rangle = \left[\int d^2\boldsymbol{x}\, d^2\boldsymbol{x}'\, \Psi^\dagger(\boldsymbol{x}) \frac{1}{z-z'} \Psi^\dagger(\boldsymbol{x}') \right]^{N/2} |0\rangle \tag{6.29}$$

のように書ける．ここで $g(\boldsymbol{r}) = 1/z$ は Cooper 対の波動関数として解釈でき，この場合 Cooper 対は無限の大きさをもつ．一方，強結合ペアリング極限では二つの電子は分子のように有限の大きさの Cooper 対を形成し，$|g(\boldsymbol{r})| \sim e^{-r/r_0}$ のようになる．

6.3 エッジ状態と渦状態：Majorana フェルミオン

6.3.1 Bogoliubov-de Gennes 形式

以下では空間変化をもつ系を考え，ハミルトニアンを実空間で表示する．$c_{\boldsymbol{k}} = (1/\sqrt{L^2}) \int d^2\boldsymbol{x}\, e^{-i\boldsymbol{k}\cdot\boldsymbol{x}} \Psi(\boldsymbol{x})$ および $-\mu(\boldsymbol{x}) = -(\hbar^2/2m)\boldsymbol{\nabla}^2 + U(\boldsymbol{x}) - \epsilon_{\rm F}$

---

[3] $1/(x+iy) = \int (d^2q/2\pi i) e^{i\boldsymbol{q}\cdot\boldsymbol{r}} / (q_x + iq_y)$ を用いる．これを導くには，2 次元積分

$$I(r) \equiv \int \frac{d^2q}{2\pi} \frac{e^{i\boldsymbol{q}\cdot\boldsymbol{r}}}{q^2} = \frac{1}{2\pi} \int_0^\infty \frac{q\, dq}{q^2} \int_0^{2\pi} d\theta\, e^{iqr\cos\theta} = \int_0^\infty \frac{dq}{q} J_0(qr)$$

の両辺を r で微分した，$dI(r)/dr = (1/r) \int_0^\infty d(qr)(dJ_0(qr)/d(qr)) = (J_0(\infty) - J_0(0))/r = -1/r$ を再度積分した $\ln(r_0/r) = \int (d^2q/2\pi) e^{i\boldsymbol{q}\cdot\boldsymbol{r}}/q^2$ の x 微分と y 微分を用いればよい．

第6章 カイラル超伝導体・超流動体

として,ハミルトニアンは

$$H_{\text{BCS}} = \frac{1}{2} \int d^2\boldsymbol{x} \Big(\Psi^\dagger(\boldsymbol{x}), \Psi(\boldsymbol{x})\Big)$$
$$\begin{pmatrix} -\mu(\boldsymbol{x}) & \frac{i\Delta}{k_{\text{F}}}(-i\frac{\partial}{\partial x} - \frac{\partial}{\partial y}) \\ \frac{-i\Delta}{k_{\text{F}}}(-i\frac{\partial}{\partial x} + \frac{\partial}{\partial y}) & \mu(\boldsymbol{x}) \end{pmatrix} \begin{pmatrix} \Psi(\boldsymbol{x}) \\ \Psi^\dagger(\boldsymbol{x}) \end{pmatrix} \quad (6.30)$$

と書ける.$U(\boldsymbol{x})$ は位置に依存するポテンシャル項である.ここで簡単のため超伝導オーダーパラメータ Δ はとくに断らない限り場所によらないとし,便宜上その位相を $e^{i\phi}=i$ とする.このハミルトニアンを対角化するためには,

$$\mathcal{H}_{\text{BdG}} \begin{pmatrix} u_n(\boldsymbol{x}) \\ v_n(\boldsymbol{x}) \end{pmatrix} = E_n \begin{pmatrix} u_n(\boldsymbol{x}) \\ v_n(\boldsymbol{x}) \end{pmatrix} \quad (6.31)$$

を解いてエネルギー固有値 E_n,および固有スピノール $u_n(\boldsymbol{x}), v_n(\boldsymbol{x})$ を求める必要がある.ここで

$$\mathcal{H}_{\text{BdG}} = \begin{pmatrix} -\mu(\boldsymbol{x}) & \frac{\Delta}{k_{\text{F}}}(\frac{\partial}{\partial x} - i\frac{\partial}{\partial y}) \\ \frac{\Delta}{k_{\text{F}}}(-\frac{\partial}{\partial x} - i\frac{\partial}{\partial y}) & \mu(\boldsymbol{x}) \end{pmatrix}$$
$$= -ik_{\text{F}}^{-1}\Delta[\boldsymbol{z} \times \boldsymbol{\tau}] \cdot \boldsymbol{\nabla} - \mu(\boldsymbol{x})\tau_z \quad (6.32)$$

は Bogoliubov-de Gennes ハミルトニアンとよばれる.Bogoliubov-de Gennes ハミルトニアンの特徴として,粒子正孔対称性あるいは荷電共役対称性とよばれる性質がある.これは,ある E_n が $\mathcal{H}_{\text{BdG}}$ の固有エネルギーであるとすると,$-E_n$ もまた $\mathcal{H}_{\text{BdG}}$ の固有エネルギーである,という性質である.すなわち固有エネルギーのスペクトルが正と負で対称に現れることになる.これを示すために式 (6.31) を次のように書き表す.

$$-\mu(\boldsymbol{x})u_n(\boldsymbol{x}) + \frac{\Delta}{k_{\text{F}}}\Big(\frac{\partial}{\partial x} - i\frac{\partial}{\partial y}\Big)v_n(\boldsymbol{x}) = E_n u_n(\boldsymbol{x}) \quad (6.33)$$

$$\frac{\Delta}{k_{\text{F}}}\Big(-\frac{\partial}{\partial x} - i\frac{\partial}{\partial y}\Big)u_n(\boldsymbol{x}) + \mu(\boldsymbol{x})v_n(\boldsymbol{x}) = E_n v_n(\boldsymbol{x}) \quad (6.34)$$

ここで式 (6.34) および式 (6.33) の複素共役をとり -1 を掛けると,それぞれ

$$-\mu(\boldsymbol{x})v_n^*(\boldsymbol{x}) + \frac{\Delta}{k_{\text{F}}}\Big(\frac{\partial}{\partial x} - i\frac{\partial}{\partial y}\Big)u_n^*(\boldsymbol{x}) = -E_n v_n^*(\boldsymbol{x}) \quad (6.35)$$

$$\frac{\Delta}{k_{\text{F}}}\Big(-\frac{\partial}{\partial x} - i\frac{\partial}{\partial y}\Big)v_n^*(\boldsymbol{x}) + \mu(\boldsymbol{x})u_n^*(\boldsymbol{x}) = -E_n u_n^*(\boldsymbol{x}) \quad (6.36)$$

となる．これらは $\mathcal{H}_{\mathrm{BdG}}$ を用いて

$$\mathcal{H}_{\mathrm{BdG}} \begin{pmatrix} v_n^*(\boldsymbol{x}) \\ u_n^*(\boldsymbol{x}) \end{pmatrix} = -E_n \begin{pmatrix} v_n^*(\boldsymbol{x}) \\ u_n^*(\boldsymbol{x}) \end{pmatrix} \tag{6.37}$$

のように表すことができる．

式 (6.31) と式 (6.37) を比較すると，エネルギー E_n をもつ $\mathcal{H}_{\mathrm{BdG}}$ の固有モードに対し，エネルギー $-E_n$ をもつ固有モードが存在する．そこで以下ではインデックス n の決め方を工夫して $-E_n = E_{-n}$ となるようにする．もし $\mathcal{H}_{\mathrm{BdG}}$ がゼロエネルギーをもつとき，$E_{n=0} = 0$ とする．一方もしゼロが $\mathcal{H}_{\mathrm{BdG}}$ の固有エネルギーに含まれないときは n を半整数 $(-3/2, -1/2, 1/2, 3/2, \cdots)$ とする．もしゼロエネルギーが二重に縮退しているときは $E_{-1/2} = E_{1/2} = 0$ となるように n を決める．

エネルギー E_n に対するスピノールと $-E_n$ に対するスピノールは全体の位相因子は別として

$$\begin{pmatrix} u_{-n}(\boldsymbol{x}) \\ v_{-n}(\boldsymbol{x}) \end{pmatrix} = \begin{pmatrix} v_n^*(\boldsymbol{x}) \\ u_n^*(\boldsymbol{x}) \end{pmatrix} \tag{6.38}$$

と関係付けられる．これは[4]

$$\Xi = \tau_x K \tag{6.39}$$

で定義される荷電共役演算子を作用させることに対応する．ただし K は複素共役をとる操作を意味する．Bogoliubov-de Gennes ハミルトニアンの粒子正孔対称性は，Ξ を用いて

$$\Xi^{-1} \mathcal{H}_{\mathrm{BdG}} \Xi = -\mathcal{H}_{\mathrm{BdG}} \tag{6.40}$$

で表される．

ここで準粒子演算子

$$\gamma_n \equiv \int d^2\boldsymbol{x} \left[u_n^*(\boldsymbol{x}) \Psi(\boldsymbol{x}) + v_n^*(\boldsymbol{x}) \Psi^\dagger(\boldsymbol{x}) \right] \tag{6.41}$$

---

[4] 2 次元での荷電 Dirac 粒子のハミルトニアン：

$$\mathcal{H}[q] = -i[\boldsymbol{z} \times \boldsymbol{\tau}] \cdot \left(\boldsymbol{\nabla} - iq\boldsymbol{A}(\boldsymbol{x}) \right) + m\tau_z + qA_0(\boldsymbol{x})$$

は，荷電共役演算子 $\Xi = \tau_x K$ を用いて $\tau_x \mathcal{H}[q]^* \tau_x = -\mathcal{H}[-q]$ を満たす．

を導入すると，$\Psi(\boldsymbol{x})$ および $\Psi^\dagger(\boldsymbol{x})$ は次のようにモード展開される[5]．

$$\begin{pmatrix} \Psi(\boldsymbol{x}) \\ \Psi^\dagger(\boldsymbol{x}) \end{pmatrix} = \sum_{n>0} \begin{pmatrix} u_n(\boldsymbol{x}) \\ v_n(\boldsymbol{x}) \end{pmatrix} \gamma_n + \sum_{n>0} \begin{pmatrix} v_n^*(\boldsymbol{x}) \\ u_n^*(\boldsymbol{x}) \end{pmatrix} \gamma_n^\dagger + \begin{pmatrix} u_0(\boldsymbol{x}) \\ v_0(\boldsymbol{x}) \end{pmatrix} \gamma_0 \tag{6.42}$$

第1項は正エネルギーのモード，第2項は負エネルギーのモード，第3項は（もし存在するならば）エネルギーゼロのモード（ゼロモード）からの寄与である．式 (6.41) に対して電子正孔対称条件 $v_n^*(\boldsymbol{x}) = u_{-n}(\boldsymbol{x})$ および $u_n^*(\boldsymbol{x}) = v_{-n}(\boldsymbol{x})$ を代入すると，

$$\gamma_{-n} = \gamma_n^\dagger \tag{6.43}$$

であることに注意しよう．とくに条件 $\gamma_0 = \gamma_0^\dagger$ は，ゼロモードに対しては「粒子」＝「反粒子」となっていることを意味する．このようなモードは Majorana ゼロモードとよばれる．式 (6.38) と Majorana 条件式 (6.43) を用いてフェルミオン場の演算子は

$$\begin{pmatrix} \Psi(\boldsymbol{x}) \\ \Psi^\dagger(\boldsymbol{x}) \end{pmatrix} = \sum_{n}^{\text{all}} \begin{pmatrix} u_n(\boldsymbol{x}) \\ v_n(\boldsymbol{x}) \end{pmatrix} \gamma_n \tag{6.44}$$

と書ける．以上の結果を用いて，ハミルトニアンは次のように対角化される．

---

[5] これらは，直交規格化条件 $\int d^2\boldsymbol{x} \left(u_n^*(\boldsymbol{x}) u_n(\boldsymbol{x}) + v_n^*(\boldsymbol{x}) v_n(\boldsymbol{x}) \right) = \delta_{n,n'}$ を用いて示される，$n' \geq 0$ に対する次の関係式から示される．

$$\int d^2\boldsymbol{x} \begin{pmatrix} u_{n'}^*(\boldsymbol{x}) & v_{n'}^*(\boldsymbol{x}) \\ v_{n'}(\boldsymbol{x}) & u_{n'}(\boldsymbol{x}) \end{pmatrix} \begin{pmatrix} \Psi(\boldsymbol{x}) \\ \Psi^\dagger(\boldsymbol{x}) \end{pmatrix}$$

$$= \int d^2\boldsymbol{x} \begin{pmatrix} u_{n'}^*(\boldsymbol{x}) & v_{n'}^*(\boldsymbol{x}) \\ v_{n'}(\boldsymbol{x}) & u_{n'}(\boldsymbol{x}) \end{pmatrix} \left[\sum_{n>0} \begin{pmatrix} u_n(\boldsymbol{x}) & v_n^*(\boldsymbol{x}) \\ v_n(\boldsymbol{x}) & u_n^*(\boldsymbol{x}) \end{pmatrix} \begin{pmatrix} \gamma_n \\ \gamma_n^\dagger \end{pmatrix} + \begin{pmatrix} u_0(\boldsymbol{x}) \\ v_0(\boldsymbol{x}) \end{pmatrix} \gamma_0 \right]$$

$$= \sum_{n>0} \int d^2\boldsymbol{x} \begin{pmatrix} u_{n'}^* u_n + v_{n'}^* v_n & v_{n'}^* u_n^* + u_{n'}^* v_n^* \\ v_{n'} u_n + u_{n'} v_n & u_{n'} u_n^* + v_{n'} v_n^* \end{pmatrix} \begin{pmatrix} \gamma_n \\ \gamma_{-n} \end{pmatrix}$$

$$+ \int d^2\boldsymbol{x} \begin{pmatrix} [u_{n'}^* u_0 + v_{n'}^* v_0] \gamma_0 \\ [v_{n'} v_0^* + u_{n'} u_0^*] \gamma_0 \end{pmatrix} = \begin{pmatrix} \gamma_{n'} \\ \gamma_{-n'} \end{pmatrix}$$

$$H_{\text{BCS}} = \frac{1}{2} \int d^2\boldsymbol{x} (\Psi^\dagger(\boldsymbol{x}), \Psi(\boldsymbol{x})) \mathcal{H}_{\text{BdG}} \begin{pmatrix} \Psi(\boldsymbol{x}) \\ \Psi^\dagger(\boldsymbol{x}) \end{pmatrix}$$

$$= \frac{1}{2} \int d^2\boldsymbol{x} (\Psi^\dagger(\boldsymbol{x}), \Psi(\boldsymbol{x}))$$

$$\sum_{n>0} \left[E_n \begin{pmatrix} u_n(\boldsymbol{x}) \\ v_n(\boldsymbol{x}) \end{pmatrix} \gamma_n - E_n \begin{pmatrix} v_n^*(\boldsymbol{x}) \\ u_n^*(\boldsymbol{x}) \end{pmatrix} \gamma_n^\dagger \right]$$

$$= \frac{1}{2} \sum_{n>0} E_n \int d^2\boldsymbol{x} \left[\left(u_n(\boldsymbol{x}) \Psi^\dagger(\boldsymbol{x}) + v_n(\boldsymbol{x}) \Psi(\boldsymbol{x}) \right) \gamma_n \right.$$

$$\left. - \left(u_n^*(\boldsymbol{x}) \Psi(\boldsymbol{x}) + v_n^*(\boldsymbol{x}) \Psi^\dagger(\boldsymbol{x}) \right) \gamma_n^\dagger \right]$$

$$= \frac{1}{2} \sum_{n>0} E_n \left(\gamma_n^\dagger \gamma_n - \gamma_n \gamma_n^\dagger \right) = \sum_{n>0} E_n \gamma_n^\dagger \gamma_n \qquad (6.45)$$

ただし定数項は無視した．

6.3.2 Majoranaエッジ状態

スピンレスフェルミオン超伝導体のトポロジカルな性質として，とくにエッジ状態や渦励起の効果を調べるために，円盤状の形をした系を考えよう．(x, y) 座標から (r, θ) の極座標へ移行するのが便利である．閉じ込めポテンシャル $U(\boldsymbol{x})$ はバルク内部 $(r < R)$ ではゼロ，端の外 $r > R$ では十分大きいとし，有効化学ポテンシャルの符号は $\mu(r) = \epsilon_{\text{F}} - U(r)$ は内部 $(r < R)$ では $\mu(r) > 0$，外部 $(r > R)$ では $\mu(r) < 0$ であることに注意する．$\partial/\partial x = \cos\theta \partial/\partial r - (\sin\theta/r)\partial/\partial \theta$，および $\partial/\partial y = \sin\theta \partial/\partial r + (\cos\theta/r)\partial/\partial \theta$ を用いて，ハミルトニアンを書き直すと，

$$\mathcal{H} = \begin{pmatrix} -\mu(r) & \frac{\Delta}{k_{\text{F}}} e^{-i\theta} \left(\frac{\partial}{\partial r} - \frac{i}{r} \frac{\partial}{\partial \theta} \right) \\ \frac{\Delta}{k_{\text{F}}} e^{+i\theta} \left(-\frac{\partial}{\partial r} - \frac{i}{r} \frac{\partial}{\partial \theta} \right) & \mu(r) \end{pmatrix} \qquad (6.46)$$

が得られる．境界からコヒーレンス長 $(\xi \sim \hbar v_{\text{F}}/\Delta)$ 程度の領域では対ポテンシャル Δ は減衰することが知られているが，ここでは簡単のため Δ は場所によらない定数とする．非対角項の微分の前にある $e^{\pm i\theta}$ の位相因子は，ゲージ変換 $\Psi' = e^{i\theta/2}\Psi$ によって取り除くことができ，変換後のハミルトニアンは

(a) 量子Hall絶縁体　　　　(b) カイラル超伝導体

図 **6.2** 量子 Hall 状態とカイラル p 波超伝導体のアナロジー．(a) 磁場中の量子 Hall 系のエッジではサイクロトロン運動の軌道が閉じずにスキッピング運動としてカイラルエッジ状態が生じる．(b) カイラル超伝導体では Cooper 対が相対角運動量をもつ．エッジでは，ペアリング軌道が閉じないため，スキッピング運動と同様にエッジ状態が形成される．

$$\mathcal{H}' = \begin{pmatrix} -\mu(r) & \frac{\Delta}{k_\mathrm{F}}\left(\frac{\partial}{\partial r} - \frac{i}{r}\frac{\partial}{\partial \theta}\right) \\ \frac{\Delta}{k_\mathrm{F}}\left(-\frac{\partial}{\partial r} - \frac{i}{r}\frac{\partial}{\partial \theta}\right) & \mu(r) \end{pmatrix} \tag{6.47}$$

で与えられる．このとき $i\partial/\partial\theta \to (i\partial/\partial\theta + 1/2)$ となるが，1/2 の項には $\Psi\Psi$ が掛かりゼロとなる．また，ゲージ変換前の Ψ に対し周期的境界条件が課されていた場合は，Ψ' には反周期的境界条件が課されることに注意する．

$$\mathcal{H}' \begin{pmatrix} u_m(r,\theta) \\ v_m(r,\theta) \end{pmatrix} = E \begin{pmatrix} u_m(r,\theta) \\ v_m(r,\theta) \end{pmatrix} \tag{6.48}$$

を満たす解のうちエッジモード，すなわち端に局在した低エネルギー励起モードを求める．ここで

$$\begin{pmatrix} u_m(r,\theta) \\ v_m(r,\theta) \end{pmatrix} = e^{im\theta} \begin{pmatrix} \rho(r) + i\eta(r) \\ \rho(r) - i\eta(r) \end{pmatrix} \tag{6.49}$$

のようにパラメトライズするのが便利である．反周期的境界条件のため m は半整数でなくてはならないことに注意する．代入すると

$$-\mu[\rho+i\eta] + \frac{\Delta}{k_\mathrm{F}}\left(\partial_r[\rho-i\eta] + \frac{m}{r}[\rho-i\eta]\right) = E[\rho+i\eta] \tag{6.50}$$

$$+\mu[\rho-i\eta] - \frac{\Delta}{k_\mathrm{F}}\left(\partial_r[\rho+i\eta] - \frac{m}{r}[\rho+i\eta]\right) = E[\rho-i\eta] \tag{6.51}$$

が得られるが，さらにこれらの和および差をとると，

$$\left(\frac{\Delta}{k_\mathrm{F}}\partial_r - \mu\right)\rho = \left(E + \frac{\Delta m}{k_\mathrm{F} r}\right)i\eta \tag{6.52}$$

$$\left(\frac{\Delta}{k_\mathrm{F}}\partial_r + \mu\right)\eta = \left(E - \frac{\Delta m}{k_\mathrm{F} r}\right)i\rho \tag{6.53}$$

6.3 エッジ状態と渦状態：Majorana フェルミオン

が得られる．エッジ $(r=R)$ 近傍に局在した波動関数は

$$\rho(r) = \rho_0 \exp\Big(\frac{k_F}{\Delta}\int_R^r dr'\mu(r')\Big), \qquad \eta(r) = 0 \tag{6.54}$$

として

$$\begin{pmatrix} u_m^{(\text{edge})} \\ v_m^{(\text{edge})} \end{pmatrix} = e^{im\theta}\rho(r)\begin{pmatrix} 1 \\ 1 \end{pmatrix} \tag{6.55}$$

で与えられる．ここで ρ_0 は規格化定数である．固有エネルギーは

$$E_m = \frac{\Delta}{k_F R}m \qquad (m:\text{半整数}) \tag{6.56}$$

となる．

もともとのスピンレスフェルミオンの場の演算子は (6.44) のようにモード展開されるが，ギャップフルなバルクのモードを無視し，ギャップレスなエッジモードのみで展開すると，$r=R$ の近傍で

$$\begin{aligned}
\Psi(r,\theta) &= \sum_n^{\text{all}} u_n(r,\theta)\gamma_n \\
&\simeq \sum_m \rho(r)e^{im\theta}\gamma_m
\end{aligned} \tag{6.57}$$

と書け，エッジから離れるにつれ指数関数的に減衰する．そこでエッジ上のフェルミオン演算子を

$$\chi(\theta) = \sum_m \gamma_m \frac{e^{im\theta}}{\sqrt{2\pi}} \tag{6.58}$$

で定義すると，これは

$$\chi^\dagger(\theta) = \chi(\theta) \tag{6.59}$$

を満足する．この Majorana フェルミオン場 $\chi(\theta)$ を用いて，ハミルトニアンは

$$\begin{aligned}
H^{\text{edge}} &= \frac{1}{2}\sum_{m>0}\Big(\frac{\Delta}{k_F R}m\Big)\gamma_{-m}\gamma_m + \frac{1}{2}\sum_{m'<0}\Big(-\frac{\Delta}{k_F R}m'\Big)\gamma_{m'}\gamma_{-m'} \\
&= \frac{1}{2}\sum_m^{\text{all}}\Big(\frac{\Delta}{k_F R}m\Big)\gamma_{-m}\gamma_m
\end{aligned}$$

$$= \frac{1}{2} \sum_m^{\text{all}} \left(\frac{\Delta}{k_F R} m\right) \int d\theta' \frac{e^{im\theta'}}{\sqrt{2\pi}} \chi(\theta') \int d\theta \frac{e^{-im\theta}}{\sqrt{2\pi}} \chi(\theta)$$

$$= \frac{1}{2} \int d\theta\, \chi(\theta) \Big[-i\frac{\Delta}{k_F R}\partial_\theta\Big]\chi(\theta) \tag{6.60}$$

と表すことができる.

m は半整数であったため,エネルギー固有値がゼロとはなり得ない.一方,系の中心部に量子化磁束 $\Phi_0 = hc/2e$ が侵入している場合には状況が異なる. Aharonov-Bohm 効果によって,中心から十分離れた領域では対ポテンシャルは, $\Delta \to \Delta e^{i\theta}$ のようにおき換わる.したがってゲージ変換前のフェルミオン場 Ψ の境界条件は反周期的境界条件におき換わり,m は整数値をとることになる.したがって固有エネルギーは

$$E_m = \frac{\Delta}{k_F R} m \qquad (m : 整数) \tag{6.61}$$

で与えられる.すぐ後で見るように,このとき系の中心部では渦状態が生じており,そこでも Majorana ゼロモードが存在する.

6.3.3 Majorana 渦状態

渦の中心近傍での準粒子励起を半古典近似を用いて調べる.対ポテンシャル Δ が位置に依存する場合の BdG ハミルトニアンは

$$\mathcal{H}_{\text{BdG}} = \begin{pmatrix} -\mu - \hbar^2 \boldsymbol{\nabla}^2/2m & \frac{\Delta(\boldsymbol{x})}{k_F}(\partial_x - i\partial_y) \\ \frac{\Delta^*(\boldsymbol{x})}{k_F}(-\partial_x - i\partial_y) & \mu + \hbar^2 \boldsymbol{\nabla}^2/2m \end{pmatrix} \tag{6.62}$$

と書ける.原点に渦がある場合の対ポテンシャルは $\Delta(\boldsymbol{x}) = \Delta(r)e^{i\lambda\theta}$ で与えられる.ただし $r = |\boldsymbol{x}|$, $\theta = \tan^{-1}(y/x)$, $\lambda = \pm 1$ は渦の符号である.渦の特徴的な長さスケールを ξ_v としたとき,$k_F \xi_v \gg 1$ である場合は Fermi 波数に比べて対ポテンシャルの空間変化が十分ゆっくりなので,準粒子は古典的な軌道運動をすると考えることができる(半古典近似).波数 $\boldsymbol{k} = k_F(\cos\theta_0, \sin\theta_0)$ で渦に向かって運動する状態を考えよう.このときスピノールの速く振動する部分 $e^{i\boldsymbol{k}\cdot\boldsymbol{x}}$ とゆっくりと振動する部分に分解する.

$$\begin{pmatrix} u \\ v \end{pmatrix} = e^{i\boldsymbol{k}\cdot\boldsymbol{x}} \begin{pmatrix} \tilde{u} \\ \tilde{v} \end{pmatrix} \tag{6.63}$$

6.3 エッジ状態と渦状態：Majorana フェルミオン

$\tilde{u}$ および $\tilde{v}$ は空間変化が小さいため，BdG ハミルトニアンの対角項，および非対角項はそれぞれ，

$$\mp\Big(\mu+\frac{\hbar^2\boldsymbol{\nabla}^2}{2m}\Big)e^{i\boldsymbol{k}\cdot\boldsymbol{x}}\begin{pmatrix}\tilde{u}\\\tilde{v}\end{pmatrix}$$

$$=\mp e^{i\boldsymbol{k}\cdot\boldsymbol{x}}\left[\Big(\mu-\frac{\hbar^2 k_{\rm F}^2}{2m}\Big)\begin{pmatrix}\tilde{u}\\\tilde{v}\end{pmatrix}+2\frac{i\hbar^2\boldsymbol{k}}{2m}\cdot\boldsymbol{\nabla}\begin{pmatrix}\tilde{u}\\\tilde{v}\end{pmatrix}+\frac{\hbar^2\boldsymbol{\nabla}^2}{2m}\begin{pmatrix}\tilde{u}\\\tilde{v}\end{pmatrix}\right]$$

$$=\mp e^{i\boldsymbol{k}\cdot\boldsymbol{x}}i\hbar\boldsymbol{v}_{\rm F}\cdot\boldsymbol{\nabla}\begin{pmatrix}\tilde{u}\\\tilde{v}\end{pmatrix}+O\Big(\frac{\mu}{(k_{\rm F}\xi_{\rm v})^2}\Big) \tag{6.64}$$

および

$$\frac{\Delta(r)e^{\pm i\lambda\theta}}{k_{\rm F}}(\pm\partial_x-i\partial_y)e^{i\boldsymbol{k}\cdot\boldsymbol{x}}\begin{pmatrix}\tilde{u}\\\tilde{v}\end{pmatrix}$$

$$=e^{i\boldsymbol{k}\cdot\boldsymbol{x}}\frac{\Delta(r)e^{\pm i\lambda\theta}}{k_{\rm F}}(\pm\partial_x-i\partial_y\pm ik_x+k_y)\begin{pmatrix}\tilde{u}\\\tilde{v}\end{pmatrix}$$

$$=e^{i\boldsymbol{k}\cdot\boldsymbol{x}}\Delta(r)e^{\pm i\lambda\theta}\Big(\pm i\frac{k_x}{k_{\rm F}}+\frac{k_y}{k_{\rm F}}\Big)\begin{pmatrix}\tilde{u}\\\tilde{v}\end{pmatrix}+O\Big(\frac{\Delta}{k_{\rm F}\xi_{\rm v}}\Big)$$

$$=e^{i\boldsymbol{k}\cdot\boldsymbol{x}}\Delta(r)e^{\pm i[\lambda\theta-\theta_0]}(\pm i)\begin{pmatrix}\tilde{u}\\\tilde{v}\end{pmatrix}+O\Big(\frac{\Delta}{k_{\rm F}\xi_{\rm v}}\Big) \tag{6.65}$$

のようにして展開される．ただし $\theta_0=\tan^{-1}(k_y/k_x)$ である．以下では $1/k_{\rm F}\xi_{\rm v}$ のオーダーの項は無視する．

ここで $\phi=\theta-\theta_0$ として，新しい座標

$$\zeta=r\cos\phi \tag{6.66}$$

$$\eta=r\sin\phi \tag{6.67}$$

を導入しよう．図 6.3 に示したように，ζ 軸は $\boldsymbol{k}$（すわなち $\boldsymbol{v}_{\rm F}$）と同じ方向を向き，η 軸はそれに直交している．$\boldsymbol{v}_{\rm F}\cdot\boldsymbol{\nabla}=v_{\rm F}\partial/\partial\zeta$ であることに注意して，

$$\tilde{\mathcal{H}}_{\rm BdG}\equiv e^{-i\boldsymbol{k}\cdot\boldsymbol{x}}\mathcal{H}_{\rm BdG}\,e^{i\boldsymbol{k}\cdot\boldsymbol{x}}$$

$$=\begin{pmatrix}-i\hbar v_{\rm F}\frac{\partial}{\partial\zeta} & i\Delta(r)e^{i[\lambda\phi+(\lambda-1)\theta_0]}\\-i\Delta(r)e^{-i[\lambda\phi+(\lambda-1)\theta_0]} & i\hbar v_{\rm F}\frac{\partial}{\partial\zeta}\end{pmatrix} \tag{6.68}$$

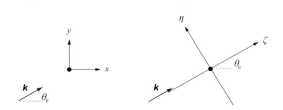

図 **6.3** 原点にある渦と波数 $\bm{k} = k_\mathrm{F}(\cos\theta_0, \sin\theta_0)$ で渦に向かって運動する準粒子状態の半古典的描像. (a) (x, y) 座標, (b) (ζ, η) 座標.

のように新たなるハミルトニアンを考え，さらに擬スピン空間を回転すると，

$$\begin{pmatrix} \tilde{u}' \\ \tilde{v}' \end{pmatrix} = e^{-\frac{i}{2}(\lambda-1)\theta_0 \tau_z} \begin{pmatrix} \tilde{u} \\ \tilde{v} \end{pmatrix}$$

および

$$\begin{aligned}
\tilde{\mathcal{H}}'_\mathrm{BdG} &\equiv e^{-\frac{i}{2}(\lambda-1)\theta_0\tau_z} \tilde{\mathcal{H}}_\mathrm{BdG}\, e^{\frac{i}{2}(\lambda-1)\theta_0\tau_z} \\
&= \begin{pmatrix} -i\hbar v_\mathrm{F} \frac{\partial}{\partial \zeta} & i\Delta(r) e^{i\lambda\phi} \\ -i\Delta(r) e^{-i\lambda\phi} & i\hbar v_\mathrm{F} \frac{\partial}{\partial \zeta} \end{pmatrix}
\end{aligned} \tag{6.69}$$

が得られる．まずは $\eta = 0$ の軌跡上の状態を考える．$\lambda = \pm 1$ なので $e^{i\phi} = \mathrm{sgn}\zeta$，したがって

$$\begin{aligned}
\tilde{\mathcal{H}}'_\mathrm{BdG}(\eta=0) &= \begin{pmatrix} -i\hbar v_\mathrm{F} \frac{\partial}{\partial \zeta} & i\Delta(|\zeta|)\mathrm{sgn}\zeta \\ -i\Delta(|\zeta|)\mathrm{sgn}\zeta & i\hbar v_\mathrm{F} \frac{\partial}{\partial \zeta} \end{pmatrix} \\
&= -i\tau_z \hbar v_\mathrm{F} \frac{\partial}{\partial \zeta} + \tau_y \Big(-\Delta(|\zeta|)\mathrm{sgn}\zeta\Big)
\end{aligned} \tag{6.70}$$

このハミルトニアンは $E = 0$ の固有状態（ゼロモード）

$$\begin{pmatrix} \tilde{u}'(\zeta, \eta=0) \\ \tilde{v}'(\zeta, \eta=0) \end{pmatrix} = \frac{\rho_\mathrm{v}(\zeta)}{\sqrt{2}} \begin{pmatrix} 1 \\ -1 \end{pmatrix} \tag{6.71}$$

$$\begin{pmatrix} u(\zeta, \eta=0) \\ v(\zeta, \eta=0) \end{pmatrix} = e^{ik_\mathrm{F}\zeta} e^{\frac{i}{2}(\lambda-1)\theta_0\tau_z} \frac{\rho_\mathrm{v}(\zeta)}{\sqrt{2}} \begin{pmatrix} 1 \\ -1 \end{pmatrix} \tag{6.72}$$

をもつ．ただし

6.3 エッジ状態と渦状態：Majorana フェルミオン

$$\rho_{\rm v}(\zeta) = \exp\left[-\frac{1}{\hbar v_{\rm F}} \int^{\zeta} d\zeta' \, \Delta(|\zeta'|) {\rm sgn}\zeta'\right] \tag{6.73}$$

とする．これは渦のまわりに局在したモードである．次に，η が小さい場合は，$\phi \simeq \eta/|\zeta| \ll 1$ として

$$\begin{aligned}
\varDelta\tilde{\mathcal{H}}' &= \tilde{\mathcal{H}}'_{\rm BdG}(\eta) - \tilde{\mathcal{H}}'_{\rm BdG}(0) \\
&\simeq \begin{pmatrix} 0 & 1 \\ 1 & 0 \end{pmatrix} i\Delta(|\zeta|) i\lambda\phi \simeq \begin{pmatrix} 0 & 1 \\ 1 & 0 \end{pmatrix} \left(-\Delta(|\zeta|)\lambda\frac{\eta}{|\zeta|}\right) \\
&\simeq \begin{pmatrix} 0 & 1 \\ 1 & 0 \end{pmatrix} \left(-\frac{\Delta(|\zeta|)\lambda}{\hbar k_{\rm F}|\zeta|} L_z\right)
\end{aligned} \tag{6.74}$$

を考える．ここで $L_z = \hbar k_F \eta$ は軌道角運動量と解釈する．

$$\begin{aligned}
\langle \varDelta\tilde{\mathcal{H}}' \rangle &= \frac{1}{2}(1,-1)\tau_x \begin{pmatrix} 1 \\ -1 \end{pmatrix} \left(-\lambda \langle\frac{\Delta(|\zeta|)}{\hbar k_{\rm F}|\zeta|}\rangle L_z\right) \\
&= \lambda\omega_0 L_z
\end{aligned} \tag{6.75}$$

ただし

$$\omega_0 = \frac{\int_{-\infty}^{\infty} d\zeta |\rho_{\rm v}(\zeta)|^2 \Delta(|\zeta|)/\hbar k_{\rm F}|\zeta|}{\int_{-\infty}^{\infty} d\zeta |\rho_{\rm v}(\zeta)|^2} \tag{6.76}$$

とした．角運動量を量子化演算子 $L_z = -i\hbar\partial/\partial\theta_0$ として扱うと，

$$\mathcal{H}_{\rm vortex} = -i\lambda\hbar\omega_0 \frac{\partial}{\partial\theta_0} \tag{6.77}$$

エネルギー固有値は波動関数の境界条件によって決まり，N を整数として，

$$E_N = N\hbar\omega_0 \tag{6.78}$$

で与えられる．一方スピンシングレットの超伝導の場合も同様に計算されるが，波動関数は反周期的境界条件となり，渦の準粒子エネルギー固有値は

$$E_N = \left(N + \frac{1}{2}\right)\hbar\omega_0 \tag{6.79}$$

となる．

基底状態の縮退

以上で見たように，渦が存在する場合には，渦の中の準粒子状態と，系の

エッジ状態の両方にエネルギーゼロの状態すなわちゼロモードが現れるが，これらはエネルギーがゼロであるためハミルトニアン (6.45) には現れない．これら二つのゼロモード演算子 $\gamma_0^{(\text{edge})}$ と $\gamma_0^{(\text{vortex})}$ から

$$f \equiv \frac{\gamma_0^{(\text{edge})} + i\gamma_0^{(\text{vortex})}}{2} \tag{6.80}$$

を導入すると，これは通常のフェルミオンの消滅演算子となっている．f-フェルミオンの生成エネルギーはゼロであるので，基底状態として，$f|0\rangle = 0$ を満たす $|0\rangle$ と $f^\dagger|0\rangle \equiv |1\rangle$ の状態が二重に縮退している．

6.4　1 次元スピンレス超伝導と Majorana ゼロモード

Majorana ゼロモードは 1 次元のスピンレス超伝導状態においても現れる．もっとも単純な模型として Kitaev によって考案された，1 次元のスピンレスフェルミオン超伝導状態を記述するハミルトニアン，

$$\begin{aligned} H = &-\frac{t}{2}\sum_i \left(c_i^\dagger c_{i+1} + c_{i+1}^\dagger c_i \right) - \mu \sum_i c_i^\dagger c_i \\ &+ \frac{1}{2}\sum_i \left(\Delta e^{i\phi} c_i^\dagger c_{i+1}^\dagger + \Delta e^{-i\phi} c_{i+1} c_i \right) \end{aligned} \tag{6.81}$$

から再度 Majorana ゼロモードを導出することは教訓的である．ここで $t(>0)$ は隣のサイトへのホッピング積分，μ は化学ポテンシャル，Δ の項は隣のサイト同士の電子のペアリングを記述する．これを $c_i = (1/\sqrt{N})\sum_k c_k e^{ikx_i}$ によって Fourier 変換する．

$$\begin{aligned} H = &\sum_k \left(-t\cos k - \mu \right) c_k^\dagger c_k \\ &+ \frac{1}{2}\sum_k \left(\Delta e^{i\phi+ik} c_k^\dagger c_{-k}^\dagger + \Delta e^{-i\phi-ik} c_{-k} c_k \right) \end{aligned} \tag{6.82}$$

$\sum_k e^{ik} c_k^\dagger c_{-k}^\dagger = (1/2)\sum_k e^{ik} c_k^\dagger c_{-k}^\dagger + (1/2)\sum_k e^{-ik} c_{-k}^\dagger c_k^\dagger = \sum_k i\sin k\, c_k^\dagger c_{-k}^\dagger$ などを用いると，重要でない定数項を除いて，ハミルトニアンは

$$H = \sum_k (c_k^\dagger, c_{-k}) \frac{1}{2} \begin{pmatrix} -t\cos k - \mu & i\Delta e^{i\phi}\sin k \\ -i\Delta e^{-i\phi}\sin k & t\cos k + \mu \end{pmatrix} \begin{pmatrix} c_k \\ c_{-k}^\dagger \end{pmatrix} \tag{6.83}$$

と書ける．ここで

$$\mathcal{H}(k) = \begin{pmatrix} -t\cos k - \mu & i\Delta e^{i\phi}\sin k \\ -i\Delta e^{-i\phi}\sin k & t\cos k + \mu \end{pmatrix} \quad (6.84)$$

を1粒子の量子力学的ハミルトニアンと見なし対角化すると，系のスペクトルは $\pm E_k$，ただし

$$E_k = \sqrt{(t\cos k + \mu)^2 + \Delta^2\sin^2 k} \quad (6.85)$$

で与えられる．とくに $\mu = -t$ のとき，$k = 0$ でギャップレス，一方 $\mu = +t$ のときも，$k = \pi$ でギャップレスとなるが，それ以外ではつねに系は有限のギャップをもつ．

粒子正孔対称性：$\mathbb{Z}_2$ トポロジー

ハミルトニアン (6.84) は

$$\tau_x \mathcal{H}^*(-k)\tau_x = -\mathcal{H}(k) \quad (6.86)$$

という条件を満たす．より一般のハミルトニアン $\mathcal{H}(k) = \boldsymbol{R}(k)\cdot\boldsymbol{\tau}$ に対し，$\boldsymbol{R}(k)$ が

$$R_x(-k) = -R_x(k), \quad R_y(-k) = -R_y(k), \quad R_z(-k) = +R_z(k) \quad (6.87)$$

を満たす場合には，いつでも (6.86) の関係式を満足することが，$\tau_x(\tau_x)^*\tau_x = \tau_x$, $\tau_x(\tau_y)^*\tau_x = \tau_y$, $\tau_x(\tau_z)^*\tau_x = -\tau_z$ に注意すればわかる．この関係式を満たす場合を粒子正孔対称性があるという．

ハミルトニアン (6.84) のトポロジカルな性質は波数 $k(0 \leq k \leq \pi)$ から単位ベクトル $\hat{\boldsymbol{R}}(k) = \boldsymbol{R}(k)/|\boldsymbol{R}(k)|$ への写像によって特徴付けられる．粒子正孔対称性の条件式 (6.86) により，$k = 0$ および π では $R_x = R_y = 0$ でなければならず，したがって

$$\hat{\boldsymbol{R}}(0) = \text{sgn}\Big[R_z(0)\Big]\hat{\boldsymbol{z}}, \qquad \hat{\boldsymbol{R}}(\pi) = \text{sgn}\Big[R_z(\pi)\Big]\hat{\boldsymbol{z}} \quad (6.88)$$

となる．このため，k が 0 から π に変わるとき，$\hat{\boldsymbol{R}}(k)$ は，

- $k = 0$ で北極か南極のどちらかから出発し，$k = \pi$ で同じ極に戻る．

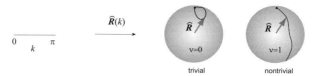

図 6.4 1次元スピンレス超伝導体のトポロジー. 波数 $0 \leq k \leq \pi$ と単位ベクトル $\hat{R}(k)$ との関係によって特徴付けられる.

- $k = 0$ で一方の極から出発し, $k = \pi$ で他方の極に移動する.

のどちらかしかない (図 6.4 参照). 前者がトポロジカルに自明で, 後者が非自明な場合に相当し, これらは

$$(-1)^\nu = \mathrm{sgn}\Big[R_z(0)\Big]\, \mathrm{sgn}\Big[R_z(\pi)\Big] \qquad (6.89)$$

で定義される $\mathbb{Z}_2$ 不変量で特徴付けられる. 上の例では $R_z(k) = -t\cos k - \mu$ であるので,

- $|\mu| > t$ であれば自明 $\Big(\mathrm{sgn}\Big[R_z(0)\Big] = \mathrm{sgn}\Big[R_z(\pi)\Big]\Big)$,
- $|\mu| < t$ であれば非自明 $\Big(\mathrm{sgn}\Big[R_z(0)\Big] = -\mathrm{sgn}\Big[R_z(\pi)\Big]\Big)$

となる. $|\mu| = t$ ではギャップが閉じ, 二つの相の間で転移が起こる.

Majorana エッジ状態

次に1次元スピンレス超伝導の非自明相ではエッジに Majorana ゼロモードが現れることを見る. Majonara フェルミオンは「実」のフェルミオン場 γ で記述され, これは

$$\gamma = \gamma^\dagger \qquad (6.90)$$

を満足する. したがって, 通常の金属中の電子状態と異なり, γ は占有あるいは非占有という意味はもち得ない. むしろ γ は通常のフェルミオンの半分に相当する, ゼロエネルギー状態と見なすべきである. すなわち

$$c = \frac{\gamma_1 + i\gamma_2}{2} \qquad (6.91)$$

のように対応する．以下では対ポテンシャルの位相を考慮して，式 (6.83) の c_i を

$$c_i = e^{i\phi/2} \frac{\gamma_{Bi} + i\gamma_{Ai}}{2} \tag{6.92}$$

として書き換えることを考えよう．

$$\{c_i, c_j\} = 0, \qquad \{c_i, c_j^\dagger\} = \delta_{ij} \tag{6.93}$$

より，

$$\{\gamma_{\alpha j}, \gamma_{\alpha' j'}\} = 2\delta_{\alpha\alpha'}\delta_{jj'} \tag{6.94}$$

が得られる．

元のフェルミオン数演算子は実フェルミオンを用いて

$$\begin{aligned}
c_i^\dagger c_i &= \frac{\gamma_{Bi} - i\gamma_{Ai}}{2} \frac{\gamma_{Bi} + i\gamma_{Ai}}{2} = \frac{1 + 1 - i\gamma_{Ai}\gamma_{Bi} + i\gamma_{Bi}\gamma_{Ai}}{4} \\
&= \frac{1}{2}\left(1 - i\gamma_{Ai}\gamma_{Bi}\right)
\end{aligned} \tag{6.95}$$

のように表される．同様にホッピング演算子

$$\begin{aligned}
c_i^\dagger c_{i+1} &= \frac{\gamma_{Bi} - i\gamma_{Ai}}{2} \frac{\gamma_{B\,i+1} + i\gamma_{A\,i+1}}{2} \\
&= \frac{\gamma_{Bi}\gamma_{Bi+1} + \gamma_{Ai}\gamma_{Ai+1} - i\gamma_{Ai}\gamma_{Bi+1} + i\gamma_{Bi}\gamma_{Ai+1}}{4} \\
c_{i+1}^\dagger c_i &= (c_i^\dagger c_{i+1})^\dagger \\
&= \frac{-\gamma_{Bi}\gamma_{Bi+1} - \gamma_{Ai}\gamma_{Ai+1} - i\gamma_{Ai}\gamma_{Bi+1} + i\gamma_{Bi}\gamma_{Ai+1}}{4}
\end{aligned} \tag{6.96}$$

およびペアリング演算子

$$\begin{aligned}
c_i^\dagger c_{i+1}^\dagger &= e^{-i\phi} \frac{\gamma_{Bi} - i\gamma_{Ai}}{2} \frac{\gamma_{B\,i+1} - i\gamma_{A\,i+1}}{2} \\
&= e^{-i\phi} \frac{\gamma_{Bi}\gamma_{Bi+1} - \gamma_{Ai}\gamma_{Ai+1} - i\gamma_{Ai}\gamma_{Bi+1} - i\gamma_{Bi}\gamma_{Ai+1}}{4} \\
c_{i+1} c_i &= (c_i^\dagger c_{i+1}^\dagger)^\dagger \\
&= e^{i\phi} \frac{-\gamma_{Bi}\gamma_{Bi+1} + \gamma_{Ai}\gamma_{Ai+1} - i\gamma_{Ai}\gamma_{Bi+1} - i\gamma_{Bi}\gamma_{Ai+1}}{4}
\end{aligned} \tag{6.97}$$

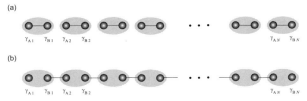

図 6.5 ハミルトニアン (6.98) の直感的表現．(a) $t = \Delta = 0$, $\mu < 0$ の場合．同じ格子内で「結合状態」が形成され，「反結合状態」との間に $|\mu|$ の励起エネルギーが生じる．(b) $t = \Delta \neq 0$, $\mu = 0$ の場合．隣の格子との間に「結合状態」が形成される．右端と左端にはゼロエネルギー状態（ゼロモード）が生じる．

が実フェルミオンを用いて表される．こうして1次元スピンレスフェルミオンのBCSハミルトニアンは

$$H = -\frac{\mu}{2}\sum_i \left(1 - i\gamma_{Ai}\gamma_{Bi}\right)$$
$$+ \frac{i}{4}\sum_i \left[(\Delta + t)\gamma_{Ai+1}\gamma_{Bi} + (\Delta - t)\gamma_{Bi+1}\gamma_{Ai}\right] \quad (6.98)$$

と表すことができる．以下ではきわめて H が単純化される二つの場合を考察する．

(i) $t = \Delta = 0$, $\mu < 0$: 自明な場合

このときハミルトニアンは

$$H = |\mu|\sum_i c_i^\dagger c_i$$
$$= \frac{|\mu|}{2}\sum_i \left(1 - i\gamma_{Ai}\gamma_{Bi}\right) \quad (6.99)$$

のように単純な形になり，そのユニークな（縮退していない）基底状態は単に $c_i|0\rangle = 0$ で定義される真空状態 $|0\rangle$ である．励起状態は $c_i^\dagger|0\rangle$ で与えられ，励起エネルギーは $|\mu|$ となる．Majorana 演算子の言葉では基底状態に対し $\langle 0|(-i\gamma_{Aj}\gamma_{Bj})|0\rangle = -1$，一方，励起状態に対しては $\langle 0|c_j\left(-i\gamma_{Aj}\gamma_{Bj}\right)c_j^\dagger|0\rangle$ $= 1$ である．したがって，この二つの状態を Majorana 粒子の「結合–反結合」分離と考え，図 6.5(a) のように表す．ここで A および B のインデック

スを副格子の自由度と見なした．この場合「結合状態」は「同じ格子点 j」の中で形成されている．端の部分にはゼロエネルギー状態（ゼロモード）は現れず，これはトポロジカルに自明な相であることがわかる．ここでは簡単のため特別なパラメータ値を想定したが，この状況は，t や Δ が有限でも，非自明相へ転移を起こさない限り変わらない．

(ii) $t = \Delta \neq 0$, $\mu = 0$: 非自明な場合

次に単純な場合は $t = \Delta \neq 0$, $\mu = 0$ のときである．このときハミルトニアン (6.98) は

$$H = \frac{t}{2} \sum_{i=1}^{N-1} \Big(-i\gamma_{\mathrm{B}\,i}\gamma_{\mathrm{A}\,i+1} \Big) \tag{6.100}$$

のように書ける．自明の場合 (6.99) と比較すると，今の場合，基底状態では隣り合う格子点同士で「結合状態」が形成される（図 6.5(b) 参照）．ここで新しいフェルミオン演算子 $d_i = (\gamma_{\mathrm{A}\,i+1} + i\gamma_{\mathrm{B}\,i})/2$ を導入すると，$d_i^\dagger d_i = (\gamma_{\mathrm{A}\,i+1} - i\gamma_{\mathrm{B}\,i})(\gamma_{\mathrm{A}\,i+1} + i\gamma_{\mathrm{B}\,i})/4 = (1 - i\gamma_{\mathrm{B}\,i}\gamma_{\mathrm{A}\,i+1})/2$ を用いてハミルトニアンは

$$H = t \sum_{i=1}^{N-1} \Big(d_i^\dagger d_i - \frac{1}{2} \Big) \tag{6.101}$$

と書ける．このことから，バルクは $\Delta = t$ の励起ギャップもつことがわかる．一方，エッジには $\gamma_{\mathrm{A}\,1}$ と $\gamma_{\mathrm{B}\,N}$ によるゼロエネルギー Majonara モードが存在することが，図 6.5(b) からわかるが，ハミルトニアンの表式 (6.101) にはこのゼロモードの存在は現れない．そこで $\gamma_{\mathrm{A}\,1}$ と $\gamma_{\mathrm{B}\,N}$ を用いて，通常の（ただしきわめて非局所的な）フェルミオン演算子

$$f = \frac{1}{2}\Big(\gamma_{\mathrm{A}\,1} + i\gamma_{\mathrm{B}\,N} \Big) \tag{6.102}$$

を定義すると，f-フェルミオンを生成するエネルギーはゼロであるので，基底状態として，$f|0\rangle = 0$ を満たす $|0\rangle$ の状態と，$f^\dagger|0\rangle = |1\rangle$ の状態が 2 重に縮退している．これに対し通常の超伝導体はすべての電子が Cooper 対を形成し，基底状態は縮退しない．

系の端に局在した Majorana ゼロモードとそれに伴う基底状態の縮退が許

されるのは，系が1次元トポロジカル非自明状態を形成し，一方真空は自明な状態であることに起因する．これら二つの相を連続的につなげることはできず，二つの相の境界ではギャップが閉じなければならない．この結論はトポロジーに由来するもので，上で考えたような特別なパラメータ値の場合に限られない．ただし，一般の場合 ($t \neq \Delta$) は Majorana エッジモードは単に γ_{A1} や γ_{BN} だけで与えられるものではなく，その波動関数はエッジからバルクに向かって指数関数的に減衰するものとなる．

以上の Kitaev 模型ではエッジに Majorana ゼロモードが現れたが，これらはスピンレスであることが本質的ある．スピン $1/2$ の場合に，シングレット対が形成されると端にゼロモードが形成されることはない．もしスピンアップとダウンが独立にペアリングを起こすような（時間反転対称性を破る）スピン3重項超伝導状態を考えると，エッジにはスピンアップとダウンによる二つの Majorana ゼロモードが生じる．ここでなにか特別な対称性が存在しない限り，これら二つの Majorana モードは一つのフェルミオンモードとして結合してしまう．一方，時間反転対称性を有するトリプレット対状態の場合にはこれらの Majorana エッジモードはゼロエネルギー状態としてトポロジカルに守られる．現実の電子はスピン $1/2$ をもつが，スピン軌道相互作用の強い量子細線やスピン偏極した原子鎖に超伝導体を近接させることで，Majorana ゼロモードを実現する試みがなされている．

第7章 トポロジカル超伝導体・超流動体

時間反転対称性が破れたカイラル超伝導体はトポロジカルに非自明な状態となる．本章では時間反転対称性を有するスピン 3 重項超伝導体もトポロジカルに非自明となることを示す．ここではとくに空間 3 次元の場合を考え，その表面にはギャップレスの Majorana 粒子が現れることを示す．

7.1 スピン 1/2 粒子の対状態

電子や ^{3}He 原子のようにスピン 1/2 粒子が引力相互作用によって対状態を形成したとする．簡単のためスピン軌道相互作用が無視できる場合を考えると，波動関数 Φ は軌道部分とスピン部分に分解できる．

二つのスピン 1/2 粒子のとり得るスピン状態は

- スピン 1 重項状態 ($S=0$)：
$$|S=0\rangle = \frac{1}{\sqrt{2}}\left(|\uparrow\downarrow\rangle - |\downarrow\uparrow\rangle\right) \tag{7.1}$$

- スピン 3 重項状態 ($S=1$)：
$$\begin{aligned}|S_z=+1\rangle &= |\uparrow\uparrow\rangle \\ |S_z=\ 0\ \rangle &= \frac{1}{\sqrt{2}}\left(|\uparrow\downarrow\rangle + |\downarrow\uparrow\rangle\right) \\ |S_z=-1\rangle &= |\downarrow\downarrow\rangle\end{aligned} \tag{7.2}$$

のいずれか，あるいはこれらの重ね合わせである．1 重項の場合は Cooper 対はスピン 0 のボゾンとして，3 重項の場合はスピン 1 のボゾンとしてふるま

う．$S=1$ のスピン演算子は S_z を対角化する基底で

$$S_x = \frac{1}{\sqrt{2}}\begin{pmatrix} 0 & 1 & 0 \\ 1 & 0 & 1 \\ 0 & 1 & 0 \end{pmatrix}, S_y = \frac{1}{\sqrt{2}}\begin{pmatrix} 0 & -i & 0 \\ i & 0 & -i \\ 0 & i & 0 \end{pmatrix}, S_z = \begin{pmatrix} 1 & 0 & 0 \\ 0 & 0 & 0 \\ 0 & 0 & -1 \end{pmatrix} \tag{7.3}$$

のように表され，3成分の波動関数

$$\begin{pmatrix} \Phi_+(\boldsymbol{k}) \\ \Phi_0(\boldsymbol{k}) \\ \Phi_-(\boldsymbol{k}) \end{pmatrix} = \begin{pmatrix} \langle \boldsymbol{k}, S_z = +1 | \Phi \rangle \\ \langle \boldsymbol{k}, S_z = \ 0\ | \Phi \rangle \\ \langle \boldsymbol{k}, S_z = -1 | \Phi \rangle \end{pmatrix} \tag{7.4}$$

に作用する．

次に軌道運動，すなわち $\boldsymbol{k}$ 依存性を考える．Cooper 対は二つの粒子が互いのまわりに回転運動をしているので，相対軌道角運動量 $\boldsymbol{L}$ の量子数を用いて表すことにする．軌道部分は $\boldsymbol{L}^2$ および L_z の固有状態 $|L, M\rangle$ を用いて

$$\Phi_{S_z}(\boldsymbol{k}) = \langle \boldsymbol{k}, S_z | \Phi \rangle = \sum_{L,M} \Phi_{S_z}^{(L,M)}(k) Y_{L,M}(\hat{\boldsymbol{k}}) \tag{7.5}$$

のように表せる．ここで $Y_{L,M}(\hat{\boldsymbol{k}}) = \langle \hat{\boldsymbol{k}} | L, M \rangle$ は球面調和関数である[1]．ここでフェルミオンの統計性からスピン1重項状態では波動関数の軌道部分は $\boldsymbol{k}$ の偶関数でなければならず，一方スピン3重項状態では $\boldsymbol{k}$ の奇関数でなければならない．したがって，3重項状態の (7.5) では L は奇数のみが許される．簡単な場合として $L=1$ の状態を考えよう．このとき

$$\Phi_{S_z}(\boldsymbol{k}) = \Phi_{S_z}^{(1,+1)} Y_{1,+1}(\hat{\boldsymbol{k}}) + \Phi_{S_z}^{(1,0)} Y_{1,0}(\hat{\boldsymbol{k}}) + \Phi_{S_z}^{(1,-1)} Y_{1,-1}(\hat{\boldsymbol{k}}) \tag{7.6}$$

は球面調和関数

$$\begin{aligned} \langle \hat{\boldsymbol{k}} | 1, +1 \rangle &= Y_{1,+1}(\hat{\boldsymbol{k}}) = -\sqrt{\frac{3}{8\pi}}(\hat{k}_x + i\hat{k}_y) \\ \langle \hat{\boldsymbol{k}} | 1,\ 0\ \rangle &= Y_{1,\ 0}(\hat{\boldsymbol{k}}) = \sqrt{\frac{3}{4\pi}}\ \hat{k}_z \\ \langle \hat{\boldsymbol{k}} | 1, -1 \rangle &= Y_{1,-1}(\hat{\boldsymbol{k}}) = +\sqrt{\frac{3}{8\pi}}(\hat{k}_x - i\hat{k}_y) \end{aligned} \tag{7.7}$$

---

[1] $\boldsymbol{k}/|\boldsymbol{k}| = \hat{\boldsymbol{k}} = (\hat{k}_x, \hat{k}_y, \hat{k}_z)$ は $\boldsymbol{k}$ 方向を向く単位ベクトルである．

を用いて，

$$\Phi_{S_z}(\bm{k}) = \Phi_{S_z,x}\hat{k}_x + \Phi_{S_z,y}\hat{k}_y + \Phi_{S_z,z}\hat{k}_z$$
$$= \sum_{i=x,y,z} \Phi_{S_z,i}\hat{k}_i \tag{7.8}$$

のように展開することができる．ここで，軌道空間を回転したとしよう．この回転が 3 次元ベクトルに作用する直交行列 R で特徴付けられるとすると，波動関数 (7.8) は回転変換後

$$\langle R^{-1}\bm{k}, S_z|\Phi\rangle = \Phi_{S_z}(R^{-1}\bm{k})$$
$$= \sum_{i=x,y,z} \Phi_{S_z,i}\Big(\sum_{j=x,y,z} R^{-1}_{ij}\hat{k}_j\Big)$$
$$= \sum_{j=x,y,z} \Big(\sum_{i=x,y,z} R_{ji}\Phi_{S_z,i}\Big)\hat{k}_j \tag{7.9}$$

となる．すなわち $\Phi_{S_z,i}$ の i 成分は（軌道空間の）回転のもとで

$$\Phi_{S_z,i} \to \sum_{j=x,y,z} R_{ij}\Phi_{S_z,j} \tag{7.10}$$

のようにベクトル量としてふるまう．これを踏まえて波動関数のスピン部分も，スピン空間の回転のもとで，ベクトル量としてふるまう基底に変更しよう．すなわち S_z を対角化する基底から，

$$|S_z = +1\rangle = \frac{-1}{\sqrt{2}}\Big(|\hat{\bm{x}}\rangle + i|\hat{\bm{y}}\rangle\Big) \tag{7.11}$$

$$|S_z = \ 0\ \rangle = |\hat{\bm{z}}\rangle \tag{7.12}$$

$$|S_z = -1\rangle = \frac{1}{\sqrt{2}}\Big(|\hat{\bm{x}}\rangle - i|\hat{\bm{y}}\rangle\Big) \tag{7.13}$$

で定義される $\{|\hat{\bm{x}}\rangle, |\hat{\bm{y}}\rangle, |\hat{\bm{z}}\rangle\}$ 基底へと移ることにする．この新しい基底での波動関数は S_z 基底の波動関数 (7.4) と，ユニタリー変換

$$\begin{pmatrix} \Phi_x(\bm{k}) \\ \Phi_y(\bm{k}) \\ \Phi_z(\bm{k}) \end{pmatrix} = \begin{pmatrix} -1/\sqrt{2} & 0 & 1/\sqrt{2} \\ -i/\sqrt{2} & 0 & -i/\sqrt{2} \\ 0 & 1 & 0 \end{pmatrix} \begin{pmatrix} \Phi_+(\bm{k}) \\ \Phi_0(\bm{k}) \\ \Phi_-(\bm{k}) \end{pmatrix} \tag{7.14}$$

で関係付けられる．$\{|\hat{\bm{x}}\rangle, |\hat{\bm{y}}\rangle, |\hat{\bm{z}}\rangle\}$ 基底ではスピン演算子は

$$S_x = \begin{pmatrix} 0 & 0 & 0 \\ 0 & 0 & -i \\ 0 & i & 0 \end{pmatrix}, \; S_y = \begin{pmatrix} 0 & 0 & i \\ 0 & 0 & 0 \\ -i & 0 & 0 \end{pmatrix}, \; S_z = \begin{pmatrix} 0 & -i & 0 \\ i & 0 & 0 \\ 0 & 0 & 0 \end{pmatrix} \quad (7.15)$$

で表される．これらの成分は反対称テンソルを用いて

$$(S_c)_{ab} = -i\epsilon_{cab} \quad (7.16)$$

と書くことができるので，スピンの期待値は

$$\langle \boldsymbol{S} \rangle = i\, \boldsymbol{\Phi}(\boldsymbol{k}) \times \boldsymbol{\Phi}^*(\boldsymbol{k}) \quad (7.17)$$

で与えられる．この基底では $\boldsymbol{\Phi} = (\Phi_x, \Phi_y, \Phi_z)^{\mathrm{T}}$ がスピン空間の回転のもとでベクトルとしてふるまうことが次のようにしてわかる．単位ベクトル $\boldsymbol{n}$ のまわりを無限小角 $\delta\theta$ 回転するとき，その回転演算子は，今の基底で

$$\begin{aligned}\left(e^{-iS_c n_c \delta\theta}\right)_{ab} &= \delta_{ab} - i(S_c)_{ab} n_c \delta\theta \\ &= \delta_{ab} + \epsilon_{acb} n_c \delta\theta \end{aligned} \quad (7.18)$$

と表せるので，$\boldsymbol{\Phi}$ はこのスピン空間の回転のもとで

$$\boldsymbol{\Phi}(\boldsymbol{k}) \to \boldsymbol{\Phi}(\boldsymbol{k}) + \delta\theta\, \boldsymbol{n} \times \boldsymbol{\Phi}(\boldsymbol{k}) \quad (7.19)$$

のように変換する．

フェルミオン演算子を用いて，Cooper 対は $\langle c_{-\boldsymbol{k}\,s} c_{\boldsymbol{k}\,s'} \rangle$ で特徴付けられるが，これをスピン 1 重項と 3 重項に分解することを考えよう．スピン $1/2$ の系を $\boldsymbol{n}$ 軸まわりに微小角 $\delta\theta$ 回転する操作は，回転行列

$$\mathcal{D}_{ss'}(\delta\theta \boldsymbol{n}) = \exp\left[-\frac{i}{2}\delta\theta \boldsymbol{n} \cdot \boldsymbol{\sigma}\right]_{ss'} \quad (7.20)$$

によって与えられる．これを用いると $\langle c_{-\boldsymbol{k}\,s} c_{\boldsymbol{k}\,s'} \rangle$ は回転のもとで

$$\begin{aligned} c_{-\boldsymbol{k}\alpha} c_{\boldsymbol{k}\beta} &\to \mathcal{D}_{\alpha\sigma}(\delta\theta \boldsymbol{n}) c_{-\boldsymbol{k}\sigma}\, \mathcal{D}_{\beta\tau}(\delta\theta \boldsymbol{n}) c_{\boldsymbol{k}\tau} \\ &= \left(\delta_{\alpha\sigma} - \frac{i}{2}\delta\theta \boldsymbol{n} \cdot \boldsymbol{\sigma}_{\alpha\sigma}\right) c_{-\boldsymbol{k}\sigma} c_{\boldsymbol{k}\tau} \left(\delta_{\tau\beta} - \frac{i}{2}\delta\theta \boldsymbol{n} \cdot \boldsymbol{\sigma}^{\mathrm{T}}_{\tau\beta}\right) \\ &= c_{-\boldsymbol{k}\alpha} c_{\boldsymbol{k}\beta} - \frac{i}{2}\delta\theta \boldsymbol{n} \cdot \left(\boldsymbol{\sigma}_{\alpha\sigma} c_{-\boldsymbol{k}\sigma} c_{\boldsymbol{k}\beta} + c_{-\boldsymbol{k}\alpha} c_{\boldsymbol{k}\tau} \boldsymbol{\sigma}^{\mathrm{T}}_{\tau\beta}\right) \end{aligned}$$
$$(7.21)$$

のように変わる．ただし $O(\delta\theta^2)$ の項は無視した．$\boldsymbol{\sigma}^\mathrm{T} = -\sigma_y\boldsymbol{\sigma}\sigma_y$ を用いると，これは

$$\langle c_{-\boldsymbol{k}} c_{\boldsymbol{k}} \rangle \to \langle c_{-\boldsymbol{k}} c_{\boldsymbol{k}} \rangle - \frac{i}{2}\delta\theta \boldsymbol{n} \cdot \Big(\boldsymbol{\sigma}\langle c_{-\boldsymbol{k}} c_{\boldsymbol{k}}\rangle - \langle c_{-\boldsymbol{k}} c_{\boldsymbol{k}}\rangle \sigma_y \boldsymbol{\sigma}\sigma_y\Big) \qquad (7.22)$$

と書ける．ここで $\langle c_{-\boldsymbol{k}\,s} c_{\boldsymbol{k}\,s'}\rangle$ の成分を

$$\begin{aligned}\langle c_{-\boldsymbol{k}} c_{\boldsymbol{k}}\rangle &= \begin{pmatrix} 0 & \varphi \\ -\varphi & 0 \end{pmatrix} + \begin{pmatrix} -\phi_x + i\phi_y & \phi_z \\ \phi_z & \phi_x + i\phi_y \end{pmatrix} \\ &= \varphi i\sigma_y + \boldsymbol{\phi}\cdot i\boldsymbol{\sigma}\sigma_y \end{aligned} \qquad (7.23)$$

のように表そう．第 1 項を変換則 (7.22) に代入すると $O(\delta\theta)$ の二つの項は相殺してゼロとなる．したがって φ はスピン空間の回転に対し不変，すなわちスカラー量であることがわかる．一方，第 2 項は回転のもとで

$$\begin{aligned} i\phi_a \sigma_a \sigma_y &\to i\phi_a\sigma_a\sigma_y - \frac{i}{2}\delta\theta n_b\Big(\sigma_b\phi_c i\sigma_c\sigma_y - \phi_c i\sigma_c\sigma_y\sigma_y\sigma_b\sigma_y\Big) \\ &= i\phi_a\sigma_a\sigma_y + \frac{1}{2}\delta\theta n_b\phi_c[\sigma_b,\sigma_c]\sigma_y \\ &= i\phi_a\sigma_a\sigma_y + \delta\theta n_b\phi_c i\epsilon_{abc}\sigma_a\sigma_y \\ &= \Big[\boldsymbol{\phi} \,+\, \delta\theta\,\boldsymbol{n}\times\boldsymbol{\phi}\Big]_a i\sigma_a\sigma_y \end{aligned} \qquad (7.24)$$

のように変換するため，$\boldsymbol{\phi}$ はベクトル量である．このようにして φ はスピン 1 重項の Cooper 対を，$\boldsymbol{\phi}$ はスピン 3 重項の Cooper 対を記述することがわかる．

1 重項・3 重項射影演算子

ここでスピンの 1 重項および 3 重項状態への射影演算子を導入する．二つのスピン 1/2 の合成スピン $\boldsymbol{S} = (1/2)\boldsymbol{\sigma} + (1/2)\boldsymbol{\sigma}'$ の大きさは，1 重項状態では $\boldsymbol{S}^2 = S(S+1) = 0$，3 重項状態では $\boldsymbol{S}^2 = S(S+1) = 2$ となる．1 重項状態への射影演算子，および 3 重項状態への射影演算子

$$P^{(\mathrm{s})} \equiv \frac{2 - \boldsymbol{S}^2}{2} = \frac{1}{4} - \frac{1}{4}\boldsymbol{\sigma}\cdot\boldsymbol{\sigma}' \qquad (7.25)$$

$$P^{(\mathrm{t})} \equiv \frac{\boldsymbol{S}^2}{2} = \frac{3}{4} + \frac{1}{4}\boldsymbol{\sigma}\cdot\boldsymbol{\sigma}' \qquad (7.26)$$

を導入する．ただちに

が導かれる．Pauli 行列に関する公式 $\boldsymbol{\sigma}_{\alpha\delta}\cdot\boldsymbol{\sigma}'_{\beta\gamma} = -\delta_{\alpha\delta}\delta_{\beta\gamma} + 2\delta_{\alpha\gamma}\delta_{\beta\delta}$ を用いると

$$P^{(\mathrm{t})} + P^{(\mathrm{s})} = 1 \tag{7.27}$$

$$P^{(\mathrm{t})} - 3P^{(\mathrm{s})} = \boldsymbol{\sigma}\cdot\boldsymbol{\sigma}' \tag{7.28}$$

$$P^{(\mathrm{s})}_{\alpha\delta;\beta\gamma} = \frac{1}{2}\delta_{\alpha\delta}\delta_{\beta\gamma} - \frac{1}{2}\delta_{\alpha\gamma}\delta_{\beta\delta} \tag{7.29}$$

$$P^{(\mathrm{t})}_{\alpha\delta;\beta\gamma} = \frac{1}{2}\delta_{\alpha\delta}\delta_{\beta\gamma} + \frac{1}{2}\delta_{\alpha\gamma}\delta_{\beta\delta} \tag{7.30}$$

と書け，

$$P^{(\mathrm{s})}_{\beta\delta;\alpha\gamma} = P^{(\mathrm{s})}_{\alpha\gamma;\beta\delta} = -P^{(\mathrm{s})}_{\alpha\delta;\beta\gamma} \tag{7.31}$$

$$P^{(\mathrm{t})}_{\beta\delta;\alpha\gamma} = P^{(\mathrm{t})}_{\alpha\gamma;\beta\delta} = +P^{(\mathrm{t})}_{\alpha\delta;\beta\gamma} \tag{7.32}$$

などの関係が得られる．

7.2　1 重項・3 重項対ポテンシャル

相互作用項の性質

通常の金属中電子の超伝導状態はフォノンを媒介とする引力相互作用が働くことが知られているが，液体 ^{3}He や一部の重い電子系などの物質はスピン揺らぎを媒介にした引力が働き Cooper 対を形成すると考えられている．このとき相互作用はスピンに依存し

$$V = \sum_{\boldsymbol{k},\boldsymbol{k}'} \frac{1}{2} V_{s_1 s_2 s_3 s_4}(\boldsymbol{k},\boldsymbol{k}') c^\dagger_{\boldsymbol{k} s_1} c^\dagger_{-\boldsymbol{k} s_2} c_{-\boldsymbol{k}' s_3} c_{\boldsymbol{k}' s_4} \tag{7.33}$$

の形に書かれる[2]．ここで，行列要素 $V_{s_1 s_2 s_3 s_4}(\boldsymbol{k},\boldsymbol{k}') = \langle \boldsymbol{k} s_1, -\boldsymbol{k} s_2 | V | \boldsymbol{k}' s_4, -\boldsymbol{k}' s_3 \rangle$ に対する性質として，フェルミオン演算子の反交換性より，

$$V_{s_2 s_1 s_3 s_4}(-\boldsymbol{k},\boldsymbol{k}') = -V_{s_1 s_2 s_3 s_4}(\boldsymbol{k},\boldsymbol{k}') \tag{7.34}$$

$$V_{s_1 s_2 s_4 s_3}(\boldsymbol{k},-\boldsymbol{k}') = -V_{s_1 s_2 s_3 s_4}(\boldsymbol{k},\boldsymbol{k}') \tag{7.35}$$

が導かれる．また Hermite 性から

$$V^*_{s_4 s_3 s_2 s_1}(\boldsymbol{k}',\boldsymbol{k}) = V_{s_1 s_2 s_3 s_4}(\boldsymbol{k},\boldsymbol{k}') \tag{7.36}$$

---

[2] 重心の運動量がゼロとならない成分は重要でないので無視する．

が成り立たなければならない．スピン空間に回転対称性がある場合には

$$V_{s_1 s_2 s_3 s_4}(\boldsymbol{k}, \boldsymbol{k}') = V_1(\boldsymbol{k}, \boldsymbol{k}') \delta_{s_1 s_4} \delta_{s_2 s_3} + V_2(\boldsymbol{k}, \boldsymbol{k}') \boldsymbol{\sigma}_{s_1 s_4} \cdot \boldsymbol{\sigma}'_{s_2 s_3} \tag{7.37}$$

の形に書くことができる．射影演算子を用いて，これをスピン1重項状態に作用する部分と，3重項状態に作用する部分に分解する．

$$\begin{aligned} V_{s_1 s_2 s_3 s_4}(\boldsymbol{k}, \boldsymbol{k}') &= V_1(\boldsymbol{k}, \boldsymbol{k}') \Big[P^{(\mathrm{s})}_{s_1 s_4; s_2 s_3} + P^{(\mathrm{t})}_{s_1 s_4; s_2 s_3} \Big] \\ &\quad + V_2(\boldsymbol{k}, \boldsymbol{k}') \Big[P^{(\mathrm{t})}_{s_1 s_4; s_2 s_3} - 3 P^{(\mathrm{s})}_{s_1 s_4; s_2 s_3} \Big] \\ &= V^{(\mathrm{even})}(\boldsymbol{k}, \boldsymbol{k}') P^{(\mathrm{s})}_{s_1 s_4; s_2 s_3} + V^{(\mathrm{odd})}(\boldsymbol{k}, \boldsymbol{k}') P^{(\mathrm{t})}_{s_1 s_4; s_2 s_3} \end{aligned} \tag{7.38}$$

ここで $V^{(\mathrm{even})} = V_1 - 3 V_2$, $V^{(\mathrm{odd})} = V_1 + V_2$ である．(7.31) と (7.32) および (7.34) と (7.35) より

$$V^{(\mathrm{even})}(-\boldsymbol{k}, \boldsymbol{k}') = V^{(\mathrm{even})}(\boldsymbol{k}, -\boldsymbol{k}') = +V^{(\mathrm{even})}(\boldsymbol{k}, \boldsymbol{k}') \tag{7.39}$$

$$V^{(\mathrm{odd})}(-\boldsymbol{k}, \boldsymbol{k}') = V^{(\mathrm{odd})}(\boldsymbol{k}, -\boldsymbol{k}') = -V^{(\mathrm{odd})}(\boldsymbol{k}, \boldsymbol{k}') \tag{7.40}$$

すなわち $V^{(\mathrm{even/odd})}$ は $\boldsymbol{k}$ および $\boldsymbol{k}'$ の偶（奇）関数であることがわかる．

対ポテンシャルの性質

平均場近似を導入する．

$$\begin{aligned} V_{\mathrm{MF}} &= \sum_{\boldsymbol{k}, \boldsymbol{k}'} \frac{1}{2} V_{s_1 s_2 s_3 s_4}(\boldsymbol{k}, \boldsymbol{k}') \langle c_{-\boldsymbol{k}' s_3} c_{\boldsymbol{k}' s_4} \rangle c^{\dagger}_{\boldsymbol{k} s_1} c^{\dagger}_{-\boldsymbol{k} s_2} \\ &\quad + \sum_{\boldsymbol{k}, \boldsymbol{k}'} \frac{1}{2} V_{s_1 s_2 s_3 s_4}(\boldsymbol{k}, \boldsymbol{k}') \langle c^{\dagger}_{\boldsymbol{k} s_1} c^{\dagger}_{-\boldsymbol{k} s_2} \rangle c_{-\boldsymbol{k}' s_3} c_{\boldsymbol{k}' s_4} \end{aligned} \tag{7.41}$$

超伝導状態のオーダーパラメータすなわち対ポテンシャル

$$\Delta_{ss'}(\boldsymbol{k}) = \sum_{\boldsymbol{k}'} V_{ss' s_3 s_4}(\boldsymbol{k}, \boldsymbol{k}') \langle c_{-\boldsymbol{k}' s_3} c_{\boldsymbol{k}' s_4} \rangle \tag{7.42}$$

$$\begin{aligned} \Delta^{*}_{ss'}(\boldsymbol{k}') &= \sum_{\boldsymbol{k}} V^{*}_{ss' s_2 s_1}(\boldsymbol{k}', \boldsymbol{k}) \langle c_{-\boldsymbol{k} s_2} c_{\boldsymbol{k} s_1} \rangle^{*} \\ &= \sum_{\boldsymbol{k}} V_{s_1 s_2 s' s}(\boldsymbol{k}, \boldsymbol{k}') \langle c^{\dagger}_{\boldsymbol{k} s_1} c^{\dagger}_{-\boldsymbol{k} s_2} \rangle \end{aligned} \tag{7.43}$$

を用いて平均場ハミルトニアンは

$$H_{\mathrm{MF}} = \sum_{\bm{k}} \xi_{\bm{k}} c^\dagger_{\bm{k}s} c_{\bm{k}s} + \frac{1}{2}\sum_{\bm{k}} \Delta_{s_1 s_2}(\bm{k}) c^\dagger_{\bm{k}s_1} c^\dagger_{-\bm{k}s_2}$$
$$+ \frac{1}{2}\sum_{\bm{k}} \Delta^*_{s_4 s_3}(\bm{k}) c_{-\bm{k}s_3} c_{\bm{k}s_4}$$
$$= \frac{1}{2}\sum_{\bm{k}} (c^\dagger_{\bm{k}\uparrow}, c^\dagger_{\bm{k}\downarrow}, c_{-\bm{k}\uparrow}, c_{-\bm{k}\downarrow})$$
$$\begin{pmatrix} \xi_{\bm{k}} & 0 & \Delta_{\uparrow\uparrow}(\bm{k}) & \Delta_{\uparrow\downarrow}(\bm{k}) \\ 0 & \xi_{\bm{k}} & \Delta_{\downarrow\uparrow}(\bm{k}) & \Delta_{\downarrow\downarrow}(\bm{k}) \\ \Delta^*_{\uparrow\uparrow}(\bm{k}) & \Delta^*_{\downarrow\uparrow}(\bm{k}) & -\xi_{\bm{k}} & 0 \\ \Delta^*_{\uparrow\downarrow}(\bm{k}) & \Delta^*_{\downarrow\downarrow}(\bm{k}) & 0 & -\xi_{\bm{k}} \end{pmatrix} \begin{pmatrix} c_{\bm{k}\uparrow} \\ c_{\bm{k}\downarrow} \\ c^\dagger_{-\bm{k}\uparrow} \\ c^\dagger_{-\bm{k}\downarrow} \end{pmatrix}$$
$$\tag{7.44}$$

と書かれる．式 (7.34) より対ポテンシャルに対して

$$\Delta_{s's}(-\bm{k}) = \sum_{\bm{k}'} V_{s'ss_3 s_4}(-\bm{k}, \bm{k}')\langle c_{-\bm{k}'s_3} c_{\bm{k}'s_4}\rangle$$
$$= -\sum_{\bm{k}'} V_{ss's_3 s_4}(\bm{k}, \bm{k}')\langle c_{-\bm{k}'s_3} c_{\bm{k}'s_4}\rangle$$
$$= -\Delta_{ss'}(\bm{k}) \tag{7.45}$$

が成り立つ．次に対ポテンシャル $\Delta(\bm{k})$ を 1 重項と 3 重項に分解する．

$$\Delta_{ss'}(\bm{k}) = \sum_{\bm{k}'} V_{ss's_3 s_4}(\bm{k}, \bm{k}')\langle c_{-\bm{k}'s_3} c_{\bm{k}'s_4}\rangle$$
$$= \sum_{\bm{k}'} \left(V^{(\mathrm{even})}(\bm{k}, \bm{k}') P^{(\mathrm{s})}_{ss_4; s' s_3} + V^{(\mathrm{odd})}(\bm{k}, \bm{k}') P^{(\mathrm{t})}_{ss_4; s' s_3} \right)$$
$$\times \left(\varphi(\bm{k}') i\sigma^y_{s_3 s_4} + \bm{\phi}(\bm{k}') \cdot i[\bm{\sigma}\sigma^y]_{s_3 s_4} \right) \tag{7.46}$$

$P^{(\mathrm{s})}_{ss_4; s' s_3}$ および $P^{(\mathrm{t})}_{ss_4; s' s_3}$ は s_3, s_4 の入れ替えに対し，それぞれ奇，偶であることに注意すると

7.2 1重項・3重項対ポテンシャル **141**

$$\Delta_{ss'}(\boldsymbol{k}) = \sum_{\boldsymbol{k'}} V^{(\text{even})}(\boldsymbol{k},\boldsymbol{k'}) P^{(\text{s})}_{ss_4;s's_3}\varphi(\boldsymbol{k'})i\sigma^y_{s_3s_4}$$
$$+ \sum_{\boldsymbol{k'}} V^{(\text{odd})}(\boldsymbol{k},\boldsymbol{k'}) P^{(\text{t})}_{ss_4;s's_3}\boldsymbol{\phi}(\boldsymbol{k'})\cdot i[\boldsymbol{\sigma}\sigma^y]_{s_3s_4} \quad (7.47)$$

となり,さらに $P^{(\text{s})}_{\alpha\delta;\beta\gamma} = (1/2)\delta_{\alpha\delta}\delta_{\beta\gamma} - (1/2)\delta_{\alpha\gamma}\delta_{\beta\delta}$ および $P^{(\text{t})}_{\alpha\delta;\beta\gamma} = (1/2)\delta_{\alpha\delta}\delta_{\beta\gamma} + (1/2)\delta_{\alpha\gamma}\delta_{\beta\delta}$ を代入して,

$$\Delta_{ss'}(\boldsymbol{k}) = \Big(-\sum_{\boldsymbol{k'}} V^{(\text{even})}(\boldsymbol{k},\boldsymbol{k'})\varphi(\boldsymbol{k'})\Big)i\sigma^y_{ss'}$$
$$+ \Big(\sum_{\boldsymbol{k'}} V^{(\text{odd})}(\boldsymbol{k},\boldsymbol{k'})\boldsymbol{\phi}(\boldsymbol{k'})\Big)\cdot i[\boldsymbol{\sigma}\sigma^y]_{ss'} \quad (7.48)$$

を得る.そこで

$$d_0(\boldsymbol{k}) = -\sum_{\boldsymbol{k'}} V^{(\text{even})}(\boldsymbol{k},\boldsymbol{k'})\varphi(\boldsymbol{k'}) \quad (7.49)$$

$$\boldsymbol{d}(\boldsymbol{k}) = \sum_{\boldsymbol{k'}} V^{(\text{odd})}(\boldsymbol{k},\boldsymbol{k'})\boldsymbol{\phi}(\boldsymbol{k'}) \quad (7.50)$$

とおくと,$\langle c_{-\boldsymbol{k}\alpha} c_{\boldsymbol{k}\beta}\rangle$ に対して行ったのと同様に,対ポテンシャルは

$$\Delta(\boldsymbol{k}) = id_0(\boldsymbol{k})\sigma^y + i\boldsymbol{d}(\boldsymbol{k})\cdot\boldsymbol{\sigma}\sigma_y$$
$$= \begin{pmatrix} -d_x(\boldsymbol{k})+id_y(\boldsymbol{k}) & d_0(\boldsymbol{k})+d_z(\boldsymbol{k}) \\ -d_0(\boldsymbol{k})+d_z(\boldsymbol{k}) & d_x(\boldsymbol{k})+id_y(\boldsymbol{k}) \end{pmatrix} \quad (7.51)$$

の形で表される.ポテンシャル V の偶奇性より,

$$\boldsymbol{d}(-\boldsymbol{k}) = -\boldsymbol{d}(\boldsymbol{k}), \qquad d_0(-\boldsymbol{k}) = d_0(\boldsymbol{k}) \quad (7.52)$$

となる.以下では $\varphi = d_0 = 0$ とし,3重項状態のみを考える.このとき

$$\Delta(\boldsymbol{k})\Delta^\dagger(\boldsymbol{k}) = i\boldsymbol{d}(\boldsymbol{k})\cdot\boldsymbol{\sigma}\sigma_y\Big(-i\boldsymbol{d}^*(\boldsymbol{k})\sigma_y\boldsymbol{\sigma}\Big)$$
$$= d_a(\boldsymbol{k})d_b^*(\boldsymbol{k})\sigma_a\sigma_b$$
$$= d_a(\boldsymbol{k})d_b^*(\boldsymbol{k})\Big(\delta_{ab}+i\epsilon_{abc}\sigma_c\Big)$$
$$= \boldsymbol{d}(\boldsymbol{k})\cdot\boldsymbol{d}^*(\boldsymbol{k}) + i\boldsymbol{d}(\boldsymbol{k})\times\boldsymbol{d}^*(\boldsymbol{k})\cdot\boldsymbol{\sigma} \quad (7.53)$$

が成り立つ.ここで $i[\boldsymbol{d}\times\boldsymbol{d}^*]_z = i(d_xd_y^*-d_yd_x^*) = (|\Delta_{\uparrow\uparrow}|^2-|\Delta_{\downarrow\downarrow}|^2)/2$ からわかるように,第2項に現れる $i\boldsymbol{d}(\boldsymbol{k})\times\boldsymbol{d}^*(\boldsymbol{k})$ は Cooper 対のスピン偏極に比例し

ている．Cooper 対がスピン偏極していないとき，すなわち $i\bm{d}(\bm{k})\times\bm{d}^*(\bm{k})=0$ の場合は，$\Delta(\bm{k})\Delta^\dagger(\bm{k})$ が単位行列に比例するので，ユニタリー状態とよばれる．一方，前章で考えたスピンレス超伝導体はスピンが完全偏極した場合と見なすことができるため，非ユニタリー状態の一例となる．ユニタリー状態の（Fermi 面付近での）励起ギャップは $\sqrt{\bm{d}(\bm{k})\cdot\bm{d}^*(\bm{k})}$ で与えられ，一方，非ユニタリー状態のギャップは $\sqrt{\bm{d}(\bm{k})\cdot\bm{d}^*(\bm{k})\pm|\bm{d}(\bm{k})\times\bm{d}^*(\bm{k})|}$ となる．

7.3 p 波スピン 3 重項超伝導状態

3 重項状態として p 波超伝導体を調べよう．一般に 2 体の相互作用ハミルトニアンが $\bm{k}$ 空間の回転に対し不変であるとき，$V(\bm{k},\bm{k}')$ は $k=|\bm{k}|$, $k'=|\bm{k}'|$ および $\hat{\bm{k}}\cdot\hat{\bm{k}}'$ の関数として

$$V(\bm{k},\bm{k}') = \sum_L V_L(k,k')(2L+1)P_L(\hat{\bm{k}}\cdot\hat{\bm{k}}')$$

$$= \sum_L V_L(k,k')4\pi \sum_{M=-L}^{L} Y_{L,M}(\hat{\bm{k}})Y_{L,-M}(\hat{\bm{k}}') \quad (7.54)$$

の形で表すことができる．$L=1$ の成分が最も大きい引力であるとして，それ以外の成分を無視すると，$V(\bm{k},\bm{k}')$ は式 (7.7) を代入して

$$V(\bm{k},\bm{k}') = 3V_{L=1}\left(\hat{k}_x\hat{k}'_x + \hat{k}_y\hat{k}'_y + \hat{k}_z\hat{k}'_z\right) \quad (7.55)$$

と書ける．これを式 (7.50) に代入すると

$$d_a(\hat{\bm{k}}) = \sum_{\bm{k}'}\left(3V_{L=1}\sum_j \hat{k}_j\hat{k}'_j\right)\phi_a(\bm{k}') \quad (7.56)$$

したがって，対ポテンシャルは

$$d_a(\bm{k}) = \sum_j d_{a,j}\hat{k}_j \quad (7.57)$$

の形に書くことができる．このように p 波スピン 3 重項の Cooper 対は $3\times 3 = 9$ 個のパラメータ d_{aj} で特徴付けられる．基底状態は，スピン空間の回転，$\bm{k}$ 空間の回転，そして共通の位相因子（ゲージ対称性）に時間反転対称性を加えた，

7.3 p波スピン3重項超伝導状態

$$G = \mathrm{SO}(3) \times \mathrm{SO}(3) \times \mathrm{U}(1) \times T \tag{7.58}$$

の対称性のいずれかを破ることになる．以下では ^{3}He 超流動で実際に現れる，典型的な秩序状態を挙げる．

BW 状態

もっとも簡単な状態は

$$d_{aj} = \Delta_\mathrm{B}\, \delta_{aj} = \Delta_\mathrm{B} \begin{pmatrix} 1 & 0 & 0 \\ 0 & 1 & 0 \\ 0 & 0 & 1 \end{pmatrix} \tag{7.59}$$

あるいは $\bm{d}(\bm{k}) = \Delta_\mathrm{B}\hat{\bm{k}}$ で記述される BW 状態である．ギャップは

$$\begin{aligned}
\bm{d}(\bm{k}) \cdot \bm{d}^*(\bm{k}) &= d_x(\hat{\bm{k}})d_x^*(\hat{\bm{k}}) + d_y(\hat{\bm{k}})d_y^*(\hat{\bm{k}}) + d_z(\hat{\bm{k}})d_z^*(\hat{\bm{k}}) \\
&= |\Delta_\mathrm{B}|^2 (\hat{k}_x^2 + \hat{k}_y^2 + \hat{k}_z^2) = |\Delta_\mathrm{B}|^2
\end{aligned} \tag{7.60}$$

で与えられ，等方的である．この状態は軌道空間とスピン空間の同時の回転に対して不変である．実際，回転行列 R で特徴付けられる回転操作のもとで，d_{aj} は

$$\begin{aligned}
d_{aj} &\to R_{ab} R_{ji} d_{bi} \\
&= R_{ab} R_{ji} \Delta_\mathrm{B} \delta_{bi} = \Delta_\mathrm{B} R_{ab} R_{jb} = \Delta_\mathrm{B} \delta_{aj} = d_{aj}
\end{aligned} \tag{7.61}$$

のように変わらない．このことは $|\bm{L}+\bm{S}|=0$，すなわち $\bm{L}$ と $\bm{S}$ がつねに逆向きになって相殺している状態であることを意味する．BW 状態の一般的な表式は

$$d_{aj} = \Delta_\mathrm{B}\, R_{aj} \tag{7.62}$$

であり，これは式 (7.59) を軌道空間のみ (あるいはスピン空間のみ) 回転したものである．BW 状態はもともとの対称性 (7.58) のうち $\mathrm{SO}(3) \times \mathrm{U}(1)$ を破った状態であり，まだ $\mathrm{SO}(3)$ 対称性を保っている．軌道とスピンの相対的な関係という対称性が破れた状態である．この状態は ^{3}He の超流動 B 相で実現している．

ABM 状態

$$d_{aj} = \Delta_{\mathrm{A}}\ (\hat{\boldsymbol{z}})_a(\hat{\boldsymbol{x}} + i\hat{\boldsymbol{y}})_j = \Delta_{\mathrm{A}} \begin{pmatrix} 0 & 0 & 0 \\ 0 & 0 & 0 \\ 1 & i & 0 \end{pmatrix} \tag{7.63}$$

これはすべての Cooper 対が $S_z = 0$ でかつ $L_z = +1$ の状態，

$$\Delta(\boldsymbol{k}) = \Delta_{\mathrm{A}} \ket{\uparrow\downarrow + \downarrow\uparrow} (\hat{k}_x + i\hat{k}_y) \tag{7.64}$$

である．このとき $\boldsymbol{d}$ ベクトルは

$$\begin{aligned} \boldsymbol{d}(\boldsymbol{k}) \cdot \boldsymbol{d}^*(\boldsymbol{k}) &= d_x(\hat{\boldsymbol{k}})d_x^*(\hat{\boldsymbol{k}}) + d_y(\hat{\boldsymbol{k}})d_y^*(\hat{\boldsymbol{k}}) + d_z(\hat{\boldsymbol{k}})d_z^*(\hat{\boldsymbol{k}}) \\ &= |\Delta_{\mathrm{A}}|^2(\hat{k}_x + i\hat{k}_y)(\hat{k}_x - i\hat{k}_y) \\ &= |\Delta_{\mathrm{A}}|^2(\hat{k}_x^2 + \hat{k}_y^2) \end{aligned} \tag{7.65}$$

となるので，ギャップは 3 次元 $\boldsymbol{k}$ 空間の Fermi 面上の北極と南極でゼロとなる，非等方的な状態である．軌道角運動量の向きは z 方向である必要はないので，$\hat{\boldsymbol{x}} \to \hat{\boldsymbol{m}}$, $\hat{\boldsymbol{y}} \to \hat{\boldsymbol{n}}$, $\hat{\boldsymbol{z}} \to \hat{\boldsymbol{l}}$ のように軌道空間回転させ，スピン量子化軸も $\hat{\boldsymbol{d}}$ 方向にとると，一般的な秩序変数の表式

$$d_{aj} = \Delta_{\mathrm{A}}\ (\hat{\boldsymbol{d}})_a(\hat{\boldsymbol{m}} + i\hat{\boldsymbol{n}})_j \tag{7.66}$$

が得られる．ABM 状態は ^{3}He の超流動 A 相で実現している．

A_1 状態

磁場中ではスピンが偏極した Cooper 対が生じる．

$$d_{aj} = \Delta_{\mathrm{A}}\ (-i\hat{\boldsymbol{x}} + \hat{\boldsymbol{y}})_a(\hat{\boldsymbol{x}} + i\hat{\boldsymbol{y}})_j = \Delta_{\mathrm{A}} \begin{pmatrix} -i & 1 & 0 \\ 1 & i & 0 \\ 0 & 0 & 0 \end{pmatrix} \tag{7.67}$$

ととると，これは ↑↑ のスピンの対だけがあり，スピンが ↓↓ の対は形成されない状態である．これは非ユニタリー状態の一例である．スピンが完全に偏極している場合には，スピンレス超伝導状態と等価となる．

7.4 ユニタリー状態のBCS理論
7.4.1 バルク準粒子状態

ユニタリー状態にある超伝導体を考える．BCSハミルトニアンを対角化するために固有値方程式

$$\mathcal{H}_{\text{BdG}}(\boldsymbol{k}) \begin{pmatrix} u_{\boldsymbol{k}\uparrow} \\ u_{\boldsymbol{k}\downarrow} \\ v_{\boldsymbol{k}\uparrow} \\ v_{\boldsymbol{k}\downarrow} \end{pmatrix} = \lambda \begin{pmatrix} u_{\boldsymbol{k}\uparrow} \\ u_{\boldsymbol{k}\downarrow} \\ v_{\boldsymbol{k}\uparrow} \\ v_{\boldsymbol{k}\downarrow} \end{pmatrix} \tag{7.68}$$

を解くとしよう．ここで

$$\mathcal{H}_{\text{BdG}}(\boldsymbol{k}) = \begin{pmatrix} \xi_{\boldsymbol{k}} & 0 & \Delta_{\uparrow\uparrow}(\boldsymbol{k}) & \Delta_{\uparrow\downarrow}(\boldsymbol{k}) \\ 0 & \xi_{\boldsymbol{k}} & \Delta_{\downarrow\uparrow}(\boldsymbol{k}) & \Delta_{\downarrow\downarrow}(\boldsymbol{k}) \\ \Delta^*_{\uparrow\uparrow}(\boldsymbol{k}) & \Delta^*_{\downarrow\uparrow}(\boldsymbol{k}) & -\xi_{\boldsymbol{k}} & 0 \\ \Delta^*_{\uparrow\downarrow}(\boldsymbol{k}) & \Delta^*_{\downarrow\downarrow}(\boldsymbol{k}) & 0 & -\xi_{\boldsymbol{k}} \end{pmatrix} \tag{7.69}$$

はスピン3重項超伝導体に対するBogoliubov-de Gennesハミルトニアンである．

粒子正孔対称性

$\mathcal{H}_{\text{BdG}}$ は粒子正孔対称性を有する，すなわち $\Xi = \tau_x K$ に対し

$$\Xi \mathcal{H}_{\text{BdG}}(\boldsymbol{k}) \Xi^{-1} = -\mathcal{H}_{\text{BdG}}(-\boldsymbol{k}) \tag{7.70}$$

を満たすことが次のようにして示される．まず $\Xi^2 = 1$ すなわち $\Xi^{-1} = \Xi$ に注意する．

$$\begin{aligned} \Xi \mathcal{H}_{\text{BdG}}(\boldsymbol{k}) \Xi^{-1} &= K \begin{pmatrix} 0 & 1 \\ 1 & 0 \end{pmatrix} \begin{pmatrix} \xi_{\boldsymbol{k}} & i\boldsymbol{d}(\boldsymbol{k}) \cdot \boldsymbol{\sigma}\sigma_y \\ -i\sigma_y \boldsymbol{\sigma} \cdot \boldsymbol{d}^*(\boldsymbol{k}) & -\xi_{\boldsymbol{k}} \end{pmatrix} \begin{pmatrix} 0 & 1 \\ 1 & 0 \end{pmatrix} K \\ &= \begin{pmatrix} -\xi_{\boldsymbol{k}} & -i\sigma_y \boldsymbol{\sigma}^* \cdot \boldsymbol{d}(\boldsymbol{k}) \\ i\boldsymbol{d}^*(\boldsymbol{k}) \cdot \boldsymbol{\sigma}^* \sigma_y & \xi_{\boldsymbol{k}} \end{pmatrix} \\ &= \begin{pmatrix} -\xi_{\boldsymbol{k}} & i\boldsymbol{\sigma} \cdot \boldsymbol{d}(\boldsymbol{k})\sigma_y \\ -i\sigma_y \boldsymbol{d}^*(\boldsymbol{k}) \cdot \boldsymbol{\sigma} & \xi_{\boldsymbol{k}} \end{pmatrix} \end{aligned} \tag{7.71}$$

$\sigma_y \boldsymbol{\sigma}^* = -\boldsymbol{\sigma}\sigma_y$ を用いた. $\boldsymbol{d}(-\boldsymbol{k}) = -\boldsymbol{d}(\boldsymbol{k})$ を用いると式 (7.70) が得られる.

Bogoliubov 準粒子

ユニタリー状態では,ハミルトニアンの2乗が

$$\mathcal{H}_{\mathrm{BdG}}(\boldsymbol{k})\mathcal{H}_{\mathrm{BdG}}(\boldsymbol{k}) = (\xi_{\boldsymbol{k}}^2 + |\boldsymbol{d}(\boldsymbol{k})|^2)I_{4\times 4} \tag{7.72}$$

と書けることから,ハミルトニアン $\mathcal{H}_{\mathrm{BdG}}(\boldsymbol{k})$ は正のエネルギー固有値

$$E_{\boldsymbol{k}} = \sqrt{\xi_{\boldsymbol{k}}^2 + |\boldsymbol{d}(\boldsymbol{k})|^2} \tag{7.73}$$

と,負のニネルギー固有値 $-E_{\boldsymbol{k}}$ をもつことがわかる.

正のエネルギーに属する固有波動関数は

$$\begin{pmatrix} u_{\boldsymbol{k}\uparrow}^{(\uparrow)} \\ u_{\boldsymbol{k}\downarrow}^{(\uparrow)} \\ v_{\boldsymbol{k}\uparrow}^{(\uparrow)} \\ v_{\boldsymbol{k}\downarrow}^{(\uparrow)} \end{pmatrix} = \frac{1}{\sqrt{2E_{\boldsymbol{k}}(E_{\boldsymbol{k}}+\xi_{\boldsymbol{k}})}} \begin{pmatrix} E_{\boldsymbol{k}}+\xi_{\boldsymbol{k}} \\ 0 \\ \Delta_{\uparrow\uparrow}^*(\boldsymbol{k}) \\ \Delta_{\uparrow\downarrow}^*(\boldsymbol{k}) \end{pmatrix}, \tag{7.74}$$

$$\begin{pmatrix} u_{\boldsymbol{k}\uparrow}^{(\downarrow)} \\ u_{\boldsymbol{k}\downarrow}^{(\downarrow)} \\ v_{\boldsymbol{k}\uparrow}^{(\downarrow)} \\ v_{\boldsymbol{k}\downarrow}^{(\downarrow)} \end{pmatrix} = \frac{1}{\sqrt{2E_{\boldsymbol{k}}(E_{\boldsymbol{k}}+\xi_{\boldsymbol{k}})}} \begin{pmatrix} 0 \\ E_{\boldsymbol{k}}+\xi_{\boldsymbol{k}} \\ \Delta_{\downarrow\uparrow}^*(\boldsymbol{k}) \\ \Delta_{\downarrow\downarrow}^*(\boldsymbol{k}) \end{pmatrix} \tag{7.75}$$

で与えられる[3]. 一方負のエネルギー固有値 $-E_{\boldsymbol{k}}$ をもつ状態は,正のエネルギー状態に荷電共役変換を施した,

---

[3] 解の導出. BdG 方程式 (7.68) を 2 成分スピノール $u_{\boldsymbol{k}} = \begin{pmatrix} u_{\boldsymbol{k}\uparrow} \\ u_{\boldsymbol{k}\downarrow} \end{pmatrix}$ および $v_{\boldsymbol{k}} = \begin{pmatrix} v_{\boldsymbol{k}\uparrow} \\ v_{\boldsymbol{k}\downarrow} \end{pmatrix}$ に対する方程式として

$$\left(E_{\boldsymbol{k}}+\xi_{\boldsymbol{k}}\right)v = \Delta^\dagger(\boldsymbol{k})u \tag{7.76}$$

$$\left(E_{\boldsymbol{k}}-\xi_{\boldsymbol{k}}\right)u = \Delta(\boldsymbol{k})v \tag{7.77}$$

のように書き換える. $u_{\boldsymbol{k}} = \begin{pmatrix} c \\ 0 \end{pmatrix}$ とすると,式 (7.76) より,

7.4 ユニタリー状態の BCS 理論

$$\begin{pmatrix} v_{-\bm{k}\uparrow}^{(\uparrow)*} \\ v_{-\bm{k}\downarrow}^{(\uparrow)*} \\ u_{-\bm{k}\uparrow}^{(\uparrow)*} \\ u_{-\bm{k}\downarrow}^{(\uparrow)*} \end{pmatrix} = \frac{1}{\sqrt{2E_{\bm{k}}(E_{\bm{k}}+\xi_{\bm{k}})}} \begin{pmatrix} -\Delta_{\uparrow\uparrow}(\bm{k}) \\ -\Delta_{\downarrow\uparrow}(\bm{k}) \\ E_{\bm{k}}+\xi_{\bm{k}} \\ 0 \end{pmatrix}, \tag{7.78}$$

$$\begin{pmatrix} v_{-\bm{k}\uparrow}^{(\downarrow)*} \\ v_{-\bm{k}\downarrow}^{(\downarrow)*} \\ u_{-\bm{k}\uparrow}^{(\downarrow)*} \\ u_{-\bm{k}\downarrow}^{(\downarrow)*} \end{pmatrix} = \frac{1}{\sqrt{2E_{\bm{k}}(E_{\bm{k}}+\xi_{\bm{k}})}} \begin{pmatrix} -\Delta_{\uparrow\downarrow}(\bm{k}) \\ -\Delta_{\downarrow\downarrow}(\bm{k}) \\ 0 \\ E_{\bm{k}}+\xi_{\bm{k}} \end{pmatrix} \tag{7.79}$$

で与えられる．

準粒子演算子を

$$\begin{pmatrix} c_{\bm{k}\uparrow} \\ c_{\bm{k}\downarrow} \\ c_{-\bm{k}\uparrow}^{\dagger} \\ c_{-\bm{k}\downarrow}^{\dagger} \end{pmatrix} = \begin{pmatrix} u_{\bm{k}\uparrow}^{(\uparrow)} & u_{\bm{k}\uparrow}^{(\downarrow)} & v_{-\bm{k}\uparrow}^{(\uparrow)*} & v_{-\bm{k}\uparrow}^{(\downarrow)*} \\ u_{\bm{k}\downarrow}^{(\uparrow)} & u_{\bm{k}\downarrow}^{(\downarrow)} & v_{-\bm{k}\downarrow}^{(\uparrow)*} & v_{-\bm{k}\downarrow}^{(\downarrow)*} \\ v_{\bm{k}\uparrow}^{(\uparrow)} & v_{\bm{k}\uparrow}^{(\downarrow)} & u_{-\bm{k}\uparrow}^{(\uparrow)*} & u_{-\bm{k}\uparrow}^{(\downarrow)*} \\ v_{\bm{k}\downarrow}^{(\uparrow)} & v_{\bm{k}\downarrow}^{(\downarrow)} & u_{-\bm{k}\downarrow}^{(\uparrow)*} & u_{-\bm{k}\downarrow}^{(\downarrow)*} \end{pmatrix} \begin{pmatrix} \alpha_{\bm{k}\uparrow} \\ \alpha_{\bm{k}\downarrow} \\ \alpha_{-\bm{k}\uparrow}^{\dagger} \\ \alpha_{-\bm{k}\downarrow}^{\dagger} \end{pmatrix} \tag{7.80}$$

で導入する．これを，2×2 行列

$$U(\bm{k}) = \begin{pmatrix} u_{\bm{k}\uparrow}^{(\uparrow)} & u_{\bm{k}\uparrow}^{(\downarrow)} \\ u_{\bm{k}\downarrow}^{(\uparrow)} & u_{\bm{k}\downarrow}^{(\downarrow)} \end{pmatrix}, \qquad V(\bm{k}) = \begin{pmatrix} v_{\bm{k}\uparrow}^{(\uparrow)} & v_{\bm{k}\uparrow}^{(\downarrow)} \\ v_{\bm{k}\downarrow}^{(\uparrow)} & v_{\bm{k}\downarrow}^{(\downarrow)} \end{pmatrix} \tag{7.81}$$

を用いて

$$\begin{pmatrix} c_{\bm{k}} \\ c_{-\bm{k}}^{\dagger \mathrm{T}} \end{pmatrix} = \begin{pmatrix} U(\bm{k}) & V^*(-\bm{k}) \\ V(\bm{k}) & U^*(-\bm{k}) \end{pmatrix} \begin{pmatrix} \alpha_{\bm{k}} \\ \alpha_{-\bm{k}}^{\dagger \mathrm{T}} \end{pmatrix} \tag{7.82}$$

と表すのが便利である．$\mathcal{H}_{\mathrm{BdG}}(\bm{k})$ の固有値方程式

$$v_{\bm{k}} = \frac{\Delta^{\dagger}}{E_{\bm{k}}+\xi_{\bm{k}}}\begin{pmatrix} c \\ 0 \end{pmatrix} = \frac{c}{E_{\bm{k}}+\xi_{\bm{k}}}\begin{pmatrix} -d_x^* - id_y^* \\ d_z^* \end{pmatrix}$$

となるが，これは式 (7.77) も満たす．規格化定数 c は

$$1 = |c|^2\left(1 + \frac{|\bm{d}|^2}{(E+\xi)^2}\right) = |c|^2 \frac{2E}{E+\xi}$$

から得られる．二つめの解も同様．

第 7 章　トポロジカル超伝導体・超流動体

$$\mathcal{H}_{\text{BdG}}(\boldsymbol{k}) \begin{pmatrix} U(\boldsymbol{k}) & V^*(-\boldsymbol{k}) \\ V(\boldsymbol{k}) & U^*(-\boldsymbol{k}) \end{pmatrix} = \begin{pmatrix} E_{\boldsymbol{k}}U(\boldsymbol{k}) & -E_{\boldsymbol{k}}V^*(-\boldsymbol{k}) \\ E_{\boldsymbol{k}}V(\boldsymbol{k}) & -E_{\boldsymbol{k}}U^*(-\boldsymbol{k}) \end{pmatrix} \quad (7.83)$$

よりハミルトニアンは

$$\begin{aligned} H_{\text{MF}} &= \frac{1}{2} \sum_{\boldsymbol{k}} (c_{\boldsymbol{k}\uparrow}^\dagger, c_{\boldsymbol{k}\downarrow}^\dagger, c_{-\boldsymbol{k}\uparrow}, c_{-\boldsymbol{k}\downarrow}) \, \mathcal{H}_{\text{BdG}}(\boldsymbol{k}) \begin{pmatrix} c_{\boldsymbol{k}\uparrow} \\ c_{\boldsymbol{k}\downarrow} \\ c_{-\boldsymbol{k}\uparrow}^\dagger \\ c_{-\boldsymbol{k}\downarrow}^\dagger \end{pmatrix} \\ &= \frac{1}{2} \sum_{\boldsymbol{k}} (\alpha_{\boldsymbol{k}\uparrow}^\dagger, \alpha_{\boldsymbol{k}\downarrow}^\dagger, \alpha_{-\boldsymbol{k}\uparrow}, \alpha_{-\boldsymbol{k}\downarrow}) \begin{pmatrix} E_{\boldsymbol{k}}\alpha_{\boldsymbol{k}\uparrow} \\ E_{\boldsymbol{k}}\alpha_{\boldsymbol{k}\downarrow} \\ -E_{\boldsymbol{k}}\alpha_{-\boldsymbol{k}\uparrow}^\dagger \\ -E_{\boldsymbol{k}}\alpha_{-\boldsymbol{k}\downarrow}^\dagger \end{pmatrix} \\ &= \sum_{\boldsymbol{k}, s=\uparrow,\downarrow} E_{\boldsymbol{k}} \alpha_{\boldsymbol{k}\,s}^\dagger \alpha_{\boldsymbol{k}\,s} \quad (7.84) \end{aligned}$$

のように対角化される．2×2 行列 $U(\boldsymbol{k})$ および $V^*(\boldsymbol{k})$ は

$$U_{\sigma\sigma'}(\boldsymbol{k}) = \frac{(E_{\boldsymbol{k}} + \xi_{\boldsymbol{k}})\delta_{\sigma\sigma'}}{\sqrt{2E_{\boldsymbol{k}}(E_{\boldsymbol{k}} + \xi_{\boldsymbol{k}})}}, \qquad V^*_{\sigma\sigma'}(-\boldsymbol{k}) = \frac{-\Delta_{\sigma\sigma'}(\boldsymbol{k})}{\sqrt{2E_{\boldsymbol{k}}(E_{\boldsymbol{k}} + \xi_{\boldsymbol{k}})}} \quad (7.85)$$

と表すことができる．これを用いて $\langle c_{-\boldsymbol{k}s}c_{\boldsymbol{k}s'}\rangle$ を計算しよう．

$$\begin{aligned} \langle c_{-\boldsymbol{k}s}c_{\boldsymbol{k}s'}\rangle &= \Big\langle \big(U_{ss_1}(-\boldsymbol{k})\alpha_{-\boldsymbol{k}s_1} + V^*_{ss_1}(+\boldsymbol{k})\alpha_{\boldsymbol{k}s_1}^\dagger\big) \\ &\qquad \big(U_{s's_2}(\boldsymbol{k})\alpha_{\boldsymbol{k}s_2} + V^*_{s's_2}(-\boldsymbol{k})\alpha_{-\boldsymbol{k}s_2}^\dagger\big) \Big\rangle \\ &= U_{ss_1}(-\boldsymbol{k}) V^*_{s's_2}(-\boldsymbol{k}) \langle \alpha_{-\boldsymbol{k}s_1}\alpha_{-\boldsymbol{k}s_2}^\dagger \rangle \\ &\quad + V^*_{ss_1}(+\boldsymbol{k}) U_{s's_2}(\boldsymbol{k}) \langle \alpha_{\boldsymbol{k}s_1}^\dagger \alpha_{\boldsymbol{k}s_2} \rangle \quad (7.86) \end{aligned}$$

式 (7.85) および $\Delta_{ss'}(-\boldsymbol{k}) = -\Delta_{s's}(\boldsymbol{k}) = -\Delta_{ss'}(\boldsymbol{k})$ を用いると

$$\begin{aligned} \langle c_{-\boldsymbol{k}s}c_{\boldsymbol{k}s'}\rangle &= \frac{(E_{\boldsymbol{k}} + \xi_{\boldsymbol{k}})\delta_{ss_1}}{\sqrt{2E_{\boldsymbol{k}}(E_{\boldsymbol{k}} + \xi_{\boldsymbol{k}})}} \frac{-\Delta_{s's_2}(-\boldsymbol{k})}{\sqrt{2E_{\boldsymbol{k}}(E_{\boldsymbol{k}} + \xi_{\boldsymbol{k}})}} \delta_{s_1 s_2}(1 - f(E_{\boldsymbol{k}})) \\ &\quad + \frac{-\Delta_{ss_1}(\boldsymbol{k})}{\sqrt{2E_{\boldsymbol{k}}(E_{\boldsymbol{k}} + \xi_{\boldsymbol{k}})}} \frac{(E_{\boldsymbol{k}} + \xi_{\boldsymbol{k}})\delta_{s's_2}}{\sqrt{2E_{\boldsymbol{k}}(E_{\boldsymbol{k}} + \xi_{\boldsymbol{k}})}} \delta_{s_1 s_2} f(E_{\boldsymbol{k}}) \\ &= \frac{\Delta_{ss'}(\boldsymbol{k})}{2E_{\boldsymbol{k}}} \big(1 - 2f(E_{\boldsymbol{k}})\big) \quad (7.87) \end{aligned}$$

を得る．これを式 (7.42) に代入すると

$$\Delta_{\sigma\sigma'}(\bm{k}) = \sum_{\bm{k}'} V_{\sigma\sigma'ss'}(\bm{k},\bm{k}') \frac{\Delta_{ss'}(\bm{k})}{2E_{\bm{k}}}\Big(1 - 2f(E_{\bm{k}})\Big) \tag{7.88}$$

が得られる．オーダーパラメータはこのセルフコンシステント方程式 (7.88) を解いて求めることができる．

7.4.2 Dirac ハミルトニアンとの対応

ギャップが等方的な BW 状態を考え，対ポテンシャルを

$$\bm{d}(\bm{k}) = v\hbar\bm{k} \tag{7.89}$$

とする．さらに BdG ハミルトニアン (7.69) における，$\xi_{\bm{k}} = \hbar^2\bm{k}^2/2m^* - \mu$ の運動エネルギー項を無視して，「負の質量エネルギー」$-\mu \equiv mv^2$ と見なすと，BW 状態における BdG ハミルトニアンは

$$\begin{aligned}
&\mathcal{H}_{\mathrm{BdG}}(\bm{k}) \\
&= \begin{pmatrix} mv^2 & 0 & v\hbar(-k_x+ik_y) & v\hbar k_z \\ 0 & mv^2 & v\hbar v k_z & v\hbar(k_x+ik_y) \\ v\hbar(-k_x-ik_y) & v\hbar k_z & -mv^2 & 0 \\ v\hbar k_z & v\hbar(k_x-ik_y) & 0 & -mv^2 \end{pmatrix} \\
&= \begin{pmatrix} mv^2 & i\hbar v\bm{k}\cdot\bm{\sigma}\sigma_y \\ -i\hbar v\sigma_y\bm{\sigma}\cdot\bm{k} & -mv^2 \end{pmatrix}
\end{aligned} \tag{7.90}$$

と書け，これは Dirac 行列を

$$\bm{\alpha} = \begin{pmatrix} 0 & i\bm{\sigma}\sigma_y \\ -i\sigma_y\bm{\sigma} & 0 \end{pmatrix}, \quad \beta = \alpha_4 = \begin{pmatrix} I & 0 \\ 0 & -I \end{pmatrix},$$

$$\alpha_5 \equiv \alpha_1\alpha_2\alpha_3\alpha_4 = \begin{pmatrix} 0 & \sigma_y \\ \sigma_y & 0 \end{pmatrix} \tag{7.91}$$

としたときの Dirac ハミルトニアンの形

$$\mathcal{H}_{\mathrm{BdG}} = v\hbar\bm{k}\cdot\bm{\alpha} + mv^2\beta \tag{7.92}$$

に書くことができる．このように BdG ハミルトニアンは長距離極限で Dirac ハミルトニアンに一致する．一方，短距離極限では注意が必要である．実際，

$k \to \infty$ で $\mathcal{H}_{\text{BdG}} \to (\hbar^2 \bm{k}^2/2m^*)\beta$ である.スピンレスカイラル超伝導体の場合と同様に,m の符号反転によってトポロジカル転移が起こることが示唆される.

時間反転対称性

ハミルトニアン (7.90) は時間反転対称性を有する.実際,時間反転演算子 $\Theta = -i\sigma_y K$ に対し,

$$
\begin{aligned}
&\Theta \mathcal{H}(\bm{k})\Theta^{-1} \\
&= K \begin{pmatrix} -i\sigma_y & 0 \\ 0 & -i\sigma_y \end{pmatrix} \begin{pmatrix} mv^2 & i\hbar v \bm{k} \cdot \bm{\sigma}\sigma_y \\ -i\hbar v \sigma_y \bm{\sigma} \cdot \bm{k} & -mv^2 \end{pmatrix} \begin{pmatrix} i\sigma_y & 0 \\ 0 & i\sigma_y \end{pmatrix} K \\
&= K \begin{pmatrix} mv^2 & i\hbar v \sigma_y \bm{k} \cdot \bm{\sigma} \\ -i\hbar v \bm{\sigma} \cdot \bm{k} \sigma_y & -mv^2 \end{pmatrix} K \\
&= \begin{pmatrix} mv^2 & i\hbar v \sigma_y \bm{k} \cdot \bm{\sigma}^{\text{T}} \\ -i\hbar v \bm{\sigma}^{\text{T}} \cdot \bm{k} \sigma_y & -mv^2 \end{pmatrix} \\
&= \begin{pmatrix} mv^2 & -i\hbar v \bm{k} \cdot \bm{\sigma}\sigma_y \\ i\hbar v \sigma_y \bm{\sigma} \cdot \bm{k} & -mv^2 \end{pmatrix}
\end{aligned}
\tag{7.93}
$$

したがって

$$
\Theta \mathcal{H}(\bm{k})\Theta^{-1} = \mathcal{H}(-\bm{k}) \tag{7.94}
$$

が成り立つことが示される.

7.5　表面状態における Majorana フェルミオン

ギャップレス表面状態の導出

$y = 0$ にある境界を考え,$y < 0$ では $\mu > 0$,一方 $y > 0$ では $\mu < 0$ とする.このとき境界に局在したギャップレス状態が現れることを見る.

$$
\mathcal{H}_{\text{BdG}} = -i\hbar v \bm{\alpha} \cdot \bm{\nabla} - \mu(y)\beta \tag{7.95}
$$

このハミルトニアンの固有関数が

7.5 表面状態における Majorana フェルミオン

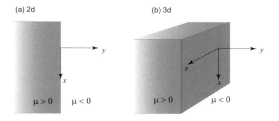

図 7.1 (a) 2 次元カイラル p 波超伝導体のエッジ，(b) 3 次元 BW 超伝導状態の表面．境界は $y = 0$ にあり，$y < 0$ の領域で $\mu > 0$，一方 $y > 0$ の領域で $\mu < 0$ とする．

$$\begin{pmatrix} \Psi_\uparrow(\boldsymbol{x}) \\ \Psi_\downarrow(\boldsymbol{x}) \\ \Psi_\uparrow^\dagger(\boldsymbol{x}) \\ \Psi_\downarrow^\dagger(\boldsymbol{x}) \end{pmatrix} = e^{ik_x x + ik_z z} f(y) \begin{pmatrix} u_{\uparrow, k_x, k_z} \\ u_{\downarrow, k_x, k_z} \\ v_{\uparrow, k_x, k_z} \\ v_{\downarrow, k_x, k_z} \end{pmatrix} \tag{7.96}$$

の形で与えられると仮定すると，BdG 方程式は

$$E\Psi = \mathcal{H}_{\text{BdG}} \Psi$$

$$= f(y) e^{i(k_x x + k_z z)} \Big[v\hbar k_x \alpha_x + v\hbar k_z \alpha_z \Big] \begin{pmatrix} u_\uparrow \\ u_\downarrow \\ v_\uparrow \\ v_\downarrow \end{pmatrix}$$

$$+ e^{i(k_x x + k_z z)} \beta \Big[-i\hbar v \gamma_y \partial_y - \mu(y) \Big] f(y) \begin{pmatrix} u_\uparrow \\ u_\downarrow \\ v_\uparrow \\ v_\downarrow \end{pmatrix} \tag{7.97}$$

と書ける．ここで $\gamma_y = \beta \alpha_y$ は反 Hermite 行列で，$\gamma_y^2 = -1$ より，その固有値は純虚数 $\pm i$ となる．4 成分スピノールが

$$\gamma_y \begin{pmatrix} u_\uparrow \\ u_\downarrow \\ v_\uparrow \\ v_\downarrow \end{pmatrix} = i \begin{pmatrix} u_\uparrow \\ u_\downarrow \\ v_\uparrow \\ v_\downarrow \end{pmatrix}, \qquad \gamma_y = \beta\alpha_y = \begin{pmatrix} 0 & 0 & i & 0 \\ 0 & 0 & 0 & i \\ i & 0 & 0 & 0 \\ 0 & i & 0 & 0 \end{pmatrix} \tag{7.98}$$

を満たすとし,さらに $f(y)$ として

$$\bigl[\hbar v \partial_y - \mu(y)\bigr] f(y) = 0 \tag{7.99}$$

を満たすように $f(y) \sim \exp[(1/\hbar v)\int_0^y dy' \mu(y')]$ を選ぶと,式 (7.97) の第 2 項はゼロとなる.したがって表面 $(y=0)$ に局在した解に対する固有値方程式は

$$\begin{pmatrix} 0 & \boldsymbol{k}\cdot i\boldsymbol{\sigma}\sigma_y \\ -i\sigma_y\boldsymbol{\sigma}\cdot\boldsymbol{k} & 0 \end{pmatrix} \begin{pmatrix} u \\ v \end{pmatrix} = \pm|\boldsymbol{k}| \begin{pmatrix} u \\ v \end{pmatrix} \tag{7.100}$$

となる.ここで $\boldsymbol{k} = (k_x, 0, k_z)$, u および v は 2 成分スピノールである.

$$\begin{aligned}
v &= \pm\Bigl(-i\sigma_y\boldsymbol{\sigma}\cdot\frac{\boldsymbol{k}}{|\boldsymbol{k}|}\Bigr)u \\
&= \pm\bigl(-i\sigma_y\sigma_x\hat{k}_x - i\sigma_y\sigma_z\hat{k}_z\bigr)u = \pm\bigl(-\sigma_z\hat{k}_x + \sigma_x\hat{k}_z\bigr)u \\
&= \pm\begin{pmatrix} -\hat{k}_x & \hat{k}_z \\ \hat{k}_z & \hat{k}_x \end{pmatrix} u = \pm\begin{pmatrix} -\hat{k}_x u_\uparrow + \hat{k}_z u_\downarrow \\ \hat{k}_z u_\uparrow + \hat{k}_x u_\downarrow \end{pmatrix}
\end{aligned} \tag{7.101}$$

はその解になっている.これに γ_y を掛けると

$$\gamma_y \begin{pmatrix} u_\uparrow \\ u_\downarrow \\ \pm(-\hat{k}_x u_\uparrow + \hat{k}_z u_\downarrow) \\ \pm(\hat{k}_z u_\uparrow + \hat{k}_x u_\downarrow) \end{pmatrix} = i \begin{pmatrix} \pm(-\hat{k}_x u_\uparrow + \hat{k}_z u_\downarrow) \\ \pm(\hat{k}_z u_\uparrow + \hat{k}_x u_\downarrow) \\ u_\uparrow \\ u_\downarrow \end{pmatrix} \tag{7.102}$$

となるので,解が条件 (7.98) を満たすためには,$u_\uparrow$ および $u_\downarrow$ は

$$\begin{pmatrix} -\hat{k}_x & \hat{k}_z \\ \hat{k}_z & \hat{k}_x \end{pmatrix} = \begin{pmatrix} -\sin\theta & \cos\theta \\ \cos\theta & \sin\theta \end{pmatrix} = \begin{pmatrix} \cos(\theta+\frac{\pi}{2}) & \sin(\theta+\frac{\pi}{2}) \\ \sin(\theta+\frac{\pi}{2}) & -\cos(\theta+\frac{\pi}{2}) \end{pmatrix} \tag{7.103}$$

の固有スピノールであればよい[4].ただし $\theta = \tan^{-1}(k_x/k_z)$ とした.こうしてエネルギー $\pm v\hbar|\boldsymbol{k}_\perp|$ をもつ固有スピノール

---
[4] 式 (2.45) を参照されたい.

7.5 表面状態における Majorana フェルミオン

$$\begin{pmatrix} u_\uparrow^{(+)} \\ u_\downarrow^{(+)} \\ v_\uparrow^{(+)} \\ v_\downarrow^{(+)} \end{pmatrix} = \frac{1}{\sqrt{2}} \begin{pmatrix} \cos\frac{\theta+\pi/2}{2} \\ \sin\frac{\theta+\pi/2}{2} \\ \cos\frac{\theta+\pi/2}{2} \\ \sin\frac{\theta+\pi/2}{2} \end{pmatrix}, \quad \begin{pmatrix} u_\uparrow^{(-)} \\ u_\downarrow^{(-)} \\ v_\uparrow^{(-)} \\ v_\downarrow^{(-)} \end{pmatrix} = \frac{1}{\sqrt{2}} \begin{pmatrix} \sin\frac{\theta+\pi/2}{2} \\ -\cos\frac{\theta+\pi/2}{2} \\ \sin\frac{\theta+\pi/2}{2} \\ -\cos\frac{\theta+\pi/2}{2} \end{pmatrix}$$
(7.104)

を得る．すべての成分が実数でかつ $u_\sigma^\pm = v_\sigma^\pm$ であることに注意する．また $\boldsymbol{k} \to -\boldsymbol{k}$ で $\theta \to \theta + \pi$，したがって $\sin((\theta+\pi/2)/2) \to \cos((\theta+\pi/2)/2)$ および $-\cos((\theta+\pi/2)/2) \to \sin((\theta+\pi/2)/2)$ に注意すると

$$u_{-\boldsymbol{k}\sigma}^{(-)} = u_{\boldsymbol{k}\sigma}^{(+)}$$
(7.105)

が成り立つことが示せる．ここで表面状態の準粒子演算子を

$$\gamma_{\boldsymbol{k},\pm} = \int d^3\boldsymbol{x} \sum_\sigma \left[\frac{e^{-i\boldsymbol{k}\cdot\boldsymbol{x}}}{\sqrt{L^2}} f(y) u_{\boldsymbol{k}\sigma}^{(\pm)} \Psi_\sigma(\boldsymbol{x}) + \frac{e^{-i\boldsymbol{k}\cdot\boldsymbol{x}}}{\sqrt{L^2}} f(y) v_{\boldsymbol{k}\sigma}^{(\pm)} \Psi_\sigma^\dagger(\boldsymbol{x}) \right]$$

で定義する．式 (7.105) を用いると，

$$\gamma_{-\boldsymbol{k},-}^\dagger = \int d^3\boldsymbol{x} \sum_\sigma \left[\frac{e^{-i\boldsymbol{k}\cdot\boldsymbol{x}}}{\sqrt{L^2}} f(y) v_{-\boldsymbol{k}\sigma}^{(-)} \Psi_\sigma(\boldsymbol{x}) + \frac{e^{-i\boldsymbol{k}\cdot\boldsymbol{x}}}{\sqrt{L^2}} f(y) u_{-\boldsymbol{k}\sigma}^{(-)} \Psi_\sigma^\dagger(\boldsymbol{x}) \right]$$
$$= \int d^3\boldsymbol{x} \sum_\sigma \left[\frac{e^{-i\boldsymbol{k}\cdot\boldsymbol{x}}}{\sqrt{L^2}} f(y) u_{\boldsymbol{k}\sigma}^{(+)} \Psi_\sigma(\boldsymbol{x}) + \frac{e^{-i\boldsymbol{k}\cdot\boldsymbol{x}}}{\sqrt{L^2}} f(y) v_{\boldsymbol{k}\sigma}^{(+)} \Psi_\sigma^\dagger(\boldsymbol{x}) \right]$$

より，重要な関係式

$$\gamma_{-\boldsymbol{k},-}^\dagger = \gamma_{\boldsymbol{k},+}$$
(7.106)

が得られる．もともとのスピン 1/2 粒子の場の演算子は，準粒子演算子を用いて

$$\Psi_\sigma(\boldsymbol{x}) = \sum_{\boldsymbol{k}} \left(\frac{e^{i\boldsymbol{k}\cdot\boldsymbol{x}}}{\sqrt{L^2}} f(y) u_{\boldsymbol{k}\sigma}^{(+)} \gamma_{\boldsymbol{k},+} + \frac{e^{i\boldsymbol{k}\cdot\boldsymbol{x}}}{\sqrt{L^2}} f(y) u_{\boldsymbol{k}\sigma}^{(-)} \gamma_{\boldsymbol{k},-} \right)$$
$$+(\text{gapped bulk modes})$$
(7.107)

のように展開される．式 (7.105) を用いると Ψ_σ は

$$\Psi_\sigma(\boldsymbol{x}) = \sum_{\boldsymbol{k}} \left(\frac{e^{i\boldsymbol{k}\cdot\boldsymbol{x}}}{\sqrt{L^2}} f(y) u_{\boldsymbol{k}\sigma}^{(+)} \gamma_{\boldsymbol{k},+} + \frac{e^{-i\boldsymbol{k}\cdot\boldsymbol{x}}}{\sqrt{L^2}} f(y) u_{-\boldsymbol{k}\sigma}^{(-)} \gamma_{-\boldsymbol{k},-} \right)$$
$$+(\text{gapped bulk modes})$$

$$= \sum_{\boldsymbol{k}} \left(\frac{e^{i\boldsymbol{k}\cdot\boldsymbol{x}}}{\sqrt{L^2}} f(y) u^{(+)}_{\boldsymbol{k}\sigma} \gamma_{\boldsymbol{k},+} + \frac{e^{-i\boldsymbol{k}\cdot\boldsymbol{x}}}{\sqrt{L^2}} f(y) u^{(+)}_{\boldsymbol{k},\sigma} \gamma^{\dagger}_{\boldsymbol{k},+} \right)$$
$$+ \text{(gapped bulk modes)} \tag{7.108}$$

と書け,ギャップをもったバルク励起の寄与を無視すると,場 $\Psi_{\sigma}(\boldsymbol{x})$ は Majorana 条件

$$\Psi^{\dagger}_{\sigma}(\boldsymbol{x}) = \Psi_{\sigma}(\boldsymbol{x}) \tag{7.109}$$

を満足する.BCS ハミルトニアン

$$H = \int d^3x \left[\Psi^{\dagger}(-\mu - \mu_0 \boldsymbol{\sigma}\cdot\boldsymbol{B})\Psi - \frac{1}{2}\Psi\sigma_y\boldsymbol{\sigma}\cdot\boldsymbol{\nabla}\Psi + \frac{1}{2}\Psi^{\dagger}\boldsymbol{\sigma}\sigma_y\cdot\boldsymbol{\nabla}\Psi^{\dagger} \right] \tag{7.110}$$

から表面状態を記述するハミルトニアンを導く.ただし磁場による Zeeman 項を加えておいた.$\Psi(x,y,z) = (f(y)/\sqrt{2})\psi(x,z)$ で定義される,表面における Majorana 場の演算子 $\psi_{\sigma}(x,z)$ を代入して,バルク励起を無視すると

$$H = \int dy f(y)^2 \int dx dz \frac{1}{2} \psi \Big(\sigma_z(i\hbar v\partial_x) + \sigma_x(-i\hbar v\partial_z) - \mu_0 \boldsymbol{\sigma}\cdot\boldsymbol{B} \Big) \psi$$
$$= \int dx dz \frac{1}{2} (\psi_{\uparrow}, \psi_{\downarrow}) \begin{pmatrix} i\hbar v\partial_x & -i\hbar v\partial_z + i\mu_0 B_y \\ -i\hbar v\partial_z - i\mu_0 B_y & -i\hbar v\partial_x \end{pmatrix} \begin{pmatrix} \psi_{\uparrow} \\ \psi_{\downarrow} \end{pmatrix}$$

ここで Majorana 粒子特有の性質で,磁場 $\boldsymbol{B}$ の x 成分を含む項は相殺し,また z 成分を含む項は定数となるため,y 成分,すなわち表面に垂直な成分のみに対して磁場の効果が現れる.

以上,^{3}He の超流動状態を例としてトポロジカル超伝導体・超流動体の基礎事項を紹介した.3 次元のトポロジカル超伝導体としては,銅をドープしたトポロジカル絶縁体 $\text{Cu}_x\text{Bi}_2\text{Se}_3$ が注目を集めている.結晶の対称性から可能な対ポテンシャルが調べられており,それによってトポロジカルに非自明な状態となる.比熱やトンネリング伝導などの測定による実験的検証も試みられている.

第8章 トポロジカル絶縁体・超伝導体の分類

これまでトポロジカルに非自明なギャップ状態が絶縁体や超伝導体などさまざまな系で実現する様子を見てきた．この章ではこれらをハミルトニアンのもつ対称性と空間次元の観点から統一的に分類し，トポロジカル不変量を整理する．

8.1 対称クラス

対称性によるハミルトニアンの分類は原子核や乱れた電子系に対するランダム行列理論の研究に端を発する．そこでは離散的対称性として時間反転対称性，粒子正孔対称性，およびこの二つの積であるカイラル対称性の有無に着目する．これらは空間並進対称性がない場合の分類法であるが議論を進めて行く上では簡単のため空間並進対称性があるとし，波数空間におけるハミルトニアン $\mathcal{H}(\boldsymbol{k})$ の構造を調べる．

8.1.1 時間反転対称性

常伝導相にある電子系のハミルトニアンは第 2 量子化演算子を用いて

$$H = \sum_{\boldsymbol{k}} c_{\boldsymbol{k}\alpha}^\dagger \mathcal{H}_{\alpha\beta}(\boldsymbol{k}) c_{\boldsymbol{k}\beta} \tag{8.1}$$

の形で与えられる．α, β はスピンを表す．これまでと同様に電子間相互作用はないものとする．このような電子系のハミルトニアンは時間反転対称性の

有無から以下のように三つのクラスに分類される．

- クラス A（ユニタリークラス）

  時間反転対称性をもたない系が属するクラス．磁場や磁気モーメントなどとの相互作用は時間反転対称性を破る．量子 Hall 絶縁体はこのクラスに属する．

- クラス AI（オーソゴナルクラス）

  時間反転対称性を有するクラス．とくにスピン回転対称性を有する電子系ではスピン↑電子とスピン↓電子は二つのセクターに分解され，それぞれがスピンレスフェルミオンとして独立かつ同等にふるまう．したがってこのクラスの時間反転演算子は実効的にスピンレスの場合の $\Theta = K$ となる．ここで K は複素共役演算子である．

- クラス AII（シンプレクティッククラス）

  スピン軌道相互作用のように時間反転対称性を有するがスピン回転対称性を破る系の属するクラス．時間反転演算子は $\Theta = -i\sigma_y K$ で与えられ，$\Theta^2 = -1$ である．時間反転対称なトポロジカル絶縁体はこのクラスに属する．

スピンの代わりに副格子の自由度がスピンの役割を担う（擬スピン）こともある．例として後で現れるポリアセチレンのように二つの副格子 A と B からなる系では，副格子 A に電子がある場合を擬スピン↑，B にある場合擬スピン↓と対応付ける．これらの重ね合わせは擬スピンが x 成分や y 成分をもつ状態と対応する．このように内部自由度があると系は複雑になるが

$$\Theta^{-1}\mathcal{H}(-\boldsymbol{k})\Theta = +\mathcal{H}(\boldsymbol{k}) \tag{8.2}$$

を満たす反ユニタリー演算子 Θ があればこれを有効時間反転演算子とよぶ．$\Theta^2 = +1$ であればクラス AI に属し，一方 $\Theta^2 = -1$ であればクラス AII に属する．

8.1.2 粒子正孔対称性

次に粒子正孔対称性がある場合を考えよう．ハミルトニアン $\mathcal{H}$ に対し

$$\Xi^{-1}\mathcal{H}(-\boldsymbol{k})\Xi = -\mathcal{H}(\boldsymbol{k}) \tag{8.3}$$

を満たす反ユニタリー演算子 Ξ が存在するとき，Ξ を荷電共役演算子とよび，$\mathcal{H}$ は粒子正孔対称であるという．例として3次元の Dirac ハミルトニアン

$$\mathcal{H}_{d=3}^{\text{Dirac}}(\boldsymbol{k}) = \begin{pmatrix} m & \boldsymbol{\sigma}\cdot\boldsymbol{k} \\ \boldsymbol{\sigma}\cdot\boldsymbol{k} & -m \end{pmatrix}, \qquad \Xi = \begin{pmatrix} 0 & i\sigma_y \\ -i\sigma_y & 0 \end{pmatrix} K \tag{8.4}$$

を考えると，容易に式 (8.3) を満たすことが確認できる．固体電子系でもバンド構造が Dirac ハミルトニアンで記述される系は多く存在するが，化学ポテンシャルやその他の相互作用項によって粒子正孔対称性は容易に破れてしまう．上で導入した三つの対称クラス（A, AI, AII）はすべて粒子正孔対称性をもたない．

一方，超伝導体は粒子正孔対称性を有すると見なすことができる．BCS ハミルトニアンを

$$\begin{aligned} H_{\text{BCS}} &= \sum_{\boldsymbol{k}} c_{\boldsymbol{k}\alpha}^\dagger h_{\alpha\beta}(\boldsymbol{k}) c_{\boldsymbol{k}\beta} + \frac{1}{2}\sum_{\boldsymbol{k}} \Delta_{\alpha\beta}(\boldsymbol{k}) c_{\boldsymbol{k}\alpha}^\dagger c_{-\boldsymbol{k}\beta}^\dagger \\ &\quad + \frac{1}{2}\sum_{\boldsymbol{k}} \Delta_{\delta\gamma}^*(\boldsymbol{k}) c_{-\boldsymbol{k}\gamma} c_{\boldsymbol{k}\delta} \\ &= \frac{1}{2}\sum_{\boldsymbol{k}}(c_{\boldsymbol{k}\alpha}^\dagger, c_{-\boldsymbol{k}\alpha}) \begin{pmatrix} h_{\alpha\beta}(\boldsymbol{k}) & \Delta_{\alpha\beta}(\boldsymbol{k}) \\ \Delta_{\beta\alpha}^*(\boldsymbol{k}) & -h_{\beta\alpha}(-\boldsymbol{k}) \end{pmatrix} \begin{pmatrix} c_{\boldsymbol{k}\beta} \\ c_{-\boldsymbol{k}\beta}^\dagger \end{pmatrix} \end{aligned} \tag{8.5}$$

のように書いたとき，Bogoliubov-de Gennes ハミルトニアン

$$\mathcal{H}_{\text{BdG}}(\boldsymbol{k}) = \begin{pmatrix} h(\boldsymbol{k}) & \Delta(\boldsymbol{k}) \\ \Delta^\dagger(\boldsymbol{k}) & -h^{\text{T}}(-\boldsymbol{k}) \end{pmatrix} \tag{8.6}$$

は粒子正孔対称性を有することを以下で確かめよう．

(i) スピン3重項対状態の場合
オーダーパラメータは $\Delta(\boldsymbol{k}) = i\boldsymbol{d}(\boldsymbol{k})\cdot\boldsymbol{\sigma}\sigma_y$ の形で表される．荷電共役演

算子を

$$\Xi = \begin{pmatrix} 0 & I \\ I & 0 \end{pmatrix} K \tag{8.7}$$

とすると，

$$\begin{aligned}
\Xi^{-1} &\mathcal{H}_{\mathrm{BdG}}(-\boldsymbol{k})\Xi \\
&= K \begin{pmatrix} 0 & I \\ I & 0 \end{pmatrix} \begin{pmatrix} h(-\boldsymbol{k}) & i\boldsymbol{d}(-\boldsymbol{k})\cdot\boldsymbol{\sigma}\sigma_y \\ -i\boldsymbol{d}^*(-\boldsymbol{k})\cdot\sigma_y\boldsymbol{\sigma} & -h^{\mathrm{T}}(\boldsymbol{k}) \end{pmatrix} \begin{pmatrix} 0 & I \\ I & 0 \end{pmatrix} K \\
&= \begin{pmatrix} -h(\boldsymbol{k}) & i\boldsymbol{d}(-\boldsymbol{k})\cdot\boldsymbol{\sigma}\sigma_y \\ -i\boldsymbol{d}^*(-\boldsymbol{k})\cdot\sigma_y\boldsymbol{\sigma} & -h^{\mathrm{T}}(-\boldsymbol{k}) \end{pmatrix} = -\mathcal{H}_{\mathrm{BdG}}(\boldsymbol{k})
\end{aligned} \tag{8.8}$$

の関係式が得られる[1]．$\Xi^2 = +1$ であることに注意する．

時間反転演算子を

$$\Theta = \begin{pmatrix} -i\sigma_y & 0 \\ 0 & -i\sigma_y \end{pmatrix} K \tag{8.9}$$

で定義すると，

$$\sigma_y h^*(-\boldsymbol{k})\sigma_y = h(\boldsymbol{k}), \qquad \boldsymbol{d}^*(\boldsymbol{k}) = \boldsymbol{d}(\boldsymbol{k}) \tag{8.10}$$

であれば $\mathcal{H}_{\mathrm{BdG}}$ は式 (8.2) を満たす，すなわち時間反転対称性を有する．

- クラス D

  時間反転対称性をもたないスピン 3 重項超伝導体が属するクラス．スピンや Cooper 対の軌道角運動量が偏極した系，スピンレスフェルミオンのカイラル超伝導体もこのクラスに属する．

- クラス DIII

  時間反転対称性を有するスピン 3 重項超伝導体の属するクラス．^{3}He の B 相（BW 状態）はこのクラスに属する．時間反転演算子は $\Theta^2 = -1$ である．

---

[1] h は Hermite 行列であるため $h^{\mathrm{T}} = h^*$, $\boldsymbol{d}(-\boldsymbol{k}) = -\boldsymbol{d}(\boldsymbol{k})$ となる．

8.1 対称クラス

(ii) スピン1重項対状態の場合

常伝導状態でのハミルトニアンが $H = \sum_{\bm{k}} \xi_{\bm{k}} c^\dagger_{\bm{k}\alpha} c_{\bm{k}\alpha}$ のように書けるとし，$\Delta_{\uparrow\downarrow}(-\bm{k}) = -\Delta_{\uparrow\downarrow}(\bm{k})$ および $\Delta_{\downarrow\uparrow}(\bm{k}) = -\Delta_{\uparrow\downarrow}(\bm{k})$ が成り立つことに注意すると，式 (8.5) は

$$H_{\mathrm{BCS}} = \sum_{\bm{k}} (c^\dagger_{\bm{k}\uparrow}, c_{-\bm{k}\downarrow}) \mathcal{H}_{\mathrm{BdG}}(\bm{k}) \begin{pmatrix} c_{\bm{k}\uparrow} \\ c^\dagger_{-\bm{k}\downarrow} \end{pmatrix} \tag{8.11}$$

と書け，Bogoliubov-de Gennes ハミルトニアンは 2×2 行列

$$\mathcal{H}_{\mathrm{BdG}}(\bm{k}) = \begin{pmatrix} \xi_{\bm{k}} & \Delta_{\uparrow\downarrow}(\bm{k}) \\ \Delta^*_{\uparrow\downarrow}(\bm{k}) & -\xi_{-\bm{k}} \end{pmatrix} \tag{8.12}$$

で与えられる．荷電共役演算子を

$$\Xi = \begin{pmatrix} 0 & -1 \\ 1 & 0 \end{pmatrix} K \tag{8.13}$$

とおくと，

$$\Xi^{-1} \mathcal{H}_{\mathrm{BdG}}(-\bm{k}) \Xi = -\mathcal{H}_{\mathrm{BdG}}(\bm{k}) \tag{8.14}$$

が成り立つ．したがって粒子正孔対称性を有する．このとき $\Xi^2 = -1$ であることに注意する．

1重項対の場合，時間反転演算子を $\Theta = K$ で定義すると，

$$\xi_{-\bm{k}} = \xi_{\bm{k}}, \qquad \Delta^*_{\uparrow\downarrow}(\bm{k}) = \Delta_{\uparrow\downarrow}(\bm{k}) \tag{8.15}$$

であれば $\mathcal{H}_{\mathrm{BdG}}$ は式 (8.2) を満たす，すなわち時間反転対称性を有する．

- クラス C

  時間反転対称性をもたないスピン1重項超伝導体が属するクラス．例えば $d_{x^2-y^2} + id_{xy}$ のように Cooper 対の軌道角運動量が偏極した系．

- クラス CI

  時間反転対称性を有するスピン1重項超伝導体の属するクラス．時間反転演算子は $\Theta^2 = +1$ を満たす．

以上から超伝導体の BdG ハミルトニアンは粒子正孔対称性を有するが，1重項か3重項かによって Ξ^2 および Θ^2 の符号が異なることがわかった．

8.1.3 カイラル対称性

ハミルトニアン $\mathcal{H}(\boldsymbol{k})$ が時間反転対称性と粒子正孔対称性の両方を有するとしよう．このとき

$$\Xi^{-1}\Theta^{-1}\mathcal{H}(\boldsymbol{k})\Theta\Xi = \Xi^{-1}\mathcal{H}(-\boldsymbol{k})\Xi = -\mathcal{H}(\boldsymbol{k}) \tag{8.16}$$

が成り立つ．この関係式は Θ と Ξ の積として，カイラル演算子 $\Gamma = \Theta\Xi$ を導入すると，

$$\{\mathcal{H}(\boldsymbol{k}), \Gamma\} = 0 \tag{8.17}$$

と書くことができる．Θ および Ξ は反ユニタリー演算子であるので Γ はユニタリー演算子となる．一般に式 (8.17) を満たすユニタリー演算子 Γ が存在する場合に $\mathcal{H}$ はカイラル対称性を有するという．超伝導ではクラス DIII と CI はカイラル対称性を有する．

例：ポリアセチレン（$d=1$ クラス BDI）

超伝導体以外でカイラル対称性を有する系の例としてポリアセチレンの電子状態を考えよう．この系は図 8.1 にあるように A と B の二つの副格子からなる 1 次元模型によって記述される．簡単のため電子のスピンは無視する．最近接のホッピングのみを考え，ユニットセル内の副格子間のホッピングを

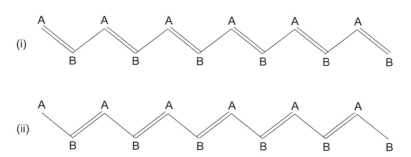

図 8.1 ポリアセチレンの模型．ユニットセルは A と B の二つの副格子からなる．ユニットセル内およびユニットセル間のホッピングをそれぞれ $t + \delta t$, $t - \delta t$ とする．(i) は $\delta t > 0$ のとき，(ii) は $\delta t < 0$ の状況を表す．

$t+\delta t$ とし（ただし $|\delta t| < t$），隣同士のユニットセルの副格子間のホッピングを $t-\delta t$ とすると，ハミルトニアンは

$$H = -(t+\delta t)\sum_j \left(c_{jA}^\dagger c_{jB} + c_{jB}^\dagger c_{jA}\right)$$
$$\quad -(t-\delta t)\sum_j \left(c_{j+1A}^\dagger c_{jB} + c_{jB}^\dagger c_{j+1A}\right) \tag{8.18}$$

で与えられる．ここで $t>0$ とし，副格子 A および B のサイトエネルギーはともにゼロとした．周期的境界条件を課し，生成消滅演算子を Fourier 展開するとハミルトニアンは

$$H = -(t+\delta t)\sum_k \left(c_{kA}^\dagger c_{kB} + c_{kB}^\dagger c_{kA}\right)$$
$$\quad -(t-\delta t)\sum_k \left(e^{-ik}c_{kA}^\dagger c_{kB} + e^{ik}c_{kB}^\dagger c_{kA}\right)$$
$$= \sum_k (c_{kA}^\dagger, c_{kB}^\dagger)\mathcal{H}(k)\begin{pmatrix}c_{kA}\\c_{kB}\end{pmatrix} \tag{8.19}$$

の形に書くことができる．ただし

$$\mathcal{H}(k) = \begin{pmatrix} 0 & -(t+\delta t)-(t-\delta t)e^{-ik} \\ -(t+\delta t)-(t-\delta t)e^{ik} & 0 \end{pmatrix}$$
$$= \sum_{i=1}^3 R_i(k)\sigma_i, \tag{8.20}$$
$$\boldsymbol{R}(k) = \begin{pmatrix} -(t+\delta t)-(t-\delta t)\cos k \\ -(t-\delta t)\sin k \\ 0 \end{pmatrix} \tag{8.21}$$

とした．σ_i ($i=1,2,3$) は Pauli 行列である．ここで

$$\mathcal{H}^*(-k) = \mathcal{H}(k), \qquad \sigma_z \mathcal{H}(k)\sigma_z = -\mathcal{H}(k) \tag{8.22}$$

が成り立つことに注意する．$\Theta = K$，$\Xi = \sigma_z K$，$\Gamma = \Theta\Xi = \sigma_z$ とすると，$\mathcal{H}(k)$ は時間反転対称性と粒子正孔対称性，カイラル対称性をもつことが示される．このように $\Theta^2 = \Xi^2 = 1$ でカイラル対称性を有するクラスは BDI

とよばれる.

カイラル対称性を有するハミルトニアン $\mathcal{H}(\boldsymbol{k})$ の重要な特徴はエネルギー固有値が正と負の対で現れることである. すなわち $E_n(\boldsymbol{k})$ が $\mathcal{H}(\boldsymbol{k})$ の固有エネルギーであれば $-E_n(\boldsymbol{k})$ も $\mathcal{H}(\boldsymbol{k})$ の固有エネルギーである. これを示すため, $|u_{n\boldsymbol{k}}^+\rangle$ は $\mathcal{H}(\boldsymbol{k})$ の固有値 $+E_n(\boldsymbol{k})$ をもつ固有状態である, すなわち

$$\mathcal{H}(\boldsymbol{k})|u_{n\boldsymbol{k}}^+\rangle = +E_n(\boldsymbol{k})|u_{n\boldsymbol{k}}^+\rangle \tag{8.23}$$

(ただし $E_n(\boldsymbol{k}) > 0$ とする) を満たすとする. ここで $|u_{n\boldsymbol{k}}^-\rangle = \Gamma|u_{n\boldsymbol{k}}^+\rangle$ を定義すると式 (8.17) の条件を用いて

$$\mathcal{H}(\boldsymbol{k})|u_{n\boldsymbol{k}}^-\rangle = -E_n(\boldsymbol{k})|u_{n\boldsymbol{k}}^-\rangle \tag{8.24}$$

が得られる. すなわち $|u_{n\boldsymbol{k}}^-\rangle$ は $-E_n(\boldsymbol{k})$ のエネルギー固有値をもつ.

上で見たように時間反転対称性と粒子正孔対称性の両方を有する場合は, カイラル対称性を有するが, どちらか一方のみを有する場合 (AI, AII, D, および C) はカイラル対称でない. これに対し時間反転対称性も粒子正孔対称性もどちらも有さない場合でもカイラル対称な模型は存在し得る.

- クラス AIII (カイラルユニタリー)

  時間反転対称性も粒子正孔対称性ももたないが, カイラル対称性は有する系が属するクラス.

- クラス BDI (カイラルオーソゴナル)

  時間反転対称性も粒子正孔対称性も有する系が属する, $\Theta^2 = +1$ かつ $\Xi^2 = +1$ であるクラス.

- クラス CII (カイラルシンプレクティック)

  時間反転対称性も粒子正孔対称性も有する系が属する, $\Theta^2 = -1$ かつ $\Xi^2 = -1$ であるクラス.

以上の考察をまとめると, 常伝導および超伝導体を含む一般の 1 粒子描像でのハミルトニアンは, 時間反転対称性によって 3 通りに, 粒子正孔対称性によって 3 通りに場合分けされ, さらに時間反転対称性も粒子正孔対称性も

表 8.1 時間反転対称性,粒子正孔対称性,およびカイラル対称性によるハミルトニアンの分類.

	対称クラス	時間反転 Θ	粒子正孔 Ξ	カイラル Γ
Wigner-Dyson クラス	A	0	0	0
	AI	+1	0	0
	AII	−1	0	0
カイラル対称 クラス	AIII	0	0	1
	BDI	+1	+1	1
	CII	−1	−1	1
BdG クラス	D	0	+1	0
	C	0	−1	0
	DIII	−1	+1	1
	CI	+1	−1	1

ない場合におけるカイラル対称性の有無によって,合計 $3 \times 3 + 1 = 10$ 個のクラスに分類される.これは表 8.1 のようにまとめられる.A, AI, AII などのクラスの名前は時間発展演算子 $\exp(-i\mathcal{H}t)$ の集合と同型な対称空間の分類に由来する.表の Θ および Ξ の欄には,対称性がない場合に 0 と記し,対称性がある場合には Θ^2 および Ξ^2 の値を記した.Γ の欄にはカイラル対称性がない場合には 0 と記し,カイラル対称な場合には 1 と記した.

8.2 $\mathbb{Z}$ トポロジカル不変量

この節ではトポロジカル不変量 $\mathbb{Z}$ の非自明相を有する対称クラスを考える.まず基本的な考え方を示すために,ポリアセチレンのハミルトニアン (8.20) を例にとって考えよう.この模型が不変量 $\mathbb{Z}$ をもつ 1 次元トポロジカル絶縁体を記述することを示したい.

まずエッジ状態を見るために端のある系を考える.とくに図 8.1(i) で $\delta t = t$ の場合と,図 8.1(ii) で $\delta t = -t$ の場合が簡単である.(i) で $\delta t = t$ のときは,すべてのユニットセルで結合状態と反結合状態に分裂し,すべての結合

状態が占有された自明な絶縁体が基底状態となる．このとき分裂エネルギーがギャップとなる．一方，(ii) で $\delta t = -t$ のときは，左右両端に孤立したサイトが存在し，そこではエネルギー分裂が起こらない．すなわちエッジにゼロモードが存在することになる．このことからトポロジカルに非自明な基底状態の存在が示唆される．ここでは $\delta t = \pm t$ の場合を考えたが，δt をほんの少し変えてもバンドギャップがゼロにならない限りトポロジカルな性質は変わらないはずである．実際，$\delta t = 0$ でバンドギャップが消失することから $\delta t > 0$ のとき自明な絶縁体，$\delta t < 0$ のとき非自明な絶縁体となる．

この系のトポロジーを見るため，k が $-\pi$ から π まで変化するときの $\boldsymbol{R}(k)$ の軌跡を追ってみよう．図 8.2(i) は $\delta t > 0$（自明相）の場合の $\boldsymbol{R}(k)$ の軌道を表し，図 8.2(ii) は $\delta t < 0$（非自明相）の場合の $\boldsymbol{R}(k)$ の軌道である．自明相では k が $-\pi$ から π まで変化するときの $\boldsymbol{R}(k)$ の閉じた軌跡が原点を囲まないが，非自明相では閉じた軌跡は原点のまわりを 1 周する．この系のトポロジーは原点のまわりを何周したか，すなわち巻付き数によって特徴付けられる．その構造はハミルトニアン (8.20) を

$$\mathcal{H}(k) = |\boldsymbol{R}(k)|\, Q(k) \tag{8.25}$$

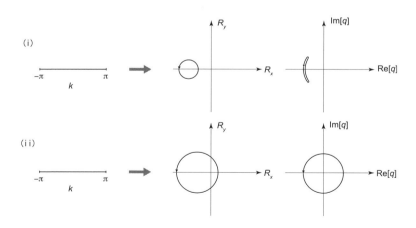

図 8.2 波数空間から (R_x, R_y) 空間あるいは複素 q 平面への写像．(i) は $\delta t > 0$ の場合．原点を囲まない．(ii) は $\delta t < 0$ の場合．原点のまわりに 1 回巻き付く．

と書いたときの

$$Q(k) = \frac{\mathcal{H}(k)}{|\boldsymbol{R}(k)|} = \begin{pmatrix} 0 & q(k) \\ q^*(k) & 0 \end{pmatrix} \tag{8.26}$$

によって決まる．ここで $q(k)$ は絶対値が 1 の複素数である．q の実部と虚部がそれぞれ R_x と R_y と対応する．巻付き数は

$$\nu_{\mathrm{w}} = \frac{i}{2\pi} \int_{-\pi}^{\pi} dk \, q^* \frac{\partial}{\partial k} q \tag{8.27}$$

で与えられる．数学的には，$-\pi \leq k \leq \pi$（ただし $-\pi$ と π は等価）から $q \in \mathrm{U}(1)$ への写像を考えることになる．図 8.2(i) にあるように $\delta t > 0$ の場合，k が $-\pi$ から π まで変わるとき，複素 q 平面上の軌跡は原点を囲まず，巻付き数は 0 である．一方 (ii) の場合（$\delta t < 0$）は軌跡が原点のまわりを 1 周し，巻付き数 1 を与える．軌跡が連続的に変化してもギャップが有限（$\delta t \neq 0$）である限り，巻付き数 ν は不変である．このようにこの写像の連続変形のもとでのトポロジカルな構造は整数 $\mathbb{Z}$（巻付き数）で特徴付けられ，数学ではこれを

$$\pi_1(\mathrm{U}(1)) = \mathbb{Z} \tag{8.28}$$

と表す．$\pi_d(\mathcal{M})$ の d は k 空間の次元を表し，$\mathcal{M}$ はこの写像によって移る先の空間[2]を表す．$\pi_d(\mathcal{M})$ はホモトピー群とよばれ，トポロジーを記述する数学の強力な方法を与える．以下の議論ではホモトピー群に関する知識は必要としないが，結果だけ用いることにする．波数空間からハミルトニアンを表すパラメータ空間への写像のもつトポロジー構造によってトポロジカル不変量が決まり，それがゼロでない基底状態はトポロジカルに非自明な状態となる．

8.2.1 クラス A および AIII（複素ケース）

クラス A

なんら対称性をもたないクラス A を考える．ハミルトニアン $\mathcal{H}_d(\boldsymbol{k})$ で記述される，空間 d 次元のギャップをもつ系を考える．ここでは $\mathcal{H}_d(\boldsymbol{k})$ の固有

---

[2] 空間 $\mathcal{M}$ は円や球面などを一般化したもので多様体とよばれる．式 (8.28) で U(1) は 2 次元平面内の円 S^1 と対応する（同相という）．

状態を

$$\mathcal{H}_d(\boldsymbol{k})|u_{n\boldsymbol{k}}^{\pm}\rangle = E_{\pm n}(\boldsymbol{k})|u_{n\boldsymbol{k}}^{\pm}\rangle \tag{8.29}$$

のように表す．ここでエネルギー固有値は化学ポテンシャルで差し引かれたものとし，伝導帯のエネルギー固有値はすべて正（$E_{+,n} > 0$），価電子帯のエネルギー固有値はすべて負（$E_{-,n} < 0$）であるとする．

$d=2$ の場合，量子 Hall 絶縁体のトポロジカル不変量は第 1 Chern 数

$$\nu_{\mathrm{Ch}}^{(1)} = \frac{1}{4\pi} \int_{\mathrm{BZ}} d^2\boldsymbol{k}\, \epsilon^{ij} f_{ij}(\boldsymbol{k}) \tag{8.30}$$

で与えられる．ここで $\boldsymbol{k} = (k_x, k_y)$ は 2 次元波数ベクトル，

$$a_j(\boldsymbol{k}) = -i \sum_n \langle u_{n\boldsymbol{k}}^-|\partial_j|u_{n\boldsymbol{k}}^-\rangle \tag{8.31}$$

$$f_{ij}(\boldsymbol{k}) = \partial_i a_j(\boldsymbol{k}) - \partial_j a_i(\boldsymbol{k}) \tag{8.32}$$

（ただし $\partial_i = \partial/\partial k_i$）とした．とくに単純なハミルトニアン

$$\mathcal{H}_{d=2}(\boldsymbol{k}) = \sum_{i=1}^{3} R_i(\boldsymbol{k})\sigma_i + \epsilon(\boldsymbol{k})I \tag{8.33}$$

を例にとる．ここで σ_i ($i=1,2,3$) は Pauli 行列，I は 2×2 単位行列である．2 次元量子 Hall 絶縁体および 2 次元カイラル超伝導体の章で見たように，このハミルトニアンのトポロジーを考えるうえでは $\epsilon(\boldsymbol{k})$ の項は重要ではなく，また $\boldsymbol{R}$ ベクトルの長さ $|\boldsymbol{R}|$ も重要ではない．そこで 2 次元波数空間（Brillouin 域）から $\hat{\boldsymbol{R}} = \boldsymbol{R}/|\boldsymbol{R}|$ 空間すなわち 2 次元球面 S^2 への写像を考える．とくに Brillouin 域の境界ではすべて同じ $\hat{\boldsymbol{R}}$ へ移る場合を考えると，この写像は $\boldsymbol{k} = (k_x, k_y)$ が Brillouin 域全体を動いたときに，$\boldsymbol{R}$ 空間の球を何回包むかという整数で特徴付けられる．このとき第 1 Chern 数 $\nu_{\mathrm{Ch}}^{(1)}$ がこの巻付き数に等しいことは第 3 章で見た通りである．$\hat{\boldsymbol{R}}$ は $\boldsymbol{k}$ の関数で与えられるが，その関数形がわずかに変化しても巻付き数は変わらない．このように $\boldsymbol{k} = (k_x, k_y)$ 空間から S^2 への写像の連続変形のもとでのトポロジカルな構造は整数（巻付き数）で特徴付けられる．すなわち，同じ巻付き数をもつ写像はすべて，互いに連続変形で移り変わることができるが，異なる巻付き数をもつ写像同士は連続変形で移り変わることはない．このことは式 (8.28) の

記法を用いて
$$\pi_2(S^2) = \mathbb{Z} \tag{8.34}$$
と表される.ここで S^2 は単位ベクトル $\hat{\boldsymbol{R}}$ の集合であり,これは 3 次元空間中の単位球の表面に他ならない.

この状況は $d=4$ の場合へと容易に拡張できる.ハミルトニアン (8.33) の 4 次元版は
$$\mathcal{H}_{d=4}(\boldsymbol{k}) = \sum_{a=1}^{5} R_a(\boldsymbol{k}) \alpha_a \tag{8.35}$$
で与えられる.ここで $\boldsymbol{k} = (k_x, k_y, k_z, k_w)$ は 4 次元波数ベクトル,
$$(\alpha_1, \alpha_2, \alpha_3, \alpha_4, \alpha_5) \tag{8.36}$$
は Dirac の 4×4 アルファ行列で $\{\alpha_a, \alpha_b\} = \delta_{ab}$ を満たす.この模型の場合,価電子帯が 2 バンドあるため Berry 接続を 2×2 行列
$$[a_j(\boldsymbol{k})]_{\lambda \lambda'} = -i \langle u^{-}_{\lambda \boldsymbol{k}} | \partial_j | u^{-}_{\lambda' \boldsymbol{k}} \rangle \tag{8.37}$$
($j = x, y, z, w$) で導入する.$\lambda, \lambda' = 1, 2$ はバンドインデックスを表す.これによって Berry 曲率
$$f_{ij}(\boldsymbol{k}) = \partial_i a_j(\boldsymbol{k}) - \partial_j a_i(\boldsymbol{k}) + i[a_i(\boldsymbol{k}), a_j(\boldsymbol{k})] \tag{8.38}$$
も 2×2 行列である.$d=2$ での不変量 (8.30) の 4 次元版は第 2 Chern 数
$$\nu^{(2)}_{\text{Ch}} = \frac{1}{32\pi^2} \int_{\text{BZ}} d^4\boldsymbol{k}\, \epsilon^{ijkl} \text{tr}\Big[f_{ij}(\boldsymbol{k}) f_{kl}(\boldsymbol{k})\Big] \tag{8.39}$$
で与えられる.この不変量も $d=2$ の場合と同様にして解釈される.すなわち第 2 Chern 数は,今の模型では $\boldsymbol{k} = (k_x, k_y, k_z, k_w)$ 空間から $\hat{R}_a = R_a / \sqrt{\sum_b R_b^2}$ すなわち 5 次元空間中の 4 次元球面 S^4 への写像において,4 次元球面を何回包んだか,その整数値に対応する.この状況は式 (8.34) と類似の関係式
$$\pi_4(S^4) = \mathbb{Z} \tag{8.40}$$
で表される.

以上の議論は具体的な模型に基づいたものであるが，次に任意の次元 d でギャップをもつ，より一般的な形なクラス A のハミルトニアンのトポロジカルな構造を調べる．価電子帯には M 個の準位があり伝導帯には N 個の準位があるとする．とくに断らない限り N および M は（d に比べ）十分大きいとする．ここで Q 演算子

$$Q(\boldsymbol{k}) = \sum_{n=1}^{N} |u_{n\boldsymbol{k}}^{+}\rangle\langle u_{n\boldsymbol{k}}^{+}| - \sum_{n=1}^{M} |u_{n\boldsymbol{k}}^{-}\rangle\langle u_{n\boldsymbol{k}}^{-}| \tag{8.41}$$

を導入するのが便利である．ただちに

$$Q^{\dagger}(\boldsymbol{k}) = Q(\boldsymbol{k}), \qquad Q^{\dagger}(\boldsymbol{k})Q(\boldsymbol{k}) = 1 \tag{8.42}$$

が導かれる．Q 演算子はハミルトニアンの役割を担い，この系の本質的な情報のみを与える．ハミルトニアンの固有エネルギーの値はトポロジカルには重要でなかった．これに対し Q 行列は固有値 ± 1 を与える．実際，この「簡単化されたハミルトニアン」は $\mathcal{H}(\boldsymbol{k})$ で Bloch 固有関数をそのままにして，占有状態に対しては固有値を -1，非占有状態に対しては固有値を $+1$ とおいたものに他ならない．次に適当な基底を用いて Q 演算子の行列表現，すなわち Q 行列を考える．クラス A ではなんら対称性の条件が課されておらず，ハミルトニアンには Hermite 行列であること以外の制限はない．したがって，その $N+M$ 個の固有ベクトルの集合 $\{|u_{1,\boldsymbol{k}}^{+}\rangle, \cdots, |u_{N,\boldsymbol{k}}^{+}\rangle, |u_{1,\boldsymbol{k}}^{-}\rangle, \cdots, |u_{M,\boldsymbol{k}}^{-}\rangle\}$ のすべてを成分表示したものは任意の $(N+M) \times (N+M)$ ユニタリー行列 $U(\boldsymbol{k})$ を形成する．すなわち $\mathrm{U}(N+M)$ 群の元となる．このとき，$Q(\boldsymbol{k})$ の固有値方程式は $U(\boldsymbol{k})$ を用いて

$$Q(\boldsymbol{k})U(\boldsymbol{k}) = U(\boldsymbol{k}) \begin{pmatrix} I_N & 0 \\ 0 & -I_M \end{pmatrix} \tag{8.43}$$

の形に，したがって Q 行列は

$$Q(\boldsymbol{k}) = U(\boldsymbol{k})\Lambda U^{\dagger}(\boldsymbol{k}), \qquad \Lambda = \begin{pmatrix} I_N & 0 \\ 0 & -I_M \end{pmatrix} \tag{8.44}$$

の形に表すことができる[3]．ここで I_N は $N \times N$ 単位行列，したがって Λ は

---
[3] これは式 (8.41) の行列表現に他ならない．

対角行列で，左上の N 個の対角成分は $+1$，右下の M 個の成分は -1 である．Λ は自明な状態に対する「ハミルトニアン」に対応する．

ここで考える問題は，式 (8.44) によって，Λ とはトポロジカルに異なった $Q(\boldsymbol{k})$ を作ることが可能かどうかである．Q 行列は縮退した固有値 ± 1 をもつため，同じ固有値をもつ組の中で固有状態のラベル n の交換をしても物理は変わらない．また，同じ固有値をもつ固有状態の組から任意の線形結合を作って，それを新しい基底におき換えても物理は変わらない．後者は例えば，価電子帯に射影した空間におけるユニタリー変換 $|u^{'-}_{m'\boldsymbol{k}}\rangle = \sum_m V^{(-)}_{mm'}(\boldsymbol{k})|u^{-}_{m\boldsymbol{k}}\rangle$，すなわち U($M$) ゲージ変換を行っても Slater 行列式の形で書かれた多体波動関数も不変である[4]．同様に伝導帯状態のユニタリー変換 $|u^{'+}_{n'\boldsymbol{k}}\rangle = \sum_n V^{(+)}_{nn'}(\boldsymbol{k})|u^{+}_{n\boldsymbol{k}}\rangle$ に対しても U(N) ゲージ対称性がある．実際

$$\begin{aligned}Q'(\boldsymbol{k}) &= \sum_{n=1}^{N} |u^{'+}_{n\boldsymbol{k}}\rangle\langle u^{'+}_{n\boldsymbol{k}}| - \sum_{n=1}^{M} |u^{'-}_{n\boldsymbol{k}}\rangle\langle u^{'-}_{n\boldsymbol{k}}| \\ &= \sum_{n,n_1,n_2} V^{(+)}_{n_1 n}(\boldsymbol{k})|u^{+}_{n_1\boldsymbol{k}}\rangle V^{(+)*}_{n_2 n}(\boldsymbol{k})\langle u^{+}_{n_2\boldsymbol{k}}| \\ &\quad - \sum_{m,m_1,m_2} V^{(-)}_{m_1 m}(\boldsymbol{k})|u^{-}_{m_1\boldsymbol{k}}\rangle V^{(-)*}_{m_2 m}(\boldsymbol{k})\langle u^{-}_{m_2\boldsymbol{k}}| \\ &= Q(\boldsymbol{k}) \end{aligned} \quad (8.45)$$

より，式 (8.44) のユニタリー行列 U の中で

$$\begin{pmatrix} V^{(-)} & 0 \\ 0 & V^{(+)} \end{pmatrix} \in \text{U}(N) \times \text{U}(M) \quad (8.46)$$

の形のものは Q を変えない．このことは「ハミルトニアン」$Q(\boldsymbol{k})$ を，ギャップを有限にしたまま連続変形しても，この系のトポロジーは変わらないことを意味する．したがって，数学的には「ハミルトニアン」Q のトポロジーを特徴付けるのは $(N+M) \times (N+M)$ ユニタリー行列の集まりから，式 (8.46) の形のすべての行列をとり除いた行列の集合である．この集合は群論の記号を用いて

$$\text{U}(N+M)/[\text{U}(N) \times \text{U}(M)] \quad (8.47)$$

---

[4] 式 (5.38) を参照．

と表される．それでは「ギャップを有限に保つ連続変形によって互いに移り変わることができない状態」は複数存在するだろうか．その答は，d 次元 Brillouin 域からの写像

$$\bm{k} \mapsto Q(\bm{k}) \tag{8.48}$$

$$d\,\text{次元 Brillouin 域} \to \mathrm{U}(N+M)/[\mathrm{U}(N) \times \mathrm{U}(M)] \tag{8.49}$$

に対するホモトピー論

$$\pi_d\bigl(\mathrm{U}(N+M)/[\mathrm{U}(N) \times \mathrm{U}(M)]\bigr) = \begin{cases} \mathbb{Z} & (d:\text{even}) \\ 0 & (d:\text{odd}) \end{cases} \tag{8.50}$$

から示唆される[5]．ここで $\pi_d(\mathcal{M}) = 0$ は自明な元（すなわち Λ に連続変形可能な $Q(\bm{k})$）しか存在しないことを意味する．こうしてクラス A では，奇数次元では自明な状態しか存在しないが，偶数次元ではトポロジカルに非自明なギャップ状態が存在し得ることが一般的に示された．例えば $d = 2$ のときはすでに見たように量子 Hall 絶縁体が存在する．とくに $N = M = 1$ の場合は

$$\mathrm{U}(2)/[\mathrm{U}(1) \times \mathrm{U}(1)] = \mathrm{SU}(2)/\mathrm{U}(1) = S^2 \tag{8.51}$$

であり，式 (8.34) に帰着する．以上の結果はトポロジカル周期表 8.2 の最上列にまとめられている．

クラス AIII

次にクラス AIII に属する絶縁体を考えよう．定義から，クラス AIII に属するすべてのハミルトニアン $\mathcal{H}(\bm{k})$ に対し，$\mathcal{H}(\bm{k})$ と反交換するユニタリー行列 Γ が存在する．これによって $\mathcal{H}(\bm{k})$ のスペクトルは正負で対称となり，$N = M$ である．Γ を対角化する基底を選ぶと Q 行列は

$$Q(\bm{k}) = \begin{pmatrix} 0 & q(\bm{k}) \\ q^\dagger(\bm{k}) & 0 \end{pmatrix} \tag{8.52}$$

の形となる．ここで q は $N \times N$ ユニタリー行列である．式 (8.26) は $d = 1$, $N = 1$ の例である．$q(\bm{k})$ が $\bm{k}$ によらず単位行列である場合が自明な絶縁体

---
[5] これは N, M が d よりも十分大きいときに成立する．

表 8.2 対称クラスと空間次元によるトポロジカル相の分類．$d = 0, 1, 2, 3, 4$ の場合．自明な相しかない場合は「0」，トポロジカル不変量が $\mathbb{Z}$ で与えられる非自明相があるクラスは $\mathbb{Z}$，トポロジカル不変量が $\mathbb{Z}_2$ で与えられる非自明相があるクラスは $\mathbb{Z}_2$ と記している．$2\mathbb{Z}$ はトポロジカル不変量が偶数のみをとる．

対称クラス	Θ	Ξ	Γ	$d=0$	1	2	3	4
A	0	0	0	$\mathbb{Z}$	0	$\mathbb{Z}$	0	$\mathbb{Z}$
AIII	0	0	1	0	$\mathbb{Z}$	0	$\mathbb{Z}$	0
AI	+1	0	0	$\mathbb{Z}$	0	0	0	$2\mathbb{Z}$
BDI	+1	+1	1	$\mathbb{Z}_2$	$\mathbb{Z}$	0	0	0
D	0	+1	0	$\mathbb{Z}_2$	$\mathbb{Z}_2$	$\mathbb{Z}$	0	0
DIII	−1	+1	1	0	$\mathbb{Z}_2$	$\mathbb{Z}_2$	$\mathbb{Z}$	0
AII	−1	0	0	$2\mathbb{Z}$	0	$\mathbb{Z}_2$	$\mathbb{Z}_2$	$\mathbb{Z}$
CII	−1	−1	1	0	$2\mathbb{Z}$	0	$\mathbb{Z}_2$	$\mathbb{Z}_2$
C	0	−1	0	0	0	$2\mathbb{Z}$	0	$\mathbb{Z}_2$
CI	+1	−1	1	0	0	0	$2\mathbb{Z}$	0

に相当する．クラス AIII ではカイラル対称性以外の対称性が存在しないため $q(\boldsymbol{k})$ は任意のユニタリー行列となり得る．そこで，今の場合 d 次元波数空間（Brillouin 域）から U(N) 群への写像をホモトピー群によって分類する．ユニタリー群に対しては

$$\pi_d\bigl(\mathrm{U}(N)\bigr) = \begin{cases} 0 & (d : \text{even}) \\ \mathbb{Z} & (d : \text{odd}) \end{cases} \tag{8.53}$$

であることが知られている[6]．このことは，クラス AIII に属する系のトポロジカルに非自明な状態は，奇数次元空間において実現し得ることを意味する．$\mathcal{H}_d(\boldsymbol{k})$ の固有関数が得られれば，適当な基底変換によって式 (8.52) から q 行列が求まり，トポロジカル不変量は

---

[6] ここで N は d よりも十分大きいとしている．

$$\nu_{\mathrm{w}}^{d=1} = \int dk \frac{i}{2\pi} \mathrm{tr}\Big[q^\dagger \partial_k q\Big] \tag{8.54}$$

$$\nu_{\mathrm{w}}^{d=3} = \int d^3k \frac{1}{24\pi^2} \epsilon^{abc} \mathrm{tr}\Big[(q^\dagger \partial_a q)(q^\dagger \partial_b q)(q^\dagger \partial_c q)\Big] \tag{8.55}$$

$$\vdots$$

$$\nu_{\mathrm{w}}^{d=2n+1} = \int d^{2n+1}k \frac{(-1)^n n!}{(2n+1)!}\Big(\frac{i}{2\pi}\Big)^{n+1}$$
$$\epsilon^{\mu_1\cdots\mu_{2n+1}} \mathrm{tr}\Big[(q^\dagger \partial_{\mu_1} q)\cdots(q^\dagger \partial_{\mu_{2n+1}} q)\Big] \tag{8.56}$$

によって与えられる[7]．ここで結果はトポロジカル周期表 8.2 の第 2 列にまとめられている．

8.2.2　A と AIII 以外のクラス（実ケース）

本章の残りの部分ではクラス A と AIII を除く 8 個の対称クラスにおける非自明状態を調べる．

対称性のある場合の注意点

　時間反転対称性も粒子正孔対称性もない場合は，カイラル対称性の有無によってトポロジカル状態が存在する空間次元の偶奇性だけで決まった．一方，時間反転対称性や粒子正孔対称性は，反ユニタリー演算子で特徴付けられるため，$\bm{k}$ と $-\bm{k}$ を関係付ける条件を与える．例えば第 5 章の式 (5.45) で示したように，時間反転対称性がある場合は Berry 曲率に対し，

$$f_{ij}(-\bm{k}) = w(\bm{k})\Big(-f_{ij}(\bm{k})\Big)^* w^\dagger(\bm{k}) \tag{8.57}$$

という条件が課され，

$$\nu_{\mathrm{Ch}}^{(1)} = -[\nu_{\mathrm{Ch}}^{(1)}]^* \tag{8.58}$$

すなわち第 1 Chern 数はゼロとなる．したがってクラス A の他に 2 次元量子 Hall 状態（Chern 絶縁体）が許されるのは，時間反転対称性を有さないクラス D と C である（表 8.2 参照）．同様に，4 次元では粒子正孔対称性がある

---

[7] 詳細は付録 D に挙げた文献を参照されたい．

と第 2 Chern 数がゼロとなるため，クラス A の他に 4 次元量子 Hall 状態が許されるのはクラス AI と AII である．

次にカイラル対称性がある場合の例として，d 次元空間におけるクラス DIII およびクラス CI の模型を考えよう．基底をうまく選んで時間反転演算子，荷電共役演算子およびカイラル演算子が DIII, CI でそれぞれ

$$\Theta = \begin{pmatrix} 0 & I \\ \mp I & 0 \end{pmatrix} K, \quad \Xi = \begin{pmatrix} 0 & \pm I \\ I & 0 \end{pmatrix} K, \quad \Gamma = \begin{pmatrix} I & 0 \\ 0 & -I \end{pmatrix} \tag{8.59}$$

となるようにするのが便利である．時間反転対称性

$$\begin{pmatrix} 0 & q(\boldsymbol{k}) \\ q^\dagger(\boldsymbol{k}) & 0 \end{pmatrix} \stackrel{\mathrm{TRS}}{=} \begin{pmatrix} 0 & \mp I \\ I & 0 \end{pmatrix} \begin{pmatrix} 0 & q(-\boldsymbol{k}) \\ q^\dagger(-\boldsymbol{k}) & 0 \end{pmatrix}^* \begin{pmatrix} 0 & I \\ \mp I & 0 \end{pmatrix}$$
$$= \begin{pmatrix} 0 & \mp q^{\mathrm{T}}(-\boldsymbol{k}) \\ \mp q^*(-\boldsymbol{k}) & 0 \end{pmatrix} \tag{8.60}$$

よりクラス DIII では

$$q^{\mathrm{T}}(-\boldsymbol{k}) = -q(\boldsymbol{k}) \tag{8.61}$$

クラス CI では

$$q^{\mathrm{T}}(-\boldsymbol{k}) = +q(\boldsymbol{k}) \tag{8.62}$$

の条件が得られる．粒子正孔対称性からも同じ条件が得られる．次に $q^\dagger(\partial/\partial k_\mu)q = -(\partial q^\dagger/\partial k_\mu)q$ に注意すると

$$\mathrm{tr}\Big[q^\dagger(\boldsymbol{k})\frac{\partial q(\boldsymbol{k})}{\partial k_{\mu_1}} \cdots q^\dagger(\boldsymbol{k})\frac{\partial q(\boldsymbol{k})}{\partial k_{\mu_{2n+1}}}\Big]$$
$$= \mathrm{tr}\Big[q^*(-\boldsymbol{k})\frac{\partial q^{\mathrm{T}}(-\boldsymbol{k})}{\partial k_{\mu_1}} \cdots q^*(-\boldsymbol{k})\frac{\partial q^{\mathrm{T}}(-\boldsymbol{k})}{\partial k_{\mu_{2n+1}}}\Big]$$
$$= \mathrm{tr}\Big[q^\dagger(-\boldsymbol{k})\frac{\partial q(-\boldsymbol{k})}{\partial(-k_{\mu_1})} \cdots q^\dagger(-\boldsymbol{k})\frac{\partial q(-\boldsymbol{k})}{\partial(-k_{\mu_{2n+1}})}\Big]^* \tag{8.63}$$

が得られる．$\nu_{\mathrm{w}}^{(2n+1)}$ の定義式 (8.56) より

$$\nu_{\mathrm{w}}^{(2n+1)} = (-1)^{n+1}[\nu_{\mathrm{w}}^{(2n+1)}]^* \tag{8.64}$$

が成り立つ．したがって巻付き数 $\nu_{\mathrm{w}}^{(2n+1)}$ は n が奇数のときはゼロではないが，n が偶数のときはつねにゼロとなる．まとめるとクラス DIII および CI

は空間次元 $d = 1, 5, \cdots, 4n + 1$ では巻付き数はつねにゼロとなることが示された．同様にクラス BDI および CII では

$$\nu_{\mathrm{w}}^{(2n+1)} = (-1)^n [\nu_{\mathrm{w}}^{(2n+1)}]^* \tag{8.65}$$

が成り立つ．したがって $d = 3, 7, \cdots, 4n + 3$ では巻付き数はつねにゼロとなる．以上からトポロジカル周期表 8.2 のうち $\mathbb{Z}$ 不変量をもつ次元と対称クラスが明らかとなった．$\mathbb{Z}_2$ 不変量をもつクラスの話に移る前に，これまでの結果を Dirac ハミルトニアンの立場から考察しよう．

Dirac ハミルトニアンの分類

トポロジカルに非自明な状態の背後にはつねに Dirac ハミルトニアンがある．いい換えると，一般的な 1 粒子ハミルトニアンを対称性によって分類した際に，トポロジカル非自明相のクラスの代表元を Dirac ハミルトニアンの形で与えることができる．ここではある空間次元 d での Dirac ハミルトニアンに対し波数 k_d を質量 m におき換えたり，あるいは単に $k_d = 0$ とおくことで一つ低い次元のハミルトニアンを導く．このプロセスでハミルトニアンのもつ対称性が変わり，したがって対称クラスが変化する．これによってトポロジカル相が与えられた次元および対称クラスでいかにして現れるかを理解する．

第 0 世代 ($d = 2n + 1$ 次元)

出発点として $d = 2n+1$ 次元系のギャップレス Dirac ハミルトニアンを考える．

$$\begin{aligned}
\mathcal{H}_{d=1}^{(1)}(\boldsymbol{k}) &= k_1 \\
\mathcal{H}_{d=3}^{(3)}(\boldsymbol{k}) &= k_1 \sigma_1 + k_2 \sigma_2 + k_3 \sigma_3 \\
\mathcal{H}_{d=5}^{(5)}(\boldsymbol{k}) &= k_1 \alpha_1 + k_2 \alpha_2 + k_3 \alpha_3 + k_4 \alpha_4 + k_5 \alpha_5 \\
&\vdots \\
\mathcal{H}_{d=2n+1}^{(2n+1)}(\boldsymbol{k}) &= k_1 \Gamma_1 + k_2 \Gamma_2 + k_3 \Gamma_3 + \cdots + k_{2n+1} \Gamma_{2n+1}
\end{aligned}$$

ここで $\sigma_{i=1,2,3}$ は Pauli 行列，アルファ行列は

$$\alpha_{i=1,2,3} = \begin{pmatrix} 0 & -i\sigma_i \\ i\sigma_i & 0 \end{pmatrix}, \quad \alpha_4 = \begin{pmatrix} 0 & -I \\ -I & 0 \end{pmatrix}, \quad \alpha_5 = \begin{pmatrix} I & 0 \\ 0 & -I \end{pmatrix} \quad (8.66)$$

で与えられる．Γ_a はこれらの一般化で $\{\Gamma_a, \Gamma_b\} = \delta_{ab}$ を満たす $2^n \times 2^n$ Hermite 行列である．

これらのハミルトニアンのもつ対称性を調べる．$\mathcal{H}^{(1)}_{d=1}(k)$ の場合は $\Xi = K$ とおくと $\Xi^{-1}\mathcal{H}^{(1)}_{d=1}(-k)\Xi = -\mathcal{H}^{(1)}_{d=1}(k)$ より粒子正孔対称性を有する．一方，時間反転対称性は破れている．$\Xi^2 = +1$ より，$\mathcal{H}^{(1)}_{d=1}(k)$ はクラス D に属する．次に $\mathcal{H}^{(3)}_{d=3}(\boldsymbol{k})$ を考えると，$\Theta = -i\sigma_2 K$ とおくと $\Theta^{-1}\mathcal{H}^{(3)}_{d=3}(-\boldsymbol{k})\Theta = +\mathcal{H}^{(3)}_{d=3}(\boldsymbol{k})$，すなわち時間反転対称性をもつことが示される．一方，粒子正孔対称性はない．$\Theta^2 = -1$ より，$\mathcal{H}^{(3)}_{d=3}(\boldsymbol{k})$ はクラス AII に属する．$\mathcal{H}^{(5)}_{d=5}(\boldsymbol{k})$ に対しては

$$\begin{pmatrix} \sigma_2 & 0 \\ 0 & \sigma_2 \end{pmatrix} \alpha_a^* \begin{pmatrix} \sigma_2 & 0 \\ 0 & \sigma_2 \end{pmatrix} = \alpha_a \quad (a = 1 \sim 5) \quad (8.67)$$

より $\Xi = -i\sigma_2 K$ とおくと $\Xi^{-1}\mathcal{H}^{(5)}_{d=5}(-\boldsymbol{k})\Xi = -\mathcal{H}^{(5)}_{d=5}(\boldsymbol{k})$ が得られ，粒子正孔対称性があることがわかる．一方，時間反転対称性はない．$\Xi^2 = -1$ より $\mathcal{H}^{(5)}_{d=5}(\boldsymbol{k})$ はクラス C に属する．このように第 0 世代の Dirac ハミルトニアンは時間反転対称性か粒子正孔対称性のどちらか一方のみを有する．したがって対称クラスは AI, D, AII, C のいずれかである．これらのハミルトニアンはギャップレスであるため，トポロジカル相ではない．

第 1 世代（$d = 2n$ 次元）

はじめのステップとして，k_{2n+1} を質量 m におき換えることで一つ次元が下がった $d = 2n$ 次元空間における Dirac ハミルトニアンを導く．

$$\begin{aligned} \mathcal{H}^{(1)}_{d=1}(k=m) &\to \mathcal{H}^{(1)}_{d=0}(\boldsymbol{k}) = m \\ \mathcal{H}^{(3)}_{d=3}(k_3=m) &\to \mathcal{H}^{(3)}_{d=2}(\boldsymbol{k}) = k_1\sigma_1 + k_2\sigma_2 + m\sigma_3 \\ \mathcal{H}^{(5)}_{d=5}(k_5=m) &\to \mathcal{H}^{(5)}_{d=4}(\boldsymbol{k}) = k_1\alpha_1 + k_2\alpha_2 + k_3\alpha_3 + k_4\alpha_4 + m\sigma_5 \\ &\vdots \end{aligned}$$

$$\mathcal{H}^{(2n+1)}_{d=2n+1}(k_{2n+1}=m) \to \mathcal{H}^{(2n+1)}_{d=2n}(\boldsymbol{k}) = k_1\Gamma_1 + k_2\Gamma_2 + \cdots$$
$$+ k_{2n}\Gamma_{2n} + m\Gamma_{2n+1}$$

k_{2n+1} が m に変わったことで，質量項がもともと第 0 世代のハミルトニアンがもっていた対称性を破ることになる．したがって第 1 ステップによって得られた第 1 世代のハミルトニアンは第 0 世代とは別の対称クラスに属する．$\mathcal{H}^{(1)}_{d=0}$ は $\Theta = K$ とすると $\Theta^{-1}\mathcal{H}^{(1)}_{d=0}\Theta = \mathcal{H}^{(1)}_{d=0}$ よりクラス AI に属する．$\mathcal{H}^{(3)}_{d=2}$ は $\Xi = \sigma_1 K$ とすると $\Xi^{-1}\mathcal{H}^{(3)}_{d=2}(-\boldsymbol{k})\Xi = -\mathcal{H}^{(3)}_{d=2}(\boldsymbol{k})$ よりクラス D に属する．次に $\mathcal{H}^{(5)}_{d=4}$ に対しては

$$\begin{pmatrix} \sigma_2 & 0 \\ 0 & -\sigma_2 \end{pmatrix} \alpha_a^* \begin{pmatrix} \sigma_2 & 0 \\ 0 & -\sigma_2 \end{pmatrix} = \begin{cases} -\alpha_a & (a=1\sim 4) \\ +\alpha_5 & (a=5) \end{cases} \tag{8.68}$$

が成り立つことに注意する．$\mathcal{H}^{(5)}_{d=4}$ は $\Theta = \mathrm{diag}(i\sigma_2, -i\sigma_2)K$ とすると $\Theta^{-1}\mathcal{H}^{(5)}_{d=4}(-\boldsymbol{k})\Theta = \mathcal{H}^{(5)}_{d=4}(\boldsymbol{k})$ よりクラス AII に属する．

格子系との対応を考える際には質量項を $m \to m_0 + rk^2$ のようにして正則化を行う必要がある．$\mathcal{H}^{(3)}_{d=2}$ および $\mathcal{H}^{(5)}_{d=4}$ の基底状態はそれぞれ Chern 数 $\nu^{(1)}_{\mathrm{Ch}}$ および $\nu^{(2)}_{\mathrm{Ch}}$ をもつトポロジカル状態となる．一般に第 1 世代のハミルトニアンは Chern 数 $\nu^{(n)}_{\mathrm{Ch}} \in \mathbb{Z}$ をトポロジカル不変量としてもつ．

第 2 世代（$d = 2n - 1$ 次元）

次に $k_{2n} = 0$ とおくことでさらに一つ次元の低い空間での Dirac ハミルトニアンを導く．

$$\mathcal{H}^{(3)}_{d=2}(k_2=0) \to \mathcal{H}^{(3)}_{d=1}(\boldsymbol{k}) = k_1\sigma_1 + m\sigma_3$$
$$\mathcal{H}^{(5)}_{d=4}(k_4=0) \to \mathcal{H}^{(5)}_{d=3}(\boldsymbol{k}) = k_1\alpha_1 + k_2\alpha_2 + k_3\alpha_3 + m\alpha_5$$
$$\vdots$$
$$\mathcal{H}^{(2n+1)}_{d=2n}(k_{2n}=0) \to \mathcal{H}^{(2n+1)}_{d=2n-1}(\boldsymbol{k}) = k_1\Gamma_1 + \cdots + k_{2n-1}\Gamma_{2n-1} + m\Gamma_{2n+1}$$

このプロセスで得られた $d = 2n - 1$ 次元の Dirac ハミルトニアンは元の $d = 2n$ 次元のハミルトニアンの対称性を保つ．それに加え

$$\{\mathcal{H}^{(2n+1)}_{d=2n-1}(\boldsymbol{k}), \Gamma_{2n}\} = 0 \tag{8.69}$$

より $\mathcal{H}^{(2n+1)}_{d=2n}(\boldsymbol{k})$ はカイラル対称性をもつ．したがって時間反転対称性と粒

子正孔対称性の両方をもつことになる．

$\mathcal{H}_{d=1}^{(3)}(\boldsymbol{k})$ に対しては $\Xi = \sigma_1 K$ に加え $\Theta = \sigma_2 \Xi = -i\sigma_3 K$ に対し時間反転対称となる．$\Xi^2 = \Theta^2 = 1$ より，$\mathcal{H}_{d=1}^{(3)}(\boldsymbol{k})$ はクラス BDI に属する．1次元のクラス BDI には非自明状態が存在し，トポロジカル不変量として巻付き数 $\mathbb{Z}$ で与えられることは上で見た通りである．

$\mathcal{H}_{d=3}^{(5)}(\boldsymbol{k})$ に対しては

$$\Xi = -\Theta\alpha_4 = \begin{pmatrix} 0 & i\sigma_2 \\ -i\sigma_2 & 0 \end{pmatrix} \tag{8.70}$$

のもとで粒子正孔対称性を有する．$\Theta^2 = -1, \Xi^2 = +1$ より，$\mathcal{H}_{d=3}^{(5)}(\boldsymbol{k})$ はクラス DIII に属する．3次元のクラス DIII は時間反転対称性をもつトポロジカル超伝導体を有し，トポロジカル不変量は3次元の巻付き数 (8.55) で与えられる．

第3世代 ($d = 2n - 2$ 次元)

$k_{2n-1} = 0$ として，さらに一つ低い次元の空間 $d = 2n - 2$ における Dirac ハミルトニアンを導く．ただしこのプロセスでは質量項を行列 $M = i\Gamma_{2n+1}\Gamma_{2n}\Gamma_{2n-1}$ で与える．

$$\mathcal{H}_{d=0}^{(3)}(\boldsymbol{k}) = m\bigl(i\sigma_3\sigma_2\sigma_1\bigr)$$
$$\mathcal{H}_{d=2}^{(5)}(\boldsymbol{k}) = k_1\alpha_1 + k_2\alpha_2 + m\bigl(i\alpha_5\alpha_4\alpha_3\bigr)$$
$$\vdots$$
$$\mathcal{H}_{d=2n-2}^{(2n+1)}(\boldsymbol{k}) = k_1\Gamma_1 + k_2\Gamma_2 + \cdots + k_{2n-2}\Gamma_{2n-2} + m\bigl(i\Gamma_{2n+1}\Gamma_{2n}\Gamma_{2n-1}\bigr)$$

質量行列は

$$i\sigma_3\sigma_2\sigma_1 = \begin{pmatrix} 1 & 0 \\ 0 & 1 \end{pmatrix}, \quad i\alpha_5\alpha_4\alpha_3 = \begin{pmatrix} \sigma_3 & 0 \\ 0 & \sigma_3 \end{pmatrix} \tag{8.71}$$

のように与えられる．このときハミルトニアンは第0世代と同じ対称クラスに属する．これを示すために，まず Θ および Ξ は反ユニタリー演算子であるので対称演算子を UK の形で表す．第0世代の対称性から $(UK)^{-1}(-k_a)\Gamma_a(UK) = \pm k_a\Gamma_a$ が成り立つとすれば，質量行列も $(UK)^{-1}i\Gamma_{2n+1}\Gamma_{2n}\Gamma_{2n-1}(UK) =$

$\pm i\Gamma_{2n+1}\Gamma_{2n}\Gamma_{2n-1}$ となる.すなわち UK のもとで第 3 世代の質量行列は運動項と同じく変換することがわかる.例えば $\mathcal{H}_{d=2}^{(5)}(\boldsymbol{k})$ はクラス C に属する.

行列 $\Gamma_{2n+1}\Gamma_{2n}$(あるいは $\Gamma_{2n+1}, \Gamma_{2n}, \Gamma_{2n-1}$ のうちのいずれか二つの積)に対し,ハミルトニアンは

$$[\mathcal{H}_{d=2n-2}^{(2n+1)}(\boldsymbol{k}), \Gamma_{2n+1}\Gamma_{2n}] = 0 \tag{8.72}$$

を満たす.このことは第 3 世代のハミルトニアンは適当なユニタリー変換を用いて

$$\mathcal{H}_{d=2n-2}^{(2n+1)}(\boldsymbol{k}, m) = \begin{pmatrix} \mathcal{H}_{d=2n-2}^{(2n-1)}(\boldsymbol{k}, m) & 0 \\ 0 & -\mathcal{H}_{d=2n-2}^{(2n-1)}(\boldsymbol{k}, -m) \end{pmatrix} \tag{8.73}$$

の形に書くことができる.さらにユニタリー変換を用いて右下のブロック成分は

$$\Gamma_{2n-1}^{(2n-1)}\Big[-\mathcal{H}_{d=2n-2}^{(2n-1)}(\boldsymbol{k}, -m)\Big]\Gamma_{2n-1}^{(2n-1)} = \mathcal{H}_{d=2n-2}^{(2n-1)}(\boldsymbol{k}, m) \tag{8.74}$$

と書けることから,第 3 世代のハミルトニアンは二つの $\mathcal{H}_{d=2n-2}^{(2n-1)}(\boldsymbol{k}, m)$ のコピーに帰着する.ここで $\mathcal{H}_{d=2n-2}^{(2n-1)}(\boldsymbol{k}, m)$ は第 1 世代の Dirac ハミルトニアンで Chern 数 $\in \mathbb{Z}$ を有することに注意すると,第 3 世代の Dirac ハミルトニアンのトポロジカル不変量は $2\mathbb{Z}$ であることがわかる.

第 4 世代（$d = 2n - 3$ 次元）

最後に $k_{2n-2} = 0$ とすることで $d = 2n - 3$ 次元空間の Dirac ハミルトニアンを導く.

$$\mathcal{H}_{d=1}^{(5)}(\boldsymbol{k}) = k_1\alpha_1 + m\big(i\alpha_5\alpha_4\alpha_3\big) = \begin{pmatrix} m\sigma_3 & -i\sigma_1 k_1 \\ i\sigma_1 k_1 & m\sigma_3 \end{pmatrix}$$

$$\vdots$$

$$\mathcal{H}_{d=2n-3}^{(2n+1)}(\boldsymbol{k}) = k_1\Gamma_1 + k_2\Gamma_2 + \cdots + k_{2n-3}\Gamma_{2n-3} + m\big(i\Gamma_{2n+1}\Gamma_{2n}\Gamma_{2n-1}\big)$$

第 1 世代から第 2 世代へのプロセスと同様に第 4 世代の Dirac ハミルトニアンもカイラル対称性を有する.また第 3 世代と同様にハミルトニアンはブロック対角化され,トポロジカル不変量 $2\mathbb{Z}$ を与える.$\mathcal{H}_{d=1}^{(5)}(\boldsymbol{k})$ は $\mathcal{H}_{d=2}^{(5)}(\boldsymbol{k})$

のもっていた粒子正孔対称性 Ξ に加え，

$$\Theta = \begin{pmatrix} 0 & I \\ -I & 0 \end{pmatrix} K \tag{8.75}$$

に対する時間反転対称性を有する．$\Xi^2 = \Theta^2 = -1$ より $\mathcal{H}_{d=1}^{(5)}(\boldsymbol{k})$ はクラス CII に属する．

8.3 $\mathbb{Z}_2$ トポロジカル不変量

8.3.1 $d=2$ からの次元縮小化

最後に $\mathbb{Z}_2$ トポロジカル不変量をもつ次元および対称クラスを調べる．まずは簡単のためクラス D に属する 1 次元絶縁体を例にとり基本的概念を解説する．二つのハミルトニアン $\mathcal{H}_{d=1}^{A}(k)$ と $\mathcal{H}_{d=1}^{B}(k)$ がトポロジカルに等価か否か，相違をいかにして特徴付けるかという問題を考える．そのためには

$$\mathcal{H}_{d=1}^{A}(k) = \mathcal{H}(k, t=0), \qquad \mathcal{H}_{d=1}^{B}(k) = \mathcal{H}(k, t=\pi) \tag{8.76}$$

となるようなパラメータ t を含む「内挿ハミルトニアン」$\mathcal{H}(k,t)$ を用いて $\mathcal{H}_{d=1}^{A}(k)$ と $\mathcal{H}_{d=1}^{B}(k)$ を関係付ける．物理的には $\mathcal{H}(k,t)$ は断熱的にゆっくりと変化する系のハミルトニアンで，時刻 $t=0$ では $\mathcal{H}_{d=1}^{A}(k)$ に等しく，時刻 $t=\pi$ で $\mathcal{H}_{d=1}^{B}(k)$ に一致する．さらに時間に対し周期的で時刻 $t=2\pi$ で再び $\mathcal{H}_{d=1}^{A}(k)$ に戻る，すなわち $\mathcal{H}(k, t+2\pi) = \mathcal{H}(k,t)$ とする．任意の t に対しては，$\mathcal{H}(k,t)$ は粒子正孔対称性をもたないが，

$$\Xi^{-1} \mathcal{H}(-k, 2\pi - t) \Xi = -\mathcal{H}(k,t), \qquad \Xi = \begin{pmatrix} 0 & I \\ I & 0 \end{pmatrix} K \equiv \Sigma_x K \tag{8.77}$$

とする．このように $\mathcal{H}(k,t)$ は粒子正孔対称性をもつ「2 次元ハミルトニアン」と $\mathcal{H}(k,t) = \mathcal{H}_{d=2}(k_1 = k, k_2 = t)$ のように関係している．すなわち $\mathcal{H}(k,t)$ は 2 次元空間のクラス D に属するハミルトニアンといえる．式 (8.76) のように $\mathcal{H}_{d=1}^{A}(k)$ と $\mathcal{H}_{d=1}^{B}(k)$ を関係付けるハミルトニアンは一意には決まらず，$\mathcal{H}(k,t)$ とは異なるハミルトニアン $\mathcal{H}'(k,t)$ を用いて

$$\mathcal{H}_{d=1}^{A}(k) = \mathcal{H}'(k, t=0), \qquad \mathcal{H}_{d=1}^{B}(k) = \mathcal{H}'(k, t=\pi) \tag{8.78}$$

とすることもできる．このとき $\mathcal{H}(k,t)$ の第 1 Chern 数 $\nu_{\mathrm{Ch}}^{(1)}[\mathcal{H}]$ と $\mathcal{H}'(k,t)$ の第 1 Chern 数 $\nu_{\mathrm{Ch}}^{(1)}[\mathcal{H}']$ は一般には異なるが，その差は偶数になる．この証明はこの後で行うことにして，この結果を用いて二つの 1 次元ハミルトニアンの間に相対 Chern パリティを定義する．

$$N_1[\mathcal{H}_{d=1}^{\mathrm{A}}(k), \mathcal{H}_{d=1}^{\mathrm{B}}(k)] \equiv (-1)^{\nu_{\mathrm{Ch}}^{(1)}[\mathcal{H}(k,t)]} \tag{8.79}$$

これは内挿ハミルトニアンの選び方によらない．$N_1[\mathcal{H}_{d=1}^{\mathrm{A}}, \mathcal{H}_{d=1}^{\mathrm{B}}] = +1$ であれば $\mathcal{H}_{d=1}^{\mathrm{A}}$ と $\mathcal{H}_{d=1}^{\mathrm{B}}$ はトポロジカルに等価であり，$\mathcal{H}_{d=1}^{\mathrm{A}}$ と $\mathcal{H}_{d=1}^{\mathrm{B}}$ はギャップを閉じることなく互いに連続的に移り変われる．$N_1[\mathcal{H}_{d=1}^{\mathrm{A}}, \mathcal{H}_{d=1}^{\mathrm{B}}] = -1$ であれば，$\mathcal{H}_{d=1}^{\mathrm{A}}$ と $\mathcal{H}_{d=1}^{\mathrm{B}}$ はトポロジカルに異なったハミルトニアンであり，ギャップを閉じることなく連続的に互いに移り変わることは許されない．ここで $\Xi^{-1}\mathcal{H}^0\Xi = -\mathcal{H}^0$ を満たす k に依存しない任意の行列 $\mathcal{H}^0$ を「真空ハミルトニアン」として定義すると，ハミルトニアン $\mathcal{H}^{\mathrm{A}}$ の $\mathbb{Z}_2$ 不変量 ν_0 は

$$(-1)^{\nu_0[\mathcal{H}_{d=1}^{\mathrm{A}}(k)]} \equiv N_1[\mathcal{H}_{d=1}^{\mathrm{A}}(k), \mathcal{H}^0] \tag{8.80}$$

で与えられる．第 5 章で示したように，第 1 Chern 数は時間反転対称性があるときはつねにゼロである．クラス D の他に，クラス C でも第 1 Chern 数は有限になり得るため，上と同様の議論がクラス C でも可能であるが，2 次元のクラス C はトポロジカル不変量が偶数 $2\mathbb{Z}$ であることから，1 次元クラス C には $\mathbb{Z}_2$ 自明な状態しか存在しない．

$\nu_{\mathrm{Ch}}^{(1)}[\mathcal{H}] - \nu_{\mathrm{Ch}}^{(1)}[\mathcal{H}']$ が偶数であることを示す準備段階として，粒子正孔対称性がある場合の分極 P が満たす関係式

$$P(t) = -P(2\pi - t) \pmod{1} \tag{8.81}$$

を導出する．第 5 章と同様に Berry 曲率を

$$\begin{aligned} a_k(k,t) &= -i \sum_{\alpha:\mathrm{occ}} \langle u_{\alpha,k}(t) | \frac{\partial}{\partial k} | u_{\alpha,k}(t) \rangle \\ a_t(k,t) &= -i \sum_{\alpha:\mathrm{occ}} \langle u_{\alpha,k}(t) | \frac{\partial}{\partial t} | u_{\alpha,k}(t) \rangle \end{aligned} \tag{8.82}$$

で定義する．$\sum_{\alpha:\mathrm{occ}}$ は Fermi 準位以下の占有されたバンドに対する和を意味する．このとき，第 1 Chern 数を (k,t) 平面上で定義する．

$$\nu_{\text{Ch}}^{(1)} = \int_0^{2\pi} dt \int_{-\pi}^{\pi} \frac{dk}{2\pi} \, f_{kt}(k,t)$$
$$= \int_0^{2\pi} dt \int_{-\pi}^{\pi} \frac{dk}{2\pi} \left(\frac{\partial a_t}{\partial k} - \frac{\partial a_k}{\partial t} \right) \tag{8.83}$$

a_k, a_t がともに一価関数であるときは,Stokes の定理より,$\nu_{\text{Ch}}^{(1)} = 0$ となる.一方,a_k, a_t のどちらか,あるいは両方が多価関数であるときには $\nu_{\text{Ch}}^{(1)}$ は 0 以外の整数値をとり得る.いま簡単のため,a_t が一価関数の場合を考えよう[8].このとき上の関係式は

$$\nu_{\text{Ch}}^{(1)} = \int_0^{2\pi} dt \, \frac{d}{dt} \left[-\int_{-\pi}^{\pi} \frac{dk}{2\pi} a_k(k,t) \right] + \int_0^{2\pi} dt \left(a_t(\pi,t) - a_t(-\pi,t) \right)$$
$$= \int_0^{2\pi} dt \, \frac{dP}{dt} \tag{8.84}$$

と書ける.a_t を一価関数としたので式 (8.84) の第 2 項はゼロとなる.ここで

$$P(t) = -\int_{-\pi}^{\pi} \frac{dk}{2\pi} a_k(k,t) \qquad (\text{mod } 1) \tag{8.85}$$

は分極である.第 5 章で議論したように式 (8.84) は $t = 0$ から 2π までの断熱過程で,波動関数の中心が(格子間隔を単位として)どれだけシフトしたかを与える量である.

$\mathcal{H}(k,t)|u_{\alpha,k}^-(t)\rangle = -E_{\alpha,k}(t)|u_{\alpha,k}^-(t)\rangle$(式 (8.24) を参照)に対し荷電共役演算子 $\Xi = \Sigma_x K$ を作用させる.すなわち複素共役[9]をとって,左から Σ_x を掛けると,

$$\Sigma_x \mathcal{H}^*(k,t)|u_{\alpha,k}(t)\rangle^* = \Sigma_x(-E_{\alpha,k}(t))|u_{\alpha,k}(t)\rangle^* \tag{8.86}$$

と書ける.式 (8.77) より

$$\mathcal{H}(-k, 2\pi - t)\Sigma_x|u_{\alpha,k}^-(t)\rangle^* = +E_{\alpha,k}(t)\Sigma_x|u_{\alpha,k}^-(t)\rangle^* \tag{8.87}$$

したがって $\Sigma_x|u_{\alpha,k}^-(t)\rangle^*$ はハミルトニアン $\mathcal{H}(-k, 2\pi - t)$ の固有状態で固

---

[8] これは適当なゲージ変換を行うことで可能である.もし $a_t = a_t^{\text{single}} + a_t^{\text{multi}}$ のように a_t が多価関数の部分 a_t^{multi} を含む場合,$a_t^{\text{multi}} = \partial \Lambda / \partial t$ なる Λ を用いて,ゲージ変換 $a_t \to a_t - \partial \Lambda/\partial t$, $a_k \to a_k - \partial \Lambda/\partial k$ を行えばよい.
[9] 状態ベクトルの複素共役は,例えばスピンの z 成分を対角化する基底では,$|\psi\rangle^* = \sum_\sigma \langle k,\sigma|\psi\rangle^*|k,\sigma\rangle$ を意味する.基底を変更すると作用の仕方も変わるので注意が必要である.

有値 $+E_{\alpha,k}(t)$ をもつ．これを $\Xi|u_{\alpha,\bm{k}}(t)\rangle = |u^+_{\alpha,-k}(2\pi - t)\rangle$ で表そう．ここで反ユニタリー演算子に対する公式 $\langle\phi|A|\psi\rangle = \langle A^\dagger\phi|\psi\rangle = \langle\Xi\psi|\Xi A^\dagger\phi\rangle = \langle\Xi\psi|\Xi A^\dagger\Xi^{-1}|\Xi\phi\rangle$ を用いると式 (8.85) は

$$\begin{aligned}
P(t) &= \int_{-\pi}^{\pi}\frac{dk}{2\pi}\sum_\alpha \langle u^-_{\alpha k}|i\frac{\partial}{\partial k}|u^-_{\alpha k}\rangle \\
&= \int_{-\pi}^{\pi}\frac{dk}{2\pi}\sum_\alpha \langle \Xi u^-_{\alpha,k}(t)|\Big(-i\frac{\partial}{\partial k}\Big)|\Xi u^-_{\alpha,k}(t)\rangle \\
&= \int_{-\pi}^{\pi}\frac{dk}{2\pi}\sum_\alpha \langle u^+_{\alpha,-k}(2\pi-t)|i\frac{\partial}{\partial(-k)}|u^+_{\alpha,-k}(2\pi-t)\rangle \\
&= P_{\text{unocc}}(2\pi - t) \qquad (8.88)
\end{aligned}$$

と書ける．ただし P_{unocc} は非占有状態に対する分極である．ここで一般に $P_{\text{occ}} + P_{\text{unocc}} = N \in \mathbb{Z}$ であることに注意しよう[10]．すなわち上の式の右辺は $N - P_{\text{occ}}(2\pi - t)$ となり

$$P(t) = -P(2\pi - t) + N \qquad (8.89)$$

が得られる．この式を用いて

$$\begin{aligned}
\int_0^\pi dt\frac{dP(t)}{dt} &= \int_0^\pi dt\frac{d}{dt}\Big(-P(2\pi-t) + N\Big) \\
&= -\int_{2\pi}^\pi dt'\frac{dP(t')}{dt'} = \int_\pi^{2\pi} dt'\frac{dP(t')}{dt'} \qquad (8.90)
\end{aligned}$$

が導かれる．

以上の準備のもとで

$$\nu^{(1)}_{\text{Ch}}[\mathcal{H}] - \nu^{(1)}_{\text{Ch}}[\mathcal{H}'] = \int_0^{2\pi} dt\Big(\frac{dP}{dt} - \frac{dP'}{dt}\Big) \qquad (8.91)$$

を計算をする．新しくハミルトニアン

---

[10] ユニタリー行列 U の行列式は一般に $\det U = e^{i\varphi}$ の形に書けることに注意する ($\varphi \in \mathbb{R}$).

$$\begin{aligned}
P_{\text{occ}} + P_{\text{unocc}} &= -i\int\frac{dk}{2\pi}\sum_\alpha^{\text{all}} \langle u_{\alpha,k}|\frac{\partial}{\partial k}|u_{\alpha,k}\rangle = -i\int\frac{dk}{2\pi}\text{tr}\Big(U^\dagger\frac{\partial}{\partial k}U\Big) \\
&= -i\int\frac{dk}{2\pi}\frac{\partial}{\partial k}\log\big(\det U\big) = -i\int\frac{dk}{2\pi}\frac{\partial}{\partial k}\log\big(e^{i\varphi}\big) = \frac{\varphi(\pi) - \varphi(-\pi)}{2\pi}
\end{aligned}$$

右辺は，波動関数の一価性より整数でなければならない．

8.3 $\mathbb{Z}_2$ トポロジカル不変量

$$h_1(k,t) = \begin{cases} \mathcal{H}(k,t) & (0 \leq t \leq \pi) \\ \mathcal{H}'(k, 2\pi - t) & (\pi \leq t \leq 2\pi) \end{cases} \tag{8.92}$$

$$h_2(k,t) = \begin{cases} \mathcal{H}'(k, 2\pi - t) & (0 \leq t \leq \pi) \\ \mathcal{H}(k,t) & (\pi \leq t \leq 2\pi) \end{cases} \tag{8.93}$$

を定義すると

$$\begin{aligned}\nu_{\text{Ch}}^{(1)}[\mathcal{H}] - \nu_{\text{Ch}}^{(1)}[\mathcal{H}'] &= \int_0^\pi dt \Big(\frac{dP}{dt} - \frac{dP'}{dt}\Big) + \int_\pi^{2\pi} dt \Big(\frac{dP}{dt} - \frac{dP'}{dt}\Big) \\ &= \nu_{\text{Ch}}^{(1)}[h_1] + \nu_{\text{Ch}}^{(1)}[h_2]\end{aligned} \tag{8.94}$$

と書ける.一方,式 (8.90) より $\nu_{\text{Ch}}^{(1)}[h_1] = \nu_{\text{Ch}}^{(1)}[h_2]$.したがって

$$\nu_{\text{Ch}}^{(1)}[\mathcal{H}] - \nu_{\text{Ch}}^{(1)}[\mathcal{H}'] = 2\nu_{\text{Ch}}^{(1)}[h_1] \in 2\mathbb{Z} \tag{8.95}$$

が示された.

ここまでの議論をまとめると,クラス D において 2 次元ハミルトニアンは第 1 Chern 数 $\nu_{\text{Ch}}^{(1)} \in \mathbb{Z}$ をもつ.一つ次元の低い 1 次元のトポロジーは内挿ハミルトニアンのもつ $\nu_{\text{Ch}}^{(1)}$ の偶奇性,すなわち Chern パリティによって特徴付けられる.2 次元(内挿)ハミルトニアンを親世代とよび,一つ次元を下げた 1 次元ハミルトニアンは子世代とよぶことにする.

次に孫世代,すなわち再度次元を下げた 0 次元空間のハミルトニアンも $\mathbb{Z}_2$ 不変量を有することを示す.先ほどと同様に,粒子正孔対称性をもつ二つの 0 次元系ハミルトニアン $\mathcal{H}_{d=0}^{\text{A}}$ と $\mathcal{H}_{d=0}^{\text{B}}$ がトポロジカルに等価かどうかを「内挿ハミルトニアン」を用いて考察する.

$$\mathcal{H}_{d=0}^{\text{A}} = \mathcal{H}(t=0), \qquad \mathcal{H}_{d=0}^{\text{B}} = \mathcal{H}(t=\pi) \tag{8.96}$$

ここで

$$\Xi^{-1}\mathcal{H}(2\pi - t)\Xi = -\mathcal{H}(t) \tag{8.97}$$

とする.すなわち内挿ハミルトニアンは粒子正孔対称性をもつ 1 次元系ハミルトニアンである.この 1 次元内挿ハミルトニアンのトポロジーは $(-1)^{\nu_0[\mathcal{H}(t)]}$ によって特徴付けられる.二つの 0 次元ハミルトニアン $\mathcal{H}^{\text{A}}$ と $\mathcal{H}^{\text{B}}$ に対し,

$$N_0[\mathcal{H}_{d=0}^{\text{A}}, \mathcal{H}_{d=0}^{\text{B}}] \equiv (-1)^{\nu_0[\mathcal{H}(t)]} \tag{8.98}$$

を定義する．$N_0[\mathcal{H}_{d=0}^{\mathrm{A}}, \mathcal{H}_{d=0}^{\mathrm{B}}] = +1$ のとき $\mathcal{H}_{d=0}^{\mathrm{A}}$ と $\mathcal{H}_{d=0}^{\mathrm{B}}$ は等価であり，連続変形で互いに移り変われる．一方，$N_0[\mathcal{H}_{d=0}^{\mathrm{A}}, \mathcal{H}_{d=0}^{\mathrm{B}}] = -1$ のときは $\mathcal{H}_{d=0}^{\mathrm{A}}$ と $\mathcal{H}_{d=0}^{\mathrm{B}}$ はトポロジカルに異なっている．ここでの議論でも，式 (8.98) の右辺が内挿ハミルトニアンの選び方に依存しないことが本質である．その証明はこの後行う．基準ハミルトニアン $\mathcal{H}^0$ によって $\mathcal{H}_{d=0}^{\mathrm{A}}$ の $\mathbb{Z}_2$ 不変量を

$$(-1)^{\nu_0[\mathcal{H}_{d=0}^{\mathrm{A}}]} \equiv N_1[\mathcal{H}_{d=0}^{\mathrm{A}}, \mathcal{H}^0] \tag{8.99}$$

で定義することができる．

0 次元ではすべてのハミルトニアンが波数をもたないため，真空ハミルトニアンを定義することができない．例として 0 次元の 2×2 ハミルトニアン

$$\mathcal{H}_{d=0} = R_0 I + R_1 \sigma_1 + R_2 \sigma_2 + R_3 \sigma_3 \tag{8.100}$$

を考える．荷電共役演算子 $\Xi = \sigma_1 K$ に対する粒子正孔対称性

$$\Xi^{-1} \mathcal{H}_{d=0} \Xi = -\mathcal{H}_{d=0} \tag{8.101}$$

を要請すると $R_0 = R_1 = R_2 = 0$ すなわち $\mathcal{H}_{d=0} = R_3 \sigma_3$（ただし $R_3 \neq 0$）を得る．したがって二つの $\mathbb{Z}_2$ クラスは $R_3 > 0$ と $R_3 < 0$ で分類され，これらはギャップを閉じる（$R_3 = 0$ となる）ことなく互いに移り変わることはできない．

このように親世代 → 子世代 → 孫世代の次元縮小化プロセスは

$$\nu_{\mathrm{Ch}}^{(1)}[\mathcal{H}_{d=2}] \in \mathbb{Z} \longrightarrow \nu_0[\mathcal{H}_{d=1}] \in \mathbb{Z}_2 \longrightarrow \nu_0[\mathcal{H}_{d=0}] \in \mathbb{Z}_2 \tag{8.102}$$

のような図式で表される（表 8.2 参照）．

8.3.2 $d=4$ からの次元縮小化

次に時間反転対称性を有する 3 次元系の $\mathbb{Z}_2$ 状態を 4 次元量子 Hall 状態のハミルトニアンを用いて導出する．これまでと同様に

$$\mathcal{H}_{d=3}^{\mathrm{A}}(\boldsymbol{k}) = \mathcal{H}(\boldsymbol{k}, t=0), \qquad \mathcal{H}_{d=3}^{\mathrm{B}}(\boldsymbol{k}) = \mathcal{H}(\boldsymbol{k}, t=\pi) \tag{8.103}$$

となるような「内挿ハミルトニアン」$\mathcal{H}(\boldsymbol{k}, t)$ を導入する．ただし $\boldsymbol{k} = (k_1, k_2, k_3)$．内挿ハミルトニアンは

$$\Theta^{-1}\mathcal{H}(-\boldsymbol{k},-t)\Theta = \mathcal{H}(\boldsymbol{k},t) \tag{8.104}$$

を満たす，すなわち「4 次元空間 (k_1,k_2,k_3,t)」の時間反転不変なハミルトニアンであるとする．ここで $\mathcal{H}(\boldsymbol{k},t)$ とは異なる内挿ハミルトニアン $\mathcal{H}'(\boldsymbol{k},t)$ を用いて $\mathcal{H}^{\mathrm{A}}(\boldsymbol{k})$ および $\mathcal{H}^{\mathrm{B}}(\boldsymbol{k})$ を

$$\mathcal{H}^{\mathrm{A}}_{d=3}(\boldsymbol{k}) = \mathcal{H}'(\boldsymbol{k},t=0), \qquad \mathcal{H}^{\mathrm{B}}_{d=3}(\boldsymbol{k}) = \mathcal{H}'(\boldsymbol{k},t=\pi) \tag{8.105}$$

のように関係付けることもできる．このとき $\mathcal{H}(\boldsymbol{k},t)$ の第 2 Chern 数 $\nu_{\mathrm{Ch}}^{(2)}[\mathcal{H}]$ と $\mathcal{H}'(\boldsymbol{k},t)$ の第 2 Chern 数 $\nu_{\mathrm{Ch}}^{(2)}[\mathcal{H}']$ は一般には異なるが，その差は偶数になる．証明は後に回して，この結果を用いて二つのハミルトニアン $\mathcal{H}^{\mathrm{A}}_{d=3}(\boldsymbol{k})$ と $\mathcal{H}^{\mathrm{B}}_{d=3}(\boldsymbol{k})$ の間の相対 Chern パリティを定義する．

$$N_3[\mathcal{H}^{\mathrm{A}}_{d=3}(\boldsymbol{k}), \mathcal{H}^{\mathrm{B}}_{d=3}(\boldsymbol{k})] \equiv (-1)^{\nu_{\mathrm{Ch}}^{(2)}[\mathcal{H}(\boldsymbol{k},t)]} \tag{8.106}$$

$N_3[\mathcal{H}^{\mathrm{A}}_{d=3}, \mathcal{H}^{\mathrm{B}}_{d=3}] = +1$ であれば $\mathcal{H}^{\mathrm{A}}_{d=3}$ と $\mathcal{H}^{\mathrm{B}}_{d=3}$ はトポロジカルに等価であり，$\mathcal{H}^{\mathrm{A}}_{d=3}$ と $\mathcal{H}^{\mathrm{B}}_{d=3}$ はギャップを閉じることなく互いに連続的に移り変われる．ここで $\Theta^{-1}\mathcal{H}^0\Theta = -\mathcal{H}^0$ を満たす $\boldsymbol{k}$ に依存しない任意の行列 $\mathcal{H}^0$ を「真空ハミルトニアン」として定義すると，ハミルトニアン $\mathcal{H}^{\mathrm{A}}$ の $\mathbb{Z}_2$ 不変量 ν_0 は

$$(-1)^{\nu_0[\mathcal{H}^{\mathrm{A}}_{d=3}(\boldsymbol{k})]} \equiv N_3[\mathcal{H}^{\mathrm{A}}_{d=3}(\boldsymbol{k}), \mathcal{H}^0] \tag{8.107}$$

で与えられる．4 次元ではクラス AII の他に，クラス AI でも第 2 Chern 数は有限になるが，そこでは $\nu_{\mathrm{Ch}}^{(2)}$ が偶数 $2\mathbb{Z}$ であることから，3 次元クラス AI には $\mathbb{Z}_2$ 自明な状態しか存在しない．

ここで

$$\nu_{\mathrm{Ch}}^{(2)}[\mathcal{H}(\boldsymbol{k},t)] = \nu_{\mathrm{Ch}}^{(2)}[\mathcal{H}'(\boldsymbol{k},t)] \pmod{2} \tag{8.108}$$

であることを示す．先ほどと同様に新しくハミルトニアンを

$$h_1(\boldsymbol{k},t) = \begin{cases} \mathcal{H}(\boldsymbol{k},t) & (0 \leq t \leq \pi) \\ \mathcal{H}'(\boldsymbol{k},2\pi-t) & (\pi \leq t \leq 2\pi) \end{cases} \tag{8.109}$$

$$h_2(\boldsymbol{k},t) = \begin{cases} \mathcal{H}'(\boldsymbol{k},2\pi-t) & (0 \leq t \leq \pi) \\ \mathcal{H}(\boldsymbol{k},t) & (\pi \leq t \leq 2\pi) \end{cases} \tag{8.110}$$

とすると，定義から $\Theta^{-1}h_1(\boldsymbol{k},t)\Theta = h_2(-\boldsymbol{k},2\pi-t)$ および

第 8 章　トポロジカル絶縁体・超伝導体の分類

$$\nu_{\mathrm{Ch}}^{(2)}[\mathcal{H}(\boldsymbol{k},t)] - \nu_{\mathrm{Ch}}^{(2)}[\mathcal{H}'(\boldsymbol{k},t)] = \nu_{\mathrm{Ch}}^{(2)}[h_1(\boldsymbol{k},t)] + \nu_{\mathrm{Ch}}^{(2)}[h_2(\boldsymbol{k},t)] \quad (8.111)$$

が導かれる．

以下で $\nu_{\mathrm{Ch}}^{(2)}[h_1(\boldsymbol{k},t)] = \nu_{\mathrm{Ch}}^{(2)}[h_2(\boldsymbol{k},t)]$ を示す．まず

$$h_1(\boldsymbol{k},t)|u_{\alpha\boldsymbol{k}}(t)\rangle_1 = E_{\alpha\boldsymbol{k}}(t)|u_{\alpha\boldsymbol{k}}(t)\rangle_1 \quad (8.112)$$

に左から Θ を作用させ，

$$\Theta h_1(\boldsymbol{k},t)\Theta^{-1}\Big(\Theta|u_{\alpha\boldsymbol{k}}(t)\rangle_1\Big) = E_{\alpha\boldsymbol{k}}(t)\Big(\Theta|u_{\alpha\boldsymbol{k}}(t)\rangle_1\Big) \quad (8.113)$$

$\Theta h_1(\boldsymbol{k},t)\Theta^{-1} = h_2(-\boldsymbol{k},-t)$ に注意すると，$\Theta|u_{\alpha\boldsymbol{k}}(t)\rangle_1$ は $h_2(-\boldsymbol{k},-t)$ の固有状態であることがわかる．したがって

$$\Theta|u_{\alpha\boldsymbol{k}}(t)\rangle_1 = \sum_{\alpha'} U_{\alpha'\alpha}(\boldsymbol{k},t)|u_{\alpha'-\boldsymbol{k}}(-t)\rangle_2 \quad (8.114)$$

のように展開できる．

$$\begin{aligned}
|u_{\alpha\boldsymbol{k}}(t)\rangle_1 &= -\Theta \sum_{\alpha'} U_{\alpha'\alpha}(\boldsymbol{k},t)|u_{\alpha'-\boldsymbol{k}}(-t)\rangle_2 \\
&= -\sum_{\alpha'} U^*_{\alpha'\alpha}(\boldsymbol{k},t)|\Theta u_{\alpha'-\boldsymbol{k}}(-t)\rangle_2
\end{aligned} \quad (8.115)$$

$$\begin{aligned}
[\boldsymbol{a}_1(\boldsymbol{k},t)]_{\alpha\beta} &= -i\,\langle u_{\alpha\boldsymbol{k}}(t)|\frac{\partial}{\partial\boldsymbol{k}}|u_{\beta\boldsymbol{k}}(t)\rangle_1 \\
&= -i\Big(\sum_{\alpha'} U_{\alpha'\alpha}\langle\Theta u_{\alpha'-\boldsymbol{k}}(-t)|\Big)\frac{\partial}{\partial\boldsymbol{k}}\Big(\sum_{\beta'} U^\dagger_{\beta\beta'}|\Theta u_{\beta'-\boldsymbol{k}}(-t)\rangle_2\Big) \\
&= -i\sum_{\alpha'\beta'} U_{\alpha'\alpha}\langle\Theta u_{\alpha'-\boldsymbol{k}}(-t)|\Theta\frac{\partial}{\partial\boldsymbol{k}}u_{\beta'-\boldsymbol{k}}(-t)\rangle_2 U^\dagger_{\beta\beta'} \\
&\quad -i\langle\Theta u_{\alpha'-\boldsymbol{k}}(-t)|\Theta u_{\beta'-\boldsymbol{k}}(-t)\rangle U_{\alpha'\alpha}\frac{\partial}{\partial\boldsymbol{k}}U^\dagger_{\beta\beta'} \\
&= -i\sum_{\alpha'\beta'} U^{\mathrm{T}}_{\alpha\alpha'}\langle\frac{\partial}{\partial\boldsymbol{k}}u_{\beta'-\boldsymbol{k}}(-t)|u_{\alpha'-\boldsymbol{k}}(-t)\rangle_2 U^*_{\beta'\beta} \\
&\quad -i\delta_{\alpha'\beta'} U^{\mathrm{T}}_{\alpha\alpha'}\frac{\partial}{\partial\boldsymbol{k}}U^*_{\beta'\beta}
\end{aligned}$$

したがって

$$\boldsymbol{a}_1(\boldsymbol{k},t) = U^{\mathrm{T}}(\boldsymbol{k},t)\boldsymbol{a}^*_2(-\boldsymbol{k},-t)U^*(\boldsymbol{k},t) - iU^{\mathrm{T}}(\boldsymbol{k},t)\frac{\partial}{\partial\boldsymbol{k}}U^*(\boldsymbol{k},t)$$

a_t 成分に対しても同様に

$$a_{1t}(\boldsymbol{k},t) = U^{\mathrm{T}}(\boldsymbol{k},t)a_{2t}^*(-\boldsymbol{k},-t)U^*(\boldsymbol{k},t) - iU^{\mathrm{T}}(\boldsymbol{k},t)\frac{\partial}{\partial t}U^*(\boldsymbol{k},t)$$

が成り立つ．これらよりただちに

$$f_{1\mu\nu}(\boldsymbol{k},t) = \left(U^{\dagger}(\boldsymbol{k},t)f_{2\mu\nu}(-\boldsymbol{k},-t)U(\boldsymbol{k},t)\right)^* \tag{8.116}$$

それゆえ $\nu_{\mathrm{Ch}}^{(2)}[h_1] = \nu_{\mathrm{Ch}}^{(2)}[h_2]$ が導かれる．

ここまでの議論をまとめると，クラス AII において 4 次元ハミルトニアンは第 2 Chern 数 $\nu_{\mathrm{Ch}}^{(2)} \in \mathbb{Z}$ をもつ．一つ次元の低い 3 次元系のトポロジーは $\mathbb{Z}_2$ 不変量が $\nu_{\mathrm{Ch}}^{(2)}$ の偶奇性，すなわち第 2 Chern パリティによって特徴付けられることがわかった．この場合 4 次元ハミルトニアンが親世代であり，一つ次元を下げた 3 次元ハミルトニアンが子世代となる．次に孫世代，すなわち再度次元を下げた 2 次元空間のハミルトニアンも $\mathbb{Z}_2$ 不変量を有することを示す．これまでと同様に，時間反転対称性をもつ二つの 2 次元系ハミルトニアン $\mathcal{H}_{d=2}^{\mathrm{A}}$ と $\mathcal{H}_{d=2}^{\mathrm{B}}$ がトポロジカルに等価かどうかを「内挿ハミルトニアン」を用いて考察する．

$$\begin{aligned}\mathcal{H}_{d=2}^{\mathrm{A}}(k_1,k_2) &= \mathcal{H}(k_1,k_2,t=0) \\ \mathcal{H}_{d=2}^{\mathrm{B}}(k_1,k_2) &= \mathcal{H}(k_1,k_2,t=\pi)\end{aligned} \tag{8.117}$$

ここで

$$\Theta^{-1}\mathcal{H}(-k_1,-k_2,-t)\Theta = \mathcal{H}(k_1,k_2,t) \tag{8.118}$$

とする．すなわち内挿ハミルトニアンは時間反転対称性をもつ 3 次元系ハミルトニアンである．この 3 次元内挿ハミルトニアンのトポロジーは $(-1)^{\nu_0[\mathcal{H}(k_1,k_2,t)]}$ によって特徴付けられる．二つの 2 次元ハミルトニアン $\mathcal{H}^{\mathrm{A}}$ と $\mathcal{H}^{\mathrm{B}}$ に対し，

$$N_2[\mathcal{H}_{d=2}^{\mathrm{A}}(k_1,k_2), \mathcal{H}_{d=2}^{\mathrm{B}}(k_1,k_2)] \equiv (-1)^{\nu_0[\mathcal{H}(k_1,k_2,t)]} \tag{8.119}$$

を定義する．右辺が $+1$ のとき $\mathcal{H}_{d=2}^{\mathrm{A}}$ と $\mathcal{H}_{d=2}^{\mathrm{B}}$ は等価であり，連続変形で互いに移り変われる．一方，右辺が -1 のときは $\mathcal{H}_{d=2}^{\mathrm{A}}$ と $\mathcal{H}_{d=2}^{\mathrm{B}}$ はトポロジカルに異なっている．波数によらない真空ハミルトニアン $\mathcal{H}^0$ によって $\mathcal{H}_{d=2}^{\mathrm{A}}$ の $\mathbb{Z}_2$ 不変量を

$$(-1)^{\nu_0[\mathcal{H}_{d=2}^{\mathrm{A}}(k_1,k_2)]} \equiv N_2[\mathcal{H}_{d=2}^{\mathrm{A}}(k_1,k_2), \mathcal{H}^0] \tag{8.120}$$

で定義することができる．

　ここで最も本質的なことは，式 (8.119) や式 (8.120) の量が内挿ハミルトニアン $\mathcal{H}(k_1, k_2, t)$ の選び方によらないことである．すなわち，式 (8.117) とは別に

$$\mathcal{H}^{\mathrm{A}}_{d=2}(k_1, k_2) = \mathcal{H}'_{d=3}(k_1, k_2, t=0),$$
$$\mathcal{H}^{\mathrm{B}}_{d=2}(k_1, k_2) = \mathcal{H}'_{d=3}(k_1, k_2, t=\pi)$$

なる内挿ハミルトニアン $\mathcal{H}'_{d=3}$ を用いても式 (8.119) は変わらない．これを示すために 4 次元空間のハミルトニアン $h(k_1, k_2, k_3, k_4)$ を内挿ハミルトニアンとして，

$$\mathcal{H}_{d=3}(k_1, k_2, t) = h(k_1, k_2, t, \tau=0) \tag{8.121}$$
$$\mathcal{H}'_{d=3}(k_1, k_2, t) = h(k_1, k_2, t, \tau=\pi) \tag{8.122}$$
$$\mathcal{H}^{\mathrm{A}}_{d=2}(k_1, k_2) = h(k_1, k_2, t=0, \tau) \tag{8.123}$$
$$\mathcal{H}^{\mathrm{B}}_{d=2}(k_1, k_2) = h(k_1, k_2, t=\pi, \tau) \tag{8.124}$$

となるように導入する．定義から

$$(-1)^{\nu_0[\mathcal{H}_{d=3}]}(-1)^{\nu_0[\mathcal{H}'_{d=3}]} = (-1)^{\nu^{(2)}_{\mathrm{Ch}}[h]} \tag{8.125}$$

が成り立つ．一方 $h(k_1, k_2, t, \tau)$ は $t=0$ と $t=\pi$ の間で二つの 3 次元 (k_1, k_2, τ) 空間を内挿する．定義より $t=0$ と $t=\pi$ で h は τ に依存しないため，3 次元 $\mathbb{Z}_2$ 不変量 (8.107) は

$$(-1)^{\nu_0[h(k_1,k_2,t=0,\tau)]} = +1, \qquad (-1)^{\nu_0[h(k_1,k_2,t=\pi,\tau)]} = +1 \tag{8.126}$$

となる．したがって

$$(-1)^{\nu_0[h(k_1,k_2,t=0,\tau)]}(-1)^{\nu_0[h(k_1,k_2,t=\pi,\tau)]} = (-1)^{\nu^{(2)}_{\mathrm{Ch}}[h(k_1,k_2,t,\tau)]}$$
$$= +1$$

となる．これと式 (8.125) から $(-1)^{\nu_0[\mathcal{H}_{d=3}]} = (-1)^{\nu_0[\mathcal{H}'_{d=3}]}$ が示された．

　このようにクラス AII では 4 次元ハミルトニアンを親世代として，子世代および孫世代が $\mathbb{Z}_2$ 不変量をもつことを示した．一見すると，さらに次元を下げることでクラス AII の 1 次元空間でも $\mathbb{Z}_2$ 不変量が存在するように思え

8.3 $\mathbb{Z}_2$ トポロジカル不変量

るがこれは正しくない.もしクラス AII に属する二つの 1 次元ハミルトニアンを

$$\mathcal{H}^{\mathrm{A}}_{d=1}(k) = \mathcal{H}(k, t=0), \qquad \mathcal{H}^{\mathrm{B}}_{d=1}(k) = \mathcal{H}(k, t=\pi) \tag{8.127}$$

ただし $\Theta^{-1}\mathcal{H}(-k,-t)\Theta = \mathcal{H}(k,t)$ となるように導入し,

$$N_1[\mathcal{H}^{\mathrm{A}}_{d=1}(k), \mathcal{H}^{\mathrm{B}}_{d=1}(k)] = (-1)^{\nu_0[\mathcal{H}(k,t)]} \tag{8.128}$$

を定義しても,左辺は内挿ハミルトニアンの選び方によってしまい,一意的に決めることができない.例として

$$\mathcal{H}(k,t) = \alpha_1 \sin k + \alpha_2 \sin t + \alpha_4[m + 2 - \cos k - \cos t]$$
$$\mathcal{H}'(k,t) = \alpha_1 \sin k + i\alpha_2\alpha_4 \sin^2 t + \alpha_4[m + 2 - \cos k - \cos t]$$

は $t=0$ と $t=\pi$ で同じハミルトニアンを内挿するが,これらのトポロジーはつねに同じではない.このことは $\mathbb{Z}_2$ トポロジカル絶縁体は親世代から孫世代までしか作られないことを意味する.

このことは表面のギャップレスハミルトニアンの安定性の観点からも理解できる.親世代の 4 次元 $\mathbb{Z}$ トポロジカル絶縁体の表面状態は形式的に

$$\mathcal{H}^{\partial[d=4]}_{d=3} = k_1\sigma_1 + k_2\sigma_2 + k_3\sigma_3 \tag{8.129}$$

のように書かれる.子世代の 3 次元 $\mathbb{Z}_2$ トポロジカル絶縁体の表面状態は

$$\mathcal{H}^{\partial[d=3]}_{d=2} = k_1\sigma_1 + k_2\sigma_2 \tag{8.130}$$

のように書け,時間反転対称性のもとで安定である.すなわち質量項 $m\sigma_3$ は時間反転対称性を破るため許されない.これは孫世代の 2 次元 $\mathbb{Z}_2$ トポロジカル絶縁体のエッジ状態

$$\mathcal{H}^{\partial[d=2]}_{d=1} = k_1\sigma_1 \tag{8.131}$$

でも同様である.これより次元が低い場合,0 次元エッジのゼロモードは

$$\mathcal{H}^{\partial[d=1]}_{d=0} = 0 \tag{8.132}$$

のように与えられるが,これは単に有限の数を加えるだけでゼロモードが時間反転対称性を破らずに除去できてしまう.

8.3.3 カイラル対称 $\mathbb{Z}_2$ 不変量

$d = 2n$ 次元のカイラル対称性をもつ系のトポロジーを考えよう．カイラル対称性のためハミルトニアンはブロック非対角型で表される．

$$Q^{\mathrm{A}}_{d=2n}(\boldsymbol{k}) = \begin{pmatrix} 0 & q^{\mathrm{A}}_{d=2n}(\boldsymbol{k}) \\ q^{\mathrm{A}\dagger}_{d=2n}(\boldsymbol{k}) & 0 \end{pmatrix},$$

$$Q^{\mathrm{B}}_{d=2n}(\boldsymbol{k}) = \begin{pmatrix} 0 & q^{\mathrm{B}}_{d=2n}(\boldsymbol{k}) \\ q^{\mathrm{B}\dagger}_{d=2n}(\boldsymbol{k}) & 0 \end{pmatrix}$$

の二つのトポロジカルな差異を特徴付けるため

$$q^{\mathrm{A}}_{d=2n}(\boldsymbol{k}) = q(\boldsymbol{k}, t = 0), \qquad q^{\mathrm{B}}_{d=2n}(\boldsymbol{k}) = q(\boldsymbol{k}, t = \pi) \tag{8.133}$$

となるような内挿 q 行列を導入する．q は t について周期的 $q(\boldsymbol{k}, t + 2\pi) = q(\boldsymbol{k}, t)$ であるとする．各クラスの対称性に応じて $q(\boldsymbol{k}, t)$ にも条件を課す．例えばクラス DIII および CI では

$$q(\boldsymbol{k}, t) = \begin{cases} -q^{\mathrm{T}}(-\boldsymbol{k}, -t) & (\text{class DIII}) \\ +q^{\mathrm{T}}(-\boldsymbol{k}, -t) & (\text{class CI}) \end{cases} \tag{8.134}$$

となる．このとき $(\boldsymbol{k}, t)$ 空間で巻付き数 $\nu_{\mathrm{w}}^{2n+1}[q]$ を定義できる．空間次元と対称クラスによってゼロでない $\nu_{\mathrm{w}}^{2n+1}[q]$ が与えられるのは上で見た通りである．q^{A} と q^{B} を内挿する異なる二つの行列 $q(\boldsymbol{k}, t)$ と $q'(\boldsymbol{k}, t)$ は，一般に異なる巻付き数を与える．ただし式 (8.134) の条件下で，巻付き数がゼロでない次元では

$$\nu_{\mathrm{w}}^{2n+1}[q(\boldsymbol{k}, t)] - \nu_{\mathrm{w}}^{2n+1}[q'(\boldsymbol{k}, t)] = 0 \pmod{2} \tag{8.135}$$

となることが示せる．この結果はクラス BDI および CII でも同様である．これを用いて

$$N_{2n}[q^{\mathrm{A}}_{d=2n}(\boldsymbol{k}), q^{\mathrm{B}}_{d=2n}(\boldsymbol{k})] = (-1)^{\nu_{\mathrm{w}}^{2n+1}[q(\boldsymbol{k}, t)]} \tag{8.136}$$

を定義する．さらに真空を $\boldsymbol{k}$ によらない行列 q^0 を用いて定義すると

$$(-1)^{\nu_0[q^{\mathrm{A}}_{d=2n}]} = N_{2n}[q^{\mathrm{A}}_{2n}(\boldsymbol{k}), q^0] \tag{8.137}$$

によって $q^{\mathrm{A}}_{d=2n}$ の $\mathbb{Z}_2$ トポロジカル不変量 $\nu_0[q^{\mathrm{A}}_{d=2n}]$ が定義される．したがってある次元 $d=2n+1$ で $\mathbb{Z}$ トポロジカル状態があるクラスでは $d=2n$ で非自明な $\mathbb{Z}_2$ トポロジカル状態が存在する．一方，もし次元 $d=2n+1$ でのトポロジカル不変量が偶数 $2\mathbb{Z}$ で与えられるときは，$d=2n$ 次元に $\mathbb{Z}_2$ 自明な状態しか存在しない．具体的には 3 次元のクラス DIII ではトポロジカル不変量が巻付き数 $\mathbb{Z}$ で与えられる．したがって 2 次元クラス DIII は $\mathbb{Z}_2$ 非自明な状態が存在する．一方 3 次元のクラス CI ではトポロジカル不変量が偶数値で与えられるため，2 次元クラス CI には $\mathbb{Z}_2$ 非自明な状態が存在しない．

ここで式 (8.135) が成り立つことを示す．Chern パリティの場合と同様に

$$g_1(\bm{k},t) = \begin{cases} q(\bm{k},t) & (0 \leq t \leq \pi) \\ q'(\bm{k}, 2\pi - t) & (\pi \leq t \leq 2\pi) \end{cases} \tag{8.138}$$

$$g_2(\bm{k},t) = \begin{cases} q'(\bm{k}, 2\pi - t) & (0 \leq t \leq \pi) \\ q(\bm{k},t) & (\pi \leq t \leq 2\pi) \end{cases} \tag{8.139}$$

とおくと

$$\nu_{\mathrm{w}}^{2n+1}[q(\bm{k},t)] - \nu_{\mathrm{w}}^{2n+1}[q'(\bm{k},t)] = \nu_{\mathrm{w}}^{2n+1}[g_1(\bm{k},t)] + \nu_{\mathrm{w}}^{2n+1}[g_2(\bm{k},t)] \tag{8.140}$$

式 (8.134) および g_1 と g_2 の定義より，$g_1(\bm{k},t) = \mp g_2^{\mathrm{T}}(-\bm{k},-t)$ が成り立つ．このとき，式 (8.63) に類似して

$$\mathrm{tr}\Big[g_1^\dagger(\bm{k},t)\frac{\partial g_1(\bm{k},t)}{\partial k_{\mu_1}} \cdots g_1^\dagger(\bm{k},t)\frac{\partial g_1(\bm{k},t)}{\partial k_{\mu_{2n+1}}}\Big]$$
$$= \mathrm{tr}\Big[g_1^\dagger(-\bm{k},-t)\frac{\partial g_1(-\bm{k},-t)}{\partial(-k_{\mu_1})} \cdots g_1^\dagger(-\bm{k},-t)\frac{\partial g_1(-\bm{k},-t)}{\partial(-k_{\mu_{2n+1}})}\Big]^* \tag{8.141}$$

したがって

$$\nu_{\mathrm{w}}^{2n+1}[g_1] = (-1)^{n+1}\big[\nu_{\mathrm{w}}^{2n+1}[g_2]\big]^* \tag{8.142}$$

が得られる．巻付き数がゼロとならない次元 d では $\nu_{\mathrm{w}}^d[g_1] = \nu_{\mathrm{w}}^d[g_2]$ が成り立つ．これと式 (8.140) より式 (8.135) が示された．

カイラル対称性がある場合にも次元縮小化を再度行うことでさらに一つ次元の下がった系，すなわち孫世代でも $\mathbb{Z}_2$ トポロジカル状態を作ることがで

きる.

$$q^{\mathrm{A}}_{d=2n-1}(\boldsymbol{k}) = q(\boldsymbol{k}, t=0), \qquad q^{\mathrm{B}}_{d=2n-1}(\boldsymbol{k}) = q(\boldsymbol{k}, t=\pi) \qquad (8.143)$$

ここで $q(\boldsymbol{k}, t)$ は $d=2n$ 次元の内挿 q 行列で式 (8.134) のように $d=2n$ における対称性クラスによる要請を満たす. したがって二つの内挿 $q(\boldsymbol{k}, t)$ と $q'(\boldsymbol{k}, t)$ に対し相対パリティ $N_{2n}[q(\boldsymbol{k}, t), q'(\boldsymbol{k}, t)]$ を考えることができる. このとき, 対称性の要請を満足するすべての可能な内挿に対して,

$$N_{2n}[q(\boldsymbol{k}, t), q'(\boldsymbol{k}, t)] = 1 \qquad (8.144)$$

が成り立つ. これを示すためには

$$q_{d=2n}(\boldsymbol{k}, t) = g(\boldsymbol{k}, t, \tau=0)$$
$$q'_{d=2n}(\boldsymbol{k}, t) = g(\boldsymbol{k}, t, \tau=\pi)$$
$$q^{\mathrm{A}}_{d=2n-1}(\boldsymbol{k}) = g(\boldsymbol{k}, t=0, \tau)$$
$$q^{\mathrm{B}}_{d=2n-1}(\boldsymbol{k}) = g(\boldsymbol{k}, t=\pi, \tau)$$

を満たす $d=2n+1$ 次元の内挿 $g(\boldsymbol{k}, t, \tau)$ を導入する. ここで $g(\boldsymbol{k}, t, \tau)$ はクラス DIII, CI に対しては式 (8.134) と同じく $d=2n+1$ における対称性クラスによる要請

$$q(\boldsymbol{k}, t, \tau) = \begin{cases} -q^{\mathrm{T}}(-\boldsymbol{k}, -t, -\tau) & \text{(class DIII)} \\ +q^{\mathrm{T}}(-\boldsymbol{k}, -t, -\tau) & \text{(class CI)} \end{cases} \qquad (8.145)$$

を満たす. したがって g は $d=2n+1$ 次元における q 行列で巻付き数 $\nu_{\mathrm{w}}^{2n+1}[g(\boldsymbol{k}, t, \tau)]$ をもつ.

$$(-1)^{\nu_{\mathrm{w}}^{2n+1}[g(\boldsymbol{k}, t, \tau)]} = N_{2n}[q(\boldsymbol{k}, t), q'(\boldsymbol{k}, t)]$$
$$= N_{2n}[g(\boldsymbol{k}, t, 0), g'(\boldsymbol{k}, t, \pi)]$$
$$= N_{2n}[g(\boldsymbol{k}, 0, \tau), g'(\boldsymbol{k}, \pi, \tau)] \qquad (8.146)$$

ここで $g(\boldsymbol{k}, 0, \tau) = q^{\mathrm{A}}(\boldsymbol{k})$ および $g(\boldsymbol{k}, \pi, \tau) = q^{\mathrm{B}}(\boldsymbol{k})$ は τ によらないので, $N_{2n}[g(\boldsymbol{k}, 0, \tau), g'(\boldsymbol{k}, \pi, \tau)] = (-1)^{\nu_{\mathrm{w}}^{2n+1}[g(\boldsymbol{k}, t, \tau)]} = +1$ となる. こうして式 (8.144) が示された.

式 (8.144) より $d=2n-1$ 次元における相対パリティ

$$N_{2n-1}[q^{\mathrm{A}}_{d=2n-1}(\bm{k}), q^{\mathrm{B}}_{d=2n-1}(\bm{k})] = (-1)^{\nu_0^{2n}[q(\bm{k},t)]} \tag{8.147}$$

が定義できる．さらに真空 q^0 を導入すると，$\mathbb{Z}_2$ 不変量 $\nu_0^{2n-1}[q^{\mathrm{A}}(\bm{k})]$ は

$$(-1)^{\nu_0[q^{\mathrm{A}}(\bm{k})]} = N_{2n-1}[q^{\mathrm{A}}_{d=2n-1}(\bm{k}), q^0] \tag{8.148}$$

によって定義される．例えば3次元クラス DIII は $\mathbb{Z}$ 不変量を有する．その子世代 $d=2$ および孫世代 $d=1$ には $\mathbb{Z}_2$ 非自明な状態が存在する．

以上の考察から得られた $\mathbb{Z}_2$ トポロジカル不変量を有する対称クラスと空間次元の関係はトポロジカル周期表 8.2 のようにまとめられる．第9章ではここで導入した考え方を用いてトポロジカル絶縁体の電磁場に対する応答を記述し，$\mathbb{Z}_2$ 不変量との関係を明らかにする．

この章では時間反転対称性と粒子正孔対称性に着目し，トポロジカルに非自明な絶縁体や超伝導体などギャップ状態を次元と対称性に基づき分類した．上の二つの対称性に加え，ミラー対称性や結晶のもつ対称性をも考慮して分類を行う試みも行われている．第4章で紹介したトポロジカル結晶絶縁体はその一例である．ただし後者の場合，乱れに対する表面状態の安定性は保証されない．

第9章 トポロジカル絶縁体の有効場の理論

9.1 3次元トポロジカル絶縁体の電磁応答

　この章では，3次元トポロジカル絶縁体のもっとも著しい特徴の一つであるトポロジカル電気磁気効果について議論する．はじめの節で，トポロジカル電気磁気効果の概要を表面の Dirac 電子の描像から述べる．続く節ではそれらの場の理論的定式化を行い，時間反転不変な絶縁体に対する $\mathbb{Z}_2$ トポロジカル不変量の積分形の表式を導出する．

9.1.1 表面量子 Hall 状態

　3次元トポロジカル絶縁体の表面では，質量ゼロの2次元 Dirac 模型で記述されるギャップレス励起が実現する．バルクにはギャップが開いているので，系の電磁応答はこの表面 Dirac 状態によって得られる．まず一様な磁場を印加した場合を考えよう（図 9.1(a) 参照）．このとき，Dirac 電子に特有の「相対論的」Landau 準位がトポロジカル絶縁体の表面に形成され，表面量子 Hall 状態が実現する．通常の量子 Hall 効果では，Hall 伝導率 σ_{xy} は e^2/h を単位とする整数に量子化されるのに対し，「相対論的」量子 Hall 状態では，Hall 伝導率は e^2/h の半整数に量子化される．このことは次のようにして理解できる．一様磁場下の相対論的 Landau 準位は $E_n = \pm\sqrt{2v_F^2 \hbar eB|n|}$ となる．ゼロエネルギー状態では電子と正孔の Hall 電流が相殺するため $\sigma_{xy} = 0$ となる．一方，この $E = 0$ 状態は $n = 0$ Landau 準位の中心に位置し，二つ

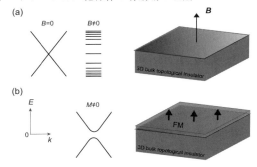

図 9.1 トポロジカル絶縁体における表面量子 Hall 効果．(a) 磁場を印加した場合．(b) 強磁性薄膜を近接させた場合．強磁性薄膜の代わりに，磁性原子を多数蓄積させてもよい．

の量子 Hall 状態を隔てているため，そこでは Hall 伝導率が e^2/h 変化する．したがって $E=0$ に隣接する量子 Hall 相では Hall 伝導率は $\pm e^2/2h$ でなくてはならない．各 Landau 準位の中心には $E=0$ 状態と同様に非局在状態が存在し，そこでも Hall 伝導度は e^2/h 変化する．したがって Hall 伝導率の量子化値はつねに e^2/h の半整数倍

$$\sigma_{xy} = \left(n + \frac{1}{2}\right)\frac{e^2}{h} \tag{9.1}$$

となる[1]．

3 次元トポロジカル絶縁体の表面で量子 Hall 状態を実現するもう一つの方法は，表面に強磁性絶縁体を近接させた系で実現する．このとき強磁性体中の局在スピン $\bm{S} = S\bm{n}$ と表面 Dirac 電子系との間に交換相互作用

$$\mathcal{H}_{\mathrm{exc}} = -\Delta \bm{n} \cdot \bm{\sigma} \tag{9.2}$$

が働く．ここで $\Delta = (1/2)J'Sd_{\mathrm{exc}}/a^3$ であり，J' は強磁性体中の局在スピンと表面電子との間の交換相互作用の大きさ，a は格子間隔，d_{exc} は相互作用の到達距離である．強磁性体を近接させる代わりに多数の磁性不純物をト

---

[1] ここで議論しているのは Hall 伝導率である．一方，電極を付けた系で定義される Hall 伝導度は非局所的な量であり，トポロジカル絶縁体の上側の表面と下側の表面の寄与を加えたものが測定されるであろう．

ポロジカル絶縁体の表面に蓄積させてもよい．もっとも単純な状況は磁化が一様に $\pm\hat{z}$ 方向を向いた場合で，表面 Dirac ハミルトニアン

$$\mathcal{H}_{\text{surface}} = -\hbar v_{\text{F}} [\hat{z} \times \boldsymbol{k}] \cdot \boldsymbol{\sigma} - \Delta n_z \sigma_z \tag{9.3}$$

からわかるように，スペクトルに質量ギャップ $\Delta|n_z|$ が生じる（図 9.1）．乱れのない理想的な 2 次元系で，Fermi 準位がこのギャップの中にある場合の Hall 伝導度を計算しよう．第 3 章で定式化した方法を用いる．

Dirac 電子の半整数量子 Hall 効果

連続体近似の下で波数空間が回転対称になっている 2 バンド模型（空間 2 次元）を考えよう．

$$\mathcal{H}_{d=2} = \boldsymbol{R}(\boldsymbol{k}) \cdot \boldsymbol{\sigma} \tag{9.4}$$

表面 Dirac ハミルトニアン (9.3) もこの形に表すことができる．単位ベクトル $\hat{\boldsymbol{R}}(\boldsymbol{k}) = \boldsymbol{R}(\boldsymbol{k})/|\boldsymbol{R}(\boldsymbol{k})|$ を次のように表すと便利である．

$$\hat{\boldsymbol{R}}(\boldsymbol{k}) = \begin{pmatrix} \sqrt{1 - \hat{R}_z^2(k)} \cos\theta \\ \sqrt{1 - \hat{R}_z^2(k)} \sin\theta \\ \hat{R}_z(k) \end{pmatrix} \tag{9.5}$$

ここで $k = |\boldsymbol{k}|$, $\theta = \tan^{-1}(R_y/R_x)$ とすると，Berry 曲率 (3.46) は次のように表すことができる．

$$\hat{\boldsymbol{R}} \cdot \left(\frac{\partial \hat{\boldsymbol{R}}}{\partial k_x} \times \frac{\partial \hat{\boldsymbol{R}}}{\partial k_y} \right) = \hat{\boldsymbol{R}} \cdot \left(\frac{k_x}{k} \frac{\partial \hat{\boldsymbol{R}}}{\partial k} - \frac{k_y}{k} \frac{\partial \hat{\boldsymbol{R}}}{k \partial \theta} \right) \times \left(\frac{k_y}{k} \frac{\partial \hat{\boldsymbol{R}}}{\partial k} + \frac{k_x}{k} \frac{\partial \hat{\boldsymbol{R}}}{k \partial \theta} \right)$$
$$= \hat{\boldsymbol{R}} \cdot \left(\frac{\partial \hat{\boldsymbol{R}}}{\partial k} \times \frac{\partial \hat{\boldsymbol{R}}}{k \partial \theta} \right) \tag{9.6}$$

式 (9.5) を代入すると

$$\hat{\boldsymbol{R}} \cdot \left(\frac{\partial \hat{\boldsymbol{R}}}{\partial k_x} \times \frac{\partial \hat{\boldsymbol{R}}}{\partial k_y} \right)$$

$$
= \begin{pmatrix} \sqrt{1-\hat{R}_z^2}\cos\theta \\ \sqrt{1-\hat{R}_z^2}\sin\theta \\ \hat{R}_z \end{pmatrix} \cdot \begin{pmatrix} \frac{\partial\sqrt{1-\hat{R}_z^2}}{\partial k}\cos\theta \\ \frac{\partial\sqrt{1-\hat{R}_z^2}}{\partial k}\sin\theta \\ \frac{\partial \hat{R}_z}{\partial k} \end{pmatrix} \times \begin{pmatrix} \sqrt{1-\hat{R}_z^2}\frac{-\sin\theta}{k} \\ \sqrt{1-\hat{R}_z^2}\frac{\cos\theta}{k} \\ 0 \end{pmatrix}
$$

$$
= \begin{pmatrix} \sqrt{1-\hat{R}_z^2}\cos\theta \\ \sqrt{1-\hat{R}_z^2}\sin\theta \\ \hat{R}_z \end{pmatrix} \cdot \begin{pmatrix} -\frac{\partial \hat{R}_z}{\partial k}\sqrt{1-\hat{R}_z^2}\frac{\cos\theta}{k} \\ \frac{\partial \hat{R}_z}{\partial k}\sqrt{1-\hat{R}_z^2}\frac{-\sin\theta}{k} \\ \frac{\sqrt{1-\hat{R}_z^2}}{k}\frac{\partial\sqrt{1-\hat{R}_z^2}}{\partial k} \end{pmatrix}
$$

$$
= -\frac{1}{k}(1-\hat{R}_z^2)\frac{\partial \hat{R}_z}{\partial k} + \frac{1}{k}\hat{R}_z\sqrt{1-\hat{R}_z^2}\frac{-\hat{R}_z}{\sqrt{1-\hat{R}_z^2}}\frac{\partial \hat{R}_z}{\partial k} = -\frac{1}{k}\frac{\partial \hat{R}_z}{\partial k}
$$

したがって Hall 伝導率は

$$
\sigma_{xy} = -\frac{e^2}{h}\int_0^{2\pi}\frac{d\theta}{4\pi}\int_0^{k_c} kdk\ \hat{\boldsymbol{R}}\cdot\Bigl(\frac{\partial \hat{\boldsymbol{R}}}{\partial k_\mu}\times\frac{\partial \hat{\boldsymbol{R}}}{\partial k_\nu}\Bigr)
$$

$$
= -\frac{e^2}{h}\frac{1}{2}\int_0^{k_c} dk\Bigl(-\frac{\partial \hat{R}_z}{\partial k}\Bigr) = -\frac{e^2}{h}\frac{\hat{R}_z(0)-\hat{R}_z(k_c)}{2} \tag{9.7}
$$

のように書ける．ここで 2 次元表面 Dirac ハミルトニアン

$$
\mathcal{H} = \begin{pmatrix} mv_F^2 & v_F(k_x-ik_y) \\ v_F(k_x+ik_y) & -mv_F^2 \end{pmatrix} \tag{9.8}
$$

の場合は

$$
\boldsymbol{R}(\boldsymbol{k}) = \begin{pmatrix} v_F k_x \\ v_F k_y \\ mv_F^2 \end{pmatrix} \tag{9.9}
$$

であるから $k_c \to \infty$ の極限で Hall 伝導度は

$$
\sigma_{xy} = -\mathrm{sgn}(m)\frac{e^2}{2h} \tag{9.10}
$$

で与えられる．量子化値が整数ではなく半整数であることが今の場合の特徴である．これは式 (9.7) で $\hat{R}_z(k_c) \to 0$ となることに起因している．これは格子系のように波数空間で Brillouin 域の周期性がある場合には許されない状況である．実は (9.8) のハミルトニアンを 2 次元の格子系で実現することは

不可能であることが知られている．Dirac 型の線形分散を 2 次元格子系で実現するにはグラフェンの蜂の巣格子のように二つの Dirac 分散を作るか，もしくは第 3 章の 2 バンド模型のように Brillouin 域端で $\hat{R}_z$ が ± 1 となるようにするしかない．これは Nielsen-Ninomiya の定理とよばれるものの一例であるが，3 次元トポロジカル絶縁体の表面はこの制限のループホールをくぐり抜け，単一の 2 次元 Dirac 分散が実現した場合である[2]．

外部磁場を印加した場合，あるいは強磁性薄膜を近接させた場合，いずれの場合にも Hall 伝導率は e^2/h を単位に半整数のみに量子化され，乱れなどの外的要因によって，Hall 伝導度は半整数から他の半整数に変わることはあっても，ゼロあるいは他の整数値に変わることはない．つまり 3 次元トポロジカル絶縁体の表面を流れる Hall 電流は，ランダムな磁場や磁性不純物など，あらゆる摂動に対しても（バルクギャップがある限り）安定である．

磁性体を接触させる場合，最大の難点は磁化が表面に垂直に向くように制御することである．Mn や Fe などの磁性元素をトポロジカル絶縁体にドープすることが実験的に行われている．角度分解型光電子分光（ARPES）測定によれば，これら磁性不純物の効果で表面状態の分散に Dirac 模型の質量に対応するギャップが ~ 10 meV 程度の大きさで観測されている．これは表面近傍で不純物の磁化が表面に垂直に向いていることを示唆している．

9.1.2 トポロジカル電気磁気効果

以上で準備が整ったので，トポロジカル絶縁体の電磁応答を議論に入る．磁気ドープしたトポロジカル絶縁体を考えよう．図 9.2 にあるように，表面ではすべての磁化が表面に垂直，かつすべて外向き（あるいはすべて内向き）な場合を想定する[3]．

まず図 9.2(a) に示すように，電場を z 方向に印加したとする．Fermi 準位が表面ギャップの中にあるように調整し，表面が量子 Hall 状態となると，ト

---

[2] Dirac 分散が二つあるいは一般に偶数個現れてしまう状況はダブリング問題として，格子系のフェルミオンを考える格子 QCD でも問題となる．表面で単一のフェルミオンが実現できることを積極的に用いたドメインウォールフェルミオンはトポロジカル絶縁体の表面状態と対応する．

[3] 磁化の向きを図 9.2 にあるように制御するには，一様な電場と磁場を同時に印加すればよい．分極によるエネルギー利得 (9.15) を得るために表面の磁化方向が再構成される．

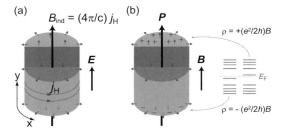

図 9.2 磁性不純物をドープしたトポロジカル絶縁体.

ポロジカル絶縁体の側面には，電場と垂直な方向に Hall 電流が生じる．この表面電流は，トポロジカル絶縁体の側面を循環し，ちょうどソレノイドコイルのように働くため，内部には z 方向に誘導磁場が発生する．Ampére の法則により，この誘導磁場は

$$B_z^{\text{ind}} = \frac{4\pi}{c} j_H$$
$$= \pm \frac{4\pi}{c} \frac{e^2}{2h} E_z = \pm \left(\frac{e^2}{\hbar c}\right) E_z = \pm \alpha E_z \quad (9.11)$$

で与えられる．ここで Hall 電流が $j_H = \pm(e^2/2h)E$ であることを用いた．$\alpha = e^2/\hbar c \simeq 1/137$ は微細構造定数である．この誘導磁場は磁化 $M = B^{\text{ind}}/4\pi$ と見なすことも可能なので，まとめると，

$$\bm{M} = \pm \frac{\alpha}{4\pi} \bm{E} \quad (9.12)$$

と書ける．電場により磁化が誘起され，かつその係数が普遍定数 α で与えられることがわかる．

次に磁場に対する応答を考えよう．磁場に垂直な面には Landau 準位が形成される．$N=0$ Landau 準位のエネルギーは質量の符号すなわち表面磁化と磁場の相対的な向きの関係で決まる．図 9.2(b) の状況では上側の表面では $N=0$ Landau 準位が $E_0 = |m| > 0$，下側の表面では $E_0 = -|m| < 0$ となる．Fermi 準位が表面ギャップの中にあるとき，すなわち $-m < E_F < m$ の場合，上表面と下表面で Landau 準位一つ分に相当する電荷の差 $eN_\phi = eBS/\phi_0 = (e^2B/h)S$ が生じる．したがって，上（下）表面には $\rho = \pm(e^2/2h)B$ の電

荷密度が発生する．ここで議論している電荷密度は表面における面密度である．この面密度 ρ^{2D} と体積密度 ρ^{3D} の間には $\int dz \rho^{3D} = \rho^{2D}$ の関係がある．一方，電荷体積密度 ρ^{3D} は $\rho^{3D} = -\partial P_z/\partial z$ で電気分極 $\boldsymbol{P}$ と関係しているので，$\rho^{2D} = P_z^{\text{bulk}}$ であることがわかる．したがって，

$$\boldsymbol{P} = \pm \frac{\alpha}{4\pi} \boldsymbol{B} \tag{9.13}$$

が成り立つ．ここで $\boldsymbol{M}$, $\boldsymbol{P}$ は自由エネルギー U_θ から

$$\boldsymbol{M} = -\frac{\partial U_\theta}{\partial \boldsymbol{B}}, \qquad \boldsymbol{P} = -\frac{\partial U_\theta}{\partial \boldsymbol{E}} \tag{9.14}$$

のように得られることに注意すると，分極エネルギー U_θ は

$$U_\theta = -\int d^3\boldsymbol{x} \left(\frac{\alpha}{4\pi}\right) \frac{\theta}{\pi} \boldsymbol{E} \cdot \boldsymbol{B} \tag{9.15}$$

でなければならない．$\theta = 0$ or $\pm\pi$ は $\mathbb{Z}_2$ 不変量に対応し，単純な絶縁体では $\theta = 0$ となる．$\theta = \pm\pi$ の符号は表面での磁化の向きによって決まる．

モノポール効果

トポロジカル絶縁体の表面効果のもう一つの顕著な現象はモノポール鏡像である．図 9.3 にあるように，トポロジカル絶縁体の表面に荷電粒子を接近させたとしよう．上で考えたように表面が量子 Hall 状態になっていたとすると，表面に磁気モノポールの鏡像ができる．これは次のようにして簡単に理解できる．まず荷電粒子が電場 $\boldsymbol{E}$ を作ると Hall 電流

$$\boldsymbol{j} = \pm \frac{e^2}{2h} \hat{\boldsymbol{z}} \times \boldsymbol{E} \tag{9.16}$$

が生じる．今の場合，図 9.3 にあるように，電場 $\boldsymbol{E}$ が放射状に広がっているため，表面電流は $\boldsymbol{E}$ に垂直な向き，すなわち環状に流れ，これがさらに磁場を生成する．この Hall 電流によって生じる磁場も放射状に広がるため，あたかもトポロジカル絶縁体の内部に磁気モノポールが存在し，それが磁場を作っているように見える．

表面に接近している荷電粒子が（ゆっくりと）動くと，磁気モノポールの鏡像もその動きに追従する．したがって，この荷電粒子とモノポールを複合粒子として考えると，これは電荷と磁荷の両方をもつ．このような粒子は高

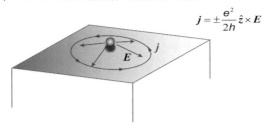

図 9.3 トポロジカル絶縁体表面に現れる磁気モノポールの鏡像.

エネルギー物理の分野ではダイオン (dyon) とよばれている.

上では 3 次元トポロジカル絶縁体の上にのせた強磁性薄膜が一様に $\pm\hat{z}$ 方向を向いた場合を考えたが,強磁性体の磁化が空間的に変化し得る場合も興味深い.このとき局所磁化とトポロジカル絶縁体の表面電子との間の交換相互作用 (9.2) を含む表面 Dirac 電子のハミルトニアンは次のようになる.

$$\mathcal{H} = -i\hbar v_F \hat{z} \times \boldsymbol{\sigma} \cdot \left(\boldsymbol{\nabla} + ie(\boldsymbol{A} + \boldsymbol{a})\right) - \Delta n_z \sigma_z \tag{9.17}$$

ただし $\boldsymbol{a}(\boldsymbol{r}) = (\Delta/ev_F)\hat{z} \times \boldsymbol{n}(\boldsymbol{r})$ とした.これらの式は局在スピンの空間(時間)変化があたかもベクトルポテンシャルの空間(時間)変化,すなわち実効磁場 $\boldsymbol{\nabla} \times \boldsymbol{a}$ (電場 $-\dot{\boldsymbol{a}}$) を表面電子に与えることを意味する.したがって,通常の電磁場 $\boldsymbol{B}$,$\boldsymbol{E} = (E_x, E_y)$ の下での量子 Hall 状態では,電荷・電流密度に対し $\rho_e = \sigma_{xy}B$,$\boldsymbol{j}_e = \sigma_{xy}\hat{z} \times \boldsymbol{E}$ の条件が成り立つように,表面近傍の局所磁化の作る「電磁場」と誘導電荷・電流密度の間に

$$\rho_e^{\text{ind}} = \left(\frac{\sigma_{xy}\Delta}{ev_F}\right)\boldsymbol{\nabla}\cdot\boldsymbol{n}, \quad \boldsymbol{j}_e^{\text{ind}} = -\left(\frac{\sigma_{xy}\Delta}{ev_F}\right)\frac{\partial\boldsymbol{n}}{\partial t} \tag{9.18}$$

という関係が成立する.これらは,空間変動し $\boldsymbol{\nabla}\cdot\boldsymbol{n}$ がゼロでない磁気構造においては,電荷が誘起されることを意味している.

以上では発見的方法によってトポロジカル絶縁体の電磁応答を導いた.この章の残りの部分では電磁結合項 (9.15) を場の理論の方法で導出する.まず時間反転対称性を有する 3 次元 $\mathbb{Z}_2$ トポロジカル絶縁体の有効理論を導く前に,より単純な粒子正孔対称性を有する 1 次元 $\mathbb{Z}_2$ トポロジカル絶縁体を例にとって概念を説明する.その手続きは,空間 2 次元における量子 Hall 絶縁

体の場の理論から出発し，次元を一つ下げる（次元縮小化）ことで，1次元の有効理論が得られる．

9.2 1次元トポロジカル絶縁体の有効理論

9.2.1 次元縮小化：$(2+1)$ 次元から $(1+1)$ 次元

第8章では2次元クラスDに属するハミルトニアンから出発し，次元縮小化によって1次元クラスDにおける $\mathbb{Z}_2$ 不変量を導出した．ここでは1次元 $\mathbb{Z}_2$ トポロジカル絶縁体の電磁応答を記述する有効理論を求めるため，次元縮小化を電荷ポンプの観点から見直してみる．

電荷ポンプ再考

空間2次元での量子Hall効果と空間1次元での電荷ポンプの関係を再び考える．第3章で導入した2次元格子模型

$$H_{d=2} = \sum_{x=1}^{L_x}\sum_{y=1}^{L_y}\left[c_{x+1,y}^\dagger\left(\frac{it}{2}\sigma_x - \frac{r}{2}\sigma_z\right)c_{x,y} + \text{h.c.}\right.$$
$$+ c_{x,y+1}^\dagger\left(\frac{it}{2}\sigma_y - \frac{r}{2}\sigma_z\right)c_{x,y} + \text{h.c.}$$
$$\left. + (m+2r)c_{x,y}^\dagger\sigma_z c_{x,y}\right] \tag{9.19}$$

を例にとって考えよう．ここで L_x, L_y は x および y 方向の長さである．（格子定数 a は1とする．）図9.4(a)にあるような y 方向に周期的なシリンダー系を考える．運動量の y 成分は保存するのでFourier展開 $c_{x,y} = (1/\sqrt{L_y})\sum_{k_y} e^{ik_y y}c_x(k_y)$ を用いて，格子模型は

$$H_{d=2} = \sum_x \sum_{k_y}\left[c_{x+1}^\dagger(k_y)\left(\frac{it}{2}\sigma_x - \frac{r}{2}\sigma_z\right)c_x(k_y) + \text{h.c.}\right]$$
$$+ \sum_x \sum_{k_y} c_x^\dagger(k_y)\Big\{t\sin k_y \sigma_y + \sigma_z[m + r(2-\cos k_y)]\Big\}c_x(k_y)$$
$$= \sum_{k_y} H_{d=1}[k_y] \tag{9.20}$$

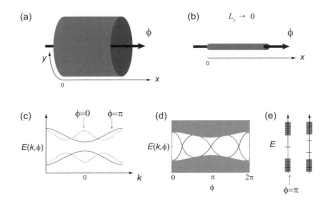

図 9.4 (a) シリンダー状の 2 次元電子系を磁束 ϕ が貫く様子, (b) シリンダーの半径を小さくすることで 2 次元系から 1 次元系に変わる, (c) 端がない場合の $\mathcal{H}_{d=1}(k,\phi=0)$, $\mathcal{H}(k,\phi=\tau)$ のスペクトル, (d) 端がある場合のスペクトル, (e) 端がある場合のスペクトル. $\phi=0$ の場合と $\phi\neq 0$ の場合.

と書ける. これは独立な L_y 個のチャンネルをもつ 1 次元電子系と見なせる.

次に Laughlin 理論の場合と同様にシリンダーに時間に依存する磁束 ϕ (すなわち電場 $E=-d\phi/dt$) を挿入した状況を考えよう. 磁束の効果は 2 次元格子ハミルトニアンで

$$H_{d=2} = \sum_{k_y} H_{d=1}[k_y - eA_y] \tag{9.21}$$

として記述される. ここで $A_y=\phi/L_y=-Et$ である. 時刻 0 で $\phi=0$, 時刻 T で $\phi=\phi_0\equiv hc/e$ とすると, 時刻 0 から $T=hc/eEL_y$ までに移動した電荷の総量は, 電流 J_x によって $J_x=dP/dt$ で定義される分極 P を用いて

$$\Delta Q = \int_0^T dt J_x = \int_0^T dt \frac{dP}{dt} = P(T) - P(0) \tag{9.22}$$

と表せる. 一方, 系が量子 Hall 状態であるから, Hall 電流は $\Delta Q/L_y T=\sigma_H E$ のように量子化する. したがって時間 T の間には正味

$$\Delta Q = TL_y \sigma_H E = \frac{hc}{eEL_y} L_y \nu_{\mathrm{Ch}}^{(1)} \frac{e^2}{h} E = e\nu_{\mathrm{Ch}}^{(1)} \tag{9.23}$$

の電荷がポンプされる. これは $e=\hbar=c=1$ の単位系では

$$P(t=T) - P(t=0) = \nu_{\text{Ch}}^{(1)} \tag{9.24}$$

あるいは，

$$P(\phi=2\pi) - P(\phi=0) = \nu_{\text{Ch}}^{(1)} \tag{9.25}$$

のように表される．

次元縮小化

ここで系を空間 2 次元から空間 1 次元へと次元縮小する．図 9.4(b) にあるように，貫いた磁束の大きさを固定したまま，シリンダーを細くした極限 ($L_y \to 0$) をとる．このとき，すべての量において y 依存性がなくなるので，$k_y = 0$ 以外の成分を落としてよい．このようにして，磁束 ϕ をパラメータとして含む，1 次元絶縁体のハミルトニアン $\mathcal{H}_{d=1}$ が構成できる．以下では，この 1 次元系の分極 P を ϕ の関数として解析する．しばらくの間，x 方向にも周期的境界条件を課して Fourier 変換を行う．第 1 量子化表示のハミルトニアンを $\mathcal{H}_{d=1}(k, \phi)$ で表すと，その固有値方程式は

$$\mathcal{H}_{d=1}(k,\phi)|u_{\alpha,k}^{\pm}(\phi)\rangle = \pm E_{\alpha,k}(\phi)|u_{\alpha,k}^{\pm}(\phi)\rangle \tag{9.26}$$

と書ける．α はバンドインデックスである．典型的な ϕ に対するスペクトルを図 9.4(c) に示す．ハミルトニアンは次元縮小化を行う前，すなわち 2 次元空間で粒子正孔対称性をもっていたため，$\Xi = \sigma_x K$ に対し

$$\Xi^{-1}\mathcal{H}_{d=1}(k,\phi)\Xi = -\mathcal{H}_{d=1}(-k, 2\pi - \phi) \tag{9.27}$$

を満足する．したがって $\phi = 0$ および π では 1 次元でも粒子正孔対称となる．

微視的には分極 P は Bloch 状態 $|u_{\alpha,k}^{-}(\phi)\rangle$ から Berry 接続を定義して

$$P(\phi) = -\int_{-\pi}^{\pi} \frac{dk}{2\pi} a_k(k,\phi) \pmod{1} \tag{9.28}$$

で与えられる．第 5 章で見たように，分極 P には，整数（格子定数）の不定性がある．とくに粒子正孔対称性 (9.27) があるときは，式 (8.89) で示したように，

$$P(\phi) = -P(2\pi - \phi) \pmod{1} \tag{9.29}$$

が成り立つ.したがって,$\phi=0$ および $\phi=\pi$,すなわち粒子正孔対称性がある1次元系では $P=-P\pmod{1}$ でなければならず,系は $P=0$ あるいは $P=1/2\pmod{1}$ の二つの相に分類される.このようにして P を $\mathbb{Z}_2$ 不変量と見なすことができ,前者が自明な絶縁相,後者が非自明な絶縁相を特徴付ける.これに対し粒子正孔対称性がなければ P は 0 から 1 までの任意の値 (mod 1) をとることができ,量子化されない.したがって粒子正孔対称性がなければトポロジカル状態は存在しない.

端ゼロモード

2次元および3次元のトポロジカル絶縁体は表面にギャップレス状態が存在した.1次元の場合,これに相当するのは端における $E=0$ の状態,すなわちゼロモードである.このゼロモードは粒子正孔対称性,すなわち E と $-E$ の間の対称性によって安定に存在できる.この対称性がなければ,なんらかの摂動によって $E=0$ の状態は,そのエネルギー値が変わり,バルクの準位に吸収される.すなわち単純な絶縁相に連続的に変化してしまう.

$P=0\pmod{1}$ と $P=1/2\pmod{1}$ の相違と端状態の関係を見るために,次元縮小化によって得られた1次元系のハミルトニアン $\mathcal{H}(k,\phi)$ を端のある系に適用した,$L_x \times L_x$ 行列ハミルトニアン

$$\mathcal{H}_{i,j}(\phi) \equiv \frac{1}{\sqrt{L_x}} \sum_k e^{ik(x_i-x_j)} \mathcal{H}(k,\phi) \tag{9.30}$$

を考える.これを各 $\phi(0\leq\phi<2\pi)$ に対して対角化したとする.エネルギースペクトルの様子を図 9.4(d) に示す.$\mathcal{H}(k,\phi)$ から得られた第1 Chern 数が $2N+1$ だったとしよう.2次元量子 Hall 系ではバルク–エッジ対応より $2N+1$ 個のエッジチャンネルが左右の端に局在していた.図 9.4(d) では,左端に局在する $2N+1$ 個の状態に対応して,$2N+1$ 個のゼロエネルギー固有値をもつパラメータ ϕ_s^{L} $(s=1,2,\cdots,2N+1)$ が存在し,同様に $2N+1$ 個の点 ϕ_s^{R} でハミルトニアン $h_{i,j}(\phi_s^{\mathrm{R}})$ はゼロエネルギー固有値をもつ.ϕ と $2\pi-\phi$ の間の粒子正孔対称性のために,これらのゼロエネルギー準位は ϕ と $2\pi-\phi$ で対になって現れる.このため,Chern 数が奇数のときは必ず $\phi=0$ あるいは $\phi=\pi$ のいずれかにゼロエネルギー状態が存在しなければならな

い．図 9.4(d) の例では $\phi = 0$ は自明な絶縁体であり，端に状態はない．一方，$\phi = \pi$ の非自明な状態で，端に局在したゼロエネルギー状態が存在する．

この端に局在したゼロエネルギー状態は分数電荷をもつ．非自明な絶縁体が $x \leq 0$ にあり，$x > 0$ は真空であるとすると，$\phi(x) = \pi$ $(x < 0)$ かつ $\phi(x) = 0$ $(x > 0)$ として，

$$Q_{\text{edge}} = e \int_{-\infty}^{\infty} dx \, \frac{\partial P(\phi(x))}{\partial x} = e[P(+\infty) - P(-\infty)] = e \int_{\pi}^{0} d\phi \, \frac{\partial P(\phi)}{\partial \phi}$$

ここで，式 (8.81) を用いて得られる恒等式 $\int_0^{\pi} d\phi (dP(\phi)/d\phi) = -\int_0^{\pi} d\phi (dP(2\pi - \phi)/d\phi) = \int_{\pi}^{2\pi} d\phi (dP(\phi)/d\phi)$ から，半整数電荷

$$Q_{\text{edge}} = -e \frac{1}{2} \int_0^{2\pi} d\phi \, \frac{\partial P[\phi]}{\partial \phi} = -\frac{e}{2} \nu_{\text{Ch}}^{(1)} = -e\left(N + \frac{1}{2}\right) \tag{9.31}$$

が得られる．

9.2.2 有効理論の導出

上では 2 次元格子ハミルトニアンから出発して次元縮小化を用いて，1 次元絶縁体のトポロジカルな分類を行った．ここでは同様の操作を有効作用に対して行う．まず 2 次元空間における量子 Hall 状態の有効理論から出発する．有効理論とは量子 Hall 状態の電磁応答

$$\delta \rho = -\frac{\nu_{\text{Ch}}^{(1)}}{2\pi} B, \qquad \boldsymbol{j} = \frac{\nu_{\text{Ch}}^{(1)}}{2\pi} \hat{\boldsymbol{z}} \times \boldsymbol{E} \tag{9.32}$$

を記述する場の理論の作用積分である．この電磁応答は，時間成分・空間成分をまとめて

$$j^{\mu} = -\frac{\nu_{\text{Ch}}^{(1)}}{2\pi} \epsilon^{\mu\nu\rho} \partial_{\nu} A_{\rho} \tag{9.33}$$

と書け，Hall 伝導率の量子化則 $\sigma_{\text{H}} = \nu_{\text{Ch}}^{(1)} e^2/h$ を与える．

量子 Hall 系の電磁応答，すなわち式 (9.33) を与える作用積分は次式である．

$$S_{\text{CS}}^{(2+1)} = \frac{\nu_{\text{Ch}}^{(1)}}{4\pi} \int dt d^2 x \, \epsilon^{\mu\nu\rho} A_{\mu} \partial_{\nu} A_{\rho} \tag{9.34}$$

これが実際に式 (9.33) を再現することを確かめるには，$A_{\mu}(x')$ で変分をと

ればよい．

$$
\begin{aligned}
j^\mu(x') &= -\frac{\delta S_{\text{CS}}^{(2+1)}[A]}{\delta A_\mu(x')} \\
&= -\frac{\nu_{\text{Ch}}^{(1)}}{4\pi}\int d^{2+1}x\; \epsilon^{\alpha\beta\gamma}\frac{\partial}{\partial A_\mu(x')}\Big\{A_\alpha(x)\big[A_\gamma(x+dx_\beta)-A_\gamma(x)\big]\Big\}\frac{1}{dx_\beta} \\
&= -\frac{\nu_{\text{Ch}}^{(1)}}{4\pi}\Big\{\epsilon^{\mu\beta\gamma}\big[A_\gamma(x'+dx_\beta)-A_\gamma(x')\big] \\
&\qquad +\epsilon^{\alpha\beta\mu}\big(A_\alpha(x'-dx_\beta)-A_\alpha(x')\big)\Big\}\frac{1}{dx_\beta} \\
&= -\frac{\nu_{\text{Ch}}^{(1)}}{2\pi}\epsilon^{\mu\nu\rho}\partial'_\nu A_\rho(x') \tag{9.35}
\end{aligned}
$$

ここで作用積分に関して次元縮小化を行う．すなわち図9.4(b)のようにϕを固定しながら，$L_y \to 0$の極限をとる．外場を表すベクトルポテンシャルに対し，

$$
A_\mu(t,x) = (A_0(t,x), A_x(t,x), \phi(t,x)/L_y) \tag{9.36}
$$

のように，y依存性を落とすと，Chern-Simons項は

$$
\begin{aligned}
S_{\text{CS}}^{(2-1)} &\to \int dt\, dx \int_0^{L_y} dy\; \frac{\nu_{\text{Ch}}^{(1)}}{4\pi}\Big(\epsilon^{2\mu\nu}A_2\partial_\mu A_\nu + \epsilon^{\rho\mu 2}A_\rho\partial_\mu A_2\Big) \\
&= \int dt\, dx \int_0^{L_y} dy\; \frac{\nu_{\text{Ch}}^{(1)}}{4\pi} 2\epsilon^{2\mu\nu}\frac{\phi}{L_y}\partial_\mu A_\nu \\
&= \int dt\, dx\; \frac{\nu_{\text{Ch}}^{(1)}\phi}{2\pi}\; \epsilon^{\mu\nu}\partial_\mu A_\nu \tag{9.37}
\end{aligned}
$$

$\nu_{\text{Ch}}^{(1)}\phi(t,x) = \theta(t,x)$と書くと，空間1次元での有効作用

$$
\begin{aligned}
S_\theta^{(1+1)} &= \int dt\, dx\; \frac{\theta(t,x)}{4\pi}\epsilon^{\mu\nu}F_{\mu\nu} \\
&= \int dt\, dx\; \frac{\theta(t,x)}{2\pi}E(t,x) \tag{9.38}
\end{aligned}
$$

が得られる．ここで$F_{01} = -F_{10} = \partial_0 A_1 - \partial_1 A_0 = E$は電場である．この作用に基づき系の電磁応答を調べよう．電流および電荷密度は$A(t,x)$に関

9.2 1次元トポロジカル絶縁体の有効理論

する変分をとって

$$\begin{aligned}
j^\mu(x) &= -\frac{\delta S_\theta^{(1+1)}}{\delta A_\mu(x)} \\
&= -\frac{1}{2\pi}\int d^{1+1}x' \frac{\partial}{\partial A_\mu(x)}\theta(x')\epsilon^{\nu\rho}\left[A_\rho(x'+dx^\nu) - A_\rho(x')\right]\frac{1}{dx^\nu} \\
&= -\frac{1}{2\pi}\epsilon^{\nu\mu}\left[\theta(x-dx^\nu) - \theta(x)\right]\frac{1}{dx^\nu} \\
&= -\frac{1}{2\pi}\epsilon^{\mu\nu}\partial_\nu\theta
\end{aligned} \quad (9.39)$$

すなわち,

$$\rho = -\frac{1}{2\pi}\frac{\partial\theta}{\partial x}, \qquad j = \frac{1}{2\pi}\frac{\partial\theta}{\partial t} \quad (9.40)$$

が得られる．これらは分極

$$P(t,x) = \frac{\delta S_\theta^{(1+1)}}{\delta E(t,x)} = \frac{\theta(t,x)}{2\pi} \quad (9.41)$$

に対する, $\rho = -\partial P/\partial x$, $j = \partial P/\partial t$ の関係式と等価である．

次に定常的でかつ端がある場合を考えよう．

$$\theta(t,x) = \begin{cases} \pi & (0 \leq x \leq L_x) \\ 0 & (\text{otherwise}) \end{cases} \quad (9.42)$$

とすると，端には，電荷 $\rho(x) = (e/2)\delta(x-L)$ があることがわかる．

以上をまとめると，カイラルエッジ状態をもつ2次元量子 Hall 系から出発して，次元縮小化により1次元絶縁体の有効理論が求められることを見た．2次元系のもつエッジチャンネルの偶奇性によって二つの異なったクラスの1次元絶縁相が得られ，その相違は θ の値に集約される．この θ は物理的には電気分極と対応しており，分極が格子定数の不定性をもつため，θ にも 2π の不定性があることに注意する．荷電共役変換のもとで $\theta \to -\theta$ となるため，粒子正孔対称性のもとでは $\theta = -\theta$ すなわち $\theta = 0, \pi \pmod{2\pi}$ が要請される．前者が自明な絶縁相，後者は非自明な絶縁相に相当する．非自明な絶縁相では有限の分極 $P = \theta/2\pi = 1/2$ をもつため，系の端には $+e/2, -e/2$ の電荷をもつゼロエネルギー状態が存在する．

9.3 3次元トポロジカル絶縁体の有効理論

前節では 2+1 次元量子 Hall 系の有効理論から，次元縮小化により 1+1 次元トポロジカル絶縁体の有効理論を導出した．この節では同様の手続きを行い，4+1 次元量子 Hall 系から出発して，3+1 次元トポロジカル絶縁体の有効理論を導出する．

9.3.1 4次元量子 Hall 効果の有効理論

まず量子 Hall 効果を 4+1 次元に拡張しよう．占有状態 $|u^-_{\lambda,\bm{k}}\rangle$ のトポロジーを特徴付けることを考える．ここで $\bm{k}=(k_x,k_y,k_z,k_w)$ は4次元波数ベクトル，$\lambda=1,2$ はバンドインデックスである．前章と同様に Berry 接続および Berry 曲率を

$$[a_j(\bm{k})]_{\lambda\lambda'} = -i\langle u^-_{\lambda,\bm{k}}|\partial_j|u^-_{\lambda',\bm{k}}\rangle \tag{9.43}$$

$$f_{ij} = \partial_i a_j - \partial_j a_i + i[a_i, a_j] \tag{9.44}$$

のように 2×2 行列で定義する．トポロジカル不変量は2次元積分

$$\nu^{(1)}_{\mathrm{Ch}} = \frac{1}{4\pi}\int_{\mathrm{BZ}} d^2\bm{k}\ \epsilon^{ij}\mathrm{tr}\Bigl[f_{ij}(\bm{k})\Bigr] \tag{9.45}$$

を4次元積分に拡張した，第2 Chern 数

$$\nu^{(2)}_{\mathrm{Ch}} = \frac{1}{32\pi^2}\int_{\mathrm{BZ}} d^4\bm{k}\ \epsilon^{ijkl}\mathrm{tr}\Bigl[f_{ij}(\bm{k})f_{kl}(\bm{k})\Bigr] \tag{9.46}$$

で与えられる．同様に系の電磁応答も 2+1 次元の有効作用 (9.34) を 4+1 次元に拡張した

$$S^{(4+1)}_{\mathrm{CS}} = \int dt d^4\bm{x}\ \frac{\nu^{(2)}_{\mathrm{Ch}}}{24\pi^2}\epsilon^{\mu\nu\rho\sigma\tau}A_\mu\partial_\nu A_\rho \partial_\sigma A_\tau \tag{9.47}$$

によって記述される．例えば電場 $\bm{E}$ と磁場 $\bm{B}$ が印加されたとき，

$$j^\mu = \frac{\delta S^{(4+1)}_{\mathrm{CS}}}{\delta A_\mu} \tag{9.48}$$

より z 方向への電流密度は $j^z = (\nu^{(2)}_{\mathrm{Ch}}/4\pi^2)E_w B_{xy}$ となる[4]．xy 面を通過す

---
[4] 4+1 次元では磁場は $F_{xy} = \partial_x A_y - \partial_y A_x = B_{xy}$ と書くべき量である．

9.3 3次元トポロジカル絶縁体の有効理論　**211**

る全電流は

$$\int dx dy\, j^z = \frac{\nu_{\text{Ch}}^{(2)}}{2\pi} N_\Phi E_w \tag{9.49}$$

で与えられる．ここで N_Φ は xy 面を貫く全磁束数である．以上が 4 次元量子 Hall 効果の概要である．

w 方向に周期的境界条件を課す．これは図 9.4(a) の空間 4 次元版に相当する．時刻 $t=0$ から $T = hc/|e|EL_w = 1/2\pi EL_w$ までのプロセスを考えよう．このとき磁束が $\phi = \oint dw A_w = EL_w t$ のように 0 から磁束量子 $\phi_0 = 2\pi$ まで変化する．z 方向への正味の電荷の移動量 ΔQ は

$$\Delta Q = \int_0^T dt \int dx dy dw\, j^z = \nu_{\text{Ch}}^{(2)} N_\Phi \tag{9.50}$$

となる．一方，電気分極ベクトルを用いると $\int dV j^z = dP^z_{\text{total}}/dt$ と書けるから，

$$P^z_{\text{total}}(\phi=2\pi) - P^z_{\text{total}}(\phi=0) = \nu_{\text{Ch}}^{(2)} N_\Phi \tag{9.51}$$

を得る．これは 2 次元量子 Hall 系における電荷ポンプの関係式 (9.25) に対応している．

9.3.2　次元縮小化：$(4+1)$ 次元から $(3+1)$ 次元

ここで (x,y,z,w) の 4 次元空間から (x,y,z) の 3 次元空間へと次元を落とす．具体的には w 方向に周期的境界条件を課し，磁束 ϕ を通した状態で w 方向の長さを $L_w \to 0$ をする極限をとる．このとき，ベクトルポテンシャルは $A_\mu = (A_0, A_1, A_2, A_3, \phi/L_w)$ と書け，各成分に対し w 依存性を落とす．Chern-Simon 項は次のようになる．

$$\begin{aligned}
S_{\text{CS}}^{(4+1)} &\to \int dt\, dx dy dz \int_0^{L_w} dw\, \frac{\nu_{\text{Ch}}^{(2)}}{24\pi^2} \Big(\epsilon^{4\mu\nu\rho\tau} A_4 \partial_\mu A_\nu \partial_\rho A_\tau \\
&\quad + \epsilon^{\rho\mu 4\nu\tau} A_\rho \partial_\mu A_4 \partial_\nu A_\tau + \epsilon^{\rho\mu\nu\tau 4} A_\rho \partial_\mu A_\nu \partial_\tau A_4 \Big) \\
&= \int dt\, d^3\boldsymbol{x} \int_0^{L_w} dw\, \frac{\nu_{\text{Ch}}^{(2)}}{24\pi^2} 3\epsilon^{4\mu\nu\rho\tau} \frac{\phi}{L_w} \partial_\mu A_\nu \partial_\rho A_\tau
\end{aligned}$$

$$= \int dt d^3\bm{x} \; \frac{\nu_{\rm Ch}^{(2)}\phi}{8\pi^2} \; \epsilon^{\mu\nu\rho\tau} \partial_\mu A_\nu \partial_\rho A_\tau$$

$$= \int dt \, d^3\bm{x} \; \frac{\nu_{\rm Ch}^{(2)}\phi}{32\pi^2} \; \epsilon^{\mu\nu\rho\tau} F_{\mu\nu} F_{\rho\tau} \tag{9.52}$$

ここで,「磁束」ϕ が時間的・空間的に変動する場として $\nu_{\rm Ch}^{(2)}\phi = \theta(t,\bm{x})$ とおくと,3次元空間での有効作用

$$S_\theta = \int dt \, d^3\bm{x} \; \frac{e^2}{32\pi^2 \hbar c} \; \theta(t,\bm{x}) \, \epsilon^{\mu\nu\rho\tau} F_{\mu\nu}(t,\bm{x}) F_{\rho\tau}(t,\bm{x})$$
$$= \int dt \, d^3\bm{x} \; \frac{e^2}{4\pi^2 \hbar c} \; \theta(t,\bm{x}) \, \bm{E}(t,\bm{x}) \cdot \bm{B}(t,\bm{x}) \tag{9.53}$$

が得られる.ただし 1 としていた,$\hbar$, e, および c を記した.S_θ は θ 項あるいはアクシオン項とよばれる.電気分極は

$$\bm{P} = \frac{\delta S_\theta}{\delta \bm{E}} = \frac{e^2}{4\pi^2 \hbar c} \; \theta \bm{B} \tag{9.54}$$

のように磁場 $\bm{B}$ によって誘起され[5],一方,磁化は

$$\bm{M} = \frac{\delta S_\theta}{\delta \bm{B}} = \frac{e^2}{4\pi^2 \hbar c} \; \theta \bm{E} \tag{9.55}$$

のように電場 $\bm{E}$ によって誘起される.時間反転 ($t \to -t$, $\bm{x} \to \bm{x}$) のもとで,電場 $\bm{E}$,磁場 $\bm{B}$,電荷密度 ρ,電流密度 $\bm{j}$ は

$$\bm{E} \to \bm{E}, \quad \bm{B} \to -\bm{B}, \quad \rho \to \rho, \quad \bm{j} \to -\bm{j}, \tag{9.56}$$

のように変化することを思い出そう.分極,および磁化は電荷密度,電流密度と

$$\bm{j} = c\bm{\nabla} \times \bm{M} + \frac{\partial \bm{P}}{\partial t}, \qquad \rho = -\bm{\nabla} \cdot \bm{P} \tag{9.57}$$

のように関係することから,時間反転のもとで

$$\bm{P} \to \bm{P}, \qquad \bm{M} \to -\bm{M} \tag{9.58}$$

---

[5] 式 (9.54) は式 (9.51) と密接に関係している.$\theta = \nu_{\rm Ch}^{(2)}\phi$ を思い出すと,(9.54) は

$$P_{\rm total}^z(\phi) = P^z L_x L_y = \frac{\theta}{2\pi} N_\Phi = \frac{\phi}{2\pi} \nu_{\rm Ch}^{(2)} N_\Phi$$

と書ける.

と変換する．このことから θ に関しては，時間反転のもとで $\theta \to -\theta$ と変換する．したがって，時間反転対称な系ではつねに $\theta = 0$ が要請されると結論付けたくなるかもしれない．しかし 1 次元絶縁系の場合と同様に分極パラメータ θ には 2π の不定性がある[6]．このため，時間反転対称性のもとで許される θ の値は 0 と π (mod 2π) となる．後者がトポロジカル絶縁相に対応する．

上で得た θ 項と電磁場に対する作用

$$S_{\text{Maxwell}} = -\frac{1}{16\pi} \int dt d^3\boldsymbol{x} \ F^{\mu\nu}(t,\boldsymbol{x}) F_{\mu\nu}(t,\boldsymbol{x}) \tag{9.59}$$

および，電荷との相互作用

$$S_{\text{int}} = -\frac{1}{c} \int dt d^3\boldsymbol{x} \ j^\mu(t,\boldsymbol{x}) A_\mu(t,\boldsymbol{x}) \tag{9.60}$$

を組み合わせて Euler-Lagrange 方程式 $\partial_\mu\bigl(\partial\mathcal{L}/\partial(\partial_\mu A_\nu)\bigr) - \partial\mathcal{L}/\partial A_\nu = 0$ から Maxwell 方程式を導出しよう．変分をとって，

$$\begin{aligned}
\frac{\partial \mathcal{L}_{\text{Maxwell}}}{\partial(\partial_\alpha A_\beta)} &= -\frac{1}{16\pi}\left[\frac{\partial}{\partial(\partial_\alpha A_\beta)}(\partial_\mu A_\nu - \partial_\nu A_\mu)\right](\partial^\mu A^\nu - \partial^\nu A^\mu) \times 2 \\
&= -\frac{1}{16\pi}\left[\delta^\alpha_{\ \mu}\delta^\beta_{\ \nu} - \delta^\alpha_{\ \nu}\delta^\beta_{\ \mu}\right](\partial^\mu A^\nu - \partial^\nu A^\mu) \times 2 \\
&= -\frac{1}{4\pi} F^{\alpha\beta}
\end{aligned} \tag{9.61}$$

同様に，

$$\begin{aligned}
\frac{\partial \mathcal{L}_\theta}{\partial(\partial_\alpha A_\beta)} &= \frac{\theta\alpha}{8\pi^2}\left[\frac{\partial}{\partial(\partial_\alpha A_\beta)}\epsilon^{\mu\nu\rho\lambda}\partial_\mu A_\nu\right]\partial_\rho A_\lambda \times 2 \\
&= \frac{\theta\alpha}{8\pi^2}\left[\epsilon^{\mu\nu\rho\lambda}\delta^\alpha_{\ \mu}\delta^\beta_{\ \nu}\right]\partial_\rho A_\lambda \times 2 \\
&= \frac{\theta\alpha}{8\pi^2}\epsilon^{\alpha\beta\rho\lambda} F_{\rho\lambda}
\end{aligned} \tag{9.62}$$

これらを Euler-Lagrange 方程式に代入すると，

$$\partial_\mu F^{\mu\nu} = 4\pi\left[j^\nu + \frac{\alpha}{8\pi}\epsilon^{\mu\nu\rho\lambda}\partial_\mu\left(\frac{\theta}{\pi}\right) F_{\rho\lambda}\right] \tag{9.63}$$

が得られる．これは，電磁場 $\boldsymbol{E}$, $\boldsymbol{B}$ を用いて表すと，

$$\boldsymbol{\nabla}\cdot\boldsymbol{E} = 4\pi\left[\rho + \frac{e^2}{2hc}\boldsymbol{\nabla}\left(\frac{\theta}{\pi}\right)\cdot\boldsymbol{B}\right] \tag{9.64}$$

---

[6] θ のもつ 2π 不定性は w 方向の磁束 ϕ のもつ周期性 $\phi \to \phi + \phi_0$ に起因する．

$$\nabla \times \boldsymbol{B} - \frac{1}{c}\frac{\partial \boldsymbol{E}}{\partial t} = \frac{4\pi}{c}\left[\boldsymbol{j} + \frac{e^2}{2h}\nabla\left(\frac{\theta}{\pi}\right)\times \boldsymbol{E} + \frac{e^2}{2hc}\frac{\dot{\theta}}{\pi}\boldsymbol{B}\right] \quad (9.65)$$

と書ける．通常の Maxwell 方程式と比較すると

$$\rho \to \rho + \frac{e^2}{2hc}\nabla\left(\frac{\theta}{\pi}\right)\cdot \boldsymbol{B} \quad (9.66)$$

$$\boldsymbol{j} \to \boldsymbol{j} + \frac{e^2}{2h}\nabla\left(\frac{\theta}{\pi}\right)\times \boldsymbol{E} + \frac{e^2}{2hc}\frac{\dot{\theta}}{\pi}\boldsymbol{B} \quad (9.67)$$

のように電荷密度，電流密度に θ の効果が加わることがわかる．これらは

$$\rho_{\text{eff}} = -\nabla \cdot \boldsymbol{P} \quad (9.68)$$

$$\boldsymbol{j}_{\text{eff}} = c\nabla \times \boldsymbol{M} + \frac{\partial \boldsymbol{P}}{\partial t} \quad (9.69)$$

の関係を通して，式 (9.54), (9.55) と等価である．

一例として $z = 0$ 平面に端をもつトポロジカル絶縁体を考え，

$$\theta(t, \boldsymbol{x}) = \begin{cases} 0 & (z > 0) \\ \pi & (z < 0) \end{cases} \quad (9.70)$$

であるとしよう．このとき，

$$\nabla\left(\frac{\theta}{\pi}\right) = -\delta(z)\hat{\boldsymbol{z}} \quad (9.71)$$

を式 (9.66), (9.67) に代入すると電磁場のもとで，表面には電荷密度 $\rho^{2\text{D}} = -(e^2/2hc)B_z$ および電流密度 $\boldsymbol{j}^{2\text{D}} = (e^2/2h)\hat{\boldsymbol{z}}\times \boldsymbol{E}$ が生じることが示される．θ 項の効果は表面でのみ現れることに注意しよう．このことは S_θ が

$$\begin{aligned} S_\theta &= \frac{\theta\alpha}{32\pi^2}\epsilon^{\mu\nu\rho\lambda}F_{\mu\nu}F_{\rho\lambda} \\ &= \frac{\theta\alpha}{4\pi^2}\int dt d^3x\, \partial_\mu\left(\epsilon^{\mu\nu\rho\lambda}A_\nu\partial_\rho A_\lambda\right) \end{aligned} \quad (9.72)$$

のように全微分で表せることからも示せる．端のない周期系では全微分の積分はゼロとなる．すなわち θ 項の効果は現れない．一方，境界のある系では S_θ から，端の部分で

$$S_\theta \to S_{\text{CS}}^{(2+1)} = \frac{\theta e^2}{4\pi^2\hbar c}\int dt d^2x\, \epsilon^{z\nu\rho\lambda}A_\nu\partial_\rho A_\lambda \quad (9.73)$$

のように Chern-Simons 項が導かれる．これは Hall 伝導率

$$\sigma_{xy} = -\left(\frac{\theta}{\pi}\right)\frac{e^2}{h} \quad (9.74)$$

を与える．

9.3.3 トポロジカル不変量

次に，この θ を決める微視的表式を求めよう．まず Chern 数の次元縮小化を行う．2+1 次元からの次元縮小の場合には第 1 Chern 数が，(k,ϕ) 平面で

$$\begin{aligned}
\nu_{\text{Ch}}^{(1)} &= \frac{1}{4\pi} \int d\phi dk \, \epsilon^{ij} f_{ij}(k,\phi) \\
&= \frac{1}{2\pi} \int d\phi dk \, \partial_i\left(\epsilon^{ij} a_j\right) \\
&= \int d\phi \, \frac{dP_1(\phi)}{d\phi}
\end{aligned} \tag{9.75}$$

の形に書ける．ただし a_ϕ が一価関数となるようなゲージを選んだ．ここで

$$P_1(\phi) = -\int \frac{dk}{2\pi} a_x(k,\phi) \qquad (\text{mod } 1) \tag{9.76}$$

は分極である．

3+1 次元においては，関係式[7]

$$\frac{1}{4}\epsilon^{ijkl}\text{tr}\left[f_{ij}f_{kl}\right] = \partial_i\left[\epsilon^{ijkl}\text{tr}\left(a_j\partial_k a_l + \frac{2}{3}ia_j a_k a_l\right)\right] \tag{9.77}$$

---

[7] これは次のようにして示される．左辺に $f_{ij} = \partial_i a_j - \partial_j a_i + i[a_i, a_j] = (\partial_i + ia_i)a_j - (\partial_j + ia_j)a_i$ を代入すると，

$$\begin{aligned}
\frac{1}{4}\epsilon^{ijkl}\text{tr}\left[f_{ij}f_{kl}\right] &= \frac{1}{4}\epsilon^{ijkl}\text{tr}\left[\left((\partial_i + ia_i)a_j - (\partial_j + ia_j)a_i\right)\right.\\
&\qquad \left.\times\left((\partial_k + ia_k)a_l - (\partial_l + ia_l)a_k\right)\right] \\
&= \frac{1}{4}\epsilon^{ijkl}\text{tr}\left[(\partial_i + ia_i)a_j \cdot (\partial_k + ia_k)a_l \times 4\right] \\
&= \epsilon^{ijkl}\text{tr}\left[\partial_i(a_j\partial_k a_l) + ia_i a_j a_k a_l + 2i(\partial_i a_j)a_k a_l\right]
\end{aligned}$$

第 2 項はトレースの巡回性より 0，第 3 項は

$$\begin{aligned}
\partial_i \epsilon^{ijkl}\text{tr}\left[a_j a_k a_l\right] &= \epsilon^{ijkl}\text{tr}\left[(\partial_i a_j)a_k a_l\right] + \epsilon^{ijkl}\text{tr}\left[a_j(\partial_i a_k)a_l\right] \\
&\quad + \epsilon^{ijkl}\text{tr}\left[a_j a_k(\partial_i a_l)\right] \\
&= 3\epsilon^{ijkl}\text{tr}\left[(\partial_i a_j)a_k a_l\right]
\end{aligned}$$

を用いて変形すればよい．

に注意すると,

$$\begin{aligned}
\nu_{\text{Ch}}^{(2)} &= \frac{1}{32\pi^2}\int d\phi d^3\boldsymbol{k}\epsilon^{ijkl}\text{tr}\Big[f_{ij}f_{kl}\Big] \\
&= \int d\phi\, \frac{d}{d\phi}\Big[\frac{1}{8\pi^2}\int d^3\boldsymbol{k}\epsilon^{4jkl}\text{tr}\Big(a_j\partial_k a_l + \frac{2}{3}ia_j a_k a_l\Big)\Big] \\
&= \int d\phi\, \frac{dP_3(\phi)}{d\phi}
\end{aligned} \qquad (9.78)$$

と書ける.ここで($\epsilon^{4ijk} = -\epsilon^{ijk}$ に注意して)

$$P_3(\phi) = -\frac{1}{8\pi^2}\int d^3\boldsymbol{k}\, \epsilon^{ijk}\text{tr}\Big[a_i\partial_j a_k + \frac{2}{3}ia_i a_j a_k\Big] \qquad (9.79)$$

は P_1 の対応物である.式 (9.78) を式 (9.51),あるいは式 (9.55) と比較すると,分極と

$$P_3(\phi) = P_{\text{total}}^z(\phi)/N_\Phi = \frac{\nu_{\text{Ch}}^{(2)}\phi}{2\pi} = \frac{\theta}{2\pi} \qquad (9.80)$$

のように関係する.以下では P_3 には整数の不定性があること,および時間反転対称性がある場合には 0 か 1/2 の $\mathbb{Z}_2$ 量となることを示す.

ゲージ変換

まずゲージ変換のもとでの P_3 の変換則を導く.バンド絶縁体における占有バンドの Bloch 状態を $|u_{\alpha,\boldsymbol{k}}\rangle$ で表す.ここで α は占有されたバンドのインデックスである.ここで占有されている状態を重ね合わせた状態 $|\tilde{u}_{\alpha,\boldsymbol{k}}\rangle$ を考え,基底を変更する.

$$|\tilde{u}_{\beta\boldsymbol{k}}\rangle = \sum_\delta |u_{\delta\boldsymbol{k}}\rangle\langle u_{\delta\boldsymbol{k}}|\tilde{u}_{\beta\boldsymbol{k}}\rangle = \sum_\delta |u_{\delta\boldsymbol{k}}\rangle U_{\delta\beta}(\boldsymbol{k}) \qquad (9.81)$$

$$\langle \tilde{u}_{\alpha\boldsymbol{k}}| = \sum_\gamma \langle \tilde{u}_{\alpha\boldsymbol{k}}|u_{\gamma\boldsymbol{k}}\rangle\langle u_{\gamma\boldsymbol{k}}| = \sum_\delta U_{\alpha\gamma}^\dagger(\boldsymbol{k})\langle u_{\gamma\boldsymbol{k}}| \qquad (9.82)$$

ただし Fermi 準位より上の非占有状態は含めないとする.このとき基底状態を与える多体波動関数,すなわち Slater 行列式はこのユニタリー変換のもとで不変である.変換前後の Berry 接続行列は,第 5 章の式 (5.36) で示したように

$$\tilde{a}_i(\boldsymbol{k}) = U^\dagger(\boldsymbol{k})a_i(\boldsymbol{k})U(\boldsymbol{k}) - iU^\dagger(\boldsymbol{k})\partial_i U(\boldsymbol{k}) \qquad (9.83)$$

のように関係する．これを用いてゲージ変換により P_3 がどのように変化するかを調べよう．

$$\epsilon^{ijk}\mathrm{tr}\left[\tilde{a}_i\partial_j\tilde{a}_k\right]$$
$$= \epsilon^{ijk}\mathrm{tr}\left[\left(U^\dagger a_i U - iU^\dagger \partial_i U\right)\partial_j\left(U^\dagger a_k U - iU^\dagger \partial_k U\right)\right]$$
$$= \epsilon^{ijk}\mathrm{tr}\left[\left(U^\dagger a_i U - iU^\dagger \partial_i U\right)\right.$$
$$\left.\times \left(U^\dagger(\partial_j a_k)U + \partial_j U^\dagger a_k U + U^\dagger a_k \partial_j U - i\partial_j U^\dagger \partial_k U\right)\right]$$
$$= \epsilon^{ijk}\mathrm{tr}\left[a_i\partial_j a_k\right] + \epsilon^{ijk}\mathrm{tr}\left[U^\dagger\partial_i U U^\dagger \partial_j U U^\dagger \partial_k U\right] + 2\epsilon^{ijk}\mathrm{tr}\left[a_k a_i U \partial_j U^\dagger\right]$$
$$- i\epsilon^{ijk}\mathrm{tr}\left[\partial_i U U^\dagger \partial_j a_k + 3\partial_i U^\dagger \partial_j U a_k\right] \tag{9.84}$$

および

$$\mathrm{tr}\left[\tilde{a}_i\tilde{a}_j\tilde{a}_k\right]$$
$$= \mathrm{tr}\left[\left(U^\dagger a_i U - iU^\dagger \partial_i U\right)\left(U^\dagger a_j U - iU^\dagger \partial_j U\right)\left(U^\dagger a_k U - iU^\dagger \partial_k U\right)\right]$$
$$= \mathrm{tr}\left[\left(U^\dagger a_i U - iU^\dagger \partial_i U\right)\left(U^\dagger a_j a_k U - U^\dagger \partial_j U U^\dagger \partial_k U\right.\right.$$
$$\left.\left.- i\left\{U^\dagger a_j U U^\dagger \partial_k U + U^\dagger \partial_j U U^\dagger a_k U\right\}\right)\right]$$
$$= \mathrm{tr}\left[U^\dagger(a_i a_j a_k)U + (-i)^3 U^\dagger \partial_i U U^\dagger \partial_j U U^\dagger \partial_k U\right.$$
$$- i\left\{U^\dagger a_i a_j \partial_k U + U^\dagger a_i \partial_j U U^\dagger a_k U + U^\dagger \partial_i U U^\dagger a_j a_k U\right\}$$
$$- \left\{U^\dagger a_i \partial_j U U^\dagger \partial_k U + U^\dagger \partial_i U U^\dagger a_j \partial_k U\right.$$
$$\left.\left.+ U^\dagger \partial_i U U^\dagger \partial_j U U^\dagger a_k U\right\}\right] \tag{9.85}$$

を組み合わせて，

$$\epsilon^{ijk}\mathrm{tr}\left[\tilde{a}_i\partial_j\tilde{a}_k + \frac{2}{3}i\tilde{a}_i\tilde{a}_j\tilde{a}_k\right]$$
$$= \epsilon^{ijk}\mathrm{tr}\left[a_i\partial_j a_k + \frac{2}{3}i a_i a_j a_k\right] - i\epsilon^{ijk}\mathrm{tr}\left[(\partial_i U)U^\dagger \partial_j a_k + \partial_i U \partial_j U^\dagger a_k\right]$$
$$+ \left(1 - \frac{2}{3}\right)\epsilon^{ijk}\mathrm{tr}\left[U^\dagger \partial_i U U^\dagger \partial_j U U^\dagger \partial_k U\right]$$

$$= \epsilon^{ijk}\mathrm{tr}\Big[a_i\partial_j a_k + \frac{2}{3}ia_ia_ja_k\Big] - i\partial_j\epsilon^{ijk}\mathrm{tr}\Big[\partial_i U U^\dagger a_k\Big]$$
$$+ \frac{1}{3}\epsilon^{ijk}\mathrm{tr}\Big[U^\dagger \partial_i U U^\dagger \partial_j U U^\dagger \partial_k U\Big] \tag{9.86}$$

となる．右辺第 2 項は全微分の形をしているので，周期系（Brillouin 域）で積分するとゼロとなる．したがって，ゲージ変換のもとで，

$$\tilde{P}_3 = P_3 - \frac{1}{24\pi^2}\int d^3\boldsymbol{k}\ \epsilon^{ijk}\mathrm{tr}\Big[U^\dagger \partial_i U U^\dagger \partial_j U U^\dagger \partial_k U\Big] \tag{9.87}$$

のように変換する．右辺第 2 項は Pontryagin 指数とよばれるもので，整数値をとる．簡単な例として，$U(\boldsymbol{k})$ が SU(2) 行列の場合を考えよう．$U(\boldsymbol{k})$ を

$$U = \begin{pmatrix} \cos\frac{\phi}{2} - in_z\sin\frac{\phi}{2} & (-in_x - n_y)\sin\frac{\phi}{2} \\ (-in_x + n_y)\sin\frac{\phi}{2} & \cos\frac{\phi}{2} + in_z\sin\frac{\phi}{2} \end{pmatrix}$$
$$= \cos\frac{\phi}{2} - i(\boldsymbol{n}\cdot\boldsymbol{\sigma})\sin\frac{\phi}{2} = -i\sigma_\mu m_\mu \tag{9.88}$$

のように表す．ただし

$$\sigma_\mu = (\sigma_x, \sigma_y, \sigma_z, i)$$
$$m_\mu = (n_x\sin\frac{\phi}{2}, n_y\sin\frac{\phi}{2}, n_z\sin\frac{\phi}{2}, \cos\frac{\phi}{2})$$

とした．

$$\epsilon^{ijk}\mathrm{tr}\Big[U^\dagger \partial_i U U^\dagger \partial_j U U^\dagger \partial_k U\Big]$$
$$= -\epsilon^{ijk}\mathrm{tr}\Big[U^\dagger \partial_i U \partial_j U^\dagger \partial_k U\Big]$$
$$= -\epsilon^{ijk}\mathrm{tr}\Big[(i\sigma_\mu^\dagger m_\mu)(-i\sigma_\nu \partial_i m_\nu)(i\sigma_\rho^\dagger \partial_j m_\rho)(-i\sigma_\lambda \partial_k m_\lambda)\Big]$$
$$= -\epsilon^{ijk}\mathrm{tr}\Big[\sigma_\mu^\dagger \sigma_\nu \sigma_\rho^\dagger \sigma_\lambda\Big] m_\mu \partial_i m_\nu \partial_j m_\rho \partial_k m_\lambda \tag{9.89}$$

$\mathrm{tr}\Big[\sigma_\mu^\dagger \sigma_\nu \sigma_\rho^\dagger \sigma_\lambda\Big] = 2\epsilon^{\mu\nu\rho\lambda}$ を用いると，ゲージ変換による変化分は

$$N \equiv -\frac{1}{24\pi^2}\int d^3\boldsymbol{k}\ \epsilon^{ijk}\mathrm{tr}\Big[U\partial_i U^\dagger \partial_j U^\dagger U\partial_k U^\dagger\Big]$$
$$= \frac{1}{12\pi^2}\int d^3\boldsymbol{k}\ \epsilon^{ijk}\epsilon^{\mu\nu\rho\lambda}\ m_\mu \partial_i m_\nu \partial_j m_\rho \partial_k m_\lambda \tag{9.90}$$

と書けるが，これは第 3 章で Hall 伝導度の量子化（式 (3.46)）のところで現れた

$$\frac{1}{4\pi}\int d^2\bm{k}\ \bm{n}\cdot\left(\frac{\partial \bm{n}}{\partial k_x}\times\frac{\partial \bm{n}}{\partial k_y}\right) = \frac{1}{8\pi}\int d^2\bm{k}\ \epsilon^{ij}\epsilon^{\mu\nu\rho}\ n_\mu\partial_i n_\nu\partial_j n_\rho \quad (9.91)$$

の次元を一つ増やした拡張であり整数値をとる．したがって，P_3 はゲージ不変ではなく，整数の不定性があることが示された．

ここで時間反転対称性があるときには，Berry 接続が満たす条件式 (5.42) をここで再び書き下す．

$$\bm{a}(-\bm{k}) = w(\bm{k})\bm{a}^*(\bm{k})w^\dagger(\bm{k}) + iw(\bm{k})\frac{\partial}{\partial \bm{k}}w^\dagger(\bm{k}) \quad (9.92)$$

これを

$$\begin{aligned}2P_3 &= -\frac{1}{4\pi^2}\int d^3\bm{k}\ \epsilon^{ijk}\mathrm{tr}\Big[a_i\partial_j a_k + \frac{2}{3}ia_i a_j a_k\Big]\\ &= -\frac{1}{4\pi^2}\int d^3\bm{k}\ \epsilon^{ijk}\mathrm{tr}\Big[a_i(-\bm{k})\partial_{-k_j}a_k(-\bm{k})\\ &\quad + \frac{2}{3}ia_i(-\bm{k})a_j(-\bm{k})a_k(-\bm{k})\Big]\end{aligned}$$

に代入して，式 (9.84) および式 (9.85) と同様な計算を行うと，

$$\begin{aligned}2P_3 = -2P_3^* &+ \frac{i}{4\pi^2}\int d^3\bm{k}\ \epsilon^{ijk}\partial_k\mathrm{tr}\Big[a_i\partial_j w^\dagger w\Big]\\ &- \frac{1}{12\pi^2}\int d^3\bm{k}\ \epsilon^{ijk}\mathrm{tr}\Big[w\partial_i w^\dagger w\partial_j w^\dagger w\partial_k w^\dagger\Big]\end{aligned} \quad (9.93)$$

を得る．右辺第 2 項は表面項であるので Brillouin 域で積分するとゼロとなる．こうして

$$2P_3 = \frac{-1}{24\pi^2}\int d^3\bm{k}\ \epsilon^{ijk}\mathrm{tr}\Big[w\partial_i w^\dagger w\partial_j w^\dagger w\partial_k w^\dagger\Big] \in \mathbb{Z} \quad (9.94)$$

が得られた．すわなち時間反転対称性がある場合 P_3 は整数か半整数でなければならない．P_3 は整数の不定性があることと合わせて，時間反転対称性をもつ 3 次元絶縁体の $\mathbb{Z}_2$ 不変量

$$P_3 = 0\ \text{or}\ \frac{1}{2} \quad (\mathrm{mod}\ 1) \quad (9.95)$$

が導かれた．

以上をまとめると，1次元では分極 P_1 は整数の不定性がある．粒子正孔対称性ある場合，分極は $P = 0$ および $1/2$ (mod 1) に制限され，これらは $\mathbb{Z}_2$ 不変量を与える．同様に 3 次元でも P_3 には整数の不定性が存在する．さらに時間反転対称性がある場合には P_3 は 0 か $1/2$ (mod 1) に制限され，$\mathbb{Z}_2$ 不変量を与える．P_3 がゼロでなければ磁化が電場によって誘起する，あるいは電気分極が磁場によって誘起するという，トポロジカル電気磁気効果が生じる．

第10章 トポロジカル絶縁体表面の乱れの効果

　この章では3次元トポロジカル絶縁体表面に実現するDirac電子系の乱れに起因する現象として，Anderson局在の問題，量子Hall効果を紹介する．Anderson局在や量子Hall効果では電子の量子力学的効果が本質的役割を担う．その発見以来，これらの現象に関する堅固な理論的枠組が築かれてきたが，Schrödinger方程式を単にDirac方程式におき換えるだけで，これまで予期されなかったような非自明な乱れの効果が現れる．本章で対象とする系は2次元Dirac型線形分散がただ一つ（一般には奇数個）出現する3次元トポロジカル絶縁体（Bi_2Se_3あるいはBi_2Te_3）の表面状態である．

10.1　Dirac電子のBoltzmann理論

　一般に，原子あるいは分子が規則的に並んで結晶を構成したとき，結晶中の電子の波動関数は結晶全体にわたって広がり，Bloch状態により記述されるバンド構造をもつが，格子欠陥や不純物などによる乱れがあると電子散乱によってBloch波動関数は変調を受けることになる．固体中の電気伝導をBloch電子の拡散運動によって記述するのがBoltzmann理論である．一方，乱れによるBloch状態の変調によって，波動関数が局在し，絶縁化する現象がAnderson局在である．このようにAnderson局在では量子効果が本質的な役割を担うが，まずは量子効果を考慮しないBoltzmann理論の枠組でDirac電子の伝導率を計算してみよう．

　Boltzmann方程式は緩和時間近似のもとで

$$\frac{\partial f_{\bm{k}}}{\partial t} + \frac{e\bm{E}}{\hbar} \cdot \frac{\partial f_{\bm{k}}}{\partial \bm{k}} = -\frac{f_{\bm{k}} - f_0(E_{\bm{k}})}{\tau} \tag{10.1}$$

と書ける．ここで $f_0(E_{\bm{k}})$ は電場 $\bm{E}$ がない場合の平衡状態における Fermi 分布関数 $f_0(E) = 1/(e^{(E-\mu)/k_B T} + 1)$ である．電場 $\bm{E}$ のもとでの非平衡分布関数 $f_{\bm{k}}$ は

$$f_{\bm{k}} \simeq f_0 - \frac{e\bm{E}\tau}{\hbar} \cdot \frac{\partial f_0(E_{\bm{k}})}{\partial \bm{k}} \tag{10.2}$$

で与えられる．

電流を計算するには波数 $\bm{k}$ の状態の速度の表式をエネルギー分散 $E_{\bm{k}}$ から求める必要がある．通常の非相対論的な 2 次分散 $E_{\bm{k}} = \hbar^2 \bm{k}^2/2m$ の場合には速度は $\bm{v} = \partial E_{\bm{k}}/\partial \hbar \bm{k} = \hbar \bm{k}/m$ であるので，電流密度は

$$\begin{aligned} \bm{j} &= \frac{1}{L^d} \sum_{\bm{k}} \Big(f_{\bm{k}} - f_0(E_{\bm{k}})\Big) \frac{e\hbar \bm{k}}{m} \\ &= \frac{1}{L^d} \sum_{\bm{k}} \Big(-\frac{e\bm{E}\tau}{\hbar} \cdot \frac{\partial f_0(E_{\bm{k}})}{\partial \bm{k}}\Big) \frac{e\hbar \bm{k}}{m} \end{aligned} \tag{10.3}$$

部分積分して

$$\bm{j} = \frac{e^2 \tau \bm{E}}{m} \frac{1}{L^d} \sum_{\bm{k}} f_0(E_{\bm{k}}) = \frac{ne^2 \tau}{m} \bm{E} \tag{10.4}$$

を得る．ここで $n = (1/L^d) \sum_{\bm{k}} f_0(E_{\bm{k}})$ は電子密度である．とくに 2 次元 ($d=2$) の場合は $n = \pi k_F^2/(2\pi)^2$ （ただし簡単のためスピンやその他の縮退度は無視する）となるので，Boltzmann 理論の枠組みで伝導度は

$$\sigma_0 = \frac{j}{E} = \frac{E_F \tau}{\hbar} \frac{e^2}{h} \tag{10.5}$$

で与えられる．

同様の計算を 2 次元の Dirac 電子に対して行う．分散が $E_{\bm{k}} = v_F \hbar |\bm{k}|$ であるから，速度は $\bm{v} = \partial E_{\bm{k}}/\partial \hbar \bm{k} = v_F \bm{k}/|\bm{k}|$ となる．したがって

$$\begin{aligned} j_x &= \frac{1}{L^d} \sum_{\bm{k}} E_x \frac{e\tau}{\hbar} f_0(E_{\bm{k}}) \frac{\partial}{\partial k_x} \Big(ev_F \frac{k_x}{|\bm{k}|}\Big) \\ &= E_x \frac{e^2 v_F \tau}{\hbar} \int_0^\infty \frac{kdk}{2\pi} \int_0^{2\pi} \frac{d\theta}{2\pi} f_0(E_{\bm{k}}) \frac{1 - \cos^2 \theta}{k} \\ &= E_x \frac{v_F k_F \tau e^2}{2h} = E_x \frac{E_F \tau}{2\hbar} \frac{e^2}{h} \end{aligned} \tag{10.6}$$

から伝導度

$$\sigma_0 = \frac{j}{E} = \frac{E_\mathrm{F}\tau}{2\hbar}\frac{e^2}{h} \tag{10.7}$$

が得られる．

10.2　乱れの量子効果：Anderson局在のスケーリング理論

　上での計算は量子効果が取り入れられていない．Andersonがはじめに提案したように，Bloch電子の拡散性は乱れの量子効果によって消失し，もともと金属的であった系が絶縁体になり得る．この現象は基本的に1粒子問題であるが，ある波動関数が局在しているのか，広がっているのか（すなわち系が金属か絶縁体か）を判別するのは難しい問題であった．スケーリング理論はこれに対する明確な方法を提示する．

　以下ではこのAnderson局在に対するスケーリング理論を紹介しよう．例えばFermi準位での波動関数が局在しているか非局在かを判断するために有限系の伝導度を考える．2次元 ($d=2$) の場合は一辺の長さ L の正方形，3次元 ($d=3$) では立方体を考え，簡単のため，周期的境界条件を課す（図10.1(a)参照）．スケーリング理論では系の大きさ L を変えたときに，伝導度 g が L とともに増大するか，減少するかによって，系が金属的か絶縁的かを区別する．すなわち金属相では系が大きくなるにつれ g も大きくなりよい伝導体となるが，絶縁相では，系が大きくなるにつれ g は減少し，サイズ無限大の極限で伝導性は消失する ($g \to 0$)[1]．その基礎には1パラメータスケーリング仮説，すなわち伝導度の対数微分

$$\beta(g) = \frac{d\log g}{d\log L} \tag{10.8}$$

が g のみの関数であるという要請がある．

　そこで，無次元化された伝導度が $g = (h/e^2)\sigma_{xx}L^{d-2}$ のように伝導率 σ_{xx} と関係していることを踏まえて，スケーリング関数 $\beta(g)$ のおおよそのふるま

---

[1] 現実の系では位相緩和長が「系のサイズ」の役割を担う．位相緩和長は温度の減少とともに増加するので，サイズ無限大の極限は絶対零度の極限に相当する．

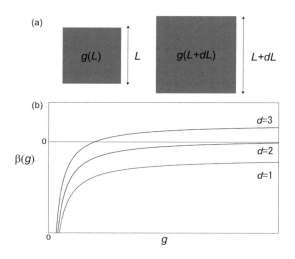

図 10.1 (a) スケーリング理論では伝導度 g のサイズ依存性を調べる，(b) スケーリング関数 $\beta(g) \equiv d\log g / d\log L$ のふるまい．

いを考察してみよう．まず伝導率 σ_{xx} が L に依存しない[2]金属極限 $(g \gg 1)$ を考えると，スケーリング関数は

$$\beta(g) \simeq d - 2 \tag{10.9}$$

で与えられる．一方，乱れが強い極限 $(g \ll 1)$ ではすべての波動関数は指数関数的に局在するので，局在状態間のホッピング伝導を考慮すると，伝導度は $g \sim g_0 e^{-L/\xi}$ のようにサイズ L とともに指数関数的に減少する．ξ は局在長とよばれる．したがってスケーリング関数は，

$$\beta(g) \simeq \log\left(g/g_0\right) \tag{10.10}$$

となる．二つの極限がなめらかにつながるとして内挿したのが図 10.1(b) に示されているスケーリング関数である．$\beta > 0$ では g は L の増加関数（金属相），$\beta < 0$ では g は L の減少関数となる（絶縁相）．

このようにスケーリング理論では伝導度の値そのものよりもむしろ，g が

---

[2] このときの σ_{xx} は，上のように Boltzmann 理論から得られ，$\sigma_{xx} \simeq (e^2/h)k_\mathrm{F}^{d-1}\ell$ となる．k_F は Fermi 波数，ℓ は平均自由行程．

サイズ L（実験では温度）の関数として増加関数であるか減少関数であるかが重要である．スケーリング理論の帰結として，クリーンな極限から出発して乱れを徐々に強めていくと，3次元ではある程度乱れが強くなったときに，金属相 ($\beta > 0$) から絶縁相 ($\beta < 0$) に転移する．一方，2次元と1次元では常に $\beta < 0$ であるため，非常に弱い乱れに対してもサイズの大きい極限では，波動関数が局在し，絶縁体となってしまう．

10.3　Dirac電子の局在問題：表面状態のトポロジカル保護

10.3.1　スケーリング解析

乱れのあるトポロジカル絶縁体の表面状態の局在効果を2次元Dirac模型

$$H = -i\hbar v_{\mathrm{F}}[\hat{z} \times \boldsymbol{\sigma}] \cdot \boldsymbol{\nabla} + V(\boldsymbol{r}) \tag{10.11}$$

に基づいて調べよう．ここで $V(\boldsymbol{r})$ はランダムポテンシャルである．まずこの問題に取り組むにあたって重要となる事項をいくつか挙げておく．一つめはDirac模型特有のBerry位相の効果である．図10.2(a)にあるように波数 $\boldsymbol{k}$ の状態が $-\boldsymbol{k}$ の状態に散乱されるときにFermi円の右回りの経路と左回りの経路がある．通常のSchrödinger方程式の模型では，この二つの経路は干渉して互いに強め合って定在波を形成する傾向にある．これがAnderson局在の起源である．ところがDirac電子系は波数 $\boldsymbol{k}$ の状態が $-\boldsymbol{k}$ の状態に散乱されるとき，Berry位相 π のため位相差も π ずれる．このとき干渉は互いに弱め合うため（図10.2(b)），後方散乱は抑制され，局在とは逆の傾向，すなわち反局在効果に転じる．

歴史的にはこの反局在効果の存在はスピン軌道結合した散乱体のある2次元電子系

$$\begin{aligned} H &= (-i\hbar\boldsymbol{\nabla})^2/2m + V(\boldsymbol{r}) + V_{\mathrm{so}} \\ V_{\mathrm{so}} &= -\frac{1}{2}\{\lambda(\boldsymbol{r}), -i\boldsymbol{\nabla}\} \times \boldsymbol{\sigma} \cdot \hat{z} \end{aligned} \tag{10.12}$$

の研究から明らかとなった．スピン軌道相互作用のある散乱体によって例えば波数 $\boldsymbol{k}$ の状態が $-\boldsymbol{k}$ に散乱する際にスピンが反転することがあり，この場

合の後方散乱の遷移振幅も，Dirac 電子の場合と同様にゼロとなる．そこで，この類似性から，「Dirac 電子系の局在効果は，スピン軌道結合系のそれと同等なのではないか」と予想するのは自然である．実際，Anderson 局在の基本的性質は模型の詳細にはよらず，時間反転など系のもつ大局的対称性のみで決まってしまうことが知られている．Dirac 模型とスピン軌道相互作用のある散乱体をもつ系はともに時間反転対称性を有するが，スピン空間での対称性は破れており，同じクラス（クラス AII）に分類される．

スピン軌道相互作用のある 2 次元電子系に対してはこれまで多くの理論的・実験的研究がなされ，移動度端とよばれるエネルギー準位で金属–絶縁体転移が起きることが明らかにされている．伝導帯の場合，Fermi 準位が移動度端よりも上に位置しているときは，乱れの効果が比較的弱く，伝導度 g は L とともに増大する金属相 ($\beta > 0$) にある．すなわち，波動関数は空間的に広がっている．一方，Fermi 準位が移動度端を下まわると波動関数は局在し，絶縁相 ($\beta < 0$) に転移する．価電子帯の場合は移動度端の上側の状態が局在した絶縁相，下側が金属相となる．

Dirac 電子系では図 10.2(a) にあるように，$E > 0$ の伝導帯と $E < 0$ の価電子帯が Dirac 点とよばれる $E = 0$ で接している．スピン軌道結合系との類似性を考えると，伝導帯および価電子帯にはそれぞれ移動度端が存在し，バンド端に相当する Dirac 点近傍では波動関数は局在すると予想される．実際，$E = 0$ では Berry 位相も定義できず，上述の後方散乱抑制の議論も適用されない．3 次元トポロジカル絶縁体の表面状態は乱れがあると，このように局在してしまうのだろうか．

ここで実際に Dirac 模型と通常のスピン軌道結合系に対し計算された，伝導度 g のスケーリング関数 $\beta(g)$ を見てみよう．図 10.2(c) にあるように g が大きい領域では二つの模型は同様の漸近的性質（2 次元の金属極限）をもつ．ところが g がある程度小さい領域では二つの模型は質的に異なったふるまいを示す．スピン軌道結合系では，上述のように，g が $g^* \simeq 1.5$ より小さい状況では β が負の領域，すなわち絶縁相へ転移する．一方，Dirac 模型の場合は β はつねに正，すなわち金属相しか現れない．このことは 2 次元 Dirac 電子系（式 (10.11)），すなわち 3 次元トポロジカル絶縁体の表面においては，どんなに乱れが大きくても，（バルクのギャップを壊さない限り）波動関数は

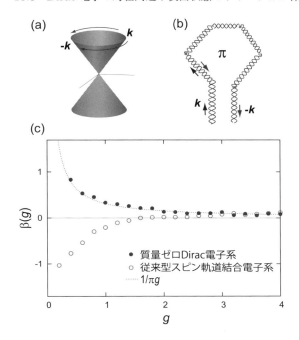

図 10.2 (a) Dirac 型線形分散，(b) k から $-k$ への散乱とその時間反転は互いに干渉するが，Berry 位相 π によってこの干渉は弱め合う．(c) Dirac 電子系とランダムなスピン軌道結合系とのスケーリング関数の比較．

局在しないことを示している．

10.3.2 スペクトルフローと $\mathbb{Z}_2$ トポロジー論

　このようにして，Dirac 電子系と従来のスピン軌道結合系が類似の性質（対称性）をもつにもかかわらず，Anderson 局在の性質は質的に異なっていることを見た．いかにしてこれら二つの模型は区別できるだろうか．とくに Dirac 電子系においてはいかにして波動関数は局在化を免れることができるのであろうか．これらの疑問に答えるため，スペクトラルフローに基づく解析を紹介しよう．まず，これまで系には周期的境界条件が課されていたが，ここではそれを一般化し，波動関数の満たす境界条件を

$$\psi(x+L, y) = e^{i\phi}\psi(x, y) \tag{10.13}$$

とする．この波動関数の「ひねり角」ϕ は物理的にはトポロジカル絶縁体に磁束を貫いた状況に相当する．このとき，Dirac ハミルトニアン（式 (10.11)）のエネルギー固有値は ϕ の関数となるが，それを示したのが図 10.3(a) である．

このような量を考える理由は明白で，もし波動関数が強く局在していたら，そのエネルギーは境界条件の変化 ϕ に鈍感なはずである．逆に，エネルギーが ϕ によって変化するとしたら，波動関数は十分に広がっていなければならない．つまりエネルギー E がどれだけ ϕ に依存するかで，波動関数の「広がり具合」がわかるわけである．

ここで ϕ が 0 と π の場合のみ時間反転対称性を有するが，それ以外では時間反転対称性が破れることに注意しよう．類似の状況は微小な量子リングに磁束を貫いた場合でも見られる．リング方向の波数の値は磁束によって連続的に変化するが，磁束量子の半分になったとき（$\phi = \pi$ の場合）には波数 k と $-k$ の状態は同じエネルギーをもつ．

乱れのある系でも，第 5 章で示したように，時間反転対称なスピン 1/2 の系は（少なくとも）2 重に縮退している（Kramers の定理）．実際，図 10.3 でも $\phi = 0$ と π では Kramers 縮退が見える．ところが Dirac 電子系では縮退する Kramers 対が $\phi = 0$ と π でパートナーを入れ替えるのに対し，スピ

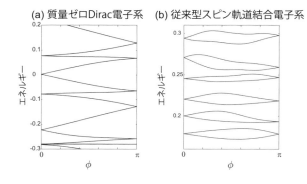

図 10.3 Dirac 電子系と従来のスピン軌道結合系のエネルギー・スペクトラルフロー．$\phi = 0$ と π では時間反転対称性による Kramers 縮退が生じる．

10.3 Dirac電子の局在問題：表面状態のトポロジカル保護

ン軌道結合系では同じ対をもつ．この違いは，乱れが強くなるにつれ顕著な効果をもたらす．通常のスピン軌道結合系（式(10.12)）では乱れが強くなるとEのπ依存性は徐々に弱まり，最終的には，Eはπによらなくなる．つまり波動関数は局在する．これは伝導度gの小さい領域でβが負の領域に転ずる，絶縁体相への転移が起こることに対応している．ところが，これと同様なことがDirac模型では起き得ないことがすぐにわかる．Dirac模型の場合，スペクトルがバンドの底（下部カットオフ）から上のカットオフまでつながっており，Eがϕによらない状況を作るには$\phi=0$とπでのKramers縮退を一度壊して再配列しなくてはならないが，それは時間反転対称性によって禁止されている．したがって波動関数が局在することはトポロジー的に許されない．

これら二つの相違を数学的に表現するには，図10.3の中でFermi準位に横線を引いて，そこを通過する状態の数を勘定すればよい．通常のスピン軌道結合系（図10.3(b)）では，交差点の数はつねに偶数である．Fermi準位やポテンシャルの形や強さを変えれば，交点数は変わるが，偶数から偶数に変わるだけで，奇数に変わることはない．乱れが強い極限では交点数はつねにゼロ（すなわちEはϕによらない）となり，これが強局在領域に対応する．一方Dirac電子系では，交点数はつねに奇数であり，偶数に変わること，とくにゼロになることは許されない．このように通常のスピン軌道結合系とDirac電子系の相違は交点数の偶奇性の違いとして特徴付けられる．この議論は3次元トポロジカル絶縁体と通常の絶縁体の$\mathbb{Z}_2$不変量による分類を，乱れがある場合に拡張したものと見なせる[3]．

Dirac分散が複数存在する場合にはすべての準位がDirac分散の数だけ縮退する．異なるDirac分散の間に散乱が生じると，$\phi=0$とπでのKramersの2重縮退のみが残り，他の縮退は解ける．弱いトポロジカル絶縁体の表面のようにDirac分散の数が偶数個の場合は図10.3(b)のように$E(\phi)$はϕによらない状況，すなわち局在領域を作ることが可能であるが，奇数個のDirac分散がある場合はスペクトルは図10.3(a)に相当し，つねに非局在である（強いトポロジカル絶縁体）．

---

[3] 一方で，Eのϕ依存性は$g \simeq (1/\Delta)\langle d^2E/d\phi^2\rangle$のように表面の伝導度と直接関連している．

空間2次元で生じる量子Hall絶縁体は$\mathbb{Z}$トポロジカル不変量（第1 Chern数）によって特徴付けられる．この整数値は試料端でのカイラルエッジモードの数に対応し，それはHall伝導度として観測される．これに対し，3次元トポロジカル絶縁体は$\mathbb{Z}_2$不変量，すなわち偶奇性によって区別されるが，それは試料端での表面Dirac状態の偶奇性と対応する．量子Hall系の端におけるカイラルエッジ状態では，任意の（整数）チャンネル数が許されたのに対し，$\mathbb{Z}_2$トポロジカル絶縁体では，上で見たようにDirac分散の数自体は変化し得るが，その偶奇性は保存される．

10.4 トポロジカル表面量子Hall効果

10.4.1 磁場中のDirac電子の相図

次にDirac電子系における局在問題における磁場の効果について考えよう．ゼロ磁場の場合のように，2次元Dirac電子系と通常の2次元電子系では磁場下でも（とくに弱磁場極限で）質的に異なった局在の性質を示すことを見る．強磁場の場合は，（量子化値が整数か半整数かの違いは別として）両者の間で局在の性質の違いはない．第3章で見たように，通常の強磁場中電子系においては，ほとんどすべての状態は不規則ポテンシャルによって（Anderson）局在しているが，Landau準位の中心エネルギーに位置する状態は，例外的に非局在である．強磁場領域は，サイクロトロンエネルギーが各Landau準位の幅Γに比べ十分大きい領域に相当し，Hall伝導率は

$$\sigma_{xy} = N\frac{e^2}{h} \tag{10.14}$$

となる．一方，弱磁場極限あるいは乱れが強い極限ではすべての状態は局在する．強磁場から弱磁場にかけて，あるいは乱れが弱い極限から強くなるにつれLandau準位混成が強まり，Landau準位の中心にあった非局在状態は高エネルギー側へ，すなわち占有率の高い方へとフローティング（floating）していく．こうしてゼロ磁場極限では量子Hall効果は消失し，$\sigma_{xy} = 0$となる．

次にDirac電子の場合に移ろう．磁場が十分強い場合，Hall伝導度は通常

の 2 次元電子系の場合と異なり

$$\sigma_{xy} = \left(N + \frac{1}{2}\right)\frac{e^2}{h} \tag{10.15}$$

で与えられるが，ひとたび Landau 準位が形成されてしまえば，局在の性質は通常の 2 次元電子系のそれと変わらない．一方，乱れが強い，あるいは磁場が弱く各 Landau 準位間に混成がある場合はどうなるであろうか．結果から述べると，通常の 2 次元電子系では非局在状態がエネルギーの高い領域へとフローティングを起こすのに対し，Dirac 電子系は特徴的なフローティングが生じる．すなわち，不規則効果（Landau 準位混成）が強くなるにつれ，正孔側の非局在状態はエネルギーの低い方へ，電子側の非局在状態はエネルギーの高い方へとフローティングする．唯一の例外は電荷中性点（$E=0$）の状態で，これは不規則性がいかに強くても臨界点のままである．したがって，通常の量子 Hall 効果とは対照的に，トポロジカル絶縁体の表面では Hall 伝導度が $\sigma_{xy} = \mp e^2/2h$ の量子 Hall 相だけは強い乱れの極限（あるいは弱磁場極限）でも生き残ることになる．くりこみ群の言葉ではトポロジカル絶縁体の表面の対角伝導率と Hall 伝導率のスケーリングによるフローは安定固定点 $\sigma_{xy} = \mp e^2/2h$ に向かい，$\sigma_{xy} = 0$ は不安定固定点である．以下ではスケーリング解析に基づきこの結果を導く．

磁場中の Dirac 電子のハミルトニアンは次のように書ける．

$$\mathcal{H} = v_\mathrm{F}\hat{\boldsymbol{z}} \times \boldsymbol{\sigma} \cdot (-i\hbar\boldsymbol{\nabla} + e\boldsymbol{A}) + V \tag{10.16}$$

一様磁場 $\boldsymbol{B} = \boldsymbol{\nabla} \times \boldsymbol{A} = (0,0,B)$ かつ $V=0$ の下では $\mathcal{H}$ のスペクトルは $E_n = \mathrm{sgn}(n)\hbar\omega_0\sqrt{|n|}$ で与えられる．ただし $\boldsymbol{\sigma} = (\sigma_x, \sigma_y)$ は Pauli 行列の x,y 成分，$\omega_0 = \sqrt{2}v_\mathrm{F}/\ell_B$，$\ell_B = \sqrt{\hbar/eB}$ は磁気長，v_F は電子の Fermi 速度である．占有率は電子数 N と Landau 準位の縮退度 N_ϕ の比（$\nu = N/N_\phi$）で定義される．ただし N は Dirac 点から粒子数であり $N<0$ の場合は正孔ドープを意味する．

図 10.4 に Hall 伝導度を一辺の長さが L の正方形の領域で数値的に計算した結果を示す．ここで，不規則性の強度は，不純物によって引き起こされる Landau 準位の幅 Γ と Landau 準位間隔との比 $\Gamma/\hbar\omega_0$ によって特徴付けられている．Landau 準位混成が小さい場合には Hall 伝導度は各半奇数の占有率

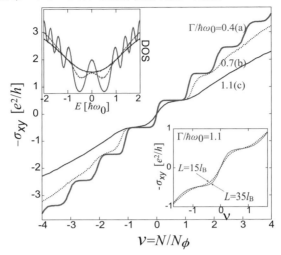

図 10.4 Dirac 電子の Hall 伝導度と占有率 (ν). 左上の図は状態密度. 右下の図は不規則性が強い場合の伝導度のサイズ依存性.

のところで量子化されている．不規則性が強くなるにつれ，Landau 準位間のエネルギー間隔の狭い（$|\nu|$ の大きい）プラトーがならされていくことがわかる．一方，Dirac 点近傍においては，乱れが強い領域でもサイズを大きくするにつれ σ_{xy} が量子化値 $\mp e^2/2h$ に近付く様子がわかる（図 10.4 挿図）．

次に σ_{xy} の量子化を担っている非局在状態の存在を調べるために，σ_{xx} に相当する Thouless 伝導度 g_T を解析する．図 10.5 には，g_T のサイズ L/ℓ_B に対する依存性が，各 ν に対して示されている．一般に Thouless 伝導度 g_T はサイズとともに指数関数的に減衰し，その減衰長が波動関数の局在長を与える．図 10.5(a) の乱れの弱い場合では，g_T はほとんどの領域で減衰する一方，各 Landau 準位の中心ではサイズによらない．このことは，各 Landau 準位の中心に非局在状態が存在することを示している．この g_T の減衰の仕方は整数占有率 n が 0 に近付くにつれ顕著になっていく．不規則性が強まるにつれ，図 10.5(b) と (c) にあるように占有率 1/2 以上での g_T のサイズ依存性および占有率依存性は弱まっていく．一方占有率 1/2 近傍では，g_T の減衰は強い不規則性の領域でもはっきり見える．

10.4 トポロジカル表面量子 Hall 効果   233

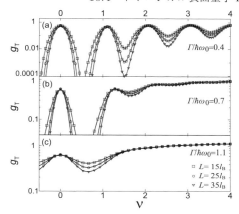

図 10.5 Dirac 電子の Thouless 伝導度. (a) 不規則性が弱い領域, (b) 中間領域, (c) 強い領域.

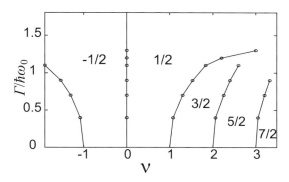

図 10.6 Dirac 電子の磁場中の相図. 相境界では Thouless 伝導度がサイズによらない. 半奇数は各量子 Hall 相での $-\sigma_{xy}/(e^2/h)$ を示す.

非局在状態は異なる量子化 Hall 伝導度をもつ量子 Hall 相の相境界に他ならない. この臨界点の占有率を乱れによる Landau 準位の幅と最大 Landau 準位間隔の比 $\Gamma/\hbar\omega_0$ の関数として図 10.6 に示したのが Dirac 電子の相図である. 不規則性が弱い領域では各 Landau 準位の中心にあった臨界状態が, 不規則性を強くするにつれ $|\nu|$ が大きくなる方へとフローティングしていく

様子がわかる．唯一の例外は電荷中性点（すなわち $\nu = 0$）であり，これは $\sigma_{xy}/[e^2/h] = 1/2$ と $-1/2$ の相境界に位置する．この臨界状態はフローティングせずゼロ磁場の極限 $\Gamma/\hbar\omega_0 \to \infty$ まで $\nu = 0$ 上にあるように見える．このことは $\pm e^2/2h$ のプラトーだけは強い不規則性に対しても強固に残り続けることを示唆する．弱磁場で Hall 伝導率がゼロ（自明相）となる通常の 2 次元電子系とは対照的である．

10.4.2 磁気誘起質量項による量子 Hall 効果

ここまではトポロジカル絶縁体表面における乱れの効果として非磁性不純物型，すなわちランダムスカラーポテンシャルの影響を調べてきた．ここでは磁性不純物型の乱れの効果を考えよう．表面の Dirac 電子と磁性不純物の局所スピン密度 $\boldsymbol{S}(\boldsymbol{r})$ の間には交換相互作用

$$\mathcal{H}_{\mathrm{exc}} = -J'\boldsymbol{S}(\boldsymbol{r}) \cdot \boldsymbol{\sigma} = -\Delta \boldsymbol{n} \cdot \boldsymbol{\sigma} \tag{10.17}$$

が働く．ここで $\Delta = (1/2)J'S(d_{\mathrm{exc}}/a^3)$，$J'$ は強磁性薄膜中の局在スピンと表面電子との間の交換相互作用の大きさ，a は格子間隔，d_{exc} は相互作用の到達距離，$\boldsymbol{n}$ はスピンの方向を向く単位ベクトルである．

このとき局所スピンとトポロジカル絶縁体の表面電子との間の交換相互作用を含む表面 Dirac 電子のハミルトニアンは次の形に書くことができる．

$$\mathcal{H} = v_{\mathrm{F}}\hat{\boldsymbol{z}} \times \boldsymbol{\sigma} \cdot \left(-i\hbar\boldsymbol{\nabla} + e(\boldsymbol{A}+\boldsymbol{a})\right) + \left(m+\delta m\right)\sigma_z + V \tag{10.18}$$

ただし $\boldsymbol{a}(\boldsymbol{r}) = (\Delta/ev_{\mathrm{F}})\hat{\boldsymbol{z}} \times \boldsymbol{n}(\boldsymbol{r})$，$-\Delta n_z = -\Delta(\overline{n_z} + \delta n_z) = m + \delta m$ とした．これらの式は局在スピンの空間（時間）変化があたかもベクトルポテンシャルの空間（時間）変化，すなわちランダムな実効磁場（電場）を表面電子に与えることを意味する．ここで，$\boldsymbol{a}(\boldsymbol{r}), \delta m(\boldsymbol{r}), V(\boldsymbol{r})$ は，空間的に揺らぐランダムな関数であり，$\boldsymbol{\nabla} \times \boldsymbol{a}(\boldsymbol{r}), \delta m(\boldsymbol{r})$ の系全体に関する平均は 0 であるとする．

以下ではランダムな Dirac 電子系の Hall 伝導率 σ_{xy} と対角伝導率 σ_{xx} を数値的に計算した結果からスケーリング解析を行う．典型的な乱れの強さでの σ_{xy} と σ_{xx} を図 10.7 に示す．系のサイズが大きくなるにつれ σ_{xy} は増加し，

10.4 トポロジカル表面量子 Hall 効果   235

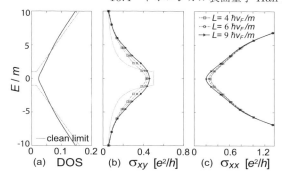

図 10.7　質量項をもつ Dirac 電子系の (a) 状態密度, (b) Hall 伝導率 σ_{xy} (c) 対角伝導率 σ_{xx} を Fermi 準位とサイズの関数として示す.

一方 σ_{xx} は減少する様子が見える. サイズ無限大の極限で σ_{xy} と σ_{xx} の値がどうなるのかを見るために, σ_{xy} と σ_{xx} の値を平面上にプロットした図を図 10.8 に示す. サイズが大きくなるにつれ固定点 $(\sigma_{xx}, \sigma_{xy}) = (0, \pm e^2/2h)$ に近付いていく様子がわかる. これはもともと量子 Hall 効果における 2 パラメータスケーリングとして理論的に提案されたふるまいで, 通常の量子 Hall 系では固定点での σ_{xy} の値は整数値であるのに対し, Dirac 電子系の場合は半整数になっている. これらのデータは, トポロジカル絶縁体表面における Hall 伝導度はサイズが大きくなるにつれ, あるいは低温で位相緩和長が長くなるにつれ, 半整数の量子化値に近付き σ_{xx} はゼロになることを示唆する.

もともとの乱れがない極限では Fermi 準位が表面に開いたギャップの中にあるときのみ σ_{xy} が量子化され, 表面ギャップの外では伝導的であったのに対し, 乱れがある場合は Fermi 準位が表面ギャップの内側か外側によらずサイズ無限大で $\sigma_{xy} \to \pm e^2/2h$, $\sigma_{xx} \to 0$ となる. Fermi 準位の位置によらず $\sigma_{xx} \to 0$ となることはすべての波動関数が磁性不純物によって局在化したことを意味するが, $\sigma_{xy} \to \pm e^2/2h$ は電流が (電場と垂直な方向には) 流れることを意味している. しかしながら, 第 3 章で見たように, 2 次元電子系で量子 Hall 効果が実現するためには, 少なくとも一つ非局在状態が Fermi 準位の下に存在しなくてはならない. 質量項をもつ Dirac 電子系の波動関数がすべて局在しているとしたら, 何が電荷を運び σ_{xy} を有限にしているので

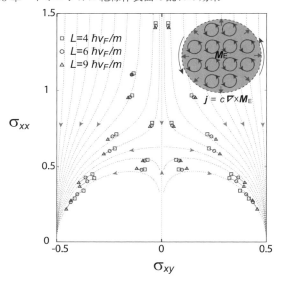

図 10.8 質量項をもつ Dirac 電子系の 2 パラメータスケーリングのフロー図. σ_{xy} と σ_{xx} がサイズの増加に対し変化する様子が示してある. 挿図は円柱状の 3 次元トポロジカル絶縁体の表面に Hall 電流が電場の応答として生じた様子. この表面電流はバルクに生じた磁化の磁化電流と見なすこともできる.

あろうか. 以下ではバルク–表面対応の視点からこの疑問に答えよう.

表面上のすべての波動関数が局在しているため第 9 章で考えた電磁応答理論がここでは適用できる. 電場あるいは磁場のもとでトポロジカル絶縁体のバルク領域には

$$\boldsymbol{M} = \left(\frac{\alpha}{4\pi^2}\right)\theta \boldsymbol{E}, \qquad \boldsymbol{P} = \left(\frac{\alpha}{4\pi^2}\right)\theta \boldsymbol{B} \tag{10.19}$$

のように磁化, 電気分極が生じる. これらはバルクの Wannier 状態から実際に計算することもできる. θ の値は時間反転対称性から 2π の不定性の下で 0 か π で与えられた. この 2π 不定性は表面における磁気誘起質量ギャップの生成によってなくなる. つまり電流密度, および電荷密度が

$$\boldsymbol{j} = c\boldsymbol{\nabla} \times \boldsymbol{M} + \partial \boldsymbol{P}/\partial t, \quad \rho = -\boldsymbol{\nabla} \cdot \boldsymbol{P} \tag{10.20}$$

で与えられることは

$$d\theta/dz = \sigma_{xy}(2\pi h/e^2)\delta(z-R) \qquad (10.21)$$

の条件の下で表面で量子 Hall 状態が実現していることと等価である．ここで $z = R$ は図 10.8 の挿図にあるようにトポロジカル絶縁体の表面である．バルクにおける磁化 $\boldsymbol{M}$ および電気分極 $\boldsymbol{P}$ はバルクギャップによって守られており，表面での乱れには敏感ではない．すなわち，このバルク–表面対応による描像では表面における Hall 電流は電場によってバルクに生じた磁化の作る磁化電流に相当する．このようにして，磁気的な乱れがない場合には，トポロジカル電気磁気効果は Fermi 準位が表面ギャップの中にある場合に限られていたが，磁気的乱れによる表面状態の局在化によってトポロジカル電気磁気効果はより広いパラメータ領域で実現するように拡張された．

外部磁場を印加した場合，あるいは強磁性薄膜を近接させた場合，いずれの場合にも Hall 伝導率は e^2/h を単位に半整数のみに量子化され，乱れなどの外的要因によって，Hall 伝導度は半整数から他の半整数に変わることはあっても，ゼロあるいは他の整数値に変わることはない．つまり 3 次元トポロジカル絶縁体の表面を流れる Hall 電流は，ランダムな磁場や磁性不純物など，あらゆる摂動に対し（バルクギャップがある限り）安定である．

第11章 トポロジカル絶縁体の磁性とWeyl半金属

　この章では磁性不純物をドープしたトポロジカル絶縁体の磁気秩序を議論する．希薄磁性半導体とよばれる系ではMnなどの磁性不純物を半導体に少量ドープするだけで強磁性秩序が実現することが知られている．これは伝導電子（あるいは正孔）が媒介となって局在スピンの間の相互作用が発生するためである．スピン軌道相互作用が無視できるときは，局在スピン間の相互作用の強さは伝導電子の密度によって決まる．したがってFermi準位がギャップの中に入ると強磁性秩序は消失する．この章では，トポロジカル絶縁体に磁性不純物をドープした場合には，伝導電子がゼロであっても強磁性秩序が存在することを見る．スピン分極エネルギーがバンドギャップよりも大きくなる場合にはWeyl半金属とよばれる新しい状態が実現する．

11.1 強磁性秩序

　希薄な磁性不純物が伝導電子と相互作用することによって強磁性秩序をもたらすことを熱力学的考察によって示す．

11.1.1 局在スピンの自由エネルギー

　まずは一つの局在スピンを考えよう．局在スピンと磁場 $\boldsymbol{B}$ との相互作用はハミルトニアン $H_\mathrm{s} = g\mu_\mathrm{B} \boldsymbol{S} \cdot \boldsymbol{B} = -\boldsymbol{S} \cdot \boldsymbol{h}$ で記述される．ここで，簡単のため磁場を $\boldsymbol{h} = -g\mu_\mathrm{B}\boldsymbol{B}$（有効磁場）のように表す．$g$ は g 因子，μ_B はBohr

磁子である．スピンの期待値は

$$M = \langle S \rangle = \frac{1}{Z}\mathrm{Tr}\Big[S\,e^{-\beta H_\mathrm{s}}\Big]$$
$$= \frac{1}{\beta}\frac{\partial}{\partial h}\ln Z = -\frac{\partial F_\mathrm{s}}{\partial h} \tag{11.1}$$

で与えられる．ここで $Z = \mathrm{Tr}\,e^{-\beta H_\mathrm{s}}$ は分配関数，$F_\mathrm{s} = -(1/\beta)\ln Z$ は局在スピンの自由エネルギーである．磁化率 χ_s を $M = \chi_\mathrm{s} h$ で定義すると，自由エネルギーは $|h|$ の小さい領域で

$$F_\mathrm{s}(h) = -\frac{1}{2}\chi_\mathrm{s} h^2 \tag{11.2}$$

で表される．局在スピンの磁化率は Curie 則 $\chi_\mathrm{s} \propto 1/T$ で与えられる．磁気秩序に関する以下の議論ではこれを Legendre 変換した Gibbs の自由エネルギー

$$G_\mathrm{s}(M) = F_\mathrm{s}(h) + M \cdot h$$
$$= \frac{1}{2\chi_\mathrm{s}}M^2 \tag{11.3}$$

を考えるのが便利である．

11.1.2　伝導電子との相互作用

ここで局在スピンと伝導電子（あるいは正孔）との相互作用を導入する．全自由エネルギーは局在スピンの自由エネルギー (11.3) に電子スピンの自由エネルギーと相互作用項を加えたもので

$$G = \frac{1}{2\chi_\mathrm{s}}M^2 + \frac{1}{2\chi_\mathrm{e}}m^2 - JM\cdot m \tag{11.4}$$

ここで χ_e, m は伝導電子の磁化率およびスピン期待値，J は交換相互作用である．少し変形をして

$$G = \frac{1}{2\chi_\mathrm{s}}\Big(1 - J^2\chi_\mathrm{e}\chi_\mathrm{s}\Big)M^2 + \frac{1}{2\chi_\mathrm{e}}\Big(m - J\chi_\mathrm{e}M\Big)^2 \tag{11.5}$$

と表すと明らかなように，条件

$$1 - J^2\chi_\mathrm{s}\chi_\mathrm{e} < 0 \tag{11.6}$$

が満たされているときには，M も m も有限の値をとる，すなわち強磁性状態となる．局在スピンの磁化率は $1/T$ の形で温度に依存するため，χ_e が有限である限り，十分低温では強磁性秩序が生じる．スピン回転対称な自由電子の磁化率，すなわち Pauli 磁化率は次のような簡単な考察から状態密度によって決まることがわかる．まずスピン密度の期待値はスピン $\uparrow, \downarrow$ の電子数 $N_\uparrow, N_\downarrow$ の差，$m_z = \langle s_z \rangle = (N_\uparrow - N_\downarrow)/2V$ で与えられる．ただし V を系の体積とした．右辺は有効磁場 h_z が存在する場合に状態密度 $\rho(E_F)$ を用いて $(N_\uparrow - N_\downarrow)/V = \rho(E_F)h_z$ となることから，磁化率は $\chi_e^{\text{Pauli}} = \rho(E_F)/2$ によって与えられる．(ドープした) 希薄磁性半導体などではこのように伝導電子を媒介とするスピン間の相互作用によって強磁性秩序が実現すると考えられている．

11.1.3　Van Vleck 常磁性

伝導電子も正孔も存在しない，バンド絶縁体での強磁性秩序は可能だろうか．Pauli の常磁性状態では磁化率が状態密度に比例するためバンド絶縁体では消失する．スピンを反転するためには価電子帯の電子を伝導帯へ励起させなければならないことからである．このとき局在スピンの間に相互作用は働かず強磁性状態は実現しない．ところがスピン軌道相互作用が強い系では，バンド絶縁体でも有限の常磁性を有する．Van Vleck 常磁性とよばれるこの機構を理解するために，磁化率に対する線形応答理論の表式

$$\chi_e = \sum_{\bm{k},n,m} [f(E_{n,\bm{k}}) - f(E_{m,\bm{k}})] \frac{\langle u_{n,\bm{k}}|s_z|u_{m,\bm{k}}\rangle \langle u_{m,\bm{k}}|s_z|u_{n,\bm{k}}\rangle}{E_{n,\bm{k}} - E_{m,\bm{k}}} \tag{11.7}$$

を見てみよう．バンド絶縁体，すなわち Fermi 準位がバンドギャップ中に位置するときには，Fermi 分布関数は価電子帯に対しては 1，伝導帯に対しては 0 となる．したがって磁化率が有限となるためには，価電子帯と伝導帯の間のスピンの行列要素 $\langle u_{n,\bm{k}}|s_z|u_{m,\bm{k}}\rangle$ が有限でなくてはならない．もし系がスピン空間に対し対称性を有する場合，ハミルトニアンとスピン演算子は同時固有状態を有するため，価電子帯と伝導帯の間のスピンの行列要素はゼロと

なる．一方，スピン軌道相互作用がある場合はスピンはよい量子数ではないため，価電子帯と伝導帯の間のスピンの行列要素は非ゼロとなり得る．このことから強いスピン軌道相互作用をもつ絶縁体であるトポロジカル絶縁体では，磁性不純物をドープすると強磁性秩序を発現することが期待できる．実験では Cr をドープした $Bi_2(Se_xTe_{1-x})_3$ で強磁性状態になっていることが報告されている．

11.2　Dirac 半金属と Weyl 半金属

トポロジカル絶縁体がスピン分極した場合，エネルギー分散がどのように変化するかを Dirac ハミルトニアンの観点から調べよう．

11.2.1　スピン分裂した Dirac 電子

トポロジカル絶縁体の電子状態を記述する有効ハミルトニアンは第 4 章で見たように

$$\mathcal{H}_{\mathrm{TI}}(\bm{k}) = \sum_{\mu=1}^{4} R_\mu(\bm{k}) \alpha_\mu \tag{11.8}$$

の形に表すことができる．ここで

$$\alpha_i = \begin{pmatrix} 0 & \sigma_i \\ \sigma_i & 0 \end{pmatrix} \quad (i=1,2,3), \qquad \alpha_4 = \begin{pmatrix} I & 0 \\ 0 & -I \end{pmatrix} \tag{11.9}$$

は Dirac のアルファ行列である．第 4 章で見たように，この模型は時間反転対称性および空間反転対称性を有することから，各 $\bm{k}$ 点で 2 重縮退している．以下で導入する Weyl 半金属との対比から，このような Dirac ハミルトニアンによって記述され，各波数 $\bm{k}$ で 2 重縮退をもつ絶縁体状態を Dirac 絶縁体，また質量ギャップがゼロの場合を Dirac 半金属とよぶのが慣習になっている．

z 方向にスピン分裂した状態は式 (11.8) に

$$b\Sigma_3 = b \begin{pmatrix} \sigma_z & 0 \\ 0 & \sigma_z \end{pmatrix} \tag{11.10}$$

を加えることで記述される．ここで Σ_3 はスピン演算子の z 成分である[1]．本章の最後の節では磁性不純物をドープした場合に，局在スピンとの交換相互作用によってこの項が実効的に誘起する状況を考える[2]．エネルギースペクトルを求めるためにまずハミルトニアン $\mathcal{H} = \mathcal{H}_{\text{TI}} + b\Sigma_3$ の 2 乗を計算する．

$$\mathcal{H}^2 = \Big(\sum_{\mu=1}^{4} R_\mu \alpha_\mu + b\Sigma_3\Big)\Big(\sum_{\nu=1}^{4} R_\nu \alpha_\nu + b\Sigma_3\Big)$$
$$= \sum_{\mu,\nu} R_\mu R_\nu \alpha_\mu \alpha_\nu + b^2(\Sigma_3)^2 + b\sum_\mu R_\mu \{\alpha_\mu, \Sigma_3\}$$
$$= \sum_\mu R_\mu R_\mu + b^2 + b\Big(R_3\{\alpha_3, \Sigma_3\} + R_4\{\alpha_4, \Sigma_3\}\Big) \quad (11.11)$$

ここで $\{\alpha_\mu, \alpha_\nu\} = 2\delta_{\mu\nu}$ および $(\Sigma_3)^2 = I$，$\{\alpha_1, \Sigma_3\} = \{\alpha_2, \Sigma_3\} = 0$ を用いた．最後の項 $b\big(R_3\{\alpha_3, \Sigma_3\} + R_4\{\alpha_4, \Sigma_3\}\big)$ を対角化すればエネルギー固有値が求まる．次に $\{\alpha_3, \Sigma_3\}^2 = \{\alpha_4, \Sigma_4\}^2 = 4I$ および，これらは互いに反交換する，$\{\{\alpha_3, \Sigma_3\}, \{\alpha_4, \Sigma_3\}\} = 0$ ことに注意する．したがって $R_3\{\alpha_3, \Sigma_3\} + R_4\{\alpha_4, \Sigma_3\}$ の固有値として，$\pm 2\sqrt{(R_3)^2 + (R_4)^2}$ が容易に求まる．こうしてエネルギースペクトルは

$$E^2 = (R_1)^2 + (R_2)^2 + (R_3)^2 + (R_4)^2 + b^2 \pm 2b\sqrt{(R_3)^2 + (R_4)^2}$$
$$= (R_1)^2 + (R_2)^2 + \Big(\sqrt{(R_3)^2 + (R_4)^2} \pm b\Big)^2 \quad (11.12)$$

で与えられる．右辺はすべて 2 乗の和の形で与えられているので，$E = 0$ となるのは $R_1 = R_2 = \sqrt{(R_3)^2 + (R_4)^2} - |b| = 0$ の場合に限られる．

第 4 章で考えたように $R_i = A\sin k_i$ $(i = 1, 2, 3)$，$R_4 = M - r\sum_{i=1}^{3}(1 - \cos k_i)$ とする．$M = 0$ としたときの，$b = 0$ の場合と $b \neq 0$ の場合を図 11.1 で比較している．連続近似の下 $R_i \to k_i$，$R_4 \to M$ とおくと，

$$E^2 = k_x^2 + k_y^2 + \Big(\sqrt{k_z^2 + M^2} \pm b\Big)^2 \quad (11.13)$$

と書けることから，$|b| > |M|$ では $(k_x, k_y, k_z) = (0, 0, \pm\sqrt{b^2 - M^2})$ の 2 点

---

[1] Σ_3 は z 軸まわりの回転の生成演算子として導出される（付録 A を参照）．
[2] 磁場による Zeeman 分裂でこの項を誘起させる状況を考えるときは注意が必要である．バンドのくりこみ効果によって g 因子は単なる数ではなく磁場の方向やバンドに依存した複雑な形になる．

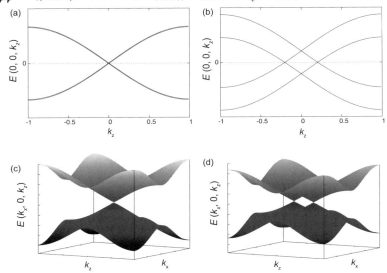

図 11.1 (a) Dirac 半金属状態のエネルギーを k_z の関数としてプロットした. 時間反転対称性によってバンドは 2 重縮退している. (b) Weyl 半金属状態. 時間反転対称性の破れによってバンドの縮退は解ける. (c), (d) は k_x および k_z の関数としたエネルギーの 3 次元プロット.

で $E = 0$ となる. これらの点は Weyl 点あるいは Weyl ノードとよばれる. 一方, $|b| < |M|$ では伝導帯と価電子帯は分離しており, スピン分裂バンド絶縁体となっている.

11.2.2 Weyl ハミルトニアン

Weyl 点の近傍ではスペクトルが線形となっている. 以下 Fermi 準位が Weyl 点 ($E = 0$) にある場合を考える. 実際, キャリアドープしていない場合, Fermi 準位は価電子帯と伝導帯の間, すなわち Weyl 点にあるのが自然である. $\bm{K}_0$ を 1 つの Weyl 点として, その近傍の低エネルギー励起を調べ, 有効ハミルトニアンを導出しよう. $\bm{k} = \bm{K}_0$ での固有値は $E_{1,\bm{K}_0} = -\left(\sqrt{(R_3)^2 + (R_4)^2} + |b|\right)$, $E_{2,\bm{K}_0} = 0$, $E_{3,\bm{K}_0} = 0$, $E_{4,\bm{K}_0} = \left(\sqrt{(R_3)^2 + (R_4)^2} + |b|\right)$ の四つであり,

これらの固有状態を $|u_{1,\bm{K}_0}\rangle, |u_{2,\bm{K}_0}\rangle, |u_{3,\bm{K}_0}\rangle, |u_{4,\bm{K}_0}\rangle$ で表す．興味があるのはゼロに近いエネルギーをもつ $\bm{K}_0$ 近傍の波数 $\bm{k}$ の状態であるので，これを

$$|\chi(\bm{k}\simeq\bm{K}_0)\rangle \simeq \chi_{2,\bm{k}}|u_{2,\bm{K}_0}\rangle + \chi_{3,\bm{k}}|u_{3,\bm{K}_0}\rangle = \begin{pmatrix} \chi_{2,\bm{k}} \\ \chi_{3,\bm{k}} \end{pmatrix} \tag{11.14}$$

のように $|u_{2,\bm{K}_0}\rangle$ と $|u_{3,\bm{K}_0}\rangle$ を基底として表す．この 2 成分スピノールに作用するハミルトニアンとして

$$\begin{aligned}\mathcal{H}' &= \bm{A}\cdot(\bm{k}-\bm{K}_0)|u_{2,\bm{K}_0}\rangle\langle u_{2,\bm{K}_0}| + \bm{B}\cdot(\bm{k}-\bm{K}_0)|u_{3,\bm{K}_0}\rangle\langle u_{3,\bm{K}_0}| \\ &\quad + \bm{C}\cdot(\bm{k}-\bm{K}_0)|u_{3,\bm{K}_0}\rangle\langle u_{2,\bm{K}_0}| + \bm{C}^*\cdot(\bm{k}-\bm{K}_0)|u_{2,\bm{K}_0}\rangle\langle u_{3,\bm{K}_0}| \\ &= \begin{pmatrix} \bm{A}\cdot(\bm{k}-\bm{K}_0) & \bm{C}^*\cdot(\bm{k}-\bm{K}_0) \\ \bm{C}\cdot(\bm{k}-\bm{K}_0) & \bm{B}\cdot(\bm{k}-\bm{K}_0) \end{pmatrix} \\ &= \sum_{a=1}^{3} \bm{v}_a\sigma^a\cdot(\bm{k}-\bm{K}_0) + \epsilon I\cdot(\bm{k}-\bm{K}_0) \end{aligned} \tag{11.15}$$

のように $\bm{k}-\bm{K}_0$ で展開したものを考える．ただし $(\sigma^1,\sigma^2,\sigma^3)$ は Pauli 行列，I は 2×2 単位行列，$\bm{v}_1 = \text{Re}(\bm{C})$, $\bm{v}_2 = \text{Im}(\bm{C})$, $\bm{v}_3 = (\bm{A}-\bm{B})/2$, $\epsilon = (\bm{A}+\bm{B})/2$ とした．単位行列に比例する右辺第 2 項はスピノール構造とは関係ないので以下では無視する．次に「運動量」

$$p_a = \pm \bm{v}_a\cdot(\bm{k}-\bm{K}_0) \tag{11.16}$$

を定義する．符号は $\text{sgn}(\bm{v}_1\times\bm{v}_2\cdot\bm{v}_3) = \pm 1$ で決める．この符号を入れたのは，元の波数空間が右手系であり，$\bm{p}$ 空間もこれを保持するためである．このようにして Weyl 点 $\bm{K}_0$ 近傍の有効ハミルトニアンとして Weyl ハミルトニアン

$$\mathcal{H}^{\text{Weyl}}_{\pm}(\bm{p}) = \pm\begin{pmatrix} p_z & p_x - ip_y \\ p_x + ip_y & -p_z \end{pmatrix} = \pm\bm{p}\cdot\bm{\sigma} \tag{11.17}$$

が導かれた．特筆すべき一つの性質は，Pauli 行列三つをすべて使っているため，質量項を導入することができない点である．例えば $m\sigma^3$ のような項を加えても，これは Weyl 点の位置を z 方向にシフトさせるだけで，スペクト

ルに質量ギャップを開けることはできない[3]．この意味で，ギャップレス線形分散は摂動に対し安定といえる．これは Dirac 半金属と対照的である．

ここで $\hat{\boldsymbol{p}} = \boldsymbol{p}/|\boldsymbol{p}|$ を運動量方向の単位ベクトルとして，ヘリシティ演算子 $\boldsymbol{\sigma}\cdot\hat{\boldsymbol{p}}$ を導入する．$\boldsymbol{\sigma}\cdot\hat{\boldsymbol{p}} = +1$ の固有状態は「右巻きフェルミオン」，$\boldsymbol{\sigma}\cdot\hat{\boldsymbol{p}} = -1$ の固有状態は「左巻きフェルミオン」とよばれる．明らかに Weyl ハミルトニアンの固有状態はヘリシティの同時固有状態でもある．占有状態（価電子帯）の固有状態を $|\boldsymbol{p}, -\rangle$ とし，その Berry 接続 $\boldsymbol{A}(\boldsymbol{p}) = -i\langle \boldsymbol{p}, -|\boldsymbol{\nabla}|\boldsymbol{p}, -\rangle$ を定義する．第 2 章で計算したように，Berry 曲率は $\boldsymbol{B}(\boldsymbol{p}) = \boldsymbol{\nabla}\times\boldsymbol{A}(\boldsymbol{p}) = \mp\boldsymbol{p}/2|\boldsymbol{p}|^3$ となる．したがって

$$\rho_{\mathrm{M}}(\boldsymbol{p}) = \frac{1}{4\pi}\boldsymbol{\nabla}\cdot\boldsymbol{B}(\boldsymbol{p}) = \mp\delta(\boldsymbol{p}) \tag{11.18}$$

は波数空間の「磁気単極子（モノポール）」を表す．これを Weyl 点を含む領域で積分した量

$$\lambda = -\frac{1}{4\pi}\int d\boldsymbol{S}\cdot\boldsymbol{B}(\boldsymbol{p}) \tag{11.19}$$

はその Weyl 点近傍の占有状態のヘリシティを与える．いい換えると波数空間の Weyl 点は Berry 曲率の言葉ではモノポールと反モノポールによって特徴付けられる．

素粒子物理学の分野では，2×2 の Weyl ハミルトニアン $\mathcal{H}_+^{\mathrm{Weyl}}(\boldsymbol{p})$（あるいは $\mathcal{H}_-^{\mathrm{Weyl}}(\boldsymbol{p})$）は質量ゼロのフェルミオンを記述するハミルトニアンとして昔から知られていた．パリティの保存を破るため，弱い相互作用を記述する模型として用いられる．一方，固体格子系では $\mathcal{H}_+^{\mathrm{Weyl}}(\boldsymbol{p})$（あるいは $\mathcal{H}_-^{\mathrm{Weyl}}(\boldsymbol{p})$）で記述される Weyl 点が単一でスペクトルの中に現れることは許されないことが示されている．Weyl ハミルトニアン $\boldsymbol{\sigma}\cdot\boldsymbol{p}$ の前にある符号ヘリシティに着目すると，格子系では各 Weyl 点でのヘリシティの総和がゼロでなくてはならない．すなわち同数のモノポールと反モノポールが存在しなくてはならない．これは Nielsen-Ninomiya の定理として知られている．後の節ではこの定理を直感的な議論によって示す．このように，一般には偶数個の Weyl 点をもつ状態を Weyl 半金属状態とよぶ．今の場合，時間反転対称性を破るこ

---

[3] 空間次元が 3 であることが本質的である．

とでバンド縮退が解けている（図 11.1(b)(d) 参照）[4]．一方，はじめに述べたように Dirac 半金属では時間反転および空間反転対称を有し，図 11.1(a)(c) のように縮退した線形分散をもつ．

11.3　Weyl 半金属の異常 Hall 効果

これまでの章で見てきたようにトポロジカル絶縁体の非自明な性質は電磁応答として物理現象に顔を出す．量子 Hall 効果やトポロジカル電気磁気効果などの，これらの効果はバルクギャップによって保護された現象である．以下ではギャップレスである Weyl 半金属状態の示す興味深い電磁応答として異常 Hall 効果を考える．簡単のため乱れの効果は無視する．

11.3.1　Hall 伝導率

具体的な模型として前節で扱ったハミルトニアン

$$\mathcal{H}(k_x, k_y, k_z) = \sum_{\mu=1}^{4} R_\mu(k_x, k_y, k_z)\alpha_\mu + b\Sigma_3 \tag{11.20}$$

をここでも考える．固有値方程式を

$$\mathcal{H}(\boldsymbol{k})|u_{n\boldsymbol{k}}\rangle = E_{n,\boldsymbol{k}}|u_{n\boldsymbol{k}}\rangle \tag{11.21}$$

と書くことにする．Hall 伝導率は Berry 接続および Berry 曲率

$$\begin{aligned} \boldsymbol{a}(\boldsymbol{k}) &= -i \sum_{E_{n,\boldsymbol{k}} \leq E_\mathrm{F}} \langle u_{n\boldsymbol{k}}|\boldsymbol{\nabla}_{\boldsymbol{k}}|u_{n\boldsymbol{k}}\rangle \\ \boldsymbol{b}(\boldsymbol{k}) &= \boldsymbol{\nabla}_{\boldsymbol{k}} \times \boldsymbol{a}(\boldsymbol{k}) \end{aligned} \tag{11.22}$$

を用いて

$$\sigma_{xy} = \frac{e^2}{\hbar} \int_\mathrm{BZ} \frac{d^3k}{(2\pi)^3} b_z(\boldsymbol{k}) f(E_{n,\boldsymbol{k}}) \tag{11.23}$$

で与えられる．ただし $f(E_{n,\boldsymbol{k}})$ は Fermi 分布関数である．

---

[4] 歴史的には空間反転対称性を破ることで実現する Weyl 半金属が先に提唱された．付録 D にあげた文献を参照されたい．

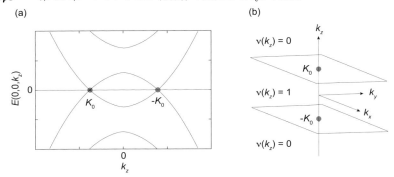

図 11.2 (a) Weyl 半金属状態のエネルギー $E(0,0,k_z) = \pm|\Delta(k_z)|$ のプロット. (b) k_z を固定して第 1Chern 数 $\nu(k_z)$ を計算した場合の例を示す.

ここまでの結果は Fermi 準位 E_F の値によらず一般的に成り立つ．以下では Fermi 準位が Weyl 点に位置する ($E_\mathrm{F} = 0$) 場合，すなわち Weyl 半金属の場合に，Hall 伝導率が Weyl 点の位置関係だけで決まるというトポロジカルな性質をもつことを示す．Weyl 半金属は 3 次元系であるので，波数空間も 3 次元であるが，(k_x, k_y, k_z) のうち，k_z を固定したパラメータと見なすことで，2 次元の問題として考えてみよう．すなわちハミルトニアン (11.20) で，k_z をパラメータとし，(k_x, k_y) 空間で定義される 2 次元ハミルトニアンだと思うことにする．Hall 伝導率は

$$\sigma_{xy} = \frac{e^2}{(2\pi)^2 \hbar} \int_{-\pi}^{\pi} dk_z\, \nu(k_z) \tag{11.24}$$

と書ける．ここで

$$\nu(k_z) = \frac{1}{2\pi} \int dk_x dk_y\, b_z(k_x, k_y, k_z) \tag{11.25}$$

は k_z を固定した (k_x, k_y) 平面における第 1Chern 数と見なせる．「2 次元ハミルトニアン」(11.20) がギャップを有するとき，$\nu(k_z)$ は整数値をとる．一方，k_z の値が Weyl 点のそれと一致するとき，すなわち (k_x, k_y) 平面が Weyl 点を含むときは，「2 次元ハミルトニアン」(11.20) はギャップレスとなり，「異なる整数量子 Hall 相」の間の「トポロジカル転移点」と見ることができる．図 11.2 には，$(0, 0, \pm K_0)$ の 2 点に Weyl 点がある場合を示す．例として，

図 11.2(b) に示したように，$k_z < -K_0$ および $k_z > K_0$ で $\nu(k_z) = 0$ であり，一方 $-K_0 < k_z < K_0$ の領域で $\nu(k_z) = 1$ である場合を考える．このとき Hall 伝導率は

$$\sigma_{xy} = \frac{e^2}{(2\pi)^2 \hbar} 2K_0 \tag{11.26}$$

で与えられる．二つの Weyl 点を結ぶ距離 $2K_0$ だけに依存する．

11.3.2　Nielsen-Ninomiya の定理

以上の考え方を用いると Nielsen-Ninomiya の定理を直感的に示すことができる．まずは 1+1 次元の場合を考えよう．はじめに，空間 1 次元で，図 11.3(a) のような分散 $E(k)$ をもつ電子系を考える．量子 Hall 絶縁体のエッジ状態がその例である．低エネルギー励起が重要なので，Fermi 準位近傍でスペクトルを線形化して，有効ハミルトニアンを考えると，$\mathcal{H}^{\mathrm{1d\,Weyl}}(k) = v_{\mathrm{F}} k$ が得られる．$v_{\mathrm{F}} = |dE/dk|_{k=0}$ とした．空間 1 次元の格子系ではこのような状況は許されない．Bloch の定理の示すように，実空間で周期的な場合，波数空間も周期的となるが，図 11.3(a) では，$k = \pm\pi$ でエネルギーが一致しない．図 11.3(b) にはエネルギースペクトルが k の関数として周期的となる場合を示す．このような状況で，Fermi 準位近傍でスペクトルを線形化することを考えよう．分散が Fermi 準位と交差する波数（Fermi 波数）を $K_1, K_2, \cdots, K_N$ とおくと，各 Fermi 波数近傍で有効ハミルトニアンは

$$\mathcal{H}^{\mathrm{1d\,Weyl}}(k) = \pm v_{\mathrm{F}(n)}(k - K_n) \tag{11.27}$$

と書ける．これは 1+1 次元版の Weyl ハミルトニアンである．ここで $n = 1, 2, \cdots, N$，$v_{\mathrm{F}(n)} = |dE/dk|_{k=K_n}$，右辺の $\pm$ は $\mathrm{sgn}(dE/dk)_{k=K_n}$ とする．この符号は 3+1 次元の場合（(11.17) 式）のヘリシティに類似した量である．「+ 符号」をもつハミルトニアンの固有状態は，正の速度をもつことから「右向きフェルミオン」とよばれ，一方「− 符号」をもつハミルトニアンの固有状態は「左向きフェルミオン」とよばれる．

重要な点として，k 空間の周期性によって，+ の符号をもつ 1+1 次元 Weyl ハミルトニアンと − の符号をもつ 1+1 次元 Weyl ハミルトニアン，すなわ

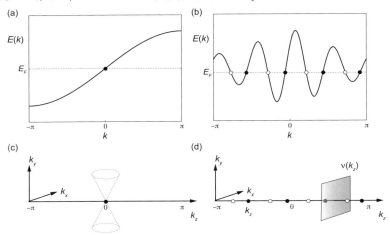

図 11.3 (a) 1+1 次元 Weyl ハミルトニアンのエネルギー $E(k)$. Weyl 点が 1 つの場合. この分散は k 空間（Brillouin 域）の周期性（$E(-\pi) = E(\pi)$）を満足しない, (b) k 空間の周期性をもつ場合. 右向きフェルミオン（●）の数と左向きフェルミオン（○）の数は等しくなくてはならない, (c) 3+1 次元の Weyl 点の様子. k_z を固定して計算される Chern 数 $\nu(k_z)$ は k_z の関数として周期的でなくてはならない（$\nu(-\pi) = \nu(\pi)$）. 単一の Weyl 点がある場合はこれを破る. (d) (k_x, k_y, k_z) 空間の周期性のため, 右巻きフェルミオン（●）の数と左巻きフェルミオン（○）の数は等しくなくてはならない.

ち「右向きフェルミオン」と「左向きフェルミオン」は同数でなければならない. これが 1+1 次元格子系における Nielsen-Ninomiya の定理である.

3+1 次元の場合は, 上で考えたように k_z の関数として第 1 Chern 数 $\nu(k_z)$ を考えるのが有用である. すなわち, k_z をある値に固定し, この k_z を含む (k_x, k_y) 平面上で $\nu(k_z)$ を定義する. 空間 3 次元の格子系では $\nu(k_z)$ は k_z の周期関数でなくてはならない. 図 11.3(d) にあるように, k_z を含む (k_x, k_y) 平面が Brillouin 域の端から逆の端（$k_z = -\pi$ から $k_z = +\pi$）まで動く過程を考えると, ヘリシティが +1 の Weyl 点を通過するとき, ν の値は 1 増加し, ヘリシティが −1 の Weyl 点を通過するとき, ν の値は 1 減少する. $\nu(k_z)$ の周期性よりヘリシティ +1 の Weyl 点とヘリシティ −1 の Weyl 点の数は同じでなければならない.

11.3.3 Fermi アーク表面状態

上で見たように3次元系である Weyl 半金属状態は波数空間でスライスを考えることで，2次元の量子 Hall 絶縁体の問題に帰着させることができる．量子 Hall 絶縁体の特徴の一つにカイラルエッジ状態がある．すなわち量子 Hall 絶縁体を xy 平面にとると，y 軸に直交する境界には $+x$ 方向あるいは $-x$ 方向へ運動するエッジ状態が存在する．第3章ではストライプ型の系でエネルギー分散を k_x の関数として計算した．このことからすぐ予想がつくように，3次元 Weyl 半金属系の端にも表面状態が存在する．ハミルトニアン (11.20) の模型を y 方向に直交する境界面をもつスラブ型の系に適用して表面状態を調べよう．x 方向と z 方向には並進対称性があるので，エネルギー分散 $E(k_x, k_z)$ を計算する．k_z の値を固定すれば，エネルギーを k_x の関数として求める作業は，量子 Hall 絶縁体の場合と同じである．図 11.4(a), (b), (c) には，k_z を固定したときのエネルギーを k_x の関数として示す．(a) は $\nu(k_z) = 0$ となる k_z に対するエネルギー分散を示す．2次元の量子 Hall 絶縁体での言葉でいえば，これは自明な（2次元）絶縁体に相当し，価電子帯と伝導帯を結ぶエッジモードは存在しない．これに対し，k_z が $\nu(k_z) = 1$ となる場合のエネルギー分散を図 11.4(c) に示す．価電子帯と伝導帯を結ぶエッジモードが存在することがわかる．「右向き」のモードが一方の端に局在し，「左向き」のモードが他方の端に局在する．$k_z = \pm K_0$ すなわち Weyl 点で，$\nu(k_z)$ が 0 から 1 に変わる．これは「量子 Hall 転移点」に相当し，「ギャップ」がゼロとなる（図 11.4(b)）．したがって，$-K_0 < k_z < K_0$ の領域で $\nu(k_z) = 1$，したがって「エッジモード」が存在し，それ以外の領域では「エッジモード」は存在しない．このように，すべての k_z に対しエネルギーを計算することで，3次元 Weyl 半金属の表面状態のエネルギー分散が求まる．図 11.4(d) には Weyl 点エネルギー近傍のエネルギー分散 $E(k_x, k_z)$ を示す．とくに Fermi エネルギーがゼロの場合を考えよう．境界がない場合には，ゼロエネルギー状態としては，それぞれの Weyl 点に一つ状態があるだけであったが，境界がある場合にはヘリシティが $+$ の Weyl 点とヘリシティが $-$ の Weyl 点を結ぶ線状の Fermi 準位が存在する．Fermi アークとよばれるこれらの状態は境界に局在している．

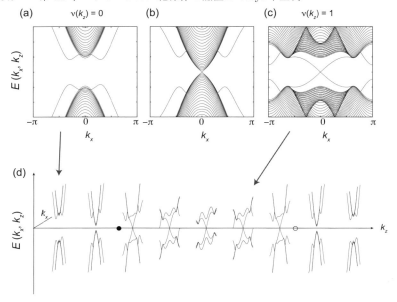

図 11.4 y 方向に垂直な境界面をもつスラブ系のエネルギー分散.

11.4 Weyl 半金属の平均場理論

ここでは Bi_2Se_3 や Bi_2Te_3 などのトポロジカル絶縁体に磁性不純物をドープして強磁性秩序が現れ,さらに Weyl 半金属状態となる様子を平均場近似に基づき微視的模型から調べる.

磁性不純物をドープした Bi_2Se_3 系のトポロジカル絶縁体の模型として

$$H = \sum_{\bm{k}} c_{\bm{k},\alpha}^\dagger \mathcal{H}_{\mathrm{TI}}^{\alpha\beta}(\bm{k}) c_{\bm{k},\beta} + J \sum_I \bm{S}(\bm{R}_I) \cdot c_{I,\alpha}^\dagger \bm{\Sigma}^{\alpha\beta} c_{I,\beta} \quad (11.28)$$

を考える. $\bm{R}_I$ は I 番目の磁性不純物の場所を表し,また $(c_{I,+,\uparrow}^\dagger, c_{I,+,\downarrow}^\dagger, c_{I,-,\uparrow}^\dagger, c_{I,-,\uparrow}^\dagger)$ は位置 $\bm{R}_I$ における電子の生成演算子である. 局在スピンおよび電子スピンの期待値を $\langle \bm{S}(\bm{R}_I) \rangle = \bm{M}$, $\langle c_I^\dagger \bm{\Sigma} c_I \rangle = \bm{m}$ と表し,平均場近似を導入する. 交換相互作用項を

$$\begin{aligned}
H_J &= J\sum_{I=1}^{N_\text{s}} \boldsymbol{S}(\boldsymbol{R}_I)\cdot c_{I,\alpha}^\dagger \boldsymbol{\Sigma}^{\alpha\beta} c_{I,\beta} \\
&= J\sum_{I=1}^{N_\text{s}} \left[\boldsymbol{M}+\left(\boldsymbol{S}(\boldsymbol{R}_I)-\boldsymbol{M}\right)\right]\left[\boldsymbol{m}+\left(c_{I,\alpha}^\dagger \boldsymbol{\Sigma}^{\alpha\beta}c_{I,\beta}-\boldsymbol{m}\right)\right] \\
&\simeq J\boldsymbol{M}\cdot\sum_{I=1}^{N_\text{s}} c_{I,\alpha}^\dagger \boldsymbol{\Sigma}^{\alpha\beta} c_{I,\beta} + J\boldsymbol{m}\cdot\sum_{I=1}^{N_\text{s}}\boldsymbol{S}(\boldsymbol{R}_I) - N_\text{s} J\boldsymbol{M}\cdot\boldsymbol{m} \\
&\simeq J\boldsymbol{M}\cdot\frac{N_\text{s}}{N_0}\sum_{i=1}^{N_0} c_{i\alpha}^\dagger \boldsymbol{\Sigma}^{\alpha\beta} c_{i\beta} + J\boldsymbol{m}\cdot\sum_{I=1}^{N_\text{s}}\boldsymbol{S}(\boldsymbol{R}_I) - N_\text{s} J\boldsymbol{M}\cdot\boldsymbol{m}
\end{aligned} \tag{11.29}$$

のように近似する．ここで N_0 は系に含まれるすべての格子点の数である．以下 $x=N_\text{s}/N_0$ を磁性不純物の濃度として表す．もともとランダムにドープされた磁性不純物はこの近似のもとで一様な背景磁化 $\boldsymbol{M}$ として電子と相互作用する．また伝導電子のスピンの期待値 $\boldsymbol{m}$ も場所によらず一様となる．このような近似は仮想結晶近似とよばれる．

こうして電子系と局在スピン系の二つのセクターに分離できた．

$$H_\text{e}^\text{MF} = \sum_{\boldsymbol{k}} c_{\boldsymbol{k}\alpha}^\dagger [\mathcal{H}_\text{TI}^{\alpha\beta}(\boldsymbol{k}) + xJ\boldsymbol{M}\cdot\boldsymbol{\Sigma}^{\alpha\beta}] c_{\boldsymbol{k}\beta} \tag{11.30}$$

$$H_\text{s}^\text{MF} = J\boldsymbol{m}\cdot\sum_{I=1}^{N_\text{s}}\boldsymbol{S}(\boldsymbol{R}_I) \tag{11.31}$$

あとは期待値を自己無撞着に決定すればよい．ある与えられた $\boldsymbol{M}$ を含む電子系のハミルトニアン $\mathcal{H}_\text{e}^\text{MF}$ から電子スピンの期待値

$$\boldsymbol{m} = \frac{1}{N}\sum_{\boldsymbol{k},n}\langle u_{\boldsymbol{k},n}|\boldsymbol{\Sigma}|u_{\boldsymbol{k},n}\rangle f(E_n(\boldsymbol{k})-\mu) \tag{11.32}$$

を計算する．ここで $|u_{\boldsymbol{k},n}\rangle$, $E_n(\boldsymbol{k})$ は電子系ハミルトニアン $\mathcal{H}_\text{TI}+xJ\boldsymbol{M}\cdot\boldsymbol{\Sigma}$ の固有スピノールおよび固有エネルギー，μ は化学ポテンシャルである．こうして得られた $\boldsymbol{m}$ の下で局在スピンの期待値

$$\boldsymbol{M} = -xSB_S\left(\frac{JS|\boldsymbol{m}|}{k_B T}\right)\frac{\boldsymbol{m}}{|\boldsymbol{m}|} \tag{11.33}$$

を求める．ただし

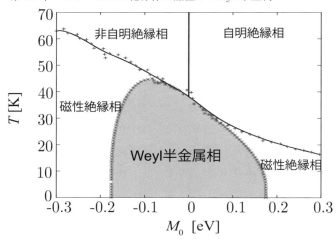

図 11.5 温度とスピン軌道相互作用の強度に対する相図．転移温度 T_c 以下で強磁性状態となり，さらにバルクギャップが潰れると Weyl 半金属状態が実現する．

$$B_S(x) = \frac{2S+1}{2S}\coth\left(\frac{2S+1}{2S}x\right) - \frac{1}{2S}\coth\left(\frac{x}{2S}\right)$$

である．これらの操作を繰り返し m と M が収束するまで行う．例として Bi$_2$Se$_3$ に対し知られているバンドパラメータを用いて $x = 0.05$ の場合に強磁性転移温度と Weyl 半金属は実現する温度を計算した結果を示そう．磁性不純物のスピン軌道相互作用はビスマスのそれよりも小さいので，実際のバンドギャップは濃度 x とともに変化するが，ここではバンドギャップ M_0 をパラメータとして振った．図 11.5 に温度 T とバンドギャップ M_0 に対する相図を示す．高温 $T > T_C$ では $M_0 > 0$ は通常絶縁状態であり，$M_0 < 0$ はバンド反転によって生じるトポロジカル状態である．$M_0 = 0$ は Dirac 半金属に他ならない．一方，Curie 温度 T_C 以下では，バンドギャップが潰れると Weyl 半金属状態が実現する．

第12章 カイラル量子異常と電磁応答

この章では場の量子論におけるカイラル量子異常（アノマリー）と電磁応答の関係を議論する．量子異常とは古典レベルで系が有する対称性が量子論的に破れる現象である．とくにカイラルゲージ不変性が量子的に破れるのがカイラル異常である．カイラル異常は素粒子理論の分野ではゲージ場の量子論を構築する際に重要な役割を担うが，ここでは量子 Hall 状態のエッジモードや，トポロジカル絶縁体および Weyl 半金属状態の電磁応答と密接に関連することを見る．

12.1　1次元系におけるカイラル異常

12.1.1　1次元フェルミオン系

カイラル異常を説明するために半径 $r = L/2\pi$ の量子リングの中にある有効質量 m_e の電子を考える．図 12.1(a) にあるように磁束 Φ がこのリングを貫いたとしよう．ハミルトニアンは

$$\mathcal{H} = \frac{1}{2m_\mathrm{e}}\left(p + \frac{e}{c}A\right)^2 = \frac{\hbar^2}{2m_\mathrm{e}}\left(-i\frac{2\pi}{L}\frac{\partial}{\partial\theta} + \frac{e}{\hbar c}\frac{\Phi}{L}\right)^2 \tag{12.1}$$

で与えられ，エネルギー固有値は図 12.1(b) に示すように磁束に依存し，

$$E_m = \frac{\hbar^2}{2m_\mathrm{e}}\left(\frac{2\pi}{L}\right)^2\left(m + \frac{\Phi}{\Phi_0}\right)^2 \tag{12.2}$$

となる．ここで $\Phi_0 = hc/e$ は磁束量子である．磁束が時間的に増加すれば Faraday の法則よりリングに起電力が生じる．ここでは時刻 $t = 0$ の $A(0) = 0$

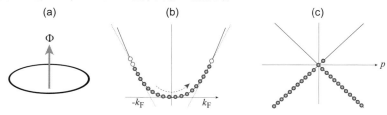

図 12.1 (a) 周期的境界条件を有する 1 次元電子系はリングと見なせる, (b) 断熱的に磁束を貫くと各状態は連続的に変化する, (c) このプロセスを分散を線形化して扱うことを考える.

の状態から断熱的に磁束を増加し, 時刻 $t=T$ で $A(T)=\Phi_0/L$ のように磁束量子 1 本分になったとしよう. このプロセスで各エネルギー固有値は連続的に変化し, $t=0$ でエネルギーが E_m であった状態は $t=T$ ではもともと ($t=0$ で) エネルギーが E_{m+1} だった状態に移る (図 12.1(b)). 正味の変化としては, $t=0$ では時計回りに運動していた電子一つが $t=T$ までに反時計回りの状態にポンプされる[1].

以下ではこの問題を 1+1 次元の Dirac 理論の枠組で考えてみる. 簡単のため $\hbar=c=1$ とする. まず波数 $k=2\pi m/L$ の 2 次関数として与えられていたエネルギー分散式を Fermi 準位の近傍のみに着目し線形近似を行う. 波数が正の Fermi 点近傍では $p=k-k_F$ として

$$E \simeq E(+k_F) + \frac{dE(+k_F)}{dk}(k-k_F) = E_F + v_F p \qquad (12.3)$$

とする. 同様に波数が負の Fermi 点近傍では $p=k+k_F$ として

$$E \simeq E(-k_F) + \frac{dE(-k_F)}{dk}(k+k_F) = E_F - v_F p \qquad (12.4)$$

と近似する. 波数が k_F のまわりの電子の消滅演算子を

$$c_k = R(k-k_F) = R(p) \qquad (12.5)$$

で表し, $-k_F$ のまわりの電子の消滅演算子を

$$c_k = L(k+k_F) = L(p) \qquad (12.6)$$

---

[1] スピン縮退は無視する.

12.1 1次元系におけるカイラル異常

で表すことにすると，ハミルトニアンは定数項を除いて

$$H = \sum_p \left[\left(+ v_\mathrm{F} p \right) R^\dagger(p) R(p) + \left(- v_\mathrm{F} p \right) L^\dagger(p) L(p) \right]$$
$$= \int dx \left[\Psi_\mathrm{R}^\dagger(x) \left(- i v_\mathrm{F} \frac{\partial}{\partial x} \right) \Psi_\mathrm{R}(x) + \Psi_\mathrm{L}^\dagger(x) \left(+ i v_\mathrm{F} \frac{\partial}{\partial x} \right) \Psi_\mathrm{L}(x) \right] \tag{12.7}$$

と書ける．ここで

$$\Psi_\mathrm{R}(x) = \frac{1}{\sqrt{L}} \sum_p e^{ipx} R(p), \qquad \Psi_\mathrm{L}(x) = \frac{1}{\sqrt{L}} \sum_p e^{ipx} L(p) \tag{12.8}$$

は元の場の演算子を

$$\Psi(x) \simeq e^{i k_\mathrm{F} x} \Psi_\mathrm{R}(x) + e^{-i k_\mathrm{F} x} \Psi_\mathrm{L}(x) \tag{12.9}$$

のように二つの Fermi 点のまわりで展開したモードと見ることができる．

まずは古典場の理論の枠組みで作用積分を書き下し，系の対称性を調べよう．外場としてベクトルポテンシャル $A^1 = \Phi/L$ に加えてスカラーポテンシャル $\varphi = A^0 - (1/e) m \cos(2 k_\mathrm{F} x)$ を導入する．φ の第 2 項は電荷密度波状態を記述する項で，m がゼロでなければスペクトルに質量ギャップが生じる．興味があるのは $m = 0$ の場合であるが，一般性をもたせるため m の値は任意とする．作用積分は次のように与えられる．

$$S = \int dt dx \Big[\Psi_\mathrm{R}^\dagger \left(i \partial_t + e A_0 \right) \Psi_\mathrm{R} + \Psi_\mathrm{R}^\dagger \left(i \partial_x - e A^1 \right) \Psi_\mathrm{R}$$
$$+ \Psi_\mathrm{L}^\dagger \left(i \partial_t + e A_0 \right) \Psi_\mathrm{L} + \Psi_\mathrm{L}^\dagger \left(- i \partial_x + e A^1 \right) \Psi_\mathrm{L}$$
$$- m (\Psi_\mathrm{R}^\dagger \Psi_\mathrm{L} + \Psi_\mathrm{L}^\dagger \Psi_\mathrm{R}) \Big] \tag{12.10}$$

作用積分 (12.10) におけるラグランジアン密度はゲージ不変である．すなわち ϕ をある定数として変換

$$\Psi_\mathrm{R} \to e^{i\phi} \Psi_\mathrm{R}, \qquad \Psi_\mathrm{L} \to e^{i\phi} \Psi_\mathrm{L} \tag{12.11}$$

のもとで S は不変である．さらに質量ゼロ（$m = 0$）の場合には作用 (12.10)

258　第 12 章　カイラル量子異常と電磁応答

のラグランジアン密度はカイラルゲージ不変性を有する．カイラルゲージ変換とは

$$\Psi_{\rm R} \to e^{i\phi}\Psi_{\rm R}, \qquad \Psi_{\rm L} \to e^{-i\phi}\Psi_{\rm L} \tag{12.12}$$

で与えられるように位相が $\Psi_{\rm R}$ と $\Psi_{\rm L}$ で逆符号で変化する変換である．$m=0$ のとき S は不変であることはすぐに確かめられる．このような場の量の変換によってラグランジアン密度が不変であるとき

$$\begin{aligned}
0 = \delta\mathcal{L} &= \frac{\partial\mathcal{L}}{\partial\Psi_{\rm R}}\delta\Psi_{\rm R} + \frac{\partial\mathcal{L}}{\partial\Psi_{\rm L}}\delta\Psi_{\rm L} + \frac{\partial\mathcal{L}}{\partial(\partial_\mu\Psi_{\rm R})}\partial_\mu\delta\Psi_{\rm R} + \frac{\partial\mathcal{L}}{\partial(\partial_\mu\Psi_{\rm L})}\partial_\mu\delta\Psi_{\rm L} \\
&= \Big(\frac{\partial\mathcal{L}}{\partial\Psi_{\rm R}} - \partial_\mu\frac{\partial\mathcal{L}}{\partial(\partial_\mu\Psi_{\rm R})}\Big)\delta\Psi_{\rm R} + \Big(\frac{\partial\mathcal{L}}{\partial\Psi_{\rm L}} - \partial_\mu\frac{\partial\mathcal{L}}{\partial(\partial_\mu\Psi_{\rm L})}\Big)\delta\Psi_{\rm L} \\
&\quad + \partial_\mu\Big(\frac{\partial\mathcal{L}}{\partial(\partial_\mu\Psi_{\rm R})}\delta\Psi_{\rm R} + \frac{\partial\mathcal{L}}{\partial(\partial_\mu\Psi_{\rm L})}\delta\Psi_{\rm L}\Big)
\end{aligned} \tag{12.13}$$

の右辺を見ると第 1 項，第 2 項はそれぞれ $\Psi_{\rm R}$ と $\Psi_{\rm L}$ に対する Euler-Lagrange 方程式よりゼロとなる．最後の項はカレント[2]保存則を与え，ゲージ不変性[3]からは，$\partial_t J^0 + \partial_x J^1 = 0$，ただし

$$J^0 = \Psi_{\rm R}^\dagger \Psi_{\rm R} + \Psi_{\rm L}^\dagger \Psi_{\rm L}, \qquad J^1 = \Psi_{\rm R}^\dagger \Psi_{\rm R} - \Psi_{\rm L}^\dagger \Psi_{\rm L} \tag{12.14}$$

カイラルゲージ不変性からは，$\partial_t J_5^0 + \partial_x J_5^1 = 0$，ただし

$$J_5^0 = \Psi_{\rm R}^\dagger \Psi_{\rm R} - \Psi_{\rm L}^\dagger \Psi_{\rm L}, \qquad J_5^1 = \Psi_{\rm R}^\dagger \Psi_{\rm R} + \Psi_{\rm L}^\dagger \Psi_{\rm L} \tag{12.15}$$

が得られる[4]．これら 2 種類のカレントがともに保存すれば R で表される右向きフェルミオン数と L で表される左向きフェルミオン数がそれぞれ独立に保存することになる．すなわち

$$N_{\rm R} = \int dx \Psi_{\rm R}^\dagger \Psi_{\rm R}, \qquad N_{\rm L} = \int dx \Psi_{\rm L}^\dagger \Psi_{\rm L} \tag{12.16}$$

とすると，ゲージ不変性およびカイラルゲージ不変性よりそれぞれ

$$\frac{d}{dt}\Big(N_{\rm R} + N_{\rm L}\Big) = 0 \tag{12.17}$$

---
[2] この章ではカレント J^μ は粒子流であり，電流は $j^\mu = (-e)J^\mu$ に相当する．
[3] ϕ を微小量として $\delta\Psi_{\rm R} = i\phi\Psi_{\rm R}$, $\delta\Psi_{\rm L} = i\phi\Psi_{\rm L}$．一方，カイラルゲージ変換に対しては $\delta\Psi_{\rm R} = i\phi\Psi_{\rm R}$, $\delta\Psi_{\rm L} = -i\phi\Psi_{\rm L}$．
[4] カイラルカレント J_5^μ にある 5 は，もともと 3+1 次元時空で第 5 のガンマ行列 γ_5 を用いて定義されたことに由来する．

$$\frac{d}{dt}\left(N_{\mathrm{R}} - N_{\mathrm{L}}\right) = 0 \tag{12.18}$$

が導かれる．しかし元のハミルトニアン (12.1) で記述される系では，図 12.1(b) にあるように，右向き状態と左向き状態は分散の底でつながっていて，例えば外場によって右向きフェルミオンが一つ増えれば，左向きが一つ減るといった具合になっていた．ところが分散を線形化したことによって，右向きフェルミオンと左向きフェルミオンが独立にふるまうことになり，$dN_{\mathrm{R}}/dt = dN_{\mathrm{L}}/dt = 0$ という条件が課されることになってしまった．この意味で電磁場に対する応答を分散を線形化して記述する試みは不成功といえる．

このような対称性と保存則の関係は量子論に移ると変わる．上では古典論[5]から $m=0$ の場合のカイラルカレントに対する連続方程式を導いたが，この後に示すように量子論的な取扱いからは，とくに $m=0$ の場合

$$\partial_\mu J_5^\mu = 0 \longrightarrow \partial_\mu J_5^\mu = \frac{-e}{2\pi}\epsilon^{\mu\nu}F_{\mu\nu} \tag{12.19}$$

の関係式が得られる[6]．量子論的にはカレント J_5^μ は電磁場中で保存しないことに注意する．実際 (12.19) をリングに沿って x で積分すると

$$\frac{d}{dt}(N_{\mathrm{R}} - N_{\mathrm{L}}) = \int_0^L dx\, \frac{-e}{\pi} E \tag{12.20}$$

を得る．これは運動量の変化分 $dP_{\mathrm{R/L}} = \pm(2\pi/L)dN_{\mathrm{R/L}}$ が電場 $E = F_{01}$ による加速 $dP_{\mathrm{R/L}}/dt = -eE$ に一致することを意味する．全運動量が $P = (2\pi/L)(N_{\mathrm{R}} - N_{\mathrm{L}})$ と書けることに注意すると，これは電場 F_{01} による加速運動を記述していることがわかる．今，リングを貫く磁束が 0 から断熱的に増加して時間間隔 T の間に磁束量子 1 本分になったとしよう．すなわち $A^1(0) = 0$ および $A^1(T) = \Phi_0/L = 2\pi/eL$ として，(12.19) を時間と空間で積分すると，

$$\int_0^T dt\, \frac{d}{dt}\left(N_{\mathrm{R}} - N_{\mathrm{L}}\right) = \int dtdx\, \frac{-e}{\pi} F_{01} = \int dtdx\, \frac{e}{\pi}\partial_t A^1$$
$$= \frac{e}{\pi} L\left[A^1(T) - A^1(0)\right] = +2 \tag{12.21}$$

---

[5] ここでいう古典論とは場 Ψ を古典場 (c 数) として扱い，作用積分を極小化する形式を意味する．一方，量子論とは Ψ を演算子として，あるいは Grassmann 数として扱う形式を意味する．

[6] $F_{\mu\nu} = \partial A_\nu/\partial x_\mu - \partial A_\mu/\partial x_\nu$ は 1+1 次元時空における電磁テンソルであり，$F_{01} = -F_{10} = E$，$F_{00} = F_{11} = 0$ で与えられる．

となる.つまり左向きフェルミオン数が一つ減り,右向きフェルミオン数が増えた.これはもともとの模型で期待されたふるまいと等しい.

12.1.2 量子 Hall 系のエッジモードとカイラル異常

量子 Hall 系のエッジ状態は上で考えた 1 次元電子系の例の一つである.Laughlin 理論の状況を再び考えよう.すなわち図 12.2(a) にあるように,シリンダー状の 2 次元量子 Hall 系の軸方向に磁束が挿入され,時刻 $t=0$ から時刻 $t=T$ までに磁束が $\Phi(0)=0$ から断熱的に $\Phi(T)=\Phi_0=hc/e$ になったとする.このとき電子が左の端から右の端にポンプされる.ポンプされた電子数は電場

$$E^x = \frac{1}{L}\frac{d\Phi}{cdt} \tag{12.22}$$

によって発生するバルク Hall 電流

$$(-e)J^y_{(\text{bulk})} = -\sigma_{xy}E^x \tag{12.23}$$

が蓄積した量

$$\Delta N = \int_0^T dt \int dx\, J^y_{(\text{bulk})} = \frac{\sigma_{xy}}{ec}\int_0^T dt\, \frac{d\Phi}{dt} = \frac{\sigma_{xy}}{e^2/h} \tag{12.24}$$

によって与えられる.電荷保存則 (12.17) より $dN_\text{R}/dt = -dN_\text{L}/dt$ であるから,これは

$$\int_0^T dt \int dx \left(\Psi_\text{R}^\dagger \Psi_\text{R} - \Psi_\text{L}^\dagger \Psi_\text{L}\right) = 2\Delta N$$

$$= \int_0^T dt \int dx\, 2\frac{\sigma_{xy}}{e}E^x \tag{12.25}$$

と書ける.$\sigma_{xy} = -\nu e^2/h$ であることに注意すると,この式はアノマリー方程式

$$\partial_\mu J_5^\mu = -\nu\frac{e}{\pi}E^x \tag{12.26}$$

を積分したものに他ならない.

まとめると,量子 Hall 状態ではバルクにはギャップが存在するがエッジに

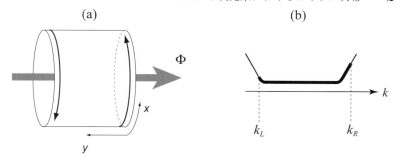

図 12.2 量子 Hall 系におけるカイラル異常．(a) シリンダーを貫く磁束によって，左端から右端に（あるいはその逆向きに）電子がポンプされる．(b) このポンプされた電子は右向きエッジモードと左向きエッジモードの電子数の差に変化を与える．

はギャップレス状態がある．低エネルギー励起を考える際にはバルクの存在を無視してエッジモードのみを考えてよい．ただしこのとき量子異常を考慮しなくてはならない．右と左のエッジでは電子数は独立に保存しないが，これはバルクを流れる Hall 電流によって左右のエッジで電子のやり取りがあるためと理解できる．

12.1.3　3 次元系への拡張

以上の議論を 3+1 次元へ拡張するため，第 11 章の Weyl 半金属の模型を考えよう．ハミルトニアンは

$$H = \int d^3\boldsymbol{x} \left[\Psi_\mathrm{R}^\dagger(\boldsymbol{x}) \mathcal{H}_+^\mathrm{Weyl} \Psi_\mathrm{R}(\boldsymbol{x}) + \Psi_\mathrm{L}^\dagger(\boldsymbol{x}) \mathcal{H}_-^\mathrm{Weyl} \Psi_\mathrm{L}(\boldsymbol{x}) \right] \quad (12.27)$$

ただし

$$\mathcal{H}_\pm^\mathrm{Weyl} = \pm v_\mathrm{F} \boldsymbol{\sigma} \cdot \left(-i\hbar \boldsymbol{\nabla} - \frac{e}{c} \boldsymbol{A} \pm \frac{J}{v_\mathrm{F}} \boldsymbol{M} \right) \quad (12.28)$$

で与えられる．第 11 章で見たように，磁化 $\boldsymbol{M}$ が一様の場合には波数空間の 2 点で伝導体と価電子帯が点接触する Weyl 半金属状態が実現する．運動量空間における二つの接触点（Weyl 点）の間の距離は $2J|\boldsymbol{M}|/\hbar v_\mathrm{F}$ となる．ここでは磁場 $\boldsymbol{B}$ も磁化 $\boldsymbol{M}$ も z 方向に一様な場合を考える．昇降演算

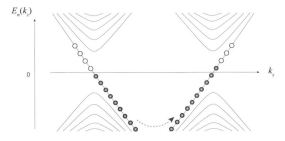

図 12.3　磁場中の 3 次元 Weyl 半金属のエネルギー分散. Landau 量子化によって各 Landau 準位のスペクトルは k_z の関数として与えられる. 強磁場極限での低エネルギー励起は $E = 0$ と交差するゼロ Landau 準位の中に限られる.

子 $a \equiv \sqrt{c/2\hbar e B_z}(\pi_x - i\pi_y)$, $\boldsymbol{\pi} = -i\hbar \boldsymbol{\nabla} + (e/c)\boldsymbol{A}$ を導入すると, エネルギースペクトルは

$$\mathcal{H}^{\text{Weyl}}_{\tau_z} = \tau_z \hbar v_{\text{F}} \begin{pmatrix} k_z + \tau_z \frac{J}{\hbar v_{\text{F}}} M_z & \sqrt{\frac{2eB_z}{\hbar c}} a \\ \sqrt{\frac{2eB_z}{\hbar c}} a^\dagger & -k_z - \tau_z \frac{J}{\hbar v_{\text{F}}} M_z \end{pmatrix} \quad (12.29)$$

から k_z の関数として求まる. ここで $\tau_z = \pm 1$ は Weyl ノードのインデックスで, R に対しては $\tau_z = +1$, L に対しては $\tau_z = -1$ である. ハミルトニアン (12.29) のエネルギー固有値を図 12.3 に示す. これらの Landau 準位は各 k_z に対し $N_{\text{LL}} = B_z L_x L_y e/hc$ 重に縮退している. ここで L_x, L_y はそれぞれ x 方向, y 方向の系の大きさである.

ドープしていない半金属状態では $E_n(k_z) < 0$ の Landau 準位はすべて占有され[7], $E_n(k_z) > 0$ の Landau 準位はすべて非占有となっており,

$$E_0(k_z) = -\tau_z \hbar v_{\text{F}} k_z - J M_z \quad (12.30)$$

で与えられるゼロ Landau 準位のみが部分的に占有されている. 強磁場極限では低エネルギー励起がゼロ Landau 準位に限られる. この状況は上で考えた空間 1 次元の場合と同様である. 磁場に加え z 方向に電場 $\boldsymbol{E}$ が印加された場合, ヘリシティ $\tau_z = +1$ の R フェルミオンの数 N_{R} と $\tau_z = -1$ の L フェ

---

[7] $n \neq 0$ に対する Landau 準位は $E_n(k_z) = \pm \hbar v_{\text{F}} \sqrt{(k_z + (J/\hbar v_{\text{F}})M_z)^2 + (2eB_z/\hbar c)|n|}$ で与えられる.

ルミオンの数 N_L の間には，式 (12.20) に Landau 縮重度 N_LL を掛けた

$$\frac{d}{dt}(N_\mathrm{R} - N_\mathrm{L}) = \int d^3\boldsymbol{x}\, \frac{-e^2}{\pi hc} \boldsymbol{E} \cdot \boldsymbol{B} \tag{12.31}$$

が成立することが示唆される．

二つの Weyl ノード間の散乱があるときは $N_\mathrm{R} - N_\mathrm{L}$ は一定値に緩和する．緩和時間を τ とすると運動方程式 $\dot{k}_z = -eE_z - \Delta k_z/\tau$ から波数の変化分 $\Delta k_z = -\tau e E_z$ が得られる．この強磁場条件で発生する電流は

$$\begin{aligned} j_z &= \frac{N_\mathrm{LL}}{L_x L_y} \frac{2\Delta k_z}{2\pi} (-ev_\mathrm{F}) \\ &= \frac{v_\mathrm{F} e^3 \tau}{2\pi^2 hc} B_z E_z \end{aligned} \tag{12.32}$$

で与えられる．

12.2　経路積分形式による定式化

カイラルカレント J_5^μ に対するアノマリー方程式を経路積分形式を用いて導出する．以下では虚時間形式に移行するのが便利である．分配関数は虚時間形式の作用積分を用いて

$$Z = \int \mathcal{D}\psi \mathcal{D}\overline{\psi}\, e^{-S} \tag{12.33}$$

で与えられる．1 次元の場合は，ハミルトニアン (12.7) に対する虚時間形式の作用積分は虚時間 $it = \tau$, $iA_0 \equiv A_\tau$ を用いて

$$\begin{aligned} S &= \int_0^\beta d\tau \int dx \left(\psi_\mathrm{R}^\dagger \partial_\tau \psi_\mathrm{R} + \psi_\mathrm{L}^\dagger \partial_\tau \psi_\mathrm{L} \right) + \int_0^\beta d\tau H \\ &= \int d^2x \Big[\psi_\mathrm{R}^\dagger \left(-i\partial_x + eA_x \right) \psi_\mathrm{R} + \psi_\mathrm{L}^\dagger \left(i\partial_x - eA_x \right) \psi_\mathrm{L} \\ &\qquad + \psi_\mathrm{R}^\dagger \left(\partial_\tau + ieA_\tau \right) \psi_\mathrm{R} + \psi_\mathrm{L}^\dagger \left(\partial_\tau + ieA_\tau \right) \psi_\mathrm{L} \\ &\qquad - m \left(\psi_\mathrm{R}^\dagger \psi_\mathrm{L} + \psi_\mathrm{L}^\dagger \psi_\mathrm{R} \right) \Big] \end{aligned} \tag{12.34}$$

あるいはスピノール形式にして

と書ける. ガンマ行列を

$$\gamma_1 = \sigma_y, \qquad \gamma_2 = -\sigma_x, \qquad \gamma_5 = -i\gamma_1\gamma_2 = \sigma_z \tag{12.36}$$

とすると作用は

$$S = \int d^2x \, \overline{\psi}\Big[\gamma_\mu(\partial_\mu + ieA_\mu) + m\Big]\psi \tag{12.37}$$

の形に表される. ただし $\overline{\psi} = (\psi_R^\dagger, \psi_L^\dagger)\gamma_2$ とした. 同様に D 次元時空における Dirac 電子の Euclid 化された作用[8]は

$$S = \int d^Dx \, \overline{\psi}\Big[\gamma_\mu(\partial_\mu + ieA_\mu) + m\Big]\psi \tag{12.38}$$

と書ける. カイラルゲージ変換

$$\psi \to e^{i\phi\gamma_5}\psi \equiv \psi', \qquad \overline{\psi} \to \overline{\psi}e^{i\phi\gamma_5} \equiv \overline{\psi}' \tag{12.39}$$

を行う. ϕ を微小量とすると

$$\begin{aligned}m\overline{\psi}'\psi' &= m\overline{\psi}(1+i\phi\gamma_5)(1+i\phi\gamma_5)\psi \\ &= m\overline{\psi}\psi \; + \; \phi 2mi\overline{\psi}\gamma_5\psi \; + O(\phi^2) \end{aligned} \tag{12.40}$$

$$\begin{aligned}\overline{\psi}'\gamma_\mu\partial_\mu\psi' &= \overline{\psi}(1+i\phi\gamma_5)\gamma_\mu\Big[(1+i\phi\gamma_5)\partial_\mu\psi \; + \; i\partial_\mu\phi\gamma_5\psi\Big] \\ &= \overline{\psi}\gamma_\mu\partial_\mu\psi + \partial_\mu\phi i\overline{\psi}\gamma_\mu\gamma_5\psi \; + O(\phi^2)\end{aligned} \tag{12.41}$$

ここで作用積分に対する不変性を仮定しても結果は古典論の場合と変わらない. そこでカイラル変換のもとで

$$\int \mathcal{D}\psi\mathcal{D}\overline{\psi} \, e^{-S[\psi,\overline{\psi}]} = \int \mathcal{D}\psi'\mathcal{D}\overline{\psi}' \, e^{-S[\psi',\overline{\psi}']} \tag{12.42}$$

---

[8] 偶数 $D = d+1$ 次元の Euclid 時空でのガンマ行列は $\{\gamma_\mu, \gamma_\nu\} = 2\delta_{\mu\nu}$ を満たす. また $\gamma_5 = (-i)^{D/2}\gamma_1\gamma_2\cdots\gamma_D$ とする. 3+1 次元における Euclid 形式でのガンマ行列は

$$\gamma_{i=1,2,3} = \begin{pmatrix} 0 & -i\sigma_i \\ i\sigma_i & 0 \end{pmatrix}, \quad \gamma_4 = \begin{pmatrix} 1 & 0 \\ 0 & -1 \end{pmatrix}, \quad \gamma_5 = -\gamma_1\gamma_2\gamma_3\gamma_4 = \begin{pmatrix} 0 & 1 \\ 1 & 0 \end{pmatrix}$$

で与えられる.

を要請する．このとき
$$\mathcal{D}\psi'\mathcal{D}\overline{\psi}' = J\mathcal{D}\psi\mathcal{D}\overline{\psi} \tag{12.43}$$
のように Jacobi 行列式 J が生じる点が古典論との本質的な違いである[9]．式 (12.42) の右辺は次のように変形される．

$$\int \mathcal{D}\psi'\mathcal{D}\overline{\psi}' \, e^{-S[\psi',\overline{\psi}']}$$
$$= \int \mathcal{D}\psi\mathcal{D}\overline{\psi} \, e^{-S[\psi,\overline{\psi}] + \int d^D x \phi \left[\partial_\mu(i\overline{\psi}\gamma_\mu\gamma_5\psi) - 2mi\overline{\psi}\gamma_5\psi\right] + \ln J} \tag{12.44}$$

式 (12.42) の要請からカイラルカレント $J_\mu^5 = i\overline{\psi}\gamma_\mu\gamma_5\psi$ に対する関係式

$$\partial_\mu J_\mu^5 - 2mi\overline{\psi}\gamma_5\psi = -\frac{\delta}{\delta\phi}\ln J \tag{12.45}$$

が導かれる．したがって J の ϕ 依存性から，$m=0$ でもカイラルカレントは保存しない．

Jacobi 行列式 J を具体的に計算しよう．フェルミオン積分の測度を明確にするため，ψ を適当な関数系を用いて展開する．$i\slashed{D} = i\gamma_\mu(\partial_\mu + ieA_\mu)$ は Hermite 演算子であるので，その固有スピノール，すなわち

$$i\slashed{D}\,u_n(x) = \lambda_n u_n(x) \tag{12.46}$$

を満たす関数系 $\{u_n(x)\}$ を用いてフェルミオン場を

$$\psi(x) = \sum_n a_n u_n(x), \qquad \overline{\psi}(x) = \sum_n \overline{a}_n u_n^\dagger(x) \tag{12.47}$$

のように表す．カイラルゲージ変換後の場 $\psi'(x) = e^{i\phi\gamma_5}\psi(x)$ は

$$\sum_n a'_n u_n(x) = e^{i\phi\gamma_5}\sum_m a_m u_m(x) \tag{12.48}$$

と書けるから，変換式

$$a'_n = \int d^D x \, u_n^\dagger(x) \left[e^{i\phi\gamma_5}\sum_m a_m u_m(x)\right]$$
$$= \sum_m U_{nm} a_m \tag{12.49}$$

---
[9] フェルミオン系の経路積分形式については付録 A を参照されたい．

が得られる．ただし $U_{nm} = \langle u_n | e^{i\phi\gamma_5} | u_m \rangle \simeq \delta_{nm} + \langle u_n | i\phi\gamma_5 | u_m \rangle$ とした．
積分測度はカイラルゲージ変換のもとで

$$\prod_n da'_n \prod_n d\bar{a}'_n = \Big(\det U\Big)^{-1} \prod_n da_n \Big(\det U\Big)^{-1} \prod_n d\bar{a}_n$$

$$= \Big(\exp \operatorname{Tr} \ln U\Big)^{-2} \prod_n da_n \prod_n d\bar{a}_n$$

$$= \Big(\exp \operatorname{Tr} \ln \big[\delta_{nm} + i\langle u_n | \phi\gamma_5 | u_m \rangle\big]\Big)^{-2} \prod_n da_n \prod_n d\bar{a}_n$$

$$= \Big(\exp \operatorname{Tr} \big[i\langle u_n | \phi\gamma_5 | u_m \rangle\big]\Big)^{-2} \prod_n da_n \prod_n d\bar{a}_n$$

$$= \exp\left[-2i \sum_n \langle u_n | \phi\gamma_5 | u_n \rangle\right] \prod_n da_n \prod_n d\bar{a}_n \quad (12.50)$$

のように変換し，Jacobi 行列式

$$J = \exp\left[-2i \int d^D x\, \phi(x) \sum_n u_n^\dagger(x) \gamma_5 u_n(x)\right]$$

$$\equiv \exp\left[-2i \int d^D x\, \phi(x) \Gamma_5(x)\right] \quad (12.51)$$

が得られる．ただしこのままでは J の位相が発散してしまうため，ここで現れた $\Gamma_5(x)$ を次のように正則化する必要がある．

$$\Gamma_5(x) = \sum_n u_n^\dagger(x) \gamma_5 u_n(x)$$

$$= \lim_{M \to \infty} \sum_n u_n^\dagger(x) \gamma_5 e^{-(\lambda_n/M)^2} u_n(x)$$

$$= \lim_{M \to \infty} \sum_n u_n^\dagger(x) \gamma_5 e^{-(i\slashed{D}/M)^2} u_n(x) \quad (12.52)$$

ここで

$$u_{n\sigma}(x) = \int \frac{d^D k}{\sqrt{2\pi}^D} e^{ik_\mu x_\mu} \langle k, \sigma | n \rangle \quad (12.53)$$

とし，$\sum_n \langle k\sigma | n \rangle \langle n | k'\sigma' \rangle = \delta_{kk'} \delta_{\sigma\sigma'}$ を用いると，

12.2 経路積分形式による定式化

$$\Gamma_5(x) = \lim_{M \to \infty} \sum_n \Bigl[\int \frac{d^D k'}{\sqrt{2\pi}^D} e^{-ik'_\mu x_\mu} \langle k', \sigma'|n\rangle^* \Bigr] \Bigl(\gamma_5 e^{-(i\slashed{D}/M)^2} \Bigr)_{\sigma'\sigma}$$

$$\times \Bigl[\int \frac{d^D k}{\sqrt{2\pi}^D} e^{ik_\mu x_\mu} \langle k, \sigma|n\rangle \Bigr]$$

$$= \lim_{M \to \infty} \int \frac{d^D k}{(2\pi)^D} \operatorname{tr}\Bigl(e^{-ikx} \gamma_5 e^{\slashed{D}^2/M^2} e^{ikx} \Bigr) \tag{12.54}$$

を得る. また,

$$\slashed{D}\slashed{D} = \gamma_\mu \gamma_\nu D_\mu D_\nu$$

$$= \frac{1}{2}\{\gamma_\mu, \gamma_\nu\} D_\mu D_\nu + \frac{1}{2}[\gamma_\mu, \gamma_\nu] D_\mu D_\nu$$

$$= \frac{1}{2} 2\delta_{\mu\nu} D_\mu D_\nu + \frac{1}{2}\gamma_\mu \gamma_\nu [D_\mu, D_\nu]$$

$$= D_\mu D_\mu + \frac{1}{2}\gamma_\mu \gamma_\nu ie F_{\mu\nu} \tag{12.55}$$

および $e^{-ikx} f(D_\mu) e^{ikx} \psi = f(D_\mu + ik_\mu) \psi$ に注意すると次式を得る.

$$\Gamma_5(x) = \int \frac{d^D k}{(2\pi)^D} \operatorname{tr}\Bigl(\gamma_5 \exp\Bigl[\frac{1}{M^2}[(ik_\mu + D_\mu)^2 + \frac{ie}{2}\gamma_\mu \gamma_\nu F_{\mu\nu}] \Bigr] \Bigr)$$

$$= \int \frac{d^D k'}{(2\pi)^D} M^D \operatorname{tr}\Bigl(\gamma_5 \exp\Bigl[(ik'_\mu + \frac{D_\mu}{M})^2 + \frac{ie}{2M^2}\gamma_\mu \gamma_\nu F_{\mu\nu} \Bigr] \Bigr)$$

$$= \int \frac{d^D k'}{(2\pi)^D} e^{-k'^2} M^D \operatorname{tr}\Bigl(\gamma_5 \exp\Bigl[\frac{ie}{2M^2}\gamma_\mu \gamma_\nu F_{\mu\nu} \Bigr] \Bigr)$$

$$= \frac{\pi^{D/2}}{(2\pi)^D} \operatorname{tr}\Bigl(\gamma_5 \sum_l \frac{M^{D-2l}}{l!} \Bigl[\frac{ie}{2}\gamma_\mu \gamma_\nu F_{\mu\nu} \Bigr]^l \Bigr) \tag{12.56}$$

途中で $k_\mu \to k'_\mu = k_\mu/M$ とした. l に対する和では $l > D/2$ の寄与はすべて $M \to \infty$ でゼロとなる.

$D = 1+1$ の場合, $l = 0$ の寄与は $\operatorname{tr}\gamma_5 = 0$ よりゼロ. $l = 1$ の項は

$$\Gamma_5(x) = \frac{\pi}{4\pi^2} \operatorname{tr}\bigl(\gamma_5 \gamma_\mu \gamma_\nu \bigr) \frac{ie}{2} F_{\mu\nu} = \frac{1}{4\pi} 2i\epsilon_{\mu\nu} \frac{ie}{2} F_{\mu\nu} \tag{12.57}$$

となる. ここで $\operatorname{tr}(\gamma_5 \gamma_1 \gamma_2) = \operatorname{tr}(\sigma_z \sigma_y(-\sigma_x)) = \operatorname{tr}(\sigma_x \sigma_y \sigma_z) = 2i$ より得られる $\operatorname{tr}(\gamma_5 \gamma_\mu \gamma_\nu) = 2i\epsilon_{\mu\nu}$ を用いた. こうして 1+1 次元の場合の Jacobi 行列式

第 12 章 カイラル量子異常と電磁応答

$$J = \exp\left[-2i \int d^2x\, \phi(x)\Gamma_5(x)\right]$$
$$= \exp\left[\int d^2x\, \phi(x)\frac{ie}{2\pi}\epsilon_{\mu\nu}F_{\mu\nu}\right] \tag{12.58}$$

が得られた．式 (12.45) より，カイラルカレントは

$$\partial_\mu J_\mu^5 = -\frac{ie}{2\pi}\epsilon_{\mu\nu}F_{\mu\nu} + 2mi\overline{\psi}\gamma_5\psi \tag{12.59}$$

を満たす．

$D = 3+1$ の場合，式 (12.56) は

$$\Gamma_5(x) = \frac{1}{16\pi^2}\text{tr}\left(\gamma_5\gamma_\mu\gamma_\nu\gamma_\rho\gamma_\lambda\right)\frac{1}{2}\left(\frac{ie}{2}F_{\mu\nu}\right)\left(\frac{ie}{2}F_{\rho\lambda}\right)$$
$$= \frac{1}{16\pi^2}\left(-4\epsilon_{\mu\nu\rho\lambda}\right)\frac{1}{2}\left(\frac{ie}{2}F_{\mu\nu}\right)\left(\frac{ie}{2}F_{\rho\lambda}\right) \tag{12.60}$$

となる．ここで $\text{tr}(\gamma_5\gamma_1\gamma_2\gamma_3\gamma_4) = -4$，すなわち $\text{tr}(\gamma_5\gamma_\mu\gamma_\nu\gamma_\rho\gamma_\lambda) = -4\epsilon_{\mu\nu\rho\lambda}$ を用いた．こうして Jacobi 行列式

$$J = \exp\left[-2i \int d^2x\, \phi(x)\Gamma_5(x)\right]$$
$$= \exp\left[\int d^4x\, \phi(x)\frac{ie^2}{16\pi^2}\epsilon_{\mu\nu\rho\lambda}F_{\mu\nu}F_{\rho\lambda}\right] \tag{12.61}$$

が求まり，式 (12.45) より，3+1 次元におけるカイラルカレントの関係式

$$\partial_\mu J_\mu^5 = -\frac{ie^2}{16\pi^2}\epsilon_{\mu\nu\rho\lambda}F_{\mu\nu}F_{\rho\lambda} + 2mi\langle\overline{\psi}\gamma_5\psi\rangle \tag{12.62}$$

が得られる．$m = 0$ とし実時間形式へ移行すると式 (12.31) となる．

12.3 指数定理

以上の定式化には，数学で指数定理とよばれる解析学とトポロジーの重要な関係が現れる．$\Gamma_5(x)$ の計算を見直すと，1+1 次元および 3+1 次元ではそれぞれ

$$\int d^2x\, \Gamma_5(x) = -\int d^2x\, \frac{e}{4\pi}\epsilon_{\mu\nu}F_{\mu\nu} \tag{12.63}$$

$$\int d^4x\, \Gamma_5(x) = -\int d^4x\, \frac{e^2}{32\pi^2}\epsilon_{\mu\nu\rho\lambda}F_{\mu\nu}F_{\rho\lambda} \tag{12.64}$$

が導かれた．一方 $\Gamma_5(x)$ の定義から左辺は

$$\int d^D x\, \Gamma_5(x) = \sum_n \langle u_n | \gamma_5 | u_n \rangle \tag{12.65}$$

と書ける．$\gamma_5 i \slashed{D} = -i \slashed{D} \gamma_5$ より $\gamma_5 |u_n\rangle$ は固有値 $-\lambda_n$ をもつ $i\slashed{D}$ の固有状態である．固有ベクトルの直交性から $\lambda_n \neq 0$ となる n に対して

$$\langle u_n | \gamma_5 | u_n \rangle = 0 \qquad (\text{for non zero } \lambda_n) \tag{12.66}$$

が成り立つ．式 (12.65) は $i\slashed{D}$ の固有値がゼロの n（ゼロモード）のみが寄与することに注意する．$i\slashed{D} u_n(x) = 0$ は（虚時間形式における）質量ゼロの粒子に対する Dirac 方程式に他ならない．したがってゼロモードはとくに物理的に重要である．積分

$$\int d^D x\, \Gamma_5(x) = \sum_{n:\lambda_n=0} \langle u_n | \frac{1+\gamma_5}{2} | u_n \rangle - \sum_{n:\lambda_n=0} \langle u_n | \frac{1-\gamma_5}{2} | u_n \rangle$$
$$\equiv \nu_R - \nu_L \tag{12.67}$$

は固有値 $\lambda_n = 0$ をもつ右向きゼロモードの数 ν_R と左向きゼロモードの数 ν_L の差である[10]．したがって

$$\nu_R - \nu_L = -\int d^2 x\, \frac{e}{4\pi} \epsilon_{\mu\nu} F_{\mu\nu} \qquad (1+1D) \tag{12.68}$$

$$\nu_R - \nu_L = -\int d^4 x\, \frac{e^2}{32\pi^2} \epsilon_{\mu\nu\rho\lambda} F_{\mu\nu} F_{\rho\lambda} \qquad (3+1D) \tag{12.69}$$

が得られる．$N_R - N_L$ と比べると 2 の因子だけ異なる．アノマリー方程式には ψ と $\overline{\psi}$ の Jacobi 行列式が寄与するからである．ν_R や ν_L は Dirac 方程式によって与えられる解析学的な量であるが，$\nu_R - \nu_L$ はゲージ場 A_μ の配置を少しくらい変化しても値を変えないトポロジカル不変量である．これを Dirac 演算子 $i\slashed{D}$ の指数とよぶ．

微分形式の記号を用いて電磁場テンソルを

$$F = \frac{1}{2} F_{\mu\nu}\, dx_\mu \wedge dx_\nu \tag{12.70}$$

で表すと一般の時空次元 $D = 2n$ で

---

[10] 射影演算子 $(1/2)(1 \pm \gamma_5)$ については付録 A の式 (A.112) を参照．

$$\nu_{\rm R} - \nu_{\rm L} = -\int \frac{1}{n!}\,{\rm tr}\Big(\frac{e}{2\pi}F\Big)^n \tag{12.71}$$

が得られる．この公式は Atiyah-Singer の指数定理として知られている．この公式は一般の $SU(N)$ ゲージ場に対しても成立し tr の記号はその場合の対角和を表す．

ゼロエネルギー状態の縮退と指数定理

1+1 次元の場合の Dirac 演算子

$$i\not{D} = \sigma_y(i\partial_x - eA_x) + \sigma_x(-i\partial_\tau + eA_\tau) \tag{12.72}$$

において形式的に $\tau \to y$ とすると，これは空間 2 次元における磁場中の Dirac ハミルトニアン

$$\begin{aligned}\mathcal{H} &= v_{\rm F}\,\hat{\bm{z}}\times\bm{\sigma}\cdot\Big(-i\bm{\nabla}+e\bm{A}\Big)\\ &= v_{\rm F}\begin{pmatrix} 0 & \pi_y+i\pi_x \\ \pi_y-i\pi_x & 0 \end{pmatrix}\end{aligned} \tag{12.73}$$

に等しい．すなわち磁場中の 3 次元トポロジカル絶縁体の表面電子状態を考えることになる．ここで $\pi_\mu = -i\partial_\mu + eA_\mu$ は $[\pi_x,\pi_y] = -ieB_z$ を満たす．まず一様な z 方向への磁場がある場合を考えると，$[a,a^\dagger]=1$ を満たす昇降演算子

$$a = \frac{\pi_y+i\pi_x}{\sqrt{2}}\ell, \qquad a^\dagger = \frac{\pi_y-i\pi_x}{\sqrt{2}}\ell \tag{12.74}$$

を用いて，ハミルトニアンは

$$\mathcal{H} = \frac{\sqrt{2}v_{\rm F}}{\ell}\begin{pmatrix} 0 & a \\ a^\dagger & 0 \end{pmatrix} \tag{12.75}$$

と書ける．$a^\dagger a$ の固有ベクトル $|N\rangle$ ($a|N\rangle = \sqrt{N}|N-1\rangle$) を用いると $\mathcal{H}$ のゼロエネルギー状態は

$$|\psi_0\rangle = \begin{pmatrix} 0 \\ |0\rangle \end{pmatrix} \tag{12.76}$$

で与えられる．したがってゼロエネルギー状態ではすべて「スピンダウン状態」である．このとき式 (12.68) の左辺はこれらゼロエネルギー状態の個数

を表す．一方，右辺は $\Phi = \int d^2 x F_{12}$ を用いて $-\Phi/\phi_0$，すなわち磁束の本数に相当する．これは Landau 準位の縮退度を与えている．指数定理は一般の非一様な磁場に対してもカイラル対称性 $\gamma_5 \mathcal{H} = -\mathcal{H}\gamma_5$ があれば成り立つ．式 (12.68) の左辺は $\gamma_5 = \sigma_z$ であることに注意すると

$$N_+ - N_- = \sum_{E_n=0} \langle u_n | \sigma_z | u_n \rangle \tag{12.77}$$

であり，ゼロエネルギー状態に対するスピンの z 成分の総和に等しい．式 (12.68) はこれが磁束の本数という系の大局的な量に等しいことを示す．

12.4 トポロジカル電磁応答

カイラル量子異常を経路積分を用いて定式化したが，以下ではこれを応用して電磁応答を考察する．一つめの例として，トポロジカル絶縁体の有効理論である θ 項を経路積分形式を用いて微視的に導出する．

12.4.1 トポロジカル絶縁体相における θ 項の微視的導出

3 次元トポロジカル絶縁体の電磁応答は第 9 章で見たようにアクション項 θ によって記述される．時間反転対称性がある場合の θ は 2π を法 (mod 2π) とし，$\theta = 0$ が自明な絶縁体，$\theta = \pi$ が非自明な絶縁体に相当する．ここでは微視的な電子模型から θ 項を導出する．低エネルギー有効ハミルトニアンは

$$\mathcal{H}_0(\boldsymbol{k}) = \begin{pmatrix} M(\boldsymbol{k}) & v_\mathrm{F} \boldsymbol{\sigma} \cdot \boldsymbol{k} \\ v_\mathrm{F} \boldsymbol{\sigma} \cdot \boldsymbol{k} & -M(\boldsymbol{k}) \end{pmatrix} \tag{12.78}$$

で与えられるとしよう．ただし $M(\boldsymbol{k}) = m + r|\boldsymbol{k}|^2$ とした．第 5 章で見たように $\mathbb{Z}_2$ 不変量は m と r の相対符号によって決まり，r を正に固定すると，$m > 0$ の場合は自明な絶縁相（$\mathbb{Z}_2$ even），$m < 0$ の場合は非自明な絶縁相（$\mathbb{Z}_2$ odd）となる．通常絶縁体の虚時間形式の作用積分が $m > 0$ として

$$\begin{aligned} S_\mathrm{NI} &= \int d\tau d^3 x \, \psi^\dagger \Big[\partial_\tau + ieA_\tau + \mathcal{H} \Big] \psi \\ &= \int d\tau d^3 x \, \overline{\psi} \Big[\gamma_\mu \big(\partial_\mu + ieA_\mu \big) + m \Big] \psi \end{aligned} \tag{12.79}$$

と書けるとしよう．ここで $\boldsymbol{k}^2$ の項を無視，すなわち $r=0$ とした．以下では通常絶縁体の作用とトポロジカル絶縁体の作用を比較し，S_θ を微視的に導出する．

カイラルゲージ変換

$$\psi \to e^{i\theta\gamma_5/2}\psi, \qquad \overline{\psi} \to \overline{\psi}e^{i\theta\gamma_5/2} \tag{12.80}$$

のもとで質量項は

$$m \to m e^{i\gamma_5\theta} = m(\cos\theta + i\gamma_5 \sin\theta) \tag{12.81}$$

となることに注意しよう．したがって $\theta=\pi$ とすると，$m \to -m$ となり，通常絶縁体とトポロジカル絶縁体がカイラルゲージ変換によって関係付けられる．一方，カイラルゲージ変換を行うと Jacobi 行列式 J から $S_\theta = -\ln J$ が作用に現れることを思い出すと，トポロジカル絶縁体の作用は

$$S_{\rm TI} = S_{\rm NI} + S_{\theta=\pi} \tag{12.82}$$

で与えられることがわかる．実際には前節で行った微小量 $\phi = \theta/N$ に対するカイラルゲージ変換 (12.39) を N 回行えばよい．(ここで N は十分大きいとする．) こうして虚時間形式で

$$\begin{aligned}S_\theta^{\rm (E)} &= -\ln J \\ &= \int d\tau d^3 x \left(\frac{-ie^2}{32\pi\hbar c}\right)\frac{\theta}{\pi}\epsilon_{\mu\nu\rho\sigma}F_{\mu\nu}F_{\rho\sigma}\end{aligned} \tag{12.83}$$

を得る．ここで実時間形式に移行する．Euclid 形式における電磁場テンソルは

$$\begin{aligned}F_{ij}^{\rm (E)} &= \partial_i A^j - \partial_j A^i = \epsilon_{ijk}B^k \\ F_{k4}^{\rm (E)} &= \partial_k(iA^0) - (-i\partial_t)A^k = -iE^k\end{aligned} \tag{12.84}$$

および

$$\begin{aligned}\frac{1}{2}\epsilon_{ij\rho\lambda}F_{\rho\lambda}^{\rm (E)} &= \epsilon_{ijk4}(-iE_k) \\ \frac{1}{2}\epsilon_{k4\rho\lambda}F_{\rho\lambda}^{\rm (E)} &= \frac{1}{2}\epsilon_{k4ij}F_{ij}^{\rm (E)} = B^k\end{aligned} \tag{12.85}$$

と書け[11]，$(1/2)\epsilon_{\mu\nu\rho\lambda}F^{(\mathrm{E})}_{\mu\nu}F^{(\mathrm{E})}_{\rho\lambda} = -4i\boldsymbol{E}\cdot\boldsymbol{B}$ となる[12]．こうして実時間形式の作用積分

$$\begin{aligned}S_\theta &= iS^{(\mathrm{E})}_\theta \\ &= i\int (idt)d^3\boldsymbol{x}\frac{-ie^2}{16\pi\hbar c}\frac{\theta}{\pi}\frac{1}{2}\epsilon_{\mu\nu\rho\lambda}F_{\mu\nu}F_{\rho\lambda} \\ &= \int dtd^3x\,\frac{e^2}{4\pi\hbar c}\frac{\theta}{\pi}\boldsymbol{E}\cdot\boldsymbol{B}\end{aligned} \qquad (12.86)$$

が得られる．

12.4.2 Weyl 半金属における磁気モーメント

磁気モーメントと相互作用する Dirac-Weyl 電子系の問題を再度考えよう．質量ゼロの Dirac 電子系すなわち Dirac 半金属に磁性不純物がドープされた状況の模型を用いる．ギャップレス（質量ゼロ）Dirac ハミルトニアンとして (12.78) で $M(\boldsymbol{k})=0$ を考える．$\tau_x \to \tau_z$ とするユニタリー変換を行うと，全ハミルトニアンは

$$\mathcal{H}^{\mathrm{Weyl}}_{\tau_z} = \tau_z\boldsymbol{\sigma}\cdot\boldsymbol{k} + J\boldsymbol{M}\cdot\boldsymbol{\sigma} - \Delta_0\tau_z \qquad (12.87)$$

---

[11] $\mu=1,2,3,4$ に対する電磁テンソルの成分は

$$F^{(\mathrm{E})}_{\mu\nu} = \begin{pmatrix} 0 & B^3 & -B^2 & -iE^1 \\ -B^3 & 0 & B^1 & -iE^2 \\ B^3 & -B^1 & 0 & -iE^3 \\ iE^1 & iE^2 & iE^3 & 0 \end{pmatrix},\ \frac{1}{2}\epsilon_{\mu\nu\rho\lambda}F^{(\mathrm{E})}_{\rho\lambda} = \begin{pmatrix} 0 & -iE^3 & iE^2 & B^1 \\ iE^3 & 0 & -iE^1 & B^2 \\ -iE^2 & iE^1 & 0 & B^3 \\ -B^1 & -B^2 & -B^3 & 0 \end{pmatrix}$$

で表される．

[12] 一方 Minkovski 形式で $F^{(\mathrm{M})}_{ij} = \partial_i(-A^j) - \partial_j(-A^i) = -\epsilon^{ijk}B^k$，$F^{(\mathrm{M})}_{0k} = \partial_0(-A^k) - \partial_k A^0 = E^k$ を成分で書くと，

$$F^{(\mathrm{M})}_{\mu\nu} = \begin{pmatrix} 0 & E^1 & E^2 & E^3 \\ -E^1 & 0 & -B^3 & B^2 \\ -E^1 & B^3 & 0 & -B^1 \\ -E^1 & -B^2 & B^1 & 0 \end{pmatrix}$$

$$-\frac{1}{2}\epsilon^{\mu\nu\rho\lambda}F^{(\mathrm{M})}_{\rho\lambda} = \begin{pmatrix} 0 & B^1 & B^2 & B^3 \\ -B^1 & 0 & -E^3 & E^2 \\ -B^1 & E^3 & 0 & -E^1 \\ -B^1 & -E^2 & E^1 & 0 \end{pmatrix}$$

で表されるので $(1/2)\epsilon^{\mu\nu\rho\lambda}F^{(\mathrm{M})}_{\mu\nu}F^{(\mathrm{M})}_{\rho\lambda} = -4\boldsymbol{E}\cdot\boldsymbol{B}$ となる．

のように書ける．最後の項 $-\Delta_0\tau_z$ は，二つの Weyl 点の間のエネルギーの差 $2\Delta_0$ を与える．これまでは磁気モーメントが一様な場合を考えたが，ここでは磁気モーメントが空間的にも時間的にも変動する場合も考慮に入れ，この系の電磁応答を記述する有効作用を導出する．電磁場との結合項を含む Dirac-Weyl フェルミオンの Euclid 形式での作用積分は

$$S = \int d\tau d^3\boldsymbol{x}\ \psi^\dagger\Big[\partial_\tau + ieA_4 + i\tau_z a_4$$
$$+ \tau_z\boldsymbol{\sigma}\cdot\Big(-i\boldsymbol{\nabla} + e\boldsymbol{A} + \tau_z\boldsymbol{a}\Big)\Big]\psi$$
$$= \int d^4x\ \overline{\psi}\ \gamma_\mu\Big(\partial_\mu + ieA_\mu + i\gamma_5 a_\mu\Big)\psi \tag{12.88}$$

と書ける．ここで $a_\mu = (\boldsymbol{a}, a_4) = (J\boldsymbol{M}, i\Delta_0)$ は，電荷 e ではなく，$\gamma_5 = \tau_z$ と結合することからカイラルゲージ場とよばれる．質量項がない代わりにこのカイラルゲージ場があることが時間反転不変な絶縁体の場合 (12.79) との違いである．ここでカイラルゲージ変換

$$\overline{\psi} \to \overline{\psi}e^{i\theta\gamma_5/2} = \overline{\psi}', \qquad \psi \to e^{i\theta\gamma_5/2}\psi = \psi' \tag{12.89}$$

によってカイラルゲージ場を見かけ上消去することを考える．以下では

$$a_\mu(x) = \frac{1}{2}\partial_\mu\theta(x) \tag{12.90}$$

を満たすように θ 決める．作用積分を新しいフェルミオン場 ψ' を用いて書くと

$$S = \int d^4x\ \overline{\psi}' e^{-i\theta\gamma_5/2}\gamma_\mu\Big[\partial_\mu + ieA_\mu + i\gamma_5 a_\mu\Big]e^{-i\theta\gamma_5/2}\psi'$$
$$= \int d^4x\ \overline{\psi}'\gamma_\mu\Big[\partial_\mu + ieA_\mu\Big]\psi'$$
$$+ \int d^4x\ \overline{\psi}'i\gamma_\mu\gamma_5\Big[a_\mu - \frac{1}{2}\partial_\mu\theta\Big]\psi' \tag{12.91}$$

となる．最後の θ 項は (12.90) の関係によってカイラルゲージ場の項と相殺する．カイラルゲージ変換[13]によって消えたカイラルゲージ場 a_μ は Jacobi 行列式の中に現れ，実時間形式では式 (12.86) を得る．時間反転不変な絶縁体で

---

[13] 実際には式 (12.86) を導いたときと同様に無限小変換を無限回くり返す．

は $\theta = 0$（自明）か $\theta = \pi$（非自明）だったのに対し，今の場合は $\theta(\boldsymbol{x}, t)$ のように位置や時間に依存する．とくに単純な場合として磁気モーメント（カイラルベクトルポテンシャル）と $\Delta_0 \equiv a_0$ が場所や時間によらず一様な場合を考えると，$\theta(x)$ は

$$\theta(\boldsymbol{x}, t) = 2(\boldsymbol{a} \cdot \boldsymbol{x} - a_0 t) \tag{12.92}$$

と書ける．このとき電磁応答として $j^\mu = \delta S_\theta / \delta A_\mu$ から得られる電流

$$\boldsymbol{j} = \frac{e^2}{2\pi h} \boldsymbol{\nabla} \theta \times \boldsymbol{E} + \frac{e^2}{2\pi h} \frac{\partial \theta}{\partial t} \boldsymbol{B} \tag{12.93}$$

$$\rho = \frac{e^2}{2\pi h} \boldsymbol{\nabla} \theta \cdot \boldsymbol{B} \tag{12.94}$$

を調べよう．

$\boldsymbol{a} \neq 0$, $a_0 = 0$ の場合，誘起される電流は

$$\boldsymbol{j}_\text{AHE} \equiv \frac{e^2}{\pi h} \boldsymbol{a} \times \boldsymbol{E} \tag{12.95}$$

となる．この電場に垂直な方向に発生する電流は異常 Hall 電流に他ならない．この結果は第 11 章で線形応答理論を用いて計算した結果と一致している．一方，$a_0 \neq 0$, $\boldsymbol{a} = 0$ の場合を考えると，

$$\boldsymbol{j}_\text{CME} \equiv \frac{e^2}{\pi h} a_0 \boldsymbol{B} \tag{12.96}$$

が得られる．すなわち二つの Weyl 点のエネルギーが $2a_0$ だけ異なるとき，磁場によって電流が生成されることを示唆する．カイラル磁気効果とよばれるこの現象は高エネルギー物理の分野で予言された現象で，Weyl 半金属状態においても実現することが予測された．しかしその後の研究からこのカイラル磁気電流は過渡電流の一種であり，一様磁場下の平衡状態では $\boldsymbol{j}_\text{CME}$ はゼロとなることが指摘されている[14]．

次に磁化が空間的時間的に変化し得る場合を考えよう．カイラル異常によってカイラルカレントの保存則は量子論のレベルで破れることを見てきたが，

---

[14] 二つの Weyl 点がそれぞれ異なった化学ポテンシャル（その差をカイラル化学ポテンシャルという）を有する状況が必要であるが，これは平衡状態では安定ではない．詳細は巻末の文献を参照されたい．

カイラルゲージ場（磁気モーメント）がある場合には，見かけ上電荷保存則も破れる．カイラル磁場を $\bm{b} = \bm{\nabla} \times \bm{a}$，カイラル電場を $\bm{e} = -\bm{\nabla} a_0 - \partial \bm{a}/\partial t$ で定義すると，アノマリー方程式は

$$\partial_\mu j_5^\mu = \frac{e^2}{\pi h}(\bm{E} \cdot \bm{B} + \bm{e} \cdot \bm{b}) \tag{12.97}$$

$$\partial_\mu j^\mu = \frac{e^2}{\pi h}(\bm{E} \cdot \bm{b} + \bm{e} \cdot \bm{B}) \tag{12.98}$$

と書ける．式 (12.98) に目を向けると，一様電磁場中では，右辺第 1 項は $\bm{\nabla} \cdot \bm{j}_{\mathrm{AHE}}$ に，第 2 項は $\bm{\nabla} \cdot \bm{j}_{\mathrm{CME}}$ および $\partial \rho_{\mathrm{AHE}}/\partial t = (e^2/\pi h)\dot{\bm{a}} \cdot \bm{B}$ に相当する．最後の項に関しては，例えば磁場中で磁気モーメントが時間変動する場合には右辺は有限となり，見かけ上，粒子数非保存となる現象が実現することを意味する．実際，磁気モーメント $\bm{M}\,(\propto \bm{a})$ のダイナミクスにより電荷がポンプされ，逆に，電荷密度を変えることで磁気モーメントの向きが変化し得る．

第13章 トポロジカル超伝導体の熱応答

トポロジカルに非自明な絶縁体の最も顕著な例である量子 Hall 絶縁体では，基底状態を特徴付ける整数値である第 1 Chern 数が，Hall 伝導率の量子化値として現れる．一方，2 次元のカイラル超伝導体・超流動体は量子 Hall 絶縁体の類似物であり，Bogoliubov-de Gennes ハミルトニアンから得られる第 1 Chern 数によって特徴付けられる．後者は熱 Hall 伝導率の量子化値として現れると考えられている．この章では，トポロジカルに非自明な超伝導体の熱伝導および熱応答に関するいくつかの現象を交差相関応答の立場から議論する．まず量子 Hall 絶縁体において量子化 Hall 伝導率が磁気と電気の非自明な結合をもたらすことを概観する．次に 2 次元カイラル超伝導体では熱と力学的回転の間に同様のアナロジーがあることを見る．最後にこれらを 3 次元系に拡張し，3 次元トポロジカル絶縁体におけるトポロジカル電磁結合と同様な現象が熱と回転の結合現象として現れることを見る．

13.1 量子 Hall 系の電磁応答

量子 Hall 系において Hall 伝導率 σ_{xy} は Strěda 公式とよばれる関係式

$$\sigma_{xy} = -ec\frac{\partial M^z}{\partial \mu} = -ec\frac{\partial n}{\partial B^z} \tag{13.1}$$

を満たす．ここで μ は化学ポテンシャル，B^z は磁場の z 成分，n は電子数密度である．磁化は

$$\boldsymbol{M} = \frac{-e}{2c}\mathrm{Tr}[\theta(\mu - \mathcal{H})\boldsymbol{x} \times \boldsymbol{v}] \tag{13.2}$$

によって与えられ，速度 $\boldsymbol{v}$ はハミルトニアン $\mathcal{H}$ を用いて $\boldsymbol{v} = (i/\hbar)[\mathcal{H}, \boldsymbol{x}]$ で与えられる．$\theta(x)$ はステップ関数である．関係式 (13.1) はラフには次のようにして導くことができる．まず量子 Hall 状態では電流が

$$\boldsymbol{j} = \sigma_{xy} \boldsymbol{E} \times \hat{\boldsymbol{z}} \tag{13.3}$$

のように電場に垂直な向きに流れる．今，図 13.1(a) のように円盤状の量子 Hall 系を考える．系には閉じ込めポテンシャルによって電流が環状に流れており，これがバルクに磁化 $\boldsymbol{M}$ を形成している．そこで (13.3) を磁化電流

$$\boldsymbol{j} = c \boldsymbol{\nabla} \times \boldsymbol{M} = c \boldsymbol{\nabla} \mu \times \frac{\partial \boldsymbol{M}}{\partial \mu} \tag{13.4}$$

と同一視する．ただし磁化の空間変化 $\boldsymbol{\nabla} \times \boldsymbol{M}$ は電子の分布によるものとし，それを化学ポテンシャルの空間変化として表したのが右辺である．μ の空間

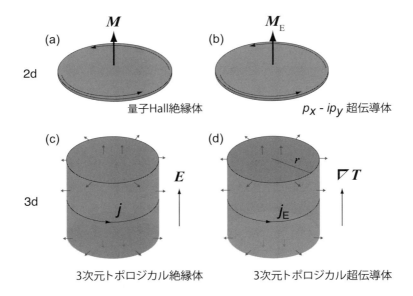

図 13.1 (a) 2 次元および (c) 3 次元の絶縁体における電磁場に対する応答．(b) 2 次元および (d) 3 次元超伝導体における温度勾配および回転に対する応答．とくに磁性不純物をドープした 3 次元トポロジカル超伝導体では温度勾配が表面に Hall エネルギー流 $\boldsymbol{j}_\mathrm{E}$ を生成する．

変化は電場 $\bm{E} = [1/(-e)]\bm{\nabla}\mu$ と対応するので，これら 2 式から (13.1) の一つめの等式が得られる．磁化 M_z および粒子密度 n は単位体積（面積）あたりの自由エネルギーを用いて，それぞれ

$$M_z = -\frac{\partial F}{\partial B_z}, \qquad n = -\frac{\partial F}{\partial \mu} \tag{13.5}$$

と書けることから，Maxwell の関係式 $\partial M_z/\partial \mu = \partial n/\partial B$ が導かれる．これを用いて式 (13.1) の右辺が得られる．

電磁相関応答

式 (13.1) は化学ポテンシャルの微分を静電ポテンシャルの微分 $\delta\phi = -\delta\mu/(-e)$ に，さらに電荷密度を $\rho = (-e)n$ を用いて書き換えると

$$\sigma_{xy} = -c\frac{\partial M_z}{\partial \phi} = c\frac{\partial \rho}{\partial B} \tag{13.6}$$

となる．これらの関係式は量子 Hall 状態では電気的自由度と磁気的自由度の応答が交差した形で現れることを示している．通常の物質では磁場を印加すると磁化が発生するが，式 (13.1) あるいは式 (13.6) の左側の等式は磁化が化学ポテンシャル（静電ポテンシャル）によって変化することを意味する．また，通常は化学ポテンシャルの変化によって電子数が変化する，あるいは静電ポテンシャルの変化によって電荷密度が変化するが，式 (13.1) および式 (13.6) の右側の等式は，磁場の変化によって電子密度（電荷密度）が変化することを示している．このような応答は交差相関応答とよばれる．自明な絶縁体では $\sigma_{xy} = 0$ であることから，交差相関応答は生じない．いい換えるとトポロジカルに非自明な状態は量子化された交差相関応答によって特徴付けられる．

Strěda 公式の微視的導出

ここで Strěda 公式を微視的に導出する．線形応答理論における温度 T での伝導率の表式

$$\sigma_{ij}(T) = \frac{-i\hbar e^2}{L^2}\sum_{n,m}\frac{f(E_n) - f(E_m)}{E_n - E_m}\frac{\langle n|v_i|m\rangle\langle m|v_j|n\rangle}{E_n - E_m + i\eta} \tag{13.7}$$

を

$$\sigma_{ij}(T) = \frac{-i\hbar e^2}{L^2} \int d\zeta \sum_{n,m} \left(\frac{f(\zeta)\delta(\zeta - E_n)}{(\zeta - E_m)(\zeta - E_m + i\eta)} \right.$$
$$\left. - \frac{f(\zeta)\delta(\zeta - E_m)}{(E_n - \zeta)(E_n - \zeta + i\eta)} \right) \langle n|v_i|m\rangle\langle m|v_j|n\rangle$$

のように書き換えて $(d/d\zeta)\bigl[1/(\zeta - E_m + i\eta)\bigr] = -1/(\zeta - E_m + i\eta)^2 \simeq -1/\bigl[(\zeta - E_m)^2 + 2i\eta(\zeta - E_m)\bigr] \simeq -1/(\zeta - E_m)(\zeta - E_m + i\eta)$ を用いると

$$\sigma_{ij}(T) = \frac{i\hbar e^2}{L^2} \int d\zeta f(\zeta)$$
$$\sum_{n,m} \left(\langle n|v_i|m\rangle \frac{d}{d\zeta}\left(\frac{1}{\zeta - E_m + i\eta}\right)\langle m|v_j|n\rangle \delta(\zeta - E_n) \right.$$
$$\left. - \langle n|v_i|m\rangle \delta(\zeta - E_m)\langle m|v_j|n\rangle \frac{d}{d\zeta}\left(\frac{1}{\zeta - E_n - i\eta}\right) \right)$$
$$= \frac{i\hbar e^2}{L^2} \int d\zeta f(\zeta) \operatorname{Tr}\left[v_i \frac{d}{d\zeta}\left(\frac{1}{\zeta - \mathcal{H} + i\eta}\right) v_j \delta(\zeta - \mathcal{H}) \right.$$
$$\left. - v_i \delta(\zeta - \mathcal{H}) v_j \frac{d}{d\zeta}\left(\frac{1}{\zeta - \mathcal{H} - i\eta}\right) \right]$$
$$= \frac{e^2}{L^2} \int d\zeta f(\zeta) A_{ij}(\zeta) \tag{13.8}$$

とくに絶対零度では

$$\sigma_{ij}(T=0) = \frac{e^2}{L^2} \int_{-\infty}^{\mu} d\zeta \, A_{ij}(\zeta) \tag{13.9}$$

と書ける.ただし

$$A_{ij}(\zeta) = i\hbar \operatorname{Tr}\left[v_i \frac{dG(\zeta + i\eta)}{d\zeta} v_j \delta(\zeta - \mathcal{H}) - v_i \delta(\zeta - \mathcal{H}) v_j \frac{dG(\zeta - i\eta)}{d\zeta} \right]$$

および $G(z) = 1/(z - \mathcal{H})$ とした.ここで $A_{ij}(\zeta)$ は

$$B_{ij}(\zeta) \equiv i\hbar \operatorname{Tr}\left[v_i G(\zeta + i\eta) v_j \delta(\zeta - \mathcal{H}) - v_j G(\zeta - i\eta) v_i \delta(\zeta - \mathcal{H}) \right] \tag{13.10}$$

を用いて

$$A_{ij}(\zeta) = \frac{1}{2}\frac{dB_{ij}(\zeta)}{d\zeta} + \frac{1}{2}\mathrm{Tr}\Big[(x_i v_j - x_j v_i)\frac{d}{d\zeta}\delta(\zeta - \mathcal{H})\Big] \quad (13.11)$$

と書けることを用いると $T = 0$ での伝導率は

$$\sigma_{ij}(T = 0) = \sigma_{ij}^{(\mathrm{I})} + \sigma_{ij}^{(\mathrm{II})} \quad (13.12)$$

のように二つの項の和で与えられる．ここで

$$\sigma_{ij}^{(\mathrm{I})} = \frac{e^2}{2L^2}B_{ij}(\mu) \quad (13.13)$$

$$\sigma_{ij}^{(\mathrm{II})} = \frac{e^2}{2L^2}\int_{-\infty}^{\mu} d\zeta \mathrm{Tr}\Big[(x_i v_j - x_j v_i)\frac{d}{d\zeta}\delta(\zeta - \mathcal{H})\Big] \quad (13.14)$$

である．$\sigma_{ij}^{(\mathrm{II})}$ については，

$$\begin{aligned}\sigma_{ij}^{(\mathrm{II})} &= \frac{e^2}{2L^2}\mathrm{Tr}\Big[(x_i v_j - x_j v_i)\delta(\mu - \mathcal{H})\Big] \\ &= -ec\frac{-e}{2cL^2}\frac{d}{d\mu}\mathrm{Tr}\Big[(x_i v_j - x_j v_i)\theta(\mu - \mathcal{H})\Big]\end{aligned} \quad (13.15)$$

より $\sigma_{xy}^{(\mathrm{II})} = -ec\, dM_z/d\mu$ と書ける．$\sigma_{ij}^{(\mathrm{II})}$ に対する表式 (13.14) は次のように書き表すこともできる．一様磁場のもとではベクトルポテンシャルは $\boldsymbol{A}(\boldsymbol{x}) = (1/2)\boldsymbol{B} \times \boldsymbol{x}$ と書けるから，電荷 $-e$ をもつ電子と磁場の結合は

$$\mathcal{H}_{\mathrm{int}} = -\frac{1}{c}\boldsymbol{A} \cdot \boldsymbol{j} = -\frac{1}{2c}\boldsymbol{B} \times \boldsymbol{x} \cdot (-e\boldsymbol{v}) \quad (13.16)$$

で与えられる．

$$\frac{\partial \mathcal{H}}{\partial B} = \frac{e}{2c}(\boldsymbol{x} \times \boldsymbol{v})_z \quad (13.17)$$

を用いると

$$\begin{aligned}\mathrm{Tr}\Big[(xv_y - yv_x)\frac{d}{d\zeta}\delta(\zeta - \mathcal{H})\Big] &= \mathrm{Tr}\Big[\frac{2c}{e}\frac{\partial \mathcal{H}}{\partial B}\Big(-\frac{d}{d\mathcal{H}}\delta(\zeta - \mathcal{H})\Big)\Big] \\ &= -\mathrm{Tr}\Big[\frac{2c}{e}\frac{\partial}{\partial B}\delta(\zeta - \mathcal{H})\Big]\end{aligned} \quad (13.18)$$

となることから，$\sigma_{xy}^{(\mathrm{II})}$ は

$$\sigma_{xy}^{(\mathrm{II})} = \frac{-ec}{L^2}\frac{\partial}{\partial B}\int_{-\infty}^{\mu} d\zeta \mathrm{Tr}\Big[\delta(\zeta - \mathcal{H})\Big] \quad (13.19)$$

右辺は状態密度の Fermi 準位までの積分，すなわち全粒子数 $L^2 n$ （n は粒子数密度）であるので，$\sigma_{xy}^{(\mathrm{II})} = -ec\partial n/\partial B$ と書ける．一方 $\sigma_{xy}^{(\mathrm{I})}$ は古典的な

Hall 伝導率の寄与を与え，化学ポテンシャルがギャップの中にあるときはゼロとなる．こうして式 (13.1) が導かれた．

13.2　2次元カイラル超伝導体における量子熱 Hall 効果

2次元カイラル超伝導体は量子 Hall 絶縁体と類似の構造をもつ．量子 Hall 絶縁体は Hall 伝導率の量子化値によってトポロジカルに特徴付けられたが，超伝導体はゲージ対称性が破れているため電荷保存則が成立せず，伝導率を議論することは意味をなさない．一方エネルギー保存則は成立しているので，ここでは電流の代わりにエネルギーあるいは熱の流れを議論する．

一般に金属中の電子による熱流 $\boldsymbol{j}_\mathrm{T}$ は電子のエネルギー流 $\boldsymbol{j}_\mathrm{E}$ と電流 $\boldsymbol{j}$ を用いて $\boldsymbol{j}_\mathrm{T} = \boldsymbol{j}_\mathrm{E} - [\mu/(-e)]\boldsymbol{j}$ で与えられる．超伝導体の場合は準粒子はつねに粒子正孔対称性を有し（準粒子に対する）化学ポテンシャルはつねにゼロとなる．したがって熱流＝エネルギー流となる．絶縁体はバンドギャップをもつため電流は流れないように，超伝導体は超伝導ギャップをもつため準粒子はエネルギーを運ばない．ところが量子 Hall 絶縁体では電場に直交して Hall 電流が発生するように，超伝導体でも温度勾配に垂直な向きにはエネルギーが流れることが期待される．そこでエネルギー流が

$$\boldsymbol{j}_\mathrm{E} = -\kappa_{xy} \boldsymbol{\nabla} T \times \hat{\boldsymbol{z}} \tag{13.20}$$

により定義される熱 Hall 伝導率を考えよう．電流と磁化の関係式 (13.4) のアナロジーとして，「エネルギー磁化」なる量 $\boldsymbol{M}_\mathrm{E}$ を

$$\boldsymbol{j}_\mathrm{E} = \boldsymbol{\nabla} \times \boldsymbol{M}_\mathrm{E} = \boldsymbol{\nabla} T \times \frac{\partial \boldsymbol{M}_\mathrm{E}}{\partial T} \tag{13.21}$$

で導入すると，Hall 熱伝導率に対する (13.1) と同様な関係式

$$\kappa_{xy} = -\frac{\partial M_\mathrm{E}^z}{\partial T} = -\frac{\partial S}{\partial B_\mathrm{g}^z} \tag{13.22}$$

が得られる．ここで第2の等式は自由エネルギーの変分が $F = -SdT - \boldsymbol{M}_\mathrm{E} \cdot d\boldsymbol{B}_\mathrm{g}$ と書けることを用いた．$\boldsymbol{B}_\mathrm{g}$ は $\boldsymbol{M}_\mathrm{E}$ に共役な場でグラビト磁場とよばれる．これら二つの量の物理的な意味を明らかにしよう．

エネルギー流はエネルギー運動量テンソル

$$T^{\mu\nu} = \begin{pmatrix} h & j_{\mathrm{E}}^{x}/c & j_{\mathrm{E}}^{y}/c & j_{\mathrm{E}}^{z}/c \\ c\pi^{x} & \Sigma^{xx} & \Sigma^{xy} & \Sigma^{xz} \\ c\pi^{y} & \Sigma^{yx} & \Sigma^{yy} & \Sigma^{yz} \\ c\pi^{z} & \Sigma^{zx} & \Sigma^{zy} & \Sigma^{zz} \end{pmatrix} \tag{13.23}$$

から $j_{\mathrm{E}}^{a} = cT^{0a}$ によって与えられる．h はエネルギー密度，π_i は i 方向への運動量密度，Σ^{ij} は応力テンソルである．$T^{\mu\nu}$ は保存則

$$\partial_\nu T^{\mu\nu} = 0 \tag{13.24}$$

を満たすが，$\mu = 0$ の成分に関する $0 = c\partial_\nu T^{0\nu} = \partial h/\partial t + \boldsymbol{\nabla} \cdot \boldsymbol{j}_{\mathrm{E}}$ はエネルギー保存則に他ならない．

$T^{\mu\nu}$ を用いてエネルギー磁化を

$$\begin{aligned} M_{\mathrm{E}}^{\mu\nu} &= \frac{1}{2}\langle x^\mu j_{\mathrm{E}}^\nu - x^\nu j_{\mathrm{E}}^\mu \rangle \\ &= \frac{c}{2}\langle x^\mu T^{0\nu} - x^\nu T^{0\mu} \rangle \end{aligned} \tag{13.25}$$

と書く．これは軌道角運動量

$$\begin{aligned} L^{\mu\nu} &= \langle x^\mu \pi^\nu - x^\nu \pi^\mu \rangle \\ &= \frac{1}{c}\langle x^\mu T^{\nu 0} - x^\nu T^{\mu 0} \rangle \end{aligned} \tag{13.26}$$

とよく似た形をしている．系が回転対称性をもつ場合には $T^{xy} = T^{yx}$ のようにエネルギー運動量テンソルは対称テンソルとなる．さらに Lorentz 不変性があると $T^{\mu\nu} = T^{\nu\mu}$ のようにすべてのインデックス $\mu = 0,1,2,3$ に対し対称となる．このとき

$$M_{\mathrm{E}}^{\mu\nu} = \frac{c^2}{2} L^{\mu\nu} \tag{13.27}$$

となる．したがってエネルギー磁化は軌道角運動量に相当する．$\boldsymbol{B}_{\mathrm{g}}$ はエネルギー磁化に共役な場として自由エネルギーが $-\boldsymbol{M}_{\mathrm{E}} \cdot \boldsymbol{B}_{\mathrm{g}}$ となるように導入されたことを思い出そう．この項は軌道角運動量 $\boldsymbol{L}$ と $\boldsymbol{L}$ に共役な量である角速度 $\boldsymbol{\Omega}$ を用いて $-\boldsymbol{L}\cdot\boldsymbol{\Omega}$ を書けることから $\boldsymbol{B}_{\mathrm{g}} = (2/c^2)\boldsymbol{\Omega}$ が導かれる．Lorentz 力に対応する $\boldsymbol{v} \times \boldsymbol{B}_{\mathrm{g}}$ は Coriolis 力である．

以上は相対論的不変性をもつ系の場合である．固体凝縮系はもちろん相対論的不変性を有さないが低エネルギーでハミルトニアンが Dirac 型

第 13 章 トポロジカル超伝導体の熱応答

$$\mathcal{H} = -i\hbar v \boldsymbol{\alpha} \cdot \boldsymbol{\nabla} + \Delta_m \beta \tag{13.28}$$

であるときには同様の関係が成り立つ．すなわち

$$T^{0a} = \frac{v^2}{c^2} T^{a0}, \qquad \boldsymbol{j}_{\mathrm{E}} = v^2 \boldsymbol{\pi} \tag{13.29}$$

となる．すでに見たように p 波超伝導体の Bogoliubov-de Gennes 理論は（線形近似の範囲で）その一例である．このとき

$$\boldsymbol{M}_{\mathrm{E}} = \frac{v^2}{2} \boldsymbol{L}, \qquad \boldsymbol{B}_{\mathrm{g}} = \frac{2}{v^2} \boldsymbol{\Omega} \tag{13.30}$$

となる．

次に温度勾配と重力との間に成り立つ等価な関係について述べる．図 13.2(a) にあるように温度 T_1 と T_2 の二つの熱力学系が接触すると，平衡状態では $T_1 = T_2$ となる．この結論は次のようにして得られる．系 1 と系 2 のエントロピーをそれぞれ S_1, S_2 とする．ある過程で系 1 に dQ_1 の熱エネルギーが流入し，系 2 には dQ_2 の熱エネルギーが流入したとする．二つの系が外界と接していなければ，エネルギー保存則より

$$dQ_1 = -dQ_2 \tag{13.31}$$

となる．平衡状態ではエントロピー最大の条件

$$dS_1 + dS_2 = 0 \tag{13.32}$$

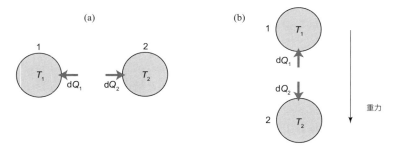

図 13.2 (a) 温度 T_1 の系と温度 T_2 の系が熱エネルギーをやり取りすると平衡状態では $T_1 = T_2$ となる，(b) 系 1 と系 2 の間に重力ポテンシャルの差があると T_1 と T_2 は等しくならない．

が成り立つ．熱エネルギーは温度を用いて $dQ_1 = T_1 dS_1$, $dQ_2 = T_2 dS_2$ と書けることを用いると，

$$T_1 = T_2 \tag{13.33}$$

となる．次に，図 13.2(b) にあるようにこれら二つの系の間に微小な重力ポテンシャルの差 $\Delta\Phi_g$ がある場合を考える．エネルギーは質量と等価であることを思い出そう．したがって，例えば，系 2 からエネルギー $dQ = -dQ_2$ が放出され，系 1 に吸収されるまでに，重力に対し $(dQ/c^2)\Delta\Phi_g$ の仕事をしなければならないので，系 1 に吸収される熱エネルギーは $dQ_1 = dQ - (dQ/c^2)\Delta\Phi_g$ となる[1]．したがって式 (13.31) の代わりに

$$dQ_1 = -dQ_2\left(1 - \frac{\Delta\Phi_g}{c^2}\right) \tag{13.34}$$

が成り立つ．したがってエントロピー最大の条件 (13.32) から

$$T_1 = T_2\left(1 - \frac{\Delta\Phi_g}{c^2}\right) \tag{13.35}$$

が得られる．このようにして温度勾配と重力の関係

$$\frac{1}{T}\boldsymbol{\nabla} T = -\frac{1}{c^2}\boldsymbol{\nabla}\Phi_g \tag{13.36}$$

が導かれる．このことから κ_{xy} は

$$\kappa_{xy} = \frac{c^2}{T}\frac{\partial M_E^z}{\partial \Phi_g} \tag{13.37}$$

と書くこともできる．

熱エネルギー Q に共役な量を $\Delta\phi_g = \Delta T/T$ とすると，Hall 熱伝導率は

$$\kappa_{xy} = -\frac{v^2}{2T}\frac{\partial L^z}{\partial \phi_g} = -\frac{v^2}{2T}\frac{\partial Q}{\partial \Omega^z} \tag{13.38}$$

あるいは，

$$\kappa_{xy} = -\frac{v^2}{2}\frac{\partial L^z}{\partial T} = -\frac{v^2}{2}\frac{\partial S}{\partial \Omega^z} \tag{13.39}$$

と表すことができる．

---

[1] ここでは熱エネルギー以外に系 1 と 2 の間のやり取りはないとする．したがって粒子数も変化しない．

以上では発見的方法で関係式 (13.39) を導出したが，ここでは実際にカイラル p 波超伝導体のエッジ状態がカイラル Majorana モードで与えられることを用いて，式 (13.39) を再導出してみよう．

$$H_{\text{edge}} = \frac{1}{2}\int_0^L dx\, \psi(-i\hbar v \partial_x)\psi \tag{13.40}$$

ここで ψ は 1 成分の実フェルミオン場であり L はエッジまわりの長さである．エネルギー運動量テンソルは

$$T^{00} = T^{10} = T^{01} = -i\hbar v \frac{1}{2}\psi \partial_x \psi \tag{13.41}$$

であるから，エネルギー流は

$$\begin{aligned}\langle j_E \rangle &= (v/L)\langle H_{\text{edge}}\rangle = (v^2/2)\langle L_{\text{edge}}^z \rangle \\ &= \frac{v}{2}\int \frac{dk}{2\pi} v\hbar k \frac{1}{e^{v\hbar k/k_B T}+1} \\ &= \frac{\pi^2 k_B^2 T^2}{12h}\end{aligned} \tag{13.42}$$

これから

$$\kappa_H = \frac{\partial \langle j_E \rangle}{\partial T} = \frac{\pi^2 k_B^2 T}{6h} \tag{13.43}$$

を得るがこれは通常のカイラルフェルミオンの 1/2 である．$L_{\text{edge}}^z = \pi^2 k_B^2 T^2/6hv^2$ はエッジ状態からの軌道角運動量の寄与であり，実際に温度依存性をもつのはこの成分であると考えられている．

一般に第 1 Chern 数 ν をもつカイラル超伝導体の熱 Hall 伝導率は

$$\kappa_{xy} = \nu \frac{\pi^2 k_B^2 T}{6h} \tag{13.44}$$

で与えられる．これは量子 Hall 絶縁体における Hall 伝導率 $\sigma_{xy} = \nu(e^2/h)$ の類似対応物である．

カイラル超伝導体の固有軌道角運動量

これらの項はカイラル超伝導体・超流動体の基底状態の全軌道角運動量の問題と関連する．簡単のため 2 次元の場合を考えよう．カイラル p 波超伝導体の基底状態がもつ軌道角運動量を単位面積あたり

$$L^z(T=0) = -\hbar \frac{n}{2} \left(\frac{k_{\rm B} T_{\rm c}}{E_{\rm F}}\right)^\gamma \tag{13.45}$$

と表したとする．ここで n は粒子の密度である．これまで $\gamma=2$, 1 および 0 といった異なるべきが提案されており，まだそのコンセンサスは得られていない．

そこで式 (13.39) を 0 から T まで積分する．$\Delta = \hbar v k_{\rm F}$ であることに注意すると，

$$L^z(T) - L^z(0) = \frac{\pi \hbar k_{\rm F}^2}{6} \left(\frac{k_{\rm B} T}{\Delta}\right)^2 \tag{13.46}$$

を得る．この結果は本来 $T_{\rm c}$ に比べ十分低温で成り立つものであるが，もし $T = T_{\rm c}$ まで成り立つとして，$L^z(T_{\rm c})$ がゼロであることを用いると絶対 0 度における基底状態の軌道角運動量として $L^z(T=0) \sim -\hbar(\pi k_{\rm F}^2/2)(k_{\rm B} T_{\rm c}/\Delta)^2 \sim -\hbar n/2$ を得る．実際は $T_{\rm c}$ 近傍での温度依存性は異なるかもしれないが，これは $\gamma=0$ であることを示唆している．すなわちカイラル Majorana エッジモードは Cooper 対の回転とは逆向きに運動しているので，$T=0$ の軌道角運動量を減少させる方へ寄与する．

力学的回転効果

トポロジカル超伝導体の交差相関応答を探る実験としてどのようなものが考えられるか．まずはじめに 2 次元超伝導体が角速度 Ω^z で回転しているとしよう．式 (13.38) から，Ω^z が $\Delta \Omega^z$ だけ増加すると温度が $\Delta T = \Delta Q / C = (2\kappa_{\rm H} T / C v^2) \Delta \Omega^z$, だけ変わることが期待できる．ここで C は超伝導体の比熱である．残念ながら $\kappa_{\rm H}$ の値が小さいため，発生する熱エネルギーも微小である．

13.3　トポロジカル超伝導の表面 Majorana モード

ここでは微視的に関係式 (13.39) を導いてみる．具体的な模型として 3 次元トポロジカル超伝導体の表面に現れる 2 次元 Majorana 粒子系を考える．これは第 6 章で解説したスピンレスカイラル超伝導体の準粒子に対するハミルトニアンとユニタリー変換を通して対応している．

表 13.1 トポロジカル絶縁体とトポロジカル超伝導体における交差相関応答の比較. トポロジカル超伝導体においては軌道角運動量 L およびエントロピー S がそれぞれ温度勾配 $\boldsymbol{E}_{\mathrm{g}} = -T^{-1}\boldsymbol{\nabla}T$ および角速度 Ω^a をもつ回転によって生成される. これはトポロジカル絶縁体において磁化および電気分極がそれぞれ電場および磁場によって生成される様子とよく似ている.

	TI	TSC
2d	$\sigma_{\mathrm{H}} = ec\dfrac{\partial M^z}{\partial \mu} = ec\dfrac{\partial N}{\partial B^z}$	$\kappa_{\mathrm{H}} = \dfrac{v^2}{2}\dfrac{\partial L^z}{\partial T} = \dfrac{v^2}{2}\dfrac{\partial S}{\partial \Omega^z}$
3d	$\chi^{ab}_\theta = \dfrac{\partial M^a}{\partial E^b} = \dfrac{\partial P^a}{\partial B^b}$	$\chi^{ab}_{\theta,g} = \dfrac{\partial L^a}{\partial E^b_{\mathrm{g}}} = \dfrac{\partial P^a_{\mathrm{E}}}{\partial \Omega^b}$

13.3.1 Majorana 粒子のハミルトニアンとラグランジアン

Majorana 粒子系は実フェルミオン場 ψ を用いて次のハミルトニアンで記述される.

$$\begin{aligned}H_0 &= \frac{1}{2}\int d^2\boldsymbol{x}\ \psi_\alpha(\boldsymbol{x})\mathcal{H}_{\alpha\beta}\psi_\beta(\boldsymbol{x}) \\ &= \frac{1}{2}\int d^2\boldsymbol{x}\ \psi_\alpha(\boldsymbol{x})\Big[-i\sigma_z\partial_x + i\sigma_x\partial_y + m\sigma_y\Big]_{\alpha\beta}\psi_\beta(\boldsymbol{x}) \\ &= \frac{1}{2}\int d^2\boldsymbol{x}\ (\psi_\uparrow(\boldsymbol{x}),\psi_\downarrow(\boldsymbol{x}))\begin{pmatrix} -i\partial_x & i\partial_y - im \\ i\partial_y + im & i\partial_x \end{pmatrix}\begin{pmatrix} \psi_\uparrow(\boldsymbol{x}) \\ \psi_\downarrow(\boldsymbol{x}) \end{pmatrix}\end{aligned} \tag{13.47}$$

磁気相互作用に起因する質量ポテンシャル $m(\boldsymbol{x})$ は一般には座標の関数である. 実フェルミオン場 ψ は反交換関係

$$\{\psi_\alpha(\boldsymbol{x}),\psi_\beta(\boldsymbol{x}')\} = \delta_{\alpha\beta}\delta(\boldsymbol{x}-\boldsymbol{x}') \tag{13.48}$$

を満たす. これらを用いて実フェルミオン場の時間微分は

$$i\dot{\psi}_\uparrow(\boldsymbol{x}) = [\psi_\uparrow(\boldsymbol{x}), H_0] = -i\partial_x\psi_\uparrow(\boldsymbol{x}) + i\partial_y\psi_\downarrow(\boldsymbol{x}) - im\psi_\downarrow(\boldsymbol{x}) \tag{13.49}$$

$$i\dot{\psi}_\downarrow(\boldsymbol{x}) = [\psi_\downarrow(\boldsymbol{x}), H_0] = +i\partial_x\psi_\downarrow(\boldsymbol{x}) + i\partial_y\psi_\uparrow(\boldsymbol{x}) + im\psi_\uparrow(\boldsymbol{x}) \tag{13.50}$$

あるいは

13.3 トポロジカル超伝導の表面 Majorana モード

$$i\partial_t \psi = \Big[\sigma_z(-i\partial_x) - \sigma_x(-i\partial_y) + m\sigma_y\Big]\psi \tag{13.51}$$

のように与えられる．これらは

$$\begin{aligned}
0 &= \sigma_y\Big[i\partial_t + i\sigma_z\partial_x - i\sigma_x\partial_y - m\sigma_y\Big]\psi \\
&= \Big[i\sigma_y\partial_t + i\sigma_y\sigma_z\partial_x + i(-\sigma_y\sigma_x)\partial_y - m\Big]\psi
\end{aligned} \tag{13.52}$$

と書け，次のように共変な形で表すことができる．

$$[i\gamma^\mu \partial_\mu - m]\psi = 0 \tag{13.53}$$

ここで

$$\gamma^0 = \sigma_y = \begin{pmatrix} 0 & -i \\ i & 0 \end{pmatrix}, \qquad \gamma^1 = \sigma_y\sigma_z = i\sigma_x = \begin{pmatrix} 0 & i \\ i & 0 \end{pmatrix},$$

$$\gamma^2 = -\sigma_y\sigma_x = i\sigma_z = \begin{pmatrix} i & 0 \\ 0 & -i \end{pmatrix} \tag{13.54}$$

は 2+1 次元の Majorana 表示におけるガンマ行列である．$\{\gamma^\mu, \gamma^\nu\} = g^{\mu\nu}$ を満足する．Majorana 表示では γ^μ の成分はすべて純虚数であることに注意する．したがって $i\gamma^\mu$ は実数であるため，式 (13.53) の複素共役は

$$[i\gamma^\mu \partial_\mu - m]\psi^* = 0 \tag{13.55}$$

すなわち $\psi^* = \psi$ が成り立つ．式 (13.53) を導く作用積分は

$$\begin{aligned}
S &= \int d^3x \, \frac{1}{2} \overline{\psi}[i\gamma^\mu \partial_\mu - m]\psi \\
&= \int d^3x \, \frac{1}{2}\Big[\,\frac{1}{2}\left(\overline{\psi} i\gamma^\mu \partial_\mu \psi - \partial_\mu \overline{\psi} i\gamma^\mu \psi\right) - m\overline{\psi}\psi\,\Big]
\end{aligned} \tag{13.56}$$

で与えられる．ここで $\overline{\psi} = \psi \sigma_y$ とした．

運動量表示

まず質量 m が場所によらず一様な場合を考える．実フェルミオン場を

$$\psi_\alpha(\boldsymbol{x}) = \sum_{\boldsymbol{k}}{}' \left(\psi_{\alpha\boldsymbol{k}} \frac{e^{i\boldsymbol{k}\cdot\boldsymbol{x}}}{\sqrt{V}} + \psi_{\alpha\boldsymbol{k}}^\dagger \frac{e^{-i\boldsymbol{k}\cdot\boldsymbol{x}}}{\sqrt{V}}\right) \tag{13.57}$$

のように展開する．ここで和については $\sum'_{\bm{k}}(\cdots) = \sum_{k_x \geq 0}\sum_{k_y}(\cdots)$ とする．また $\psi^\dagger_{\alpha \bm{k}} = \psi_{\alpha -\bm{k}}$ であることに注意する．ハミルトニアンは

$$\begin{aligned}
H_0 &= \frac{1}{2}\int d^2\bm{x}\, \psi_\alpha(\bm{x}) \mathcal{H}_{\alpha\beta}(-i\bm{\nabla}) \psi_\beta(\bm{x}) \\
&= \frac{1}{2}\int d^2\bm{x} \sum_{\bm{k}'}{}' \left[\psi_{\alpha\bm{k}'}\frac{e^{i\bm{k}'\cdot\bm{x}}}{\sqrt{V}} + \psi^\dagger_{\alpha\bm{k}'}\frac{e^{-i\bm{k}'\cdot\bm{x}}}{\sqrt{V}}\right] \\
&\qquad \mathcal{H}_{\alpha\beta}(-i\bm{\nabla}) \sum_{\bm{k}}{}' \left[\psi_{\beta\bm{k}}\frac{e^{i\bm{k}\cdot\bm{x}}}{\sqrt{V}} + \psi^\dagger_{\beta\bm{k}}\frac{e^{-i\bm{k}\cdot\bm{x}}}{\sqrt{V}}\right] \\
&= \frac{1}{2}\sum_{\bm{k}}{}' \psi^\dagger_{\alpha\bm{k}}\mathcal{H}_{\alpha\beta}(\bm{k})\psi_{\beta\bm{k}} + \frac{1}{2}\sum_{\bm{k}}{}' \psi_{\alpha\bm{k}}\mathcal{H}_{\alpha\beta}(-\bm{k})\psi^\dagger_{\beta\bm{k}} \\
&= \frac{1}{2}\sum_{\bm{k}}{}' \psi^\dagger_{\alpha\bm{k}}\mathcal{H}_{\alpha\beta}(\bm{k})\psi_{\beta\bm{k}} + \frac{1}{2}\sum_{\bm{k}}{}' \psi^\dagger_{\beta\bm{k}}\bigl[-\mathcal{H}_{\alpha\beta}(-\bm{k})\bigr]\psi_{\alpha\bm{k}}
\end{aligned}$$

で与えられる．ここで

$$\mathcal{H}(\bm{k}) = \begin{pmatrix} k_x & -k_y - im \\ -k_y + im & -k_x \end{pmatrix} \tag{13.58}$$

$$\mathcal{H}(-\bm{k}) = -\begin{pmatrix} k_x & -k_y + im \\ -k_y - im & -k_x \end{pmatrix} = -\mathcal{H}^{\mathrm{T}}(\bm{k}) \tag{13.59}$$

であることから，ハミルトニアンは

$$H_0 = \sum_{\bm{k}}{}' \psi^\dagger_{\alpha\bm{k}}\mathcal{H}_{\alpha\beta}(\bm{k})\psi_{\beta\bm{k}} \tag{13.60}$$

と書ける．行列部分は Pauli 行列を用いて

$$\mathcal{H}(\bm{k}) = \bm{R}(\bm{k})\cdot\bm{\sigma} = (-k_y)\sigma_x + m\sigma_y + k_x\sigma_z \tag{13.61}$$

のように表される．ここで

$$\bm{R}(\bm{k}) = \bigl(-k_y, m, k_x\bigr) = E_{\bm{k}}\bigl(\sin\theta\cos\phi, \sin\theta\sin\phi, \cos\theta\bigr) \tag{13.62}$$

$$E_{\bm{k}} = \sqrt{k_x^2 + k_y^2 + m^2} \;=\; |\bm{R}(\bm{k})| \tag{13.63}$$

とした．固有スピノールは

$$|\bm{k}, +\rangle = \begin{pmatrix} e^{-i\phi/2}\cos\frac{\theta}{2} \\ e^{i\phi/2}\sin\frac{\theta}{2} \end{pmatrix} = \begin{pmatrix} u_{\uparrow,+}(\bm{k}) \\ u_{\downarrow,+}(\bm{k}) \end{pmatrix} \tag{13.64}$$

13.3 トポロジカル超伝導の表面 Majorana モード

$$|\bm{k},-\rangle = \begin{pmatrix} ie^{-i\phi/2}\sin\frac{\theta}{2} \\ -ie^{i\phi/2}\cos\frac{\theta}{2} \end{pmatrix} = \begin{pmatrix} u_{\uparrow,-}(\bm{k}) \\ u_{\downarrow,-}(\bm{k}) \end{pmatrix} \tag{13.65}$$

で与えられる．ここで

$$e^{i\phi} = \frac{R_x + iR_y}{\sqrt{R_x^2 + R_y^2}} = \frac{-k_y + im}{\sqrt{k_y^2 + m^2}} \tag{13.66}$$

$$\cos\frac{\theta}{2} = \sqrt{\frac{1+\cos\theta}{2}} = \sqrt{\frac{1+k_x/E_{\bm{k}}}{2}} \tag{13.67}$$

$$\sin\frac{\theta}{2} = \sqrt{\frac{1-\cos\theta}{2}} = \sqrt{\frac{1-k_x/E_{\bm{k}}}{2}} \tag{13.68}$$

および

$$e^{i\phi(-\bm{k})} = \frac{+k_y + im}{\sqrt{k_y^2 + m^2}} = -\left(\frac{-k_y+im}{\sqrt{k_y^2+m^2}}\right)^* = -e^{-i\phi(\bm{k})}$$

$$\cos\frac{\theta(-\bm{k})}{2} = \sin\frac{\theta(\bm{k})}{2}, \qquad e^{i\phi(-\bm{k})/2} = ie^{-i\phi(\bm{k})/2} \tag{13.69}$$

が成り立つこと注意する．荷電共役変換は

$$u_{\sigma,+}(-\bm{k}) = \left[u_{\sigma,-}(\bm{k})\right]^*, \qquad |-\bm{k},+\rangle = |\bm{k},-\rangle^* \tag{13.70}$$

で与えられる．

これらのスピノールを用いてハミルトニアンを対角化しよう．

$$\begin{aligned} H_0 &= \sum_{\bm{k}}{}' (\psi^\dagger_{\uparrow\bm{k}}, \psi^\dagger_{\downarrow\bm{k}}) \begin{pmatrix} k_x & -k_y - im \\ -k_y + im & -k_x \end{pmatrix} \begin{pmatrix} \psi_{\uparrow\bm{k}} \\ \psi_{\downarrow\bm{k}} \end{pmatrix} \\ &= \sum_{\bm{k}}{}' (\psi^\dagger_{\uparrow\bm{k}}, \psi^\dagger_{\downarrow\bm{k}}) UU^\dagger \begin{pmatrix} k_x & -k_y - im \\ -k_y + im & -k_x \end{pmatrix} UU^\dagger \begin{pmatrix} \psi_{\uparrow\bm{k}} \\ \psi_{\downarrow\bm{k}} \end{pmatrix} \\ &= \sum_{\bm{k}}{}' (\gamma^\dagger_{\bm{k},+}, \gamma^\dagger_{\bm{k},-}) \begin{pmatrix} E_{\bm{k}} & 0 \\ 0 & -E_{\bm{k}} \end{pmatrix} \begin{pmatrix} \gamma_{\bm{k},+} \\ \gamma_{\bm{k},-} \end{pmatrix} \end{aligned} \tag{13.71}$$

ここで

$$U(\bm{k}) = \begin{pmatrix} u_{\uparrow+}(\bm{k}) & u_{\uparrow-}(\bm{k}) \\ u_{\downarrow+}(\bm{k}) & u_{\downarrow-}(\bm{k}) \end{pmatrix} \tag{13.72}$$

および

$$\begin{pmatrix} \gamma_{\boldsymbol{k},+} \\ \gamma_{\boldsymbol{k},-} \end{pmatrix} = U^\dagger(\boldsymbol{k}) \begin{pmatrix} \psi_{\uparrow \boldsymbol{k}} \\ \psi_{\downarrow \boldsymbol{k}} \end{pmatrix} = \begin{pmatrix} u^*_{\uparrow,+}(\boldsymbol{k}) & u^*_{\downarrow,+}(\boldsymbol{k}) \\ u^*_{\uparrow,-}(\boldsymbol{k}) & u^*_{\downarrow,-}(\boldsymbol{k}) \end{pmatrix} \begin{pmatrix} \psi_{\uparrow \boldsymbol{k}} \\ \psi_{\downarrow \boldsymbol{k}} \end{pmatrix}$$

とした．新しい演算子 $\gamma_{\boldsymbol{k},\pm}$ の満たす反交換関係を導く．

$$\begin{aligned}
\{\gamma_{\boldsymbol{k},+}, &\gamma_{\boldsymbol{k}',+}\} \\
&= \{u^*_{\uparrow+}(\boldsymbol{k})\,\psi_{\uparrow\boldsymbol{k}} + u^*_{\downarrow+}(\boldsymbol{k})\,\psi_{\downarrow\boldsymbol{k}}\,,\, u^*_{\uparrow+}(\boldsymbol{k})\,\psi_{\uparrow\boldsymbol{k}} + u^*_{\downarrow+}(\boldsymbol{k})\,\psi_{\downarrow\boldsymbol{k}}\} \\
&= u^*_{\uparrow+}(\boldsymbol{k})u^*_{\uparrow+}(\boldsymbol{k}')\{\psi_{\uparrow\boldsymbol{k}},\psi_{\uparrow\boldsymbol{k}'}\} + u^*_{\downarrow+}(\boldsymbol{k})u^*_{\downarrow+}(\boldsymbol{k}')\{\psi_{\downarrow\boldsymbol{k}},\psi_{\downarrow\boldsymbol{k}'}\} \\
&= \delta(\boldsymbol{k}+\boldsymbol{k}')\Big(u^*_{\uparrow+}(\boldsymbol{k})u^*_{\uparrow+}(-\boldsymbol{k}) + u^*_{\downarrow+}(\boldsymbol{k})u^*_{\downarrow+}(-\boldsymbol{k})\Big) \\
&= \delta(\boldsymbol{k}+\boldsymbol{k}')\Big(u^*_{\uparrow+}(\boldsymbol{k})u_{\uparrow-}(\boldsymbol{k}) + u^*_{\downarrow+}(\boldsymbol{k})u_{\downarrow-}(\boldsymbol{k})\Big) \\
&= \delta(\boldsymbol{k}+\boldsymbol{k}') \times 0 \tag{13.73}
\end{aligned}$$

$$\begin{aligned}
\{\gamma_{\boldsymbol{k},+}, &\gamma^\dagger_{\boldsymbol{k}',+}\} \\
&= \{u^*_{\uparrow+}(\boldsymbol{k})\,\psi_{\uparrow\boldsymbol{k}} + u^*_{\downarrow+}(\boldsymbol{k})\,\psi_{\downarrow\boldsymbol{k}}\,,\, u_{\uparrow+}(\boldsymbol{k})\,\psi^\dagger_{\uparrow\boldsymbol{k}} + u_{\downarrow+}(\boldsymbol{k})\,\psi^\dagger_{\downarrow\boldsymbol{k}}\} \\
&= u^*_{\uparrow+}(\boldsymbol{k})u_{\uparrow+}(\boldsymbol{k}')\{\psi_{\uparrow\boldsymbol{k}},\psi^\dagger_{\uparrow\boldsymbol{k}'}\} + u^*_{\downarrow+}(\boldsymbol{k})u_{\downarrow+}(\boldsymbol{k}')\{\psi_{\downarrow\boldsymbol{k}},\psi^\dagger_{\downarrow\boldsymbol{k}'}\} \\
&= \delta(\boldsymbol{k}-\boldsymbol{k}')\Big(u^*_{\uparrow+}(\boldsymbol{k})u_{\uparrow+}(\boldsymbol{k}) + u^*_{\downarrow+}(\boldsymbol{k})u_{\downarrow+}(\boldsymbol{k})\Big) \\
&= \delta(\boldsymbol{k}-\boldsymbol{k}') \tag{13.74}
\end{aligned}$$

同様に

$$\{\gamma_{\boldsymbol{k},-}, \gamma_{\boldsymbol{k}',-}\} = 0, \qquad \{\gamma_{\boldsymbol{k},-}, \gamma^\dagger_{\boldsymbol{k}',-}\} = \delta(\boldsymbol{k}-\boldsymbol{k}') \tag{13.75}$$

$$\{\gamma_{\boldsymbol{k},+}, \gamma_{\boldsymbol{k}',-}\} = 0, \qquad \{\gamma_{\boldsymbol{k},+}, \gamma^\dagger_{\boldsymbol{k}',-}\} = 0 \tag{13.76}$$

が導かれる．ここで

$$\begin{aligned}
\gamma_{-\boldsymbol{k},+} &= u^*_{\uparrow,+}(-\boldsymbol{k})\psi_{\uparrow-\boldsymbol{k}} + u^*_{\downarrow,+}(-\boldsymbol{k})\psi_{\downarrow-\boldsymbol{k}} \\
&= u_{\uparrow,-}(+\boldsymbol{k})\psi^\dagger_{\uparrow+\boldsymbol{k}} + u_{\downarrow,-}(+\boldsymbol{k})\psi^\dagger_{\downarrow+\boldsymbol{k}} \\
&= \Big(u^*_{\uparrow,-}(+\boldsymbol{k})\psi_{\uparrow+\boldsymbol{k}} + u^*_{\downarrow,-}(+\boldsymbol{k})\psi_{\downarrow+\boldsymbol{k}}\Big)^\dagger \\
&= \gamma^\dagger_{\boldsymbol{k},-} \tag{13.77}
\end{aligned}$$

の関係に注意する．これを用いて実フェルミオン場は次のように書き表すことができる．

$$\psi_\sigma(\boldsymbol{x}) = \sum_{\boldsymbol{k}}{}' \sum_{n=\pm} \left[e^{i\boldsymbol{k}\cdot\boldsymbol{x}} u_{\sigma n}(\boldsymbol{k}) \gamma_{\boldsymbol{k}n} + e^{-i\boldsymbol{k}\cdot\boldsymbol{x}} u_{\sigma n}^*(\boldsymbol{k}) \gamma_{\boldsymbol{k}n}^\dagger \right]$$

$$= \sum_{\boldsymbol{k}}{}' \left[e^{i\boldsymbol{k}\cdot\boldsymbol{x}} u_{\sigma+}(\boldsymbol{k}) \gamma_{\boldsymbol{k}+} + e^{-i\boldsymbol{k}\cdot\boldsymbol{x}} u_{\sigma+}^*(\boldsymbol{k}) \gamma_{\boldsymbol{k}+}^\dagger \right]$$

$$+ \sum_{\boldsymbol{k}}{}' \left[e^{-i\boldsymbol{k}\cdot\boldsymbol{x}} u_{\sigma-}^*(\boldsymbol{k}) \gamma_{\boldsymbol{k}-}^\dagger + e^{i\boldsymbol{k}\cdot\boldsymbol{x}} u_{\sigma-}(\boldsymbol{k}) \gamma_{\boldsymbol{k}-} \right]$$

$$= \sum_{\boldsymbol{k}}{}' \left[e^{i\boldsymbol{k}\cdot\boldsymbol{x}} u_{\sigma+}(\boldsymbol{k}) \gamma_{\boldsymbol{k}+} + e^{-i\boldsymbol{k}\cdot\boldsymbol{x}} u_{\sigma+}^*(\boldsymbol{k}) \gamma_{\boldsymbol{k}+}^\dagger \right]$$

$$+ \sum_{\boldsymbol{k}}{}' \left[e^{i(-\boldsymbol{k})\cdot\boldsymbol{x}} u_{\sigma+}(-\boldsymbol{k}) \gamma_{-\boldsymbol{k}+} + e^{-i(-\boldsymbol{k})\cdot\boldsymbol{x}} u_{\sigma+}^*(-\boldsymbol{k}) \gamma_{-\boldsymbol{k}+}^\dagger \right]$$

$$= \sum_{\boldsymbol{k}}^{\text{all}} \left[e^{i\boldsymbol{k}\cdot\boldsymbol{x}} u_{\sigma+}(\boldsymbol{k}) \gamma_{\boldsymbol{k}+} + e^{-i\boldsymbol{k}\cdot\boldsymbol{x}} u_{\sigma+}^*(\boldsymbol{k}) \gamma_{\boldsymbol{k}+}^\dagger \right] \tag{13.78}$$

$\mathcal{H}(\boldsymbol{k})$ の部分を対角化されたハミルトニアンはさらにいくつかの形に表すことができる.

$$H_0 = \sum_{\boldsymbol{k}}{}' E_{\boldsymbol{k}} \gamma_{\boldsymbol{k},+}^\dagger \gamma_{\boldsymbol{k},+} + \sum_{\boldsymbol{k}}{}' (-E_{\boldsymbol{k}}) \gamma_{\boldsymbol{k},-}^\dagger \gamma_{\boldsymbol{k},-}$$

$$= \sum_{\boldsymbol{k}}{}' E_{\boldsymbol{k}} \gamma_{\boldsymbol{k},+}^\dagger \gamma_{\boldsymbol{k},+} + \sum_{\boldsymbol{k}}{}' (-E_{\boldsymbol{k}}) \gamma_{-\boldsymbol{k},+} \gamma_{-\boldsymbol{k},+}^\dagger$$

$$= \sum_{\boldsymbol{k}}^{\text{all}} E_{\boldsymbol{k}} \gamma_{\boldsymbol{k},+}^\dagger \gamma_{\boldsymbol{k},+} = \sum_{\boldsymbol{k}}^{\text{all}} (-E_{\boldsymbol{k}}) \gamma_{\boldsymbol{k},-}^\dagger \gamma_{\boldsymbol{k},-} \tag{13.79}$$

Majorana 粒子の相関関数と分布関数

以上は質量 m が定数の場合であった. m が座標に依存する場合には

$$\begin{pmatrix} -i\partial_x & i\partial_y - im(\boldsymbol{x}) \\ i\partial_y + im(\boldsymbol{x}) & i\partial_x \end{pmatrix} \begin{pmatrix} u_{\uparrow,n}(\boldsymbol{x}) \\ u_{\downarrow,n}(\boldsymbol{x}) \end{pmatrix} = E_n \begin{pmatrix} u_{\uparrow,n}(\boldsymbol{x}) \\ u_{\downarrow,n}(\boldsymbol{x}) \end{pmatrix} \tag{13.80}$$

を解く必要がある. ハミルトニアンの成分はすべて純虚数なので

$$u_{\sigma,-n} = u_{\sigma,n}^*, \qquad E_{-n} = -E_n \tag{13.81}$$

となる. したがって実フェルミオン場は次のように展開される.

294　第13章　トポロジカル超伝導体の熱応答

$$\psi(\boldsymbol{x}) = \sum_{n}^{\text{all}} u_n(\boldsymbol{x})\gamma_n$$
$$= \sum_{n\geq 0}\left[u_n(\boldsymbol{x})\gamma_n + u_n^*(\boldsymbol{x})\gamma_n^\dagger\right] \tag{13.82}$$

ここで $\gamma_{-n} = \gamma_n^\dagger$ である．ハミルトニアンは

$$H = \frac{1}{2}\int d\boldsymbol{x}\ \psi(\boldsymbol{x})\mathcal{H}\psi(\boldsymbol{x}) = \frac{1}{2}\int d\boldsymbol{x} \sum_{m}^{\text{all}} u_m(\boldsymbol{x})\gamma_m \sum_{n}^{\text{all}} E_n u_n(\boldsymbol{x})\gamma_n$$
$$= \frac{1}{2}\sum_{m}^{\text{all}}\sum_{n}^{\text{all}} E_n \gamma_m \gamma_n \int d\boldsymbol{x}\, u_m(\boldsymbol{x})u_n(\boldsymbol{x})$$
$$= \frac{1}{2}\sum_{n}^{\text{all}} E_n \gamma_{-n}\gamma_n \tag{13.83}$$

で与えられる．演算子の反交換関係は

$$\{\gamma_m, \gamma_n\} = \left\{\int d\boldsymbol{x}\ u_m(\boldsymbol{x})\psi(\boldsymbol{x}), \int d\boldsymbol{x}'\ u_n(\boldsymbol{x}')\psi(\boldsymbol{x}')\right\}$$
$$= \int d\boldsymbol{x} \int d\boldsymbol{x}' u_m(\boldsymbol{x})u_n(\boldsymbol{x}')\{\psi(\boldsymbol{x}), \psi(\boldsymbol{x}')\}$$
$$= \int d\boldsymbol{x} u_m(\boldsymbol{x})u_n(\boldsymbol{x})$$
$$= \delta_{m,-n} \tag{13.84}$$

となる．分布関数を計算する．

$$\left\langle \gamma_{-n}\gamma_m \right\rangle = \frac{1}{Z}\text{Tr}\left[e^{-\beta H}\gamma_{-n}\gamma_m\right] = \frac{1}{Z}\text{Tr}\left[e^{-\beta H}(\delta_{nm} - \gamma_m \gamma_{-n})\right]$$
$$= \delta_{nm} - \frac{1}{Z}\text{Tr}\left[\gamma_{-n}e^{-\beta H}\gamma_m\right]$$
$$= \delta_{nm} - \frac{1}{Z}\text{Tr}\left[\exp(\beta E_n)e^{-\beta H}\gamma_{-n}\gamma_m\right]$$
$$= \delta_{nm} - e^{\beta E_n}\left\langle \gamma_{-n}\gamma_m \right\rangle \tag{13.85}$$

より

$$\left\langle \gamma_{-n}\gamma_m \right\rangle = \frac{\delta_{nm}}{1+e^{\beta E_n}} = \delta_{nm}f(E_n) \tag{13.86}$$

が得られる．

13.3.2 Majorana 粒子のエネルギー流

エネルギー輸送を調べるため，Luttinger によって導入された擬重力ポテンシャル ϕ を用いる方法を導入する．

$$\tilde{H} = \int d^2\boldsymbol{x}\, \frac{1}{2}\psi_\alpha(\boldsymbol{x})\Big(1+\frac{\phi}{2}\Big)\mathcal{H}_{\alpha\beta}\Big(1+\frac{\phi}{2}\Big)\psi_\beta(\boldsymbol{x}) \tag{13.87}$$

ここで

$$[\psi_\sigma(\boldsymbol{x}), \tilde{H}] = \int d^2\boldsymbol{x}'\, [\psi_\sigma(\boldsymbol{x}),\, \frac{1}{2}\psi_\alpha(\boldsymbol{x}')\Big(1+\frac{\phi}{2}\Big)\mathcal{H}_{\alpha\beta}\Big(1+\frac{\phi}{2}\Big)\psi_\beta(\boldsymbol{x}')]$$

$$= \int d^2\boldsymbol{x}\frac{1}{2}\Big[\{\psi_\sigma(\boldsymbol{x}),\,\psi_\alpha(\boldsymbol{x}')\}\Big(1+\frac{\phi}{2}\Big)\mathcal{H}_{\alpha\beta}\Big(1+\frac{\phi}{2}\Big)\psi_\beta(\boldsymbol{x}')$$

$$\quad -\psi_\alpha(\boldsymbol{x}')\Big(1+\frac{\phi}{2}\Big)\{\psi_\sigma(\boldsymbol{x}),\,\mathcal{H}_{\alpha\beta}\Big(1+\frac{\phi}{2}\Big)\psi_\beta(\boldsymbol{x}')\}\Big]$$

$$= \int d^2\boldsymbol{x}\frac{1}{2}\Big[\delta(\boldsymbol{x}-\boldsymbol{x}')\Big(1+\frac{\phi}{2}\Big)\mathcal{H}_{\sigma\beta}\Big(1+\frac{\phi}{2}\Big)\psi_\beta(\boldsymbol{x}')$$

$$\quad -\psi_\alpha(\boldsymbol{x}')\Big(1+\frac{\phi}{2}\Big)\mathcal{H}_{\alpha\sigma}\Big(1+\frac{\phi}{2}\Big)\delta(\boldsymbol{x}-\boldsymbol{x}')\Big]$$

$$= \Big(1+\frac{\phi}{2}\Big)\mathcal{H}_{\sigma\beta}\Big(1+\frac{\phi}{2}\Big)\psi_\beta(\boldsymbol{x})$$

$$= \Big(1+\frac{\phi}{2}\Big)^2 \mathcal{H}_{\sigma\beta}\psi_\beta(\boldsymbol{x}) + \frac{1}{2}[\mathcal{H},\,\phi]_{\sigma\beta}\psi_\beta(\boldsymbol{x})$$

$$= \Big(1+\phi\Big)\mathcal{H}_{\sigma\beta}\psi_\beta(\boldsymbol{x}) + \frac{1}{2}(-i\boldsymbol{v})_{\sigma\beta}\psi_\beta(\boldsymbol{x})\cdot\boldsymbol{\nabla}\phi \tag{13.88}$$

であるから

$$i\dot{\tilde{\psi}} = \Big(1+\frac{\phi}{2}\Big)i\dot{\psi}$$

$$= \Big(1+\frac{3}{2}\phi\Big)\mathcal{H}\psi(\boldsymbol{x}) - \frac{i}{2}v_j\psi(\boldsymbol{x})\boldsymbol{\nabla}_j\phi \tag{13.89}$$

が成り立つ．したがって擬重力場中の Majorana 粒子系のエネルギー流演算子は次のように与えられる．

$$\tilde{\boldsymbol{j}}_{\rm E} = \frac{1}{4}\Big(\tilde{\psi}\boldsymbol{\alpha}i\dot{\tilde{\psi}} - i\dot{\tilde{\psi}}\boldsymbol{\alpha}\tilde{\psi}\Big)$$

$$= \frac{1}{4}\psi\Big(1+\frac{\phi}{2}\Big)\boldsymbol{\alpha}\Big[\Big(1+\frac{3}{2}\phi\Big)\mathcal{H}\psi(\boldsymbol{x}) - \frac{i}{2}v_j\psi(\boldsymbol{x})\boldsymbol{\nabla}_j\phi\Big]$$

$$\quad - \frac{1}{4}\Big[\Big(1+\frac{3}{2}\phi\Big)\mathcal{H}\psi(\boldsymbol{x}) - \frac{i}{2}v_j\psi(\boldsymbol{x})\boldsymbol{\nabla}_j\phi\Big]\boldsymbol{\alpha}\Big(1+\frac{\phi}{2}\Big)\psi$$

$$
\begin{aligned}
&= \frac{1}{4}\psi\boldsymbol{\alpha}\mathcal{H}\psi - \frac{1}{4}\mathcal{H}\psi\boldsymbol{\alpha}\psi + \frac{i}{8}\psi[\boldsymbol{\alpha},\ \alpha_j]\psi(-\boldsymbol{\nabla}_j\phi) \\
&\quad + \frac{1}{4}\left[\psi\frac{x_j}{2}\boldsymbol{\alpha}\mathcal{H}\psi + \psi\boldsymbol{\alpha}\frac{3x_j}{2}\mathcal{H}\psi - \frac{3x_j}{2}\mathcal{H}\psi\boldsymbol{\alpha}\psi - \mathcal{H}\psi\boldsymbol{\alpha}\frac{x_j}{2}\psi\right](-\boldsymbol{\nabla}_j\phi) \\
&= \boldsymbol{j}_{\mathrm{E}(0)} + \boldsymbol{j}_{\mathrm{E}(1)}
\end{aligned}
\tag{13.90}
$$

ここで $\boldsymbol{v} = (i/\hbar)[\mathcal{H},\boldsymbol{x}] = \boldsymbol{\alpha}$ である．$\boldsymbol{j}_{\mathrm{E}(0)} = (\psi\boldsymbol{\alpha}\mathcal{H}\psi - \mathcal{H}\psi\boldsymbol{\alpha}\psi)/4$ は形式的に擬重力場を含まないが，$\boldsymbol{j}_{\mathrm{E}(1)} = \tilde{\boldsymbol{j}}_{\mathrm{E}} - \boldsymbol{j}_{\mathrm{E}(0)}$ は $\boldsymbol{\nabla}\phi$ に比例する項で磁場中の反磁性電流の類似物と見なせる．熱 Hall 伝導率 $\kappa_{\mathrm{H}} = -\langle j_{\mathrm{E}}^x\rangle/(T\partial_y\phi)$ を求めるために，まず $j_{\mathrm{E}(0)}^a$ に対し線形応答理論を適用する

$$
\begin{aligned}
-\frac{\langle j_{\mathrm{E}(0)}^a\rangle}{\partial_b\phi} &= -\frac{i}{2L^2}\sum_{nm}\frac{f(E_n)-f(E_m)}{E_n-E_m}\left(\frac{E_n+E_m}{2}\right)^2 \\
&\quad \times \frac{\langle n|v^a|m\rangle\langle m|v^b|n\rangle}{E_n-E_m+i\eta}
\end{aligned}
\tag{13.91}
$$

ここで $\langle\boldsymbol{x}\,n\rangle = u_n(\boldsymbol{x})$ は Majorana ハミルトニアン (13.47) の厳密な固有状態で $\mathcal{H}u_n(\boldsymbol{x}) = E_n u_n(\boldsymbol{x})$ を満たす．

一方，$j_{\mathrm{E}(1)}^a$ は $\boldsymbol{\nabla}\phi$ に比例しているので単に熱平衡での期待値を求めればよい．

$$
\begin{aligned}
-\langle j_{\mathrm{E}(1)}^a\rangle_0 &= \frac{1}{2L^2}\sum_n f(E_n)E_n\langle n|\left(x^a v^b - x^b v^a\right)|n\rangle\partial_b\phi \\
&\quad + \frac{1}{2}\frac{1}{L^2}\sum_n f(E_n)\frac{i\hbar}{4}\langle n|[v^a,v^b]|n\rangle\partial_b\phi
\end{aligned}
\tag{13.92}
$$

こうして熱 Hall 伝導率

$$
\kappa_{\mathrm{H}} = \frac{1}{T}\int_{-\infty}^{\infty}dE\left(\frac{-\partial f(E)}{\partial E}\right)\frac{E^2}{2}\int_{-\infty}^{E}d\zeta\,A(\zeta)
\tag{13.93}
$$

を得る．ここで (13.11) の関係式および $G_{\pm}(\zeta) = (\zeta-\mathcal{H}\pm i\eta)^{-1}$ とした．ここで熱 Hall 伝導率を次のように二つの項の和として書くのが便利である．

$$
\kappa_{\mathrm{H}}^{\mathrm{I}} = \frac{1}{2T}\int dE\frac{\partial f(E)}{\partial E}\frac{E^2}{2}B(E)
\tag{13.94}
$$

$$
\begin{aligned}
\kappa_{\mathrm{H}}^{\mathrm{II}} &= \frac{\partial}{\partial T}\int dE f(E)\frac{1}{4}\mathrm{Tr}\left[E(xv^y - yv^x)\delta(E-\mathcal{H})\right] \\
&= \frac{\partial M_{\mathrm{E}}^z}{\partial T}
\end{aligned}
\tag{13.95}
$$

ただし

$$M_{\rm E}^z = \frac{1}{4}\sum_n f(E_n)E_n \langle n|(xv^y - yv^x)|n\rangle \tag{13.96}$$

はエネルギー磁化である.

十分低温では Fermi 分布関数は次のように展開できる.

$$f(E_n - \zeta) = \theta(\zeta - E_n) - \frac{\pi^2}{6}T^2\frac{d}{d\zeta}\delta(\zeta - E_n) \tag{13.97}$$

したがって

$$\kappa_{\rm H}^{\rm I} \simeq \frac{\pi^2 k_{\rm B}^2 T^2}{6}B(\zeta = 0). \tag{13.98}$$

ここで質量ギャップが十分大きく, Majorana 粒子の状態密度は $E = 0$ でゼロになるとすると (13.10) の B は消え, したがって $\kappa_{\rm H} = \kappa_{\rm H}^{\rm II}$ が得られる.

Majorana 粒子の Wiedemann-Franz 則

低温極限 $T \to 0$ では一般的に

$$\kappa_{\rm H} = \frac{\hbar\pi^2 k_{\rm B}^2 T}{6L^2}\sum_{n,m}\theta(-\epsilon_n)\frac{2{\rm Im}[\langle n|v^x|m\rangle\langle m|v^y|n\rangle]}{(\epsilon_n - \epsilon_m)^2} \tag{13.99}$$

の関係が成り立つ. ここで L^2 は系の面積である. $\pi^2 k_{\rm B}^2 T/6$ の因子を別にすれば (13.99) の右辺は電気伝導率に対する Kubo 公式によく似ている. 電気伝導率は Majorana 粒子に対しては定義されないが, 式 (13.99) は拡張された Wiedemann-Franz 則と見なすことができる. Majorana であるために通常の電子系に対する Wiedemann-Franz 則とは $1/2$ の因子が異なる.

$\sigma_{\rm H}$ は Dirac 電子の Hall 伝導度 $\sigma_{\rm H} = {\rm sgn}(m)e^2/(2h)$ であるから, 関係式 (13.99) よりただちに, Majorana 粒子系の熱 Hall 伝導率

$$\kappa_{\rm H} = {\rm sgn}(m)\frac{\pi^2}{6}\frac{k_{\rm B}^2}{2h}T \tag{13.100}$$

が得られる.

式 (13.99) を導くには次の関係式を用いればよい. 式 (13.93) に

$$\int_{-\infty}^{\epsilon}d\zeta\, A(\zeta) = \int_{-\infty}^{\epsilon}d\zeta\, \frac{i}{L^2}{\rm Tr}\left[v^x\frac{-1}{(\zeta - \mathcal{H} + i\eta)^2}v^y\delta(\zeta - \mathcal{H}) - {\rm h.c.}\right]$$

$$= \frac{-i}{L^2} \sum_{nm} \theta(\zeta - \epsilon_n) \left[\frac{\langle n|v^x|m\rangle \langle m|v^y|n\rangle}{(\epsilon_n - \epsilon_m + i\eta)^2} - \text{c.c.} \right] \quad (13.101)$$

を代入し，式 (13.97) の展開を用いると，式 (13.99) を得る．

13.4　3次元トポロジカル超伝導体の交差相関応答

以上の結果を用いて3次元トポロジカル超伝導体における温度勾配と回転の応答を調べる．簡単のため長さ ℓ，半径 r のシリンダー型の系を考える．トポロジカル絶縁体の電気磁気効果を考えたときのように，系には磁性不純物がドープされており，表面近傍には磁化が面直方向に向いているとする．シリンダーの軸方向（z 方向とする）に温度勾配をかけると表面にはエネルギー流 $j_\text{E} = \kappa_\text{H} \partial_z T$ が発生する．j_E/v^2 は運動量密度と関係付けられることに注意しよう．したがって表面エネルギー流による全運動量は $P_\varphi = (2\pi r \ell) j_\text{E}/v^2$ 軌道角運動量は

$$L^z|_{\Omega^z} = \frac{r P_\varphi}{\pi r^2 \ell} = \frac{2}{v^2} \kappa_\text{H} \partial_z T \quad (13.102)$$

で与えられる．

同様に $\boldsymbol{\Omega} = \Omega^z \hat{\boldsymbol{z}}$ で回転しているシリンダー系の上表面と下表面に式 (13.38) および式 (13.39) を適用すると，発生する熱エネルギー密度の表式

$$\Delta Q(z)|_T = \frac{2T\Omega^z}{v^2} \left[\kappa_\text{H}^\text{t} \delta(z - \ell/2) + \kappa_\text{H}^\text{b} \delta(z + \ell/2) \right] \quad (13.103)$$

を得る．ただし上表面の局所スピンは下表面のそれとは逆向きであることを想定し $\kappa_\text{H}^\text{t} = -\kappa_\text{H}^\text{b}$ とした．

擬重力場 $\boldsymbol{E}_\text{g} = -T^{-1} \boldsymbol{\nabla} T$ を用いるとエネルギーモーメントは

$$\boldsymbol{M}_\text{E} = \frac{T \kappa_\text{H}}{v} \boldsymbol{E}_\text{g} \quad (13.104)$$

と書ける．さらにエネルギー分極 $\boldsymbol{P}_\text{E}$ を $\Delta Q = -\boldsymbol{\nabla} \cdot \boldsymbol{P}_\text{E}$ で定義すると式 (13.103) は

$$\boldsymbol{P}_\text{E} = \frac{T \kappa_\text{H}}{v} \boldsymbol{B}_\text{g} \quad (13.105)$$

と書くことができる．

したがってトポロジカル絶縁体の電磁応答とトポロジカル超伝導体の熱応答の間には

$$\text{TI:}\ \frac{\partial M^a}{\partial E^b} = \frac{\partial P^a}{\partial B^b} \Leftrightarrow \text{TSC:}\ \frac{\partial M_\text{E}^a}{\partial E_\text{g}^b} = \frac{\partial P_\text{E}^a}{\partial B_\text{g}^b} \tag{13.106}$$

のような関係があることを示唆する．

軌道角運動量はエネルギー関数から $L^a = -\delta U_\theta/\delta \Omega^a$ によって与えられるので温度勾配と回転角速度の結合エネルギーとして

$$U_\theta = -\int d^3\bm{x}\, \frac{2}{v^2}\kappa_\text{H} \bm{\nabla} T \cdot \bm{\Omega} = \int d^3\bm{x}\, \frac{k_\text{B}^2 T^2}{24\hbar v}\theta \bm{E}_\text{g} \cdot \bm{B}_\text{g} \tag{13.107}$$

が得られる．これは $e^2/\hbar c \leftrightarrow (\pi k_\text{B} T)^2/6\hbar v$ のおき換えのもとで，電磁場の結合エネルギーと類似しており θ はトポロジカル不変量の役割を担う．2次元ではこれに対応するエネルギーは

$$U_\text{TSC}^{2d} = \int d^2\bm{x}\, \frac{2T\kappa_\text{H}}{v^2}\phi \Omega^z \tag{13.108}$$

となる．これは Chern-Simons 項の熱ダイナミクス的類似物である．

強磁性体では磁化と角運動量の間の関係に起因して Einstein-de Haas 効果とよばれる現象が知られている．これは磁場によって磁化が生成されたときに，それに伴う角運動量を保存するために系自体が回転する効果である．これと同様に3次元トポロジカル超伝導体をひもを付けてぶら下げたとしよう．温度勾配をかけるとエネルギー流が表面に発生し，これが試料のまわりを循環すると (13.102) より系は角運動量 L^z をもったことになる．角運動量保存則により試料は力学的角運動量をもつことで補償する．この逆の効果として，系を回転させることで熱分極を起こすことが予測できる．ただしこの場合，系の回転角速度は，内部に渦が発生する Ω_{c1} に比べゆっくりでなければならない．量的にはかなり微小な効果である．

付録 A　Dirac の電子論

　相対論的量子力学では電子は Dirac ハミルトニアンによって記述される．固体結晶中で実現するトポロジカルな状態として，異常量子 Hall 絶縁体や $\mathbb{Z}_2$ トポロジカル絶縁体の模型も長距離低エネルギー領域では Dirac ハミルトニアンの形に帰着する．超伝導体を記述する Bogoliubov-de Gennes ハミルトニアンもまた Dirac ハミルトニアンと同様の構造をもつ．この章では Dirac の相対論的量子力学の基礎事項をまとめておく．

A.1　Dirac 方程式

A.1.1　Dirac 方程式の導出

　古典力学から波動力学へ移行する際にはエネルギー E と運動量 $\bm{p}$ を

$$E \longrightarrow i\hbar \frac{\partial}{\partial t}, \qquad \bm{p} \longrightarrow -i\hbar \bm{\nabla} \tag{A.1}$$

の処方箋に従って微分演算子におき換える．非相対論的関係式 $E = \bm{p}^2/2m$ からは Schrödinger 方程式

$$i\hbar \frac{\partial}{\partial t} \psi = -\frac{\hbar^2}{2m} \bm{\nabla}^2 \psi \tag{A.2}$$

が得られる．これを相対論的関係式 $E^2 = c^2 \bm{p}^2 + m^2 c^4$ に対して適用すると Klein-Gordon 方程式

$$\frac{1}{c^2} \frac{\partial^2 \phi}{\partial t^2} - \bm{\nabla}^2 \phi + \left(\frac{mc}{\hbar}\right)^2 \phi = 0 \tag{A.3}$$

が得られる．Klein-Gordon 方程式は微分の 2 次を含むので，これを線形化して Dirac 方程式を導出しよう．まず，相対論的なエネルギーと運動量の関係式を次のように書き換える

$$E^2 = c^2 \boldsymbol{p}^2 + m^2 c^4$$
$$= \left(c\boldsymbol{p} \cdot \boldsymbol{\alpha} + mc^2 \beta \right)^2 \tag{A.4}$$

これが成り立つためには $\boldsymbol{\alpha}$ および β は行列で

$$\{\alpha^i, \alpha^j\} = 2\delta^{ij}, \qquad \{\alpha^i, \beta\} = 0, \qquad \beta^2 = 1 \tag{A.5}$$

を満たさなければならない[1]．2 + 1 次元では Pauli 行列を用いて，$\alpha^1 = \sigma_x$, $\alpha^2 = \sigma_y$, $\beta = \sigma_z$ とおけばよい．一方，3 + 1 次元では三つの Pauli 行列だけでは足りないが，例えば

$$\boldsymbol{\alpha} = \begin{pmatrix} 0 & \boldsymbol{\sigma} \\ \boldsymbol{\sigma} & 0 \end{pmatrix}, \qquad \beta = \begin{pmatrix} I & 0 \\ 0 & -I \end{pmatrix} \tag{A.6}$$

とすると，式 (A.5) が満たされる．そこで $E = c\boldsymbol{\alpha} \cdot \boldsymbol{p} + mc^2 \beta$ に対し，式 (A.1) のおき換えを行うと

$$i\hbar \frac{\partial}{\partial t} \psi = \left(-i\hbar c \boldsymbol{\alpha} \cdot \boldsymbol{\nabla} + mc^2 \beta \right) \psi \tag{A.7}$$

が得られる．これが Dirac 方程式である．

A.1.2 自由粒子解

自由粒子に対する Dirac 方程式 (A.7) の解を求める．以下では簡単のため $\hbar = c = 1$ とする．u, v を 2 成分スピノールとして

$$\psi(\boldsymbol{x}, t) = \begin{pmatrix} u(\boldsymbol{k}) \\ v(\boldsymbol{k}) \end{pmatrix} e^{i\boldsymbol{k} \cdot \boldsymbol{x} - i\lambda t} \tag{A.8}$$

を式 (A.7) に代入すると，

---

[1] $(cp_i\alpha_i + mc^2\beta)(cp_j\alpha_j + mc^2\beta) = c^2 p_i p_j (\alpha_i \alpha_j + \alpha_j \alpha_i)/2 + m^2 c^4 + p_i mc^3 (\alpha_i \beta + \beta \alpha_i) = c^2 p^2 + m^2 c^4$

A.1 Dirac 方程式

$$\lambda \begin{pmatrix} u(\boldsymbol{k}) \\ v(\boldsymbol{k}) \end{pmatrix} = \left[\boldsymbol{\alpha} \cdot \boldsymbol{k} + m\beta \right] \begin{pmatrix} u(\boldsymbol{k}) \\ v(\boldsymbol{k}) \end{pmatrix}$$

$$= \begin{pmatrix} m & \boldsymbol{\sigma} \cdot \boldsymbol{k} \\ \boldsymbol{\sigma} \cdot \boldsymbol{k} & -m \end{pmatrix} \begin{pmatrix} u(\boldsymbol{k}) \\ v(\boldsymbol{k}) \end{pmatrix} \quad (\text{A.9})$$

あるいは

$$(\lambda - m)u(\boldsymbol{k}) = \boldsymbol{\sigma} \cdot \boldsymbol{k}\, v(\boldsymbol{k}) \quad (\text{A.10})$$

$$(\lambda + m)v(\boldsymbol{k}) = \boldsymbol{\sigma} \cdot \boldsymbol{k}\, u(\boldsymbol{k}) \quad (\text{A.11})$$

を得る．ここで $\lambda = +\sqrt{\boldsymbol{k}^2 + m^2} \equiv +E_{\boldsymbol{k}}$ および $u(\boldsymbol{k}) = \begin{pmatrix} a \\ 0 \end{pmatrix}$ とすると (A.11) より

$$v(\boldsymbol{k}) = \frac{a}{E_{\boldsymbol{k}} + m} \boldsymbol{\sigma} \cdot \boldsymbol{k} \begin{pmatrix} 1 \\ 0 \end{pmatrix} = \frac{a}{E_{\boldsymbol{k}} + m} \begin{pmatrix} k_z \\ k_x + ik_y \end{pmatrix} \quad (\text{A.12})$$

が得られる．これら u,v が (A.10) を満たすことは容易に確かめられる．一方，$\lambda = +\sqrt{\boldsymbol{k}^2 + m^2} \equiv +E_{\boldsymbol{k}}$ および $u(\boldsymbol{k}) = \begin{pmatrix} 0 \\ a \end{pmatrix}$ とすると (A.11) より

$$v(\boldsymbol{k}) = \frac{a}{E_{\boldsymbol{k}} + m} \boldsymbol{\sigma} \cdot \boldsymbol{k} \begin{pmatrix} 0 \\ 1 \end{pmatrix} = \frac{a}{E_{\boldsymbol{k}} + m} \begin{pmatrix} k_x - ik_y \\ -k_z \end{pmatrix} \quad (\text{A.13})$$

が得られる．$u^\dagger u + v^\dagger v = 1$ となるように規格化因子 a を求めると，これら二つの解は

$$|u_1(\boldsymbol{k})\rangle = \frac{1}{\sqrt{2E_{\boldsymbol{k}}(E_{\boldsymbol{k}} + m)}} \begin{pmatrix} E_{\boldsymbol{k}} + m \\ 0 \\ k_z \\ k_x + ik_y \end{pmatrix} \quad (\text{A.14})$$

$$|u_2(\boldsymbol{k})\rangle = \frac{1}{\sqrt{2E_{\boldsymbol{k}}(E_{\boldsymbol{k}} + m)}} \begin{pmatrix} 0 \\ E_{\boldsymbol{k}} + m \\ k_x - ik_y \\ -k_z \end{pmatrix} \quad (\text{A.15})$$

と書ける．同様に，負のエネルギー $\lambda = -\sqrt{\boldsymbol{k}^2 + m^2} \equiv -E_{\boldsymbol{k}}$ に対する解は

$$|v_1(\bm{k})\rangle = \frac{1}{\sqrt{2E_{\bm{k}}(E_{\bm{k}}+m)}} \begin{pmatrix} -k_z \\ -(k_x+ik_y) \\ E_{\bm{k}}+m \\ 0 \end{pmatrix} \tag{A.16}$$

$$|v_2(\bm{k})\rangle = \frac{1}{\sqrt{2E_{\bm{k}}(E_{\bm{k}}+m)}} \begin{pmatrix} -(k_x-ik_y) \\ k_z \\ 0 \\ E_{\bm{k}}+m \end{pmatrix} \tag{A.17}$$

で与えられる.

負のエネルギーが存在すると，物質はつねに安定を求めてエネルギーの低いほうに落ちていくという性質から，負の無限のエネルギー状態まで落ちていってしまうことになる．Dirac は真空とは負のエネルギー状態がすべて電子によって占有された状態であるとしてこの問題を回避した．この描像によれば，真空にエネルギーを与えて負エネルギーの電子を励起させると，正エネルギー状態となり，もともと負エネルギー電子があった状態には空孔（hole）ができることが予想される．例えば，電荷がマイナス，運動量が $\bm{p}$, スピンがダウンの負エネルギーをもった電子を励起させたとき，真空にできる空孔は，電荷がプラス，運動量が $-\bm{p}$, スピンがアップの正エネルギーをもった粒子として観測されることになる．このような空孔あるいは反粒子の存在は 1932 年に Anderson によって実験で観測され陽電子（positron）と名付けられた.

固体中の Dirac 電子

粒子と反粒子の関係はバンド理論における伝導帯と価電子帯の関係に似ている．実際，固体中の Bloch 電子状態に対する有効ハミルトニアンは結晶構造によっては Dirac ハミルトニアンとよく似た構造をもつことがある．ビスマスや蜂の巣構造をもつグラフェンは Dirac 粒子系が実現する最も有名な例である．量子異常 Hall 絶縁体やトポロジカル絶縁体においても同様である．ここで軌道（あるいは副格子）の自由度がある系を考えよう．Pauli 行列 $(\sigma_x, \sigma_y, \sigma_z)$ はスピンを記述し，一方 Pauli 行列 (τ_x, τ_y, τ_z) は軌道（あるい

は副格子）の自由度に作用するとする．波数空間でのハミルトニアンは 4×4 行列の形で与えられる[2]．

$$\mathcal{H}(\boldsymbol{k}) = \epsilon(\boldsymbol{k})I + \sum_{i=1}^{d} R_i(\boldsymbol{k})\alpha^i + M(\boldsymbol{k})\beta \tag{A.18}$$

アルファ行列 α^i および β は，例えば

$$\alpha^i = \tau_x \otimes \sigma_i = \begin{pmatrix} 0 & \sigma_i \\ \sigma_i & 0 \end{pmatrix}, \qquad \beta = \tau_z \otimes I = \begin{pmatrix} I & 0 \\ 0 & -I \end{pmatrix} \tag{A.19}$$

のように与えられ式 (A.5) を満たす．エネルギー固有値は

$$E_\pm(\boldsymbol{k}) = \epsilon(\boldsymbol{k}) \pm \sqrt{\sum_i R^i(\boldsymbol{k})R^i(\boldsymbol{k}) + M(\boldsymbol{k})^2} \tag{A.20}$$

で与えられる．とくに低エネルギー励起として波数 $\boldsymbol{k}$ が小さい領域では $R_i(\boldsymbol{k}) \simeq v_\mathrm{F}\hbar k_i$, $M(\boldsymbol{k}) = mv_\mathrm{F}^2$ のように波数の 1 次までで展開すると

$$\mathcal{H}(\boldsymbol{k}) = v_\mathrm{F}\hbar\boldsymbol{k}\cdot\boldsymbol{\alpha} + mv_\mathrm{F}^2\beta \tag{A.21}$$

のように Dirac ハミルトニアンと同じ形になる．異方的超伝導体の Bogoliubov-de Gennes 方程式も Dirac 方程式と同じ形になる．

電磁場中の Dirac 方程式

ゲージ不変性に基づき電磁場中の Dirac 方程式の形を考えよう．波動関数の位相が

$$\psi(\boldsymbol{x},t) \quad \to \quad \psi'(\boldsymbol{x},t) = e^{i(e/\hbar c)\Lambda(\boldsymbol{x},t)}\psi(\boldsymbol{x},t) \tag{A.22}$$

と変わるとき，ベクトルポテンシャルおよびスカラーポテンシャルは

$$\boldsymbol{A}(\boldsymbol{x},t) \to \boldsymbol{A}'(\boldsymbol{x},t) = \boldsymbol{A}(\boldsymbol{x},t) + \boldsymbol{\nabla}\Lambda(\boldsymbol{x},t) \tag{A.23}$$

$$\phi(\boldsymbol{x},t) \to \phi'(\boldsymbol{x},t) = \phi(\boldsymbol{x},t) - \partial_t\Lambda(\boldsymbol{x},t) \tag{A.24}$$

と変換する．ここで

---

[2] 一般には 4×4 の Hermite 行列は単位行列を含む 16 個の「アルファ行列」の和として表すことができる．詳細は後述．

$$\left[\boldsymbol{\nabla} - i\frac{e}{\hbar c}\boldsymbol{A}'\right]\psi' = \left[\boldsymbol{\nabla} - i\frac{e}{\hbar c}\bigl(\boldsymbol{A} + \boldsymbol{\nabla}\Lambda\bigr)\right]e^{i(e/\hbar c)\Lambda}\psi$$
$$= e^{i(e/\hbar c)\Lambda}\left[\boldsymbol{\nabla} - i\frac{e}{\hbar c}\boldsymbol{A}\right]\psi \qquad (A.25)$$

であることに注意すると，ゲージ不変であるためには Dirac 方程式は

$$i\hbar\frac{\partial}{\partial t}\psi = \left[c\boldsymbol{\alpha}\cdot\Bigl(-i\hbar\boldsymbol{\nabla} - \frac{e}{c}\boldsymbol{A}\Bigr) + eA^0 + mc^2\beta\right]\psi \qquad (A.26)$$

の形に書かれなくてはならない．

A.2 対称性

ここでは前節で導出した Dirac 方程式が有する対称性を調べる．

A.2.1 離散的対称性

時間反転 Θ

簡単のため，Schrödinger 方程式[3]

$$i\frac{\partial}{\partial t}\psi(\boldsymbol{x}, t) = \mathcal{H}_{\mathrm{NR}}\psi(\boldsymbol{x}, t)$$
$$= \left[-\frac{1}{2m}\boldsymbol{\nabla}^2 + U(\boldsymbol{x})\right]\psi(\boldsymbol{x}, t) \qquad (A.27)$$

に従うスピン 0 の粒子に対する時間反転の導入から始めよう．時間変数 t を $t \to t' = -t$ としたときに

$$i\frac{\partial}{\partial t'}\psi_t(\boldsymbol{x}, t') = \mathcal{H}_{\mathrm{NR}}\psi_t(\boldsymbol{x}, t') \qquad (A.28)$$

に従う ψ_t と元の ψ が

$$\psi_t(\boldsymbol{x}, t') = \Theta\psi(\boldsymbol{x}, t) \qquad (A.29)$$

で関係するとき Θ を時間反転演算子とよぶ．これを (A.28) に代入し，左から Θ^{-1} を掛けると，

$$\Theta^{-1}i\frac{\partial}{\partial(-t)}\Theta\psi(t, \boldsymbol{x}) = \Theta^{-1}\mathcal{H}_{\mathrm{NR}}\Theta\psi(t, \boldsymbol{x}) \qquad (A.30)$$

---
[3] NR は Non relativistic（非相対論的）を意味する．

ハミルトニアンが時間反転対称である，すなわち $\mathcal{H}_{\rm NR}\Theta = \Theta\mathcal{H}_{\rm NR}$ のとき Schrödinger 方程式が不変であるためには，$\Theta^{-1}(-i)\Theta = i$ であればよい．そこで K を複素共役をとる演算子とすると時間反転演算子は $\Theta = K$ で与えられる．

磁場があると状況は異なる．Schrödinger ハミルトニアン $\mathcal{H}_{\rm NR} = -(\hbar^2/2m)\bigl(\boldsymbol{\nabla} - (ie/c\hbar)\boldsymbol{A}\bigr)^2 + eA_0(\boldsymbol{x})$ に対して

$$\Theta^{-1}\mathcal{H}_{\rm NR}\Theta = -\frac{\hbar^2}{2m}\Bigl(\boldsymbol{\nabla} + i\frac{e}{c\hbar}\boldsymbol{A}\Bigr)^2 + eA_0(\boldsymbol{x}) \tag{A.31}$$

すなわち，$\boldsymbol{A}$ は $-\boldsymbol{A}$ におき換わる．このように磁場が時間反転対称性を破ることは古典力学でも同様である．そこで，時間反転のもとで

$$(\frac{\partial}{\partial t},\boldsymbol{\nabla}) \to (-\frac{\partial}{\partial t},\boldsymbol{\nabla}) \tag{A.32}$$

$$(A^0,\boldsymbol{A}) \to (A^0,-\boldsymbol{A}) \tag{A.33}$$

とすると Schrödinger 方程式は不変となる．これは時間反転操作を世界全体に対して行ったことに対応する．すなわち磁場を作っている電流も時間反転によって符号が変わり，磁場の向きも反転している．一方，Schrödinger 方程式に従う粒子だけを閉じた量子力学系として見なす場合には時間反転によって磁場あるいはベクトルポテンシャル $\boldsymbol{A}$ は符号を変えないとする．

Dirac 方程式に対しても同様に時間反転演算子を導入する．Dirac 方程式の解 ψ を時間反転した状態を ψ_t とする．これらは

$$i\frac{\partial}{\partial t}\psi = \Bigl[\boldsymbol{\alpha}\cdot\bigl(-i\boldsymbol{\nabla} - e\boldsymbol{A}\bigr) + eA^0 + m\beta\Bigr]\psi \tag{A.34}$$

$$-i\frac{\partial}{\partial t}\psi_t = \Bigl[\boldsymbol{\alpha}\cdot\bigl(-i\boldsymbol{\nabla} + e\boldsymbol{A}\bigr) + eA^0 + m\beta\Bigr]\psi_t \tag{A.35}$$

を満たす．$\psi_t = \Theta\psi$ となる時間反転演算子を求めよう．Dirac 方程式 (A.34) の複素共役を考える．

$$-i\frac{\partial}{\partial t}\psi^* = \Bigl[\boldsymbol{\alpha}^*\cdot\bigl(i\boldsymbol{\nabla} - e\boldsymbol{A}\bigr) + eA^0 + m\beta^*\Bigr]\psi^* \tag{A.36}$$

関係式

$$\sigma^y\boldsymbol{\alpha}\sigma^y = -\boldsymbol{\alpha}^*, \qquad \sigma^y\beta\sigma^y = \beta^* \tag{A.37}$$

に注目して左から σ^y を掛けると

$$-i\frac{\partial}{\partial t}\sigma^y\psi^* = \Big[\boldsymbol{\alpha}\cdot\Big(-i\boldsymbol{\nabla}+e\boldsymbol{A}\Big)+eA^0+m\beta\Big]\sigma^y\psi^* \quad (A.38)$$

となり，$\psi_t \propto \sigma^y\psi^*$ であることがわかる．このようにして時間反転演算子

$$\Theta = -i\sigma^y K$$
$$= \begin{pmatrix} -i\sigma^y & 0 \\ 0 & -i\sigma^y \end{pmatrix} K \quad (A.39)$$

が得られた．ここで $-i$ の因子を慣習に従って付けた．$\Theta^2 = -1$ より $\Theta^{-1} = -\Theta$ である．

時間反転変換 Θ のもとで波数表示の自由 Dirac ハミルトニアンは

$$\begin{aligned}
\Theta^{-1}\mathcal{H}(\boldsymbol{k})\Theta &= K\begin{pmatrix} +i\sigma^y & 0 \\ 0 & +i\sigma^y \end{pmatrix}\begin{pmatrix} m & \boldsymbol{\sigma}\cdot\boldsymbol{k} \\ \boldsymbol{\sigma}\cdot\boldsymbol{k} & -m \end{pmatrix}\begin{pmatrix} -i\sigma^y & 0 \\ 0 & -i\sigma^y \end{pmatrix} K \\
&= K\begin{pmatrix} m & \sigma^y\boldsymbol{\sigma}\sigma^y\cdot\boldsymbol{k} \\ \sigma^y\boldsymbol{\sigma}\sigma^y\cdot\boldsymbol{k} & -m \end{pmatrix} K \\
&= \begin{pmatrix} m & -\boldsymbol{\sigma}\cdot\boldsymbol{k} \\ -\boldsymbol{\sigma}\cdot\boldsymbol{k} & -m \end{pmatrix} = \mathcal{H}(-\boldsymbol{k}) \quad (A.40)
\end{aligned}$$

のように変換し，時間反転対称性をもつことがわかる．このとき $\mathcal{H}(\boldsymbol{k})$ の固有状態は

$$\Theta|u_1(\boldsymbol{k})\rangle = |u_2(-\boldsymbol{k})\rangle, \qquad \Theta|v_1(\boldsymbol{k})\rangle = |v_2(-\boldsymbol{k})\rangle \quad (A.41)$$

のようになる．

空間反転 Π

次に空間反転を考える．ψ を空間反転した状態を ψ_p とする．空間反転のもとで

$$(\frac{\partial}{\partial t}, \boldsymbol{\nabla}) \quad \to \quad (\frac{\partial}{\partial t}, -\boldsymbol{\nabla}) \quad (A.42)$$
$$(A^0, \boldsymbol{A}) \quad \to \quad (A^0, -\boldsymbol{A}) \quad (A.43)$$

と変換すると，ψ_p は

$$i\frac{\partial}{\partial t}\psi_\mathrm{p} = \Big[\boldsymbol{\alpha}\cdot\Big(+i\boldsymbol{\nabla}+e\boldsymbol{A}\Big)+eA^0+m\beta\Big]\psi_\mathrm{p} \quad (A.44)$$

を満たすことが要請される．これは Dirac 方程式に左から β を掛けることでただちに得られる．したがって $\psi_\mathrm{p} = \beta\psi$ であり，空間反転演算子は

$$\Pi = \beta \equiv \gamma^0 \tag{A.45}$$

で与えられる．自由粒子に対してはハミルトニアンは

$$\Pi^{-1}\mathcal{H}(\boldsymbol{k})\Pi = \mathcal{H}(-\boldsymbol{k}) \tag{A.46}$$

を満たし，固有状態は

$$\Pi|u_i(\boldsymbol{k})\rangle = +|u_i(-\boldsymbol{k})\rangle, \qquad \Pi|v_i(\boldsymbol{k})\rangle = -|v_i(-\boldsymbol{k})\rangle, \tag{A.47}$$

となる．

荷電共役 Ξ

電荷の符号を変える変換 $e \to -e$ を荷電共役変換あるいは粒子反粒子変換という．ψ に対し荷電共役変換を施した状態を ψ_c とおくと，これは

$$i\frac{\partial}{\partial t}\psi_\mathrm{c} = \Big[\boldsymbol{\alpha}\cdot\Big(-i\boldsymbol{\nabla}+e\boldsymbol{A}\Big) - eA^0 + m\beta\Big]\psi_\mathrm{c} \tag{A.48}$$

を満たす．$\psi_\mathrm{c} = \Xi\psi$ となる荷電共役演算子 Ξ を求めよう．まず Dirac 方程式 (A.34) の複素共役をとり -1 を掛けると

$$i\frac{\partial}{\partial t}\psi^* = \Big[\boldsymbol{\alpha}^*\cdot\Big(-i\boldsymbol{\nabla}+e\boldsymbol{A}\Big) - eA^0 - m\beta^*\Big]\psi^* \tag{A.49}$$

を得る．次に

$$\alpha^y\boldsymbol{\alpha}\alpha^y = -\boldsymbol{\alpha}^*, \qquad \alpha^y\beta\alpha^y = -\beta^* \tag{A.50}$$

に注意して左から α^y を掛ける．

$$i\frac{\partial}{\partial t}\alpha^y\psi^* = \Big[-\boldsymbol{\alpha}\cdot\Big(-i\boldsymbol{\nabla}+e\boldsymbol{A}\Big) - eA^0 + m\beta\Big]\alpha^y\psi^* \tag{A.51}$$

さらに β を掛けると

$$i\frac{\partial}{\partial t}\beta\alpha^y\psi^* = \Big[\boldsymbol{\alpha}\cdot\Big(-i\boldsymbol{\nabla}+e\boldsymbol{A}\Big) - eA^0 + m\beta\Big]\beta\alpha^y\psi^* \tag{A.52}$$

これと式 (A.48) を比較すると $\psi_\mathrm{c} = i\beta\alpha^y\psi^* = i\gamma^2\psi^*$ であることがわかる．ただし $\gamma^2 \equiv \beta\alpha^y$ とし，因子 i は習慣に従って付けた．こうして荷電共役演

算子

$$\Xi = i\gamma^2 K = \begin{pmatrix} 0 & i\sigma^y \\ -i\sigma^y & 0 \end{pmatrix} K \tag{A.53}$$

が得られた．$\Xi^2 = 1$ より $\Xi^{-1} = \Xi$ である．

荷電共役変換 Ξ のもとで波数表示の自由 Dirac ハミルトニアンは

$$\begin{aligned}
\Xi^{-1}\mathcal{H}(\boldsymbol{k})\Xi &= K \begin{pmatrix} 0 & i\sigma^y \\ -i\sigma^y & 0 \end{pmatrix} \begin{pmatrix} m & \boldsymbol{\sigma}\cdot\boldsymbol{k} \\ \boldsymbol{\sigma}\cdot\boldsymbol{k} & -m \end{pmatrix} \begin{pmatrix} 0 & i\sigma^y \\ -i\sigma^y & 0 \end{pmatrix} K \\
&= K \begin{pmatrix} -m & -\sigma^y \boldsymbol{\sigma}\sigma^y \cdot \boldsymbol{k} \\ -\sigma^y \boldsymbol{\sigma}\sigma^y \cdot \boldsymbol{k} & m \end{pmatrix} K \\
&= \begin{pmatrix} -m & \boldsymbol{\sigma}\cdot\boldsymbol{k} \\ \boldsymbol{\sigma}\cdot\boldsymbol{k} & m \end{pmatrix} = -\mathcal{H}(-\boldsymbol{k})
\end{aligned} \tag{A.54}$$

のように変換し[4]，粒子反粒子対称性をもつことがわかる．このとき $\mathcal{H}(\boldsymbol{k})$ の固有状態に

$$\Xi|u_1(\boldsymbol{k})\rangle = |v_2(-\boldsymbol{k})\rangle, \qquad \Xi|u_2(\boldsymbol{k})\rangle = -|v_1(-\boldsymbol{k})\rangle \tag{A.55}$$

のようになる．

A.2.2 連続的対称性

回転や Lorentz 変換のもとで座標は

$$x'^\mu = \Lambda^\mu_{\ \nu} x^\nu \tag{A.56}$$

のように変わる．例えば z 軸まわりに角度 θ 回転すると

$$x'^1 = \cos\theta x^1 - \sin\theta x^2 \tag{A.57}$$
$$x'^2 = \sin\theta x^1 + \cos\theta x^2 \tag{A.58}$$

あるいは x 軸方向に速度 v で進む座標系に変換（以下では Lorentz ブーストとよぶ）すると

---

[4] 関係式 $\sigma_y \boldsymbol{\sigma} \sigma_y = -\boldsymbol{\sigma}^*$ を用いた．

$$x'^0 = \frac{1}{\sqrt{1-v^2}}x^0 - \frac{v}{\sqrt{1-v^2}}x^1 \tag{A.59}$$

$$x'^1 = -\frac{v}{\sqrt{1-v^2}}x^0 + \frac{1}{\sqrt{1-v^2}}x^1 \tag{A.60}$$

のようになる．ここで $\cos\theta$ や $1/\sqrt{1-v^2}$ などが式 (A.56) の Λ に対応する．一般にこれらの変換のもとで 4 元ベクトル x^μ の内積は不変，すなわち

$$x'^\mu x'_\mu = \Lambda^\mu{}_\nu x^\nu \Lambda_\mu{}^\lambda x_\lambda = x^\nu x_\nu \tag{A.61}$$

でなくてはならないので，

$$\Lambda^\mu{}_\nu \Lambda_\mu{}^\lambda = \delta_\nu{}^\lambda \tag{A.62}$$

が成り立つ．このような変換を広義の Lorentz 変換とよぶ．

Dirac 方程式 (A.7) を共変形式，すなわち相対論的に不変な形に書き換える．まずガンマ行列

$$\begin{aligned}(\gamma^0, \boldsymbol{\gamma}) &= (\beta, \beta\boldsymbol{\alpha}) \\ &= \left(\begin{pmatrix}1 & 0 \\ 0 & -1\end{pmatrix}, \begin{pmatrix}0 & \boldsymbol{\sigma} \\ -\boldsymbol{\sigma} & 0\end{pmatrix}\right)\end{aligned} \tag{A.63}$$

を導入する．ガンマ行列は

$$\{\gamma^\mu, \gamma^\nu\} = 2g^{\mu\nu}, \qquad g^{\mu\nu} = g_{\mu\nu} = \mathrm{diag}(+1, -1, -1, -1) \tag{A.64}$$

を満たす．式 (A.7) に左から γ^0 を掛けると，Dirac 方程式は

$$\left(i\gamma^\mu \partial_\mu - \frac{mc}{\hbar}\right)\psi = 0 \tag{A.65}$$

と書ける．ここで $\partial_\mu = (\partial_t, \boldsymbol{\nabla})$ とした．

今ある量子状態に相当する波動関数を二つの座標系，K 系と K$'$ 系から見たときそれぞれ ψ および ψ' だったとしよう．このとき ψ に対する波動方程式と ψ' に対する波動方程式は等価であるというのが相対性原理である．そこでこれら二つの波動関数が

$$\psi'(x') = S\psi(x) \tag{A.66}$$

という形で関係付けられるとする．

$$0 = S^{-1}[i\gamma^\mu \partial'_\mu \psi'(x') - m\psi'(x')]$$

$$= [iS^{-1}\gamma^\mu S \Lambda_\mu{}^\nu \partial_\nu - m]\psi(x) \tag{A.67}$$

であるから，もし

$$S^{-1}\gamma^\mu S = \Lambda^\mu{}_\nu \gamma^\nu \tag{A.68}$$

であれば Dirac 方程式は K 系と K′ 系で等価となる．

簡単のため無限小 Lorentz 変換 $\Lambda^\mu{}_\nu = \delta^\mu{}_\nu + \omega^\mu{}_\nu$ あるいは $\Lambda_{\mu\nu} = g_{\mu\nu} + \omega_{\mu\nu}$ を考えよう．ここで $\omega_{\nu\lambda}$ は反対称である．(A.68) を満たす S は

$$S = 1 - \frac{i}{4}\omega_{\nu\lambda}\sigma^{\nu\lambda}, \qquad \sigma^{\nu\lambda} = \frac{i}{2}[\gamma^\nu, \gamma^\lambda] \tag{A.69}$$

で与えられることが次のようにして確かめられる．

$$\begin{aligned}
S^{-1}\gamma^\mu S &= \left(1 + \frac{i}{4}\omega_{\nu\lambda}\sigma^{\nu\lambda}\right)\gamma^\mu\left(1 - \frac{i}{4}\omega_{\nu\lambda}\sigma^{\nu\lambda}\right) \\
&= \gamma^\mu + \frac{i}{4}\omega_{\nu\lambda}[\sigma^{\nu\lambda}, \gamma^\mu] = \gamma^\mu + \frac{i^2}{4}\omega_{\nu\lambda}[\gamma^\nu\gamma^\lambda, \gamma^\mu] \\
&= \gamma^\mu - \frac{1}{4}\omega_{\nu\lambda}\left(\gamma^\nu\{\gamma^\lambda, \gamma^\mu\} - \{\gamma^\nu, \gamma^\mu\}\gamma^\lambda\right) \\
&= \gamma^\mu - \frac{1}{4}\omega_{\nu\lambda}\left(\gamma^\nu 2g^{\lambda\mu} - 2g^{\nu\mu}\gamma^\lambda\right) \\
&= \gamma^\mu + \frac{1}{2}\omega_{\lambda\nu}g^{\lambda\mu}\gamma^\nu + \frac{1}{2}\omega_{\nu\lambda}g^{\nu\mu}\gamma^\lambda = \gamma^\mu + \omega^\mu{}_\nu\gamma^\nu \\
&= (\delta^\mu{}_\nu + \omega^\mu{}_\nu)\gamma^\nu
\end{aligned} \tag{A.70}$$

回転

$\hat{\boldsymbol{n}}$ のまわりに微小角度 θ の回転を考える．このとき $\omega_{\nu\lambda}$ は，$\theta\hat{\boldsymbol{n}} = (\theta_x, \theta_y, \theta_z)$ を用いて，$\omega_{ij} = \epsilon_{ijl}\theta_l$ かつ $\omega_{0j} = 0$ となる．角度 θ が有限のときは，式 (A.69) は

$$\begin{aligned}
S_R &= \exp\left[\frac{1}{4}\omega_{ij}\gamma^i\gamma^j\right] \\
&= \exp\left[\frac{1}{4}\epsilon_{ijl}\theta_l \begin{pmatrix} 0 & \sigma_i \\ -\sigma_i & 0 \end{pmatrix}\begin{pmatrix} 0 & \sigma_j \\ -\sigma_j & 0 \end{pmatrix}\right]
\end{aligned} \tag{A.71}$$

と書ける．$\sigma_i\sigma_j = \delta_{ij} + i\epsilon_{ijk}\sigma_k$ および $\epsilon_{ijl}\epsilon_{ijk} = 2\delta_{lk}$ を用いると，

$$S_R = \exp\left[-\frac{i}{2}\theta\hat{\boldsymbol{n}}\cdot\boldsymbol{\Sigma}\right], \qquad \boldsymbol{\Sigma} = \begin{pmatrix} \boldsymbol{\sigma} & 0 \\ 0 & \boldsymbol{\sigma} \end{pmatrix} \tag{A.72}$$

ここで整数 m に対し

$$\left(\hat{\boldsymbol{n}} \cdot \boldsymbol{\Sigma}\right)^{2m} = 1, \qquad \left(\hat{\boldsymbol{n}} \cdot \boldsymbol{\Sigma}\right)^{2m+1} = \hat{\boldsymbol{n}} \cdot \boldsymbol{\Sigma} \tag{A.73}$$

であることに注意すると,

$$S_{\mathrm{R}} = \cos\frac{\theta}{2} - i\hat{\boldsymbol{n}} \cdot \boldsymbol{\Sigma} \sin\frac{\theta}{2} \tag{A.74}$$

角運動量は回転の生成演算子であるから, $\boldsymbol{\Sigma}$ はスピン演算子であることがわかる.

Lorentz ブースト

$\hat{\boldsymbol{n}}$ 方向への Lorentz ブースト

$$S_{\mathrm{L}} = \exp\left[-\frac{1}{2}\omega_{i0}\gamma^0\gamma^i\right] \tag{A.75}$$

に対しては $\omega_{i0} = -\omega_{0i} = \omega\hat{n}_i$ として,

$$S_{\mathrm{L}} = \exp\left[-\frac{1}{2}\omega\hat{\boldsymbol{n}} \cdot \boldsymbol{\alpha}\right], \qquad \boldsymbol{\alpha} = \begin{pmatrix} 0 & \boldsymbol{\sigma} \\ \boldsymbol{\sigma} & 0 \end{pmatrix} \tag{A.76}$$

が得られる. アルファ行列は Lorentz ブーストの生成演算子であることがわかる. 上と同様にして,

$$S_{\mathrm{L}} = \cosh\frac{\omega}{2} - \hat{\boldsymbol{n}} \cdot \boldsymbol{\alpha} \sinh\frac{\omega}{2} \tag{A.77}$$

ただし $\cosh\omega = 1/\sqrt{1-v^2}, \sinh\omega = v/\sqrt{1-v^2}$ とした.

A.2.3 双 1 次形式の変換性

保存カレント

Dirac 方程式からカレント保存則の微分方程式を導いてみよう. まず

$$\overline{\psi} = \psi^\dagger \gamma^0 \tag{A.78}$$

という量を定義する. $\overline{\psi}$ は随伴スピノールとよばれるもので, Hermite 共役 $\psi^\dagger$ とは区別される量である. 実際に ψ を

314　付録 A　Dirac の電子論

$$\psi = \begin{pmatrix} \psi_1 \\ \psi_2 \\ \psi_3 \\ \psi_4 \end{pmatrix} \tag{A.79}$$

とすると，

$$\psi^\dagger = (\psi_1^\dagger, \psi_2^\dagger, \psi_3^\dagger, \psi_4^\dagger) \tag{A.80}$$

$$\overline{\psi} = (\psi_1^\dagger, \psi_2^\dagger, -\psi_3^\dagger, -\psi_4^\dagger) \tag{A.81}$$

である．$\overline{\psi}$ に対する波動方程式は，Dirac 方程式の Hermite 共役

$$(-i)\partial_0 \psi^\dagger (\gamma^0)^\dagger + (-i)\boldsymbol{\nabla}\psi^\dagger \cdot \boldsymbol{\gamma}^\dagger - m\psi^\dagger = 0 \tag{A.82}$$

に $(\gamma^\mu)^\dagger = \gamma^0 \gamma^\mu \gamma^0$ を用いて，右から γ^0 を作用させて得られる．

$$-i\partial_0 \overline{\psi}\gamma^0 - i\boldsymbol{\nabla}\overline{\psi}\cdot\boldsymbol{\gamma} - \frac{mc}{\hbar}\overline{\psi} = 0 \tag{A.83}$$

ここで

$$\begin{aligned}\partial_\mu\left(\overline{\psi}\gamma^\mu\psi\right) &= \left(\partial_\mu \overline{\psi}\right)\gamma^\mu\psi + \overline{\psi}\gamma^\mu\partial_\mu\psi \\ &= \left(i\frac{mc}{\hbar}\overline{\psi}\right)\psi + \overline{\psi}\left(-i\frac{mc}{\hbar}\psi\right) = 0\end{aligned} \tag{A.84}$$

であることから，

$$j^\mu = \overline{\psi}\gamma^\mu\psi \tag{A.85}$$

が保存カレントであることがわかる．j^0 の空間積分

$$\begin{aligned}\int d^3\boldsymbol{x}\, j^0(\boldsymbol{x},t) &= \int d^3\boldsymbol{x}\, \overline{\psi}(\boldsymbol{x},t)\gamma^0\psi(\boldsymbol{x},t) \\ &= \int d^3\boldsymbol{x}\, \psi^\dagger(\boldsymbol{x},t)\psi(\boldsymbol{x},t)\end{aligned} \tag{A.86}$$

は時間によらない保存量である．

Dirac 方程式は形式的にラグランジアン

$$\mathcal{L} = \overline{\psi}\Big[i\gamma^\mu\Big(\partial_\mu + i\frac{e}{\hbar c}A_\mu\Big) - \frac{mc}{\hbar}\Big]\psi \tag{A.87}$$

から Euler-Lanrange 方程式を用いて得られる．

$$0 = \partial_\mu\Big(\frac{\partial \mathcal{L}}{\partial(\partial_\mu \overline{\psi})}\Big) - \frac{\partial \mathcal{L}}{\partial \overline{\psi}}$$

$$= \left[i\gamma^\mu\Big(\partial_\mu + i\frac{e}{\hbar c}A_\mu\Big) - \frac{mc}{\hbar}\right]\psi \tag{A.88}$$

同様に $\overline{\psi}$ に対する方程式は

$$\begin{aligned}
0 &= \partial_\mu\Big(\frac{\partial \mathcal{L}}{\partial(\partial_\mu \psi)}\Big) - \frac{\partial \mathcal{L}}{\partial \psi} \\
&= \partial_\mu\big(\overline{\psi}i\gamma^\mu\big) - \overline{\psi}\Big[i\gamma^\mu i\frac{e}{\hbar c}A_\mu - \frac{mc}{\hbar}\Big] \\
&= i\Big(\partial_\mu - i\frac{e}{\hbar c}A_\mu\Big)\overline{\psi}\gamma^\mu + \frac{mc}{\hbar}\overline{\psi}
\end{aligned} \tag{A.89}$$

で得られる．これは電磁場が存在する場合の式 (A.83) に対応する．

$\overline{\psi}\psi$ は Lorentz 不変のスカラー量であることを示す．(A.66) 式の Hermite 共役 $\psi'^\dagger = \psi^\dagger S^\dagger$ に関係式[5]

$$\gamma^0 S^\dagger \gamma^0 = S^{-1} \tag{A.90}$$

を用いると

$$\overline{\psi}' = \overline{\psi}S^{-1} \tag{A.91}$$

したがって $\overline{\psi}'\psi' = \overline{\psi}S^{-1}S\psi = \overline{\psi}\psi$ となる．空間反転に対しても $\overline{\psi}_\mathrm{p}\psi_\mathrm{p} = \overline{\psi}\psi$，すなわち不変である．一方 $\overline{\psi}\gamma^\mu\psi$ は Lorentz 変換のもとでは (A.68) より

$$\overline{\psi}'\gamma^\mu\psi' = \Lambda^\mu{}_\nu\big(\overline{\psi}\gamma^\nu\psi\big) \tag{A.92}$$

と変換する．空間反転のもとでは

$$\overline{\psi}_\mathrm{p}\gamma^0\psi_\mathrm{p} = \overline{\psi}\gamma^0\gamma^0\gamma^0\psi = +\overline{\psi}\gamma^0\psi \tag{A.93}$$

$$\overline{\psi}_\mathrm{p}\boldsymbol{\gamma}\psi_\mathrm{p} = \overline{\psi}\gamma^0\boldsymbol{\gamma}\gamma^0\psi = -\overline{\psi}\boldsymbol{\gamma}\psi \tag{A.94}$$

となり，空間成分は符号が変わるが，時間成分は変わらない．この変換則は $\overline{\psi}_\mathrm{p}\gamma^\mu\psi_\mathrm{p} = \overline{\psi}\gamma_\mu\psi$ のようにして表すことができる．

---

[5] $\gamma^0\gamma^\mu\gamma^0 = \gamma_\mu = (\gamma^\mu)^\dagger$ および $\omega_{\mu\nu} = -\omega_{\nu\mu}$ を用いて次のように示される．

$$S^\dagger = \Big(1 - \frac{i}{4}\omega_{\mu\nu}i\gamma^\mu\gamma^\nu\Big)^\dagger = \Big(1 - \frac{-i}{4}\omega_{\mu\nu}(-i)(\gamma^\nu)^\dagger(\gamma^\mu)^\dagger\Big)$$

$$\gamma^0 S^\dagger \gamma^0 = 1 - \frac{i}{4}\omega_{\mu\nu}i\gamma^0(\gamma^\nu)^\dagger\gamma^0\gamma^0(\gamma^\mu)^\dagger\gamma^0 = 1 - \frac{i}{4}\omega_{\mu\nu}i\gamma^\nu\gamma^\mu = 1 + \frac{i}{4}\omega_{\nu\mu}i\gamma^\nu\gamma^\mu$$

同様にして $\overline{\psi}\sigma^{\mu\nu}\psi$ の変換性も得られる．Lorentz 変換のもとでは（$\mu \neq \nu$ として）

$$\begin{aligned}
\overline{\psi}'\sigma^{\mu\nu}\psi' &= i\overline{\psi}S^{-1}\gamma^{\mu}SS^{-1}\gamma^{\nu}S\psi \\
&= \Lambda^{\mu}{}_{\rho}\Lambda^{\nu}{}_{\lambda}i\overline{\psi}\gamma^{\rho}\gamma^{\lambda}\psi \\
&= \Lambda^{\mu}{}_{\rho}\Lambda^{\nu}{}_{\lambda}\left(\overline{\psi}\sigma^{\rho\lambda}\psi\right)
\end{aligned} \quad (A.95)$$

のように 2 階のテンソルとして変換する．空間反転に対しては

$$\begin{aligned}
\overline{\psi}_{\mathrm{p}}\sigma^{\mu\nu}\psi_{\mathrm{p}} &= i\overline{\psi}\gamma^{0}\gamma^{\mu}\gamma^{0}\gamma^{0}\gamma^{\nu}\gamma^{0}\psi \\
&= i\overline{\psi}\gamma_{\mu}\gamma_{\nu}\psi
\end{aligned} \quad (A.96)$$

すなわち

$$\overline{\psi}_{\mathrm{p}}\sigma^{0j}\psi_{\mathrm{p}} = -\overline{\psi}\sigma^{0j}\psi \quad (A.97)$$

$$\overline{\psi}_{\mathrm{p}}\sigma^{ij}\psi_{\mathrm{p}} = +\overline{\psi}\sigma^{ij}\psi \quad (A.98)$$

となる．ここで γ^5 行列

$$\gamma^5 = i\gamma^0\gamma^1\gamma^2\gamma^3 = \begin{pmatrix} 0 & 1 \\ 1 & 0 \end{pmatrix} \quad (A.99)$$

を導入する．これは

$$\{\gamma^{\mu}, \gamma^5\} = 0 \quad (\mu = 0, 1, 2, 3) \quad (A.100)$$

$$(\gamma^5)^2 = 1 \quad (A.101)$$

を満足する．また，式 (A.100) を用いて

$$S^{-1}\gamma^5 S = \gamma^5 \quad (A.102)$$

$$\Pi^{-1}\gamma^5\Pi = -\gamma^5 \quad (A.103)$$

を満たすことが示される．したがって $\overline{\psi}\gamma^5\psi$ は Lorentz 変換のもとではスカラー不変であるが，空間反転のもとで符号が変わる．このような量を擬スカラーという．同様に $\overline{\psi}\gamma^5\gamma^{\mu}\psi$ は Lorentz 変換のもとで

$$\overline{\psi}'\gamma^5\gamma^{\mu}\psi' = \overline{\psi}S^{-1}\gamma^5 SS^{-1}\gamma^{\mu}S\psi$$

$$= \Lambda^{\mu}{}_{\nu}(\overline{\psi}\gamma^5\gamma^{\mu}\psi) \tag{A.104}$$

空間反転に対しては

$$\overline{\psi}_{\mathrm{p}}\gamma^5\gamma^{\mu}\psi_{\mathrm{p}} = \overline{\psi}\gamma^0\gamma^5\gamma^0\gamma^0\gamma^{\mu}\gamma^0\psi$$
$$= \overline{\psi}(-\gamma^5)\gamma_{\mu}\psi \tag{A.105}$$

すなわち

$$\overline{\psi}_{\mathrm{p}}\gamma^5\gamma^0\psi_{\mathrm{p}} = -\overline{\psi}\gamma^5\gamma^0\psi \tag{A.106}$$

$$\overline{\psi}_{\mathrm{p}}\gamma^5\boldsymbol{\gamma}\psi_{\mathrm{p}} = +\overline{\psi}\gamma^5\boldsymbol{\gamma}\psi \tag{A.107}$$

のように時間成分の符号が変わる．このような量を軸性ベクトルという．

A.2.4　カイラリティとヘリシティ

Dirac 方程式は波数表示で

$$\left(\gamma^{\mu}k_{\mu} - m\right)\psi(k) = 0 \tag{A.108}$$

と書ける．ガンマ行列は Dirac 表示では (A.63) 式で与えられるが，これを

$$\gamma'^{\mu} = W^{-1}\gamma^{\mu}W \tag{A.109}$$

におき換えても差し支えない．ここで W は 4×4 行列である．扱う問題に応じて便利な γ^{μ} の表現を用いるのがよい．これまで用いてきた Dirac 表現はゆっくり運動する粒子の解析に適している．例として静止した正エネルギー状態，すなわち $\boldsymbol{k}=0$, $k^0=m$ の場合を考えると (A.108) は

$$\left(\gamma^0 - 1\right)\psi = 0 \tag{A.110}$$

と書ける．ここで $(1-\gamma^0)/2 = \mathrm{diag}(0,0,1,1)$ である．すなわち正エネルギー静止解は 4 成分スピノールの下 2 成分がゼロでなければならない．同様に負エネルギー（反粒子）静止解は上 2 成分がゼロでなければならない．このように Dirac 表現はゆっくり運動する（あるいは質量が大きい）場合に粒子と反粒子の状態を区別するのに便利である．

一方，$|\boldsymbol{k}|$ が質量 m よりも十分大きい場合には (A.108) は

付録A Dirac の電子論

$$\gamma^\mu k_\mu \psi = 0 \tag{A.111}$$

と近似される．左から γ^5 を掛けると，$\gamma^5\gamma^\mu = -\gamma^\mu\gamma^5$ を用いて $\gamma^\mu k_\mu(\gamma^5\psi) = 0$ となる．したがって ψ が (A.111) の解であれば，$\gamma^5\psi$ も解である．そこで二つの射影演算子

$$P_\mathrm{R} = \frac{1}{2}\bigl(1+\gamma^5\bigr), \qquad P_\mathrm{L} = \frac{1}{2}\bigl(1-\gamma^5\bigr) \tag{A.112}$$

を導入する．$P_\mathrm{L} + P_\mathrm{R} = 1$，$P_\mathrm{L}^2 = P_\mathrm{L}$，$P_\mathrm{R}^2 = P_\mathrm{R}$，$P_\mathrm{R}P_\mathrm{L} = 0$ などの関係式が容易に確かめられる．このとき射影された状態

$$\psi_\mathrm{R} \equiv P_\mathrm{R}\psi = \frac{1}{2}\bigl(1+\gamma^5\bigr)\psi, \qquad \psi_\mathrm{L} \equiv P_\mathrm{L}\psi = \frac{1}{2}\bigl(1-\gamma^5\bigr)\psi \tag{A.113}$$

は $\gamma^5\psi_\mathrm{R} = +\psi_\mathrm{R}$，$\gamma^5\psi_\mathrm{L} = -\psi_\mathrm{L}$ を満たす．この自由度をカイラリティとよぶ．

次に質量がゼロの極限で，カイラリティR, L の自由度はヘリシティとよばれる量に一致することを示す．スピン 1/2 をもつ非相対論的量子力学では電子状態はスピンアップとスピンダウンの状態はともに Schrödinger ハミルトニアンの固有状態となるが，相対論的量子力学では Dirac ハミルトニアンがスピン演算子と可換でない．そこで今，運動量 $\boldsymbol{k}$ の方向に時計回りと反時計回りにスピンする状態，すなわちヘリシティ $\boldsymbol{k}\cdot\boldsymbol{\Sigma}$ の固有状態を考える．ここで $\boldsymbol{\Sigma}$ は式 (A.72) で定義されるスピン演算子である．$m=0$ の極限では ψ_R と ψ_L はその固有状態になっていることを次のようにして示すことができる．まず $m=0$ の場合の正エネルギー $E = k^0 = |\boldsymbol{k}|$ をもつ解は (A.111) より

$$\bigl(\hat{\boldsymbol{k}}\cdot\boldsymbol{\alpha}\bigr)\psi = \psi \tag{A.114}$$

を満たす．ただし $\hat{\boldsymbol{k}} \equiv \boldsymbol{k}/|\boldsymbol{k}|$ とした．左から P_R を掛け，$P_\mathrm{R} + P_\mathrm{L} = 1$ を用いると

$$P_\mathrm{R}\psi = P_\mathrm{R}\hat{\boldsymbol{k}}\cdot\boldsymbol{\alpha}(P_\mathrm{R}+P_\mathrm{L})\psi \tag{A.115}$$

を得る．同様にして，$P_\mathrm{L}\psi = P_\mathrm{L}\hat{\boldsymbol{k}}\cdot\boldsymbol{\alpha}(P_\mathrm{R}+P_\mathrm{L})\psi$ が得られる．ここで

$$P_\mathrm{R}\hat{\boldsymbol{k}}\cdot\boldsymbol{\alpha}P_\mathrm{R} = +\hat{\boldsymbol{k}}\cdot\boldsymbol{\Sigma}P_\mathrm{R}, \qquad P_\mathrm{L}\hat{\boldsymbol{k}}\cdot\boldsymbol{\alpha}P_\mathrm{L} = -\hat{\boldsymbol{k}}\cdot\boldsymbol{\Sigma}P_\mathrm{L}, \qquad P_\mathrm{R}\hat{\boldsymbol{k}}\cdot\boldsymbol{\alpha}P_\mathrm{L} = 0$$

A.2 対称性

などの関係式[6]に注意すると

$$\hat{\boldsymbol{k}} \cdot \boldsymbol{\Sigma} \psi_\mathrm{R} = +\psi_\mathrm{R} \tag{A.116}$$

$$\hat{\boldsymbol{k}} \cdot \boldsymbol{\Sigma} \psi_\mathrm{L} = -\psi_\mathrm{L} \tag{A.117}$$

と書くことができる．したがって $m=0$ のときはカイラリティ固有状態はヘリシティの固有状態になっている．このような質量が無視できるような状況を解析する場合は γ^5 が対角化される表示を用いる方が便利である．そこでWeyl 表示

$$\gamma^0 = \begin{pmatrix} 0 & -1 \\ -1 & 0 \end{pmatrix}, \quad \boldsymbol{\gamma} = \begin{pmatrix} 0 & \boldsymbol{\sigma} \\ -\boldsymbol{\sigma} & 0 \end{pmatrix}, \quad \gamma^5 = \begin{pmatrix} 1 & 0 \\ 0 & -1 \end{pmatrix} \tag{A.118}$$

を導入する．このとき $(\beta, \boldsymbol{\alpha})$ は

$$\beta = \gamma^0 = \begin{pmatrix} 0 & -1 \\ -1 & 0 \end{pmatrix}, \qquad \boldsymbol{\alpha} = \gamma^0 \boldsymbol{\gamma} = \begin{pmatrix} \boldsymbol{\sigma} & 0 \\ 0 & -\boldsymbol{\sigma} \end{pmatrix} \tag{A.119}$$

で与えられる．ψ_R と ψ_L への分解の仕方は表示によらないが，Weyl 表示の利点は ψ の上 2 成分が ψ_R，下 2 成分は ψ_L となる点である．実際，

$$\psi = \begin{pmatrix} \phi_\mathrm{R} \\ \phi_\mathrm{L} \end{pmatrix} \tag{A.120}$$

として，これに P_R および P_L を掛けると，

$$\frac{1+\gamma^5}{2}\psi = \begin{pmatrix} \phi_\mathrm{R} \\ 0 \end{pmatrix}, \qquad \frac{1-\gamma^5}{2}\psi = \begin{pmatrix} 0 \\ \phi_\mathrm{L} \end{pmatrix} \tag{A.121}$$

となっている．Dirac 方程式の波数表示は

$$\begin{pmatrix} -k^0 + \boldsymbol{\sigma} \cdot \boldsymbol{k} & -m \\ -m & -k^0 - \boldsymbol{\sigma} \cdot \boldsymbol{k} \end{pmatrix} \begin{pmatrix} \phi_\mathrm{R} \\ \phi_\mathrm{L} \end{pmatrix} = 0 \tag{A.122}$$

となる．

---

[6] 次のようにして直接確かめられる．

$$\begin{aligned} P_\mathrm{R/L} \hat{\boldsymbol{k}} \cdot \boldsymbol{\alpha} P_\mathrm{R/L} &= \frac{1}{2}\begin{pmatrix} 1 & \pm 1 \\ \pm 1 & 1 \end{pmatrix}\begin{pmatrix} 0 & \hat{\boldsymbol{k}} \cdot \boldsymbol{\sigma} \\ \hat{\boldsymbol{k}} \cdot \boldsymbol{\sigma} & 0 \end{pmatrix}\frac{1}{2}\begin{pmatrix} 1 & \pm 1 \\ \pm 1 & 1 \end{pmatrix} \\ &= \frac{1}{2}\begin{pmatrix} \pm \hat{\boldsymbol{k}} \cdot \boldsymbol{\sigma} & \hat{\boldsymbol{k}} \cdot \boldsymbol{\sigma} \\ \hat{\boldsymbol{k}} \cdot \boldsymbol{\sigma} & \pm \hat{\boldsymbol{k}} \cdot \boldsymbol{\sigma} \end{pmatrix} = \pm \hat{\boldsymbol{k}} \cdot \boldsymbol{\Sigma} P_\mathrm{R/L} \end{aligned}$$

カイラルゲージ対称性

質量がゼロか有限かにかかわらず Dirac 場を $\psi(x) = \psi_{\mathrm{R}}(x) + \psi_{\mathrm{L}}(x)$ のように分解してラグランジアン密度 (A.87) を書き換えてみる.

$$\psi = \frac{1}{2}(1+\gamma^5)\psi + \frac{1}{2}(1-\gamma^5)\psi = \psi_{\mathrm{R}} + \psi_{\mathrm{L}} \tag{A.123}$$

$$\overline{\psi} = \psi^\dagger \frac{1}{2}(1+\gamma^5)\gamma^0 + \psi^\dagger \frac{1}{2}(1-\gamma^5)\gamma^0 = \overline{\psi}_{\mathrm{R}} + \overline{\psi}_{\mathrm{L}} \tag{A.124}$$

$\{\gamma^5, \gamma^\mu\} = 0$ に注意すると

$$\begin{aligned}
\overline{\psi}\psi &= \psi^\dagger \gamma^0 \Big[\frac{1}{2}(1+\gamma^5) + \frac{1}{2}(1-\gamma^5)\Big]^2 \psi \\
&= \psi^\dagger \frac{1}{2}(1-\gamma^5)\gamma^0 \cdot \frac{1}{2}(1+\gamma^5)\psi \\
&\quad + \psi^\dagger \frac{1}{2}(1+\gamma^5)\gamma^0 \cdot \frac{1}{2}(1-\gamma^5)\psi + 0 \\
&= \overline{\psi}_{\mathrm{L}}\psi_{\mathrm{R}} + \overline{\psi}_{\mathrm{R}}\psi_{\mathrm{L}},
\end{aligned} \tag{A.125}$$

$$\begin{aligned}
\overline{\psi} i\gamma^\mu \partial_\mu \psi &= \psi^\dagger \frac{1}{2}(1+\gamma^5)\gamma^0 \gamma^\mu \frac{1}{2}(1+\gamma^5) i\partial_\mu \psi \\
&\quad + \psi^\dagger \frac{1}{2}(1-\gamma^5)\gamma^0 \gamma^\mu \frac{1}{2}(1-\gamma^5) i\partial_\mu \psi + 0 \\
&= \overline{\psi}_{\mathrm{R}} i\gamma^\mu \partial_\mu \psi_{\mathrm{R}} + \overline{\psi}_{\mathrm{L}} i\gamma^\mu \partial_\mu \psi_{\mathrm{L}}
\end{aligned} \tag{A.126}$$

のようになる. ラグランジアン密度 (A.87) は

$$\mathcal{L} = \overline{\psi}_{\mathrm{R}} i\gamma^\mu \partial_\mu \psi_{\mathrm{R}} + \overline{\psi}_{\mathrm{L}} i\gamma^\mu \partial_\mu \psi_{\mathrm{L}} + m\big(\overline{\psi}_{\mathrm{L}}\psi_{\mathrm{R}} + \overline{\psi}_{\mathrm{R}}\psi_{\mathrm{L}}\big) \tag{A.127}$$

と書け, 運動エネルギー項は R と L で分離しているが, 質量項は L と R を結び付ける.

θ を定数として, (大局的) ゲージ変換 $\psi \to e^{i\theta}\psi$ を考えると, ラグランジアンは不変であり, 保存カレント

$$j^\mu = \overline{\psi}\gamma^\mu \psi \tag{A.128}$$

が導かれる. R と L の表現ではゲージ変換 $\psi_{\mathrm{R}} \to e^{i\theta}\psi_{\mathrm{R}}$ および $\psi_{\mathrm{L}} \to e^{i\theta}\psi_{\mathrm{L}}$ となっており, R と L で位相の変化は同じである. $m=0$ の場合にはラグランジアンはカイラルゲージ変換 $\psi \to e^{i\theta\gamma^5}\psi$ に対し不変である. この変換は $\psi_{\mathrm{R}} \to e^{i\theta}\psi_{\mathrm{R}}$ および $\psi_{\mathrm{L}} \to e^{-i\theta}\psi_{\mathrm{L}}$ となっており, R と L では位相が逆符号

で変化する．このとき保存カレントとして $j_5^\mu = \overline{\psi}\gamma^\mu\gamma^5\psi$ が導かれる．$m \neq 0$ ではラグランジアンはこの変換のもとで不変でなくなる．これは (A.127) のようにあらわに ψ_R と ψ_L を用いて書くとわかりやすい．

A.2.5 アルファ行列と Clifford 代数

Dirac ハミルトニアン[7]

$$\mathcal{H}_0(\boldsymbol{k}) = k_1\alpha_1 + k_2\alpha_2 + k_3\alpha_3 + m\alpha_4 \tag{A.129}$$

に対し摂動が加えられた場合の一般的性質を知るために 4×4 行列をアルファ行列

$$\alpha_1 = \begin{pmatrix} 0 & \sigma_x \\ \sigma_x & 0 \end{pmatrix},\ \alpha_2 = \begin{pmatrix} 0 & \sigma_y \\ \sigma_y & 0 \end{pmatrix},\ \alpha_3 = \begin{pmatrix} 0 & \sigma_z \\ \sigma_z & 0 \end{pmatrix},\ \alpha_4 = \begin{pmatrix} I & 0 \\ 0 & -I \end{pmatrix}$$

およびこれらの積

$$\alpha_5 = \alpha_1\alpha_2\alpha_3\alpha_4 = \begin{pmatrix} 0 & -iI \\ iI & 0 \end{pmatrix} \tag{A.130}$$

を用いて構成する．これらは

$$\{\alpha_\mu, \alpha_\nu\} = 2\delta_{\mu\nu} \qquad (\mu, \nu = 1, 2, 3, 4, 5) \tag{A.131}$$

を満足する．さらにこれらのアルファ行列の積

$$\alpha_\mu \alpha_\nu = i\alpha_{\mu\nu} \tag{A.132}$$

を考える．$i, j, k = 1, 2, 3$ として，具体的に

$$\alpha_{ij} = -i\alpha_i\alpha_j = -i \begin{pmatrix} 0 & \sigma_i \\ \sigma_i & 0 \end{pmatrix}\begin{pmatrix} 0 & \sigma_j \\ \sigma_j & 0 \end{pmatrix} = \epsilon_{ijk}\begin{pmatrix} \sigma_k & 0 \\ 0 & \sigma_k \end{pmatrix}$$

$$\alpha_{i4} = -i\alpha_i\alpha_4 = -i\begin{pmatrix} 0 & \sigma_i \\ \sigma_i & 0 \end{pmatrix}\begin{pmatrix} 1 & 0 \\ 0 & -1 \end{pmatrix} = \begin{pmatrix} 0 & i\sigma_i \\ -i\sigma_i & 0 \end{pmatrix}$$

---

[7] ここではベクトルの成分はすべて下付きにする．

$$\alpha_{i5} = -i\alpha_i\alpha_5 = -i\begin{pmatrix} 0 & \sigma_i \\ \sigma_i & 0 \end{pmatrix}\begin{pmatrix} 0 & -i \\ i & 0 \end{pmatrix} = \begin{pmatrix} \sigma_i & 0 \\ 0 & -\sigma_i \end{pmatrix}$$

$$\alpha_{45} = -i\alpha_4\alpha_5 = -i\begin{pmatrix} I & 0 \\ 0 & -I \end{pmatrix}\begin{pmatrix} 0 & -iI \\ iI & 0 \end{pmatrix} = \begin{pmatrix} 0 & I \\ I & 0 \end{pmatrix} \quad \text{(A.133)}$$

で与えられる.三つの行列の積からは新しい行列が得られない.例えば $\alpha_2\alpha_1\alpha_2 = -\alpha_1$, あるいは $\alpha_\mu\alpha_\nu\alpha_\lambda$ ($\mu \neq \nu \neq \lambda$) も符号は別として $\alpha_5\alpha_\mu$ の形に書くことができる.こうして1次独立な 4×4 行列の Γ_A は

$$\Gamma_A = \begin{cases} 1 & \\ \alpha_\mu & (\mu = 1,2,3,4,5) \\ \alpha_{\mu\nu} = -i\alpha_\mu\alpha_\nu & (\mu < \nu) \end{cases} \quad \text{(A.134)}$$

の $1+5+(5\times 4/2) = 16$ 個である.これらはすべて $(\Gamma_A)^2 = 1$ を満たす.また 16 個すべての α 行列に対し $\alpha^\mathrm{T} = \alpha^*$ が成り立つ.したがって Hermite 行列である.一般に 4×4 Hermite 行列 M は 16 個の独立な実数をもつため,M をこれら 16 個を用いて,

$$M = \sum_{A=1}^{16} \lambda_A \Gamma_A \quad \text{(A.135)}$$

と表すことができる.Γ_A によって得られる代数を Clifford 代数とよぶ.

$\alpha_{i=1,2,3}$ は時間反転および空間反転のもとで符号が変わるが,α_4 は符号が変わらない.α_{ij} は時間反転のもとで $\Theta^{-1}\alpha_{ij}\Theta = \Theta^{-1}\bigl(-i\alpha_i\alpha_j\bigr)\Theta = +i(-\alpha_i)(-\alpha_j) = -\alpha_{ij}$ のように符号が変わる.一方,空間反転のもとでは符号は変わらない.これらの結果は表 A.1 にまとめてある.

以上を踏まえて摂動が加えられた Dirac ハミルトニアンの固有状態を調べよう.まず

$$\mathcal{H}(\boldsymbol{k}) = k_1\alpha_1 + k_2\alpha_2 + k_3\alpha_3 + m\alpha_4 + b\alpha_{12} \quad \text{(A.136)}$$

を考える.ハミルトニアンの 2 乗は $k_a = (k_1, k_2, k_3, m)$ として

$$\begin{aligned}\mathcal{H}^2(\boldsymbol{k}) &= \Bigl(\sum_{a=1}^{4} k_a\alpha_a + b\alpha_{12}\Bigr)\Bigl(\sum_{c=1}^{4} k_c\alpha_c + b\alpha_{12}\Bigr) \\ &= \sum_{a,c} k_a k_c \frac{1}{2}\{\alpha_a, \alpha_c\} + b^2 + \sum_{a=1}^{4} bk_a\{\alpha_a, \alpha_{12}\} \end{aligned} \quad \text{(A.137)}$$

A.2 対称性　*323*

表 A.1 アルファ行列 α_μ およびそれらの積 $\alpha_{\mu\nu} = -i\alpha_\mu\alpha_\nu (\mu < \nu)$ の時間反転，および空間反転のもとでの符号の変換則.

	時間反転 Θ	空間反転 Π	荷電共役 Ξ
$\alpha_1, \alpha_2, \alpha_3$	-1	-1	$+1$
α_4	$+1$	$+1$	-1
α_5	-1	-1	-1
$\alpha_{12}, \alpha_{13}, \alpha_{23}$	-1	$+1$	-1
$\alpha_{14}, \alpha_{24}, \alpha_{34}$	$+1$	-1	$+1$
$\alpha_{15}, \alpha_{25}, \alpha_{35}$	-1	$+1$	$+1$
α_{45}	$+1$	-1	-1

第3項に関しては，$\{\alpha_1, \alpha_{12}\} = \{\alpha_2, \alpha_{12}\} = 0$ であること，および $\{\alpha_3, \alpha_{12}\} = -2i\alpha_1\alpha_2\alpha_3 = -2i\alpha_5\alpha_4 = -2\alpha_{45}$，同様に $\{\alpha_4, \alpha_{12}\} = 2\alpha_{35}$ であるから

$$\mathcal{H}^2(\boldsymbol{k}) = \sum_{a=1}^{4} k_a^2 + b^2 + 2bk_3\alpha_{45} - 2bm\alpha_{35} \tag{A.138}$$

と書ける．対角化すると $\mathcal{H}^2(\boldsymbol{k})$ の固有値は

$$\begin{aligned} E^2(\boldsymbol{k}) &= \sum_{a=1}^{4} k_a^2 + b^2 \pm 2b\sqrt{k_3^2 + m^2} \\ &= k_1^2 + k_2^2 + \left(\sqrt{k_3^2 + m^2} \pm b\right)^2 \end{aligned} \tag{A.139}$$

で与えられる．したがってエネルギー固有値は時間反転対称性による縮退が解けて

$$E(\boldsymbol{k}) = \pm\sqrt{k_1^2 + k_2^2 + \left(\sqrt{k_3^2 + m^2} \pm b\right)^2} \tag{A.140}$$

$|b| > |m|$ の場合には質量ギャップが閉じて，波数空間の 2 点 $k_1 = k_2 = 0$，$k_3 = \pm\sqrt{b^2 - m^2}$ で粒子と反粒子のスペクトルが交わる．このような点を「点ノード (point note)」という．

同様にして

$$\mathcal{H}(\boldsymbol{k}) = k_1\alpha_1 + k_2\alpha_2 + k_3\alpha_3 + m\alpha_4 + c\alpha_{35} \tag{A.141}$$

のハミルトニアンのエネルギー固有値も求まり，

$$E(\bm{k}) = \pm\sqrt{k_3^2 + \left(\sqrt{k_1^2 + k_2^2 + m^2} \pm c\right)^2} \tag{A.142}$$

が得られる．$|c| > |m|$ のとき，粒子と反粒子スペクトルは $k_3 = 0$ の平面内にある円 $k_1^2 + k_2^2 = c^2 - m^2$ 上で交わる．

A.3　Dirac 場の量子化

量子力学から場の量子論へと移行する．場の量子論では場を演算子とする第 2 量子化法と Grassmann 汎関数を用いる経路積分法がある．

A.3.1　第 2 量子化形式

ここではいままで波動関数と見なしてきた量

$$\begin{aligned}\Psi_\sigma(\bm{x}) = \sum_{\bm{k}} \sum_{s=1,2} \Big(&c_{s\bm{k}} \langle \sigma | u_s(\bm{k}) \rangle \frac{e^{i\bm{k}\cdot\bm{x}}}{\sqrt{L^3}} \\ &+ d_{s\bm{k}}^\dagger \langle \sigma | v_s(-\bm{k}) \rangle \frac{e^{-i\bm{k}\cdot\bm{x}}}{\sqrt{L^3}} \Big)\end{aligned} \tag{A.143}$$

を演算子とする理論形式を展開する．ここで $c, c^\dagger$ は電子の消滅・生成演算子，$d, d^\dagger$ は正孔（陽電子）の消滅・生成演算子で

$$\{c_{s\bm{k}}, c_{s'\bm{k}'}^\dagger\} = \{d_{s\bm{k}}, d_{s'\bm{k}'}^\dagger\} = \delta_{\bm{k},\bm{k}'}\delta_{s,s'}, \tag{A.144}$$

$$\{c_{s\bm{k}}, d_{s'\bm{k}'}^\dagger\} = \{c_{s\bm{k}}, d_{s'\bm{k}'}\} = 0 \tag{A.145}$$

を満たす．式 (A.143) より場の演算子は

$$\{\Psi_\alpha(\bm{x}), \Psi_\beta^\dagger(\bm{x}')\} = \delta(\bm{x} - \bm{x}')\delta_{\alpha,\beta} \tag{A.146}$$

を満たす．これらの演算子を用いてハミルトニアンは

$$\begin{aligned}H &= \int d^3\bm{x}\ \Psi^\dagger(\bm{x})\big(-i\bm{\alpha}\cdot\bm{\nabla} + m\beta\big)\Psi(\bm{x}) \\ &= \sum_{\bm{k},s=1,2} \sqrt{\bm{k}^2 + m^2}(c_{s\bm{k}}^\dagger c_{s\bm{k}} - d_{s\bm{k}} d_{s\bm{k}}^\dagger)\end{aligned} \tag{A.147}$$

と書くことができる．Heisenberg 表示では，場の演算子の時間依存性は

$$i\dot{\Psi} = [\Psi, H] = (-i\boldsymbol{\alpha}\cdot\boldsymbol{\nabla} + m\beta)\Psi, \qquad (i\gamma^\mu\partial_\mu - m)\Psi = 0 \quad \text{(A.148)}$$

によって与えられる．同様に波数分解した生成消滅演算子は

$$\begin{aligned}
i\dot{c}_{s\boldsymbol{k}} &= +\epsilon_{\boldsymbol{k}} c_{s\boldsymbol{k}} \quad \rightarrow \quad c_{s\boldsymbol{k}}(t) = c_{s\boldsymbol{k}} e^{-i\epsilon_{\boldsymbol{k}} t} \\
i\dot{d}_{s\boldsymbol{k}} &= -\epsilon_{\boldsymbol{k}} d_{s\boldsymbol{k}} \quad \rightarrow \quad d_{s\boldsymbol{k}}(t) = d_{s\boldsymbol{k}} e^{+i\epsilon_{\boldsymbol{k}} t}
\end{aligned} \quad \text{(A.149)}$$

を満たす．したがって式 (A.143) の Heisenberg 表示は

$$\begin{aligned}
\Psi_\sigma(t,\boldsymbol{x}) = \sum_{\boldsymbol{k}}\sum_{s=1,2}\bigg(& c_{s\boldsymbol{k}}\langle\sigma|u_s(\boldsymbol{k})\rangle\frac{e^{-i\epsilon_{\boldsymbol{k}} t + i\boldsymbol{k}\cdot\boldsymbol{x}}}{\sqrt{L^3}} \\
& + d_{s\boldsymbol{k}}^+\langle\sigma|v_s(-\boldsymbol{k})\rangle\frac{e^{+i\epsilon_{\boldsymbol{k}} t - i\boldsymbol{k}\cdot\boldsymbol{x}}}{\sqrt{L^3}}\bigg)
\end{aligned} \quad \text{(A.150)}$$

で表される．演算子形式の場の量子論では，真空状態は

$$c_{s\boldsymbol{k}}|0\rangle = d_{s\boldsymbol{k}}|0\rangle = 0 \quad \text{(A.151)}$$

で定義される．Dirac 粒子のプロパゲータを

$$\begin{aligned}
S^{\mathrm{F}}_{\alpha\beta}(x,x') &= \langle 0|T\Psi_\alpha(x)\overline{\Psi}_\beta(x')|0\rangle \\
&= \langle 0|\Psi_\alpha(x)\overline{\Psi}_\beta(x')|0\rangle\theta(t-t') - \langle 0|\overline{\Psi}_\beta(x')\Psi_\alpha(x)|0\rangle\theta(t'-t)
\end{aligned} \quad \text{(A.152)}$$

で定義する．第 1 項は $t > t'$ の場合に，時刻 t' に位置 $\boldsymbol{x}'$ にあった電子が時刻 t で位置 $\boldsymbol{x}$ に見いだされる確率振幅に相当する．第 2 項は $t' > t$ の場合に，時刻 t に位置 $\boldsymbol{x}$ にあった正孔（陽電子）が時刻 t' に位置 $\boldsymbol{x}'$ に見いだされる確率振幅を与える．ここで $\theta(t) = i\int_{-\infty}^\infty (d\omega/2\pi)(e^{-i\omega t}/(\omega + i\eta))$ および式 (A.150) を用いて，プロパゲータは

$$\begin{aligned}
S^{\mathrm{F}}_{\alpha\beta}(x,x') = &\frac{1}{L^3}\sum_{s,\boldsymbol{k}}\langle 0|c_{s\boldsymbol{k}}c_{s\boldsymbol{k}}^\dagger|0\rangle\langle\alpha|u_s(\boldsymbol{k})\rangle\langle u_s(\boldsymbol{k})|\beta\rangle \\
&\quad e^{-i\epsilon(t-t') + i\boldsymbol{k}\cdot(\boldsymbol{x}-\boldsymbol{x}')}i\int_{-\infty}^\infty \frac{d\omega}{2\pi}\frac{e^{-i\omega(t-t')}}{\omega + i\eta} \\
&-\frac{1}{L^3}\sum_{s,\boldsymbol{k}}\langle 0|d_{s\boldsymbol{k}}d_{s\boldsymbol{k}}^\dagger|0\rangle\langle\alpha|v_s(-\boldsymbol{k})\rangle\langle v_s(-\boldsymbol{k})|\beta\rangle
\end{aligned}$$

326　付録 A　Dirac の電子論

$$e^{-i\epsilon(t'-t)+i\boldsymbol{k}\cdot(\boldsymbol{x}'-\boldsymbol{x})} i \int_{-\infty}^{\infty} \frac{d\omega}{2\pi} \frac{e^{-i\omega(t'-t)}}{\omega+i\eta}$$

$$= \int \frac{d^4k}{(2\pi)^4} e^{-ik(x-x')} \, i\Big(\frac{\gamma^\mu k_\mu + m}{k^2 - m^2 + i\eta}\Big)_{\alpha\beta} \quad (A.153)$$

で与えられる．また $S^{\mathrm{F}}_{\alpha\beta}(x,x')$ は次の関係式を満たす．

$$\begin{aligned}
(i\gamma^\mu \partial_\mu - m)_{\alpha'\alpha} & S_{\alpha\beta}(x,x') \\
&= i\gamma^0_{\alpha'\alpha}\delta(t-t')\langle 0|\Psi_\alpha(t,\boldsymbol{x})\overline{\Psi}_\beta(t,\boldsymbol{x}')|0\rangle \\
&\quad + i\gamma^0_{\alpha'\alpha}\delta(t'-t)\langle 0|\overline{\Psi}_\beta(t,\boldsymbol{x}')\Psi_\alpha(t,\boldsymbol{x})|0\rangle \\
&= i\delta(x-x')\gamma^0_{\alpha'\alpha}\gamma^0_{\alpha\beta} = i\delta_{\alpha'\beta}\delta(x-x')
\end{aligned} \quad (A.154)$$

A.3.2　経路積分形式

次に経路積分形式を用いた量子化を行う．まず $\{c,c^\dagger\}=1$, $\{c,c\}=\{c^\dagger,c^\dagger\}=0$ を満たすフェルミオン演算子に対し，

$$c|\psi\rangle = \psi|\psi\rangle \quad (A.155)$$

で定義されるコヒーレント状態を導入する．$|\psi\rangle$ は

$$|\psi\rangle = |0\rangle + \psi|1\rangle = e^{\psi c^\dagger}|0\rangle \quad (A.156)$$

で与えられることが容易に確かめられる．ここで現れた ψ なる量は

$$\psi_1\psi_2 = -\psi_2\psi_1, \qquad \psi_1\psi_1 = 0$$
$$\int d\psi_i\, \psi_j = \int d\overline{\psi}_i\, \overline{\psi}_j = \delta_{ij}$$

を満たすことを要請する．$\overline{\psi}$ と記した量は ψ の Hermite 共役（あるいは複素共役）ではなく ψ とは独立な変数とする．以上を用いて次の重要な関係式を導くことができる．

$$\int d\overline{\psi} d\psi \, e^{-\overline{\psi}\psi}|\psi\rangle\langle\overline{\psi}| = \int d\overline{\psi} d\psi \, \big(-\overline{\psi}\psi|0\rangle\langle 0| + \psi\overline{\psi}|1\rangle\langle 1|\big)$$
$$= 1 \quad (A.157)$$

$$\langle\psi'|\psi\rangle = \big(\langle 0| + \psi'\langle 1|\big) \cdot \big(|0\rangle + \psi|1\rangle\big) = 1 + \psi'\psi = e^{\psi'\psi} \quad (A.158)$$

$$\int d\overline{\psi}d\psi \ e^{-m\overline{\psi}\psi} = \int d\overline{\psi}d\psi \ (1 - m\overline{\psi}\psi) = m \tag{A.159}$$

$i,j = 1,2$ の自由度がある場合には

$$z = \int d\overline{\psi}_1 d\overline{\psi}_2 d\psi_2 d\psi_1 \ e^{-\sum_{i,j=1,2} \overline{\psi}_i M_{ij} \psi_j} = M_{11}M_{22} - M_{12}M_{21}$$
$$= \det M \tag{A.160}$$

および

$$\frac{1}{z} \int d\overline{\psi}_1 d\overline{\psi}_2 d\psi_2 d\psi_1 \ e^{-\sum_{i,j=1,2} \overline{\psi}_i M_{ij} \psi_j} \psi_1 \overline{\psi}_2$$
$$= -M_{12}/\det M$$
$$= (M^{-1})_{12} \tag{A.161}$$

が成り立つ．式 (A.160) および式 (A.161) を他自由度に一般化した式を導くために次のように変数変換を考える．

$$\psi'_i = \sum_{j=1}^{N} M_{ij}\psi_j + \eta_i \tag{A.162}$$

このとき $\{\psi_i\}$ の反交換性から

$$\psi'_1 \psi'_2 \cdots \psi'_N = \left(M_{1j_1}\psi_{j_1} + \eta_1\right)\left(M_{2j_2}\psi_{j_2} + \eta_2\right) \cdots \left(M_{Nj_N}\psi_{j_N} + \eta_N\right)$$
$$= \Big[\sum_{j_1 j_2 \cdots j_N} \mathrm{sgn}(j_1, j_2, \cdots, j_N) \ M_{1j_1} M_{2j_2} \cdots M_{Nj_N}\Big]$$
$$\times \psi_1 \psi_2 \cdots \psi_N + O(\eta)$$
$$= \Big[\det M\Big] \psi_1 \psi_2 \cdots \psi_N + O(\eta) \tag{A.163}$$

が得られる．一方，

$$\int \Big[d\psi_N \cdots d\psi_1\Big] \psi_1 \cdots \psi_N = \int \Big[d\psi'_N \cdots d\psi'_1\Big] \psi'_1 \cdots \psi'_N = 1 \tag{A.164}$$

であることから

$$\Big[d\psi'_N \cdots d\psi'_1\Big] = (\det M)^{-1} \Big[d\psi_N \cdots d\psi_1\Big] \tag{A.165}$$

となる．これと式 (A.162) を用いて

$$\int d^N \overline{\psi} d^N \psi \ e^{-\sum_{ij} \overline{\psi}_i M_{ij} \psi_j} = \det M \equiv Z \tag{A.166}$$

付録 A　Dirac の電子論

が得られる．ここで $d^N\psi = d\psi_N \cdots d\psi_2 d\psi_1$ および $d^N\overline{\psi} = d\overline{\psi}_1 d\overline{\psi}_2 \cdots d\overline{\psi}_N$ である．これは虚時間形式の場の理論を与える．相関関数は

$$\langle \psi_i \overline{\psi}_j \rangle = \frac{1}{Z(0)} \int d^N\overline{\psi} d^N\psi \left(\frac{\delta}{\delta\overline{\eta}_i}\right)\left(-\frac{\delta}{\delta\eta_j}\right)$$

$$\exp\left(-\sum_{ij} \overline{\psi}_i M_{ij} \psi_j + \overline{\eta}_i \psi_i + \overline{\psi}_i \eta_i\right)$$

$$= -\frac{\delta^2}{\delta\overline{\eta}_i \delta\eta_j} \exp\left(\overline{\eta}_i M_{ij}^{-1} \eta_j\right) = M_{ij}^{-1} \tag{A.167}$$

で与えられる．実時間形式でもまったく同様に計算され，プロパゲータは

$$\langle \psi_i \overline{\psi}_j \rangle = \frac{1}{Z(0)} \int d^N\overline{\psi} d^N\psi \left(\frac{\delta}{i\delta\overline{\eta}_i}\right)\left(i\frac{\delta}{\delta\eta_j}\right)$$

$$\exp\left(i\sum_{ij} \overline{\psi}_i M_{ij} \psi_j + i\overline{\eta}_i \psi_i + i\overline{\psi}_i \eta_i\right)$$

$$= \frac{\delta^2}{\delta\overline{\eta}_i \delta\eta_j} \exp\left(-i\overline{\eta}_i M_{ij}^{-1} \eta_j\right) = iM_{ij}^{-1} \tag{A.168}$$

となる．ここで

$$Z(\overline{\eta}, \eta) = \int \mathcal{D}\overline{\psi}\mathcal{D}\psi \exp\left(i\int d^4x\left[\overline{\psi}(i\gamma^\mu\partial_\mu - m + i\eta)\psi + \overline{\eta}\psi + \overline{\psi}\eta\right]\right) \tag{A.169}$$

として Dirac 粒子系に適用すると，再びプロパゲータ

$$\langle \psi_\alpha(x)\overline{\psi}_\beta(x') \rangle = \frac{1}{Z(0)} \frac{\delta^2}{\delta\overline{\eta}_\alpha(x)\delta\eta_\beta(x')} \int \mathcal{D}\overline{\psi}\mathcal{D}\psi$$

$$\exp\left(i\int d^4x\left[\overline{\psi}(i\gamma^\mu\partial_\mu - m + i\eta)\psi + \overline{\eta}\psi + \overline{\psi}\eta\right]\right)$$

$$= \frac{i}{(i\gamma^\mu\partial_\mu - m + i\eta)} \delta(x - x')$$

$$= \int \frac{d^4k}{(2\pi)^4} e^{-ik(x-x')} \left(\frac{i}{\gamma^\mu k_\mu - m + i\eta}\right)_{\alpha\beta} \tag{A.170}$$

を得る．

付録B 線形応答理論

B.1 密度行列演算子

伝導度を微視的に計算する表式すなわち Kubo 公式を導出する．まずは密度行列演算子 ρ を

$$\rho(t) \equiv \sum_\alpha \omega_\alpha |\alpha, t\rangle\langle\alpha, t| \tag{B.1}$$

で定義する．ここで $|\alpha, t\rangle$ は

$$i\hbar \frac{\partial}{\partial t}|\alpha, t\rangle = H_{\text{total}}|\alpha, t\rangle \tag{B.2}$$

に従って時間発展する量子力学的状態，H_{total} は系の全ハミルトニアン，ω_α は状態 $|\alpha, t\rangle$ の重み因子で $\sum_\alpha \omega_\alpha = 1$ を満たす．時刻 t での物理量 J の期待値は密度行列演算子を用いて

$$\langle J \rangle = \sum_\alpha \omega_\alpha \langle\alpha, t|J|\alpha, t\rangle = \text{Tr}\Big[\rho(t) J\Big] \tag{B.3}$$

で表すことができる．密度行列演算子の時間発展は Liouville 方程式

$$\frac{\partial}{\partial t}\rho(t) = -\frac{i}{\hbar}[H_{\text{total}}, \rho(t)] \tag{B.4}$$

によって記述される．熱平衡状態での密度行列演算子はよく知られているように

$$\rho_0 = \frac{1}{Z}e^{-\beta H} = \frac{1}{Z}\sum_n e^{-\beta E_n}|n\rangle\langle n| \tag{B.5}$$

で与えられる．ただし E_n と $|n\rangle$ はハミルトニアン H のエネルギー固有値と固有状態で，$Z = \text{Tr} e^{-\beta H}$ は分配関数である．ここで時刻 $t = -\infty$ では系は熱平衡状態で密度行列演算子は $\rho(-\infty) = \rho_0 = e^{-\beta H_0}/Z$（ただし $Z = \text{Tr} e^{-\beta H_0}$ は分配関数，H_0 は系のハミルトニアン）であったとする．この系にハミルトニアン

$$H_{\text{total}} = H_0 + e^{\eta t} V \tag{B.6}$$

の第 2 項で与えられる，断熱的摂動が加えられたとしよう．時刻 t での密度行列演算子は式 (B.4) から，V の 1 次のオーダーで

$$\rho(t) = \rho_0 - i e^{-iH_0 t} \int_{-\infty}^{t} dt' [e^{\eta t'} V(t'), \rho_0] e^{iH_0 t} + \cdots \tag{B.7}$$

で与えられる[1]．したがって，平衡状態からの密度行列演算子の変化分は

$$e^{\eta t} \delta\rho \equiv \rho(t) - \rho_0$$
$$= -i \int_{-\infty}^{t} dt' e^{\eta t'} [e^{iH_0(t'-t)} V e^{-iH_0(t'-t)}, \rho_0] + \cdots \tag{B.8}$$

$$\delta\rho = -i \int_{-\infty}^{t} dt' e^{\eta(t'-t)} [V(t'-t), \rho_0] + \cdots$$
$$= -i \int_{-\infty}^{0} dt'' e^{-\eta t''} [V(t''), \rho_0] + \cdots \tag{B.9}$$

と書ける．ただし $t' - t = t''$ とした．ここで

$$[V(t), \rho_0] = -i\rho_0 \int_0^{\beta} d\tau \frac{\partial}{\partial t} V(t - i\tau) \tag{B.10}$$

---

[1] まず $\tilde{\rho}(t) \equiv e^{iH_0 t} \rho(t) e^{-iH_0 t}$ として，$\tilde{\rho}(t)$ に対する時間発展方程式を求めると $(\partial/\partial t')\tilde{\rho}(t') = -i[\,e^{\eta t'}\tilde{V}(t'),\,\tilde{\rho}(t')]$ が得られる．ただし $\tilde{V}(t') \equiv e^{iH_0 t'} V e^{-iH_0 t'}$ とした．これを t' に関して $-\infty$ から t まで積分すると，

$$\tilde{\rho}(t) = \tilde{\rho}(-\infty) - i \int_{-\infty}^{t} dt' [e^{\eta t'} V, \tilde{\rho}(t')] = \rho_0 - i \int_{-\infty}^{t} dt' [e^{\eta t'} V, \rho_0] + \cdots$$

したがって $\rho(t)$ として $\rho(t) = e^{-iH_0 t} \tilde{\rho}(t) e^{iH_0 t} = e^{-iH_0 t} \left(\rho_0 - i \int_{-\infty}^{t} dt' [e^{\eta t'} V, \rho_0] + \cdots \right) e^{iH_0 t}$ が得られる．

なる関係式^{2}を用いると，非平衡密度行列演算子

$$\delta\rho = -\int_{-\infty}^{0} dt\, e^{\eta t} \int_{0}^{\beta} d\tau\, \rho_0 \frac{\partial V(t-i\tau)}{\partial t} \tag{B.11}$$

が得られる．これを用いて，摂動 V の下での物理量 J の期待値は

$$\begin{aligned}
\langle J \rangle &= \mathrm{Tr}\big[\delta\rho\, J\big] \\
&= -\int_{-\infty}^{0} dt\, e^{\eta t} \int_{0}^{\beta} d\tau\, \mathrm{Tr}\Big[\rho_0 \frac{\partial V(t-i\tau)}{\partial t} J\Big] \\
&= -\int_{-\infty}^{0} dt\, e^{\eta t} \int_{0}^{\beta} d\tau\, \mathrm{Tr}\Big[\rho_0 \frac{\partial V(t)}{\partial t} J(i\tau)\Big]
\end{aligned} \tag{B.12}$$

で与えられる．ただし $J(i\tau) = e^{-\tau H} J e^{\tau H}$ とした^3．

B.2 電気伝導度への応用

系に一様な電場 $\boldsymbol{E} = -\boldsymbol{\nabla}\phi$ がかけられたとする．電場と電子の相互作用は

$$V(t) = \int d^d\boldsymbol{x}\, \phi(\boldsymbol{x}) \rho^{\mathrm{C}}(\boldsymbol{x}, t) \tag{B.13}$$

によって記述される．ここで $\rho^{\mathrm{C}}(\boldsymbol{x}, t)$ は Heisenberg 表示における電荷密度演算子である．$-\partial V/\partial t$ は単位時間に外場がする仕事であり Joule 熱に相当

---

^{2} これは次の二つの関係式を用いて示すことができる．

$$-i \int_{0}^{\beta} d\tau\, \frac{\partial}{\partial t} V(t-i\tau) = -i \int_{0}^{\beta} d\tau\, \frac{\partial}{\partial(-i\tau)} V(t-i\tau) = V(t-i\beta) - V(t)$$

$$\rho_0 \Big(V(t-i\beta) - V(t)\Big) = \rho_0 \Big(e^{\beta H_0} V(t) e^{-\beta H_0} - V(t)\Big) = V(t)\rho_0 - \rho_0 V(t) = [V(t), \rho_0]$$

^{3} 振動数 ω で時間変動する場合は $\eta \to \eta - i\omega$ とすればよい．文献によっては線形応答を次のように表すこともある．(B.8) は $\rho(t) - \rho_0 = -i\int_{-\infty}^{t} dt'\, e^{-i(\omega+i\eta)t'}[V(t'-t), \rho_0]$ と書け，時刻 t における J の期待値は

$$\begin{aligned}
\langle J \rangle_t &= \mathrm{Tr}\Big((\rho(t) - \rho_0) J\Big) = -i \int_{-\infty}^{t} dt'\, e^{-i(\omega+i\eta)t'} \mathrm{Tr}\Big([V(t'-t), \rho_0] J\Big) \\
&= -i \int_{-\infty}^{t} dt'\, e^{-i(\omega+i\eta)t'} \mathrm{Tr}\Big(\rho_0 [J(t), V(t')]\Big)
\end{aligned}$$

する.

$$
\begin{aligned}
-\frac{\partial V(t)}{\partial t} &= -\int d^d\bm{x}\ \phi(\bm{x})\frac{\partial \rho^{\mathrm{C}}(\bm{x},t)}{\partial t} \\
&= -\int d^d\bm{x}\ \phi(\bm{x})\Big(-\bm{\nabla}\cdot\bm{j}^{\mathrm{C}}(\bm{x},t)\Big) \\
&= -\int d^d\bm{x}\ \bm{\nabla}\phi(\bm{x})\cdot\bm{j}^{\mathrm{C}}(\bm{x},t) \\
&= \bm{E}\cdot\int d^d\bm{x}\,\bm{j}^{\mathrm{C}}(\bm{x},t)\ =\ \bm{E}\cdot L^d \bm{J}^{\mathrm{C}}(t)
\end{aligned} \tag{B.14}
$$

ここで $\bm{J}^{\mathrm{C}}(t) = (1/L^d)\int d^d\bm{x}\,\bm{j}^{\mathrm{C}}(\bm{x},t)$ とし $\bm{\nabla}\phi = -\bm{E}$ を用いた. 電流の期待値は式 (B.12) を用いて

$$
\begin{aligned}
\langle J_i^{\mathrm{C}} \rangle &= \frac{1}{L^d}\int d^d\bm{x}\ \langle j_i^{\mathrm{C}}(\bm{x})\rangle \\
&= \int_{-\infty}^0 dt\, e^{\eta t}\int_0^\beta d\tau\ \mathrm{Tr}\Big[\rho_0 E_j L^d J_j^{\mathrm{C}}(t) J_i^{\mathrm{C}}(i\tau)\Big]
\end{aligned} \tag{B.15}
$$

と書け, 伝導率の表式

$$
\begin{aligned}
\sigma_{ij} &= \frac{\langle J_i^{\mathrm{C}}\rangle}{E_j} \\
&= L^d \int_{-\infty}^0 dt\, e^{\eta t}\int_0^\beta d\tau\ \langle J_j^{\mathrm{C}}(t) J_i^{\mathrm{C}}(i\tau)\rangle_0
\end{aligned} \tag{B.16}
$$

が得られる. ここで $\langle\cdots\rangle_0 = \mathrm{Tr}[\rho_0\cdots]$ は熱平衡状態での期待値を表す. 電流演算子は第 2 量子化演算子を用いて

$$
\begin{aligned}
J_j^{\mathrm{C}}(t) &= e^{iHt}\Big(\frac{1}{L^d}\sum_{m,n} c_m^\dagger \langle m|ev_j|n\rangle c_n\Big)e^{-iHt} \\
&= \frac{1}{L^d}\sum_{m,n} c_m^\dagger \langle m|ev_j|n\rangle c_n\ e^{i(E_m-E_n)t}
\end{aligned} \tag{B.17}
$$

$$
\begin{aligned}
J_i^{\mathrm{C}}(i\tau) &= e^{-H\tau}\Big(\frac{1}{L^d}\sum_{p,q} c_p^\dagger \langle p|ev_i|q\rangle c_q\Big)e^{H\tau} \\
&= \frac{1}{L^d}\sum_{p,q} c_p^\dagger \langle p|ev_i|q\rangle c_q\ e^{-(E_p-E_q)\tau}
\end{aligned} \tag{B.18}
$$

のように表すことができる. $|n\rangle$ はハミルトニアン H の固有状態である. 速度演算子 $v_j = (i/\hbar)[H, x_j]$ の対角成分はゼロであることを注意しておく. こ

れは $\langle m|v_j|n\rangle = \langle m|(i/\hbar)[H,x_j]|n\rangle = i[(E_m - E_n)/\hbar]\langle m|x_j|n\rangle$ より示される．積分を実行して次の結果が得られる[4]．

$$\begin{aligned}
\sigma_{ij} &= \frac{e^2}{L^d}\sum_{mn}\sum_{pq}\int_{-\infty}^{0}dt\, e^{i(E_m-E_n-i\eta)t}\int_{0}^{\beta}d\tau\, e^{-(E_p-E_q)\tau} \\
&\qquad \langle c_m^\dagger c_n c_p^\dagger c_q\rangle\langle m|v_j|n\rangle\langle p|v_i|q\rangle \\
&= \frac{e^2}{L^d}\sum_{nm}\sum_{pq}\frac{-i}{E_m-E_n-i\eta}\frac{1-e^{-\beta(E_p-E_q)}}{E_p-E_q} \\
&\qquad \delta_{mq}\delta_{np}f(E_m)[1-f(E_n)]\langle m|v_j|n\rangle\langle p|v_i|q\rangle \\
&= \frac{e^2}{L^d}\sum_{nm}\frac{i}{E_n-E_m+i\eta}\frac{f(E_m)-f(E_n)}{E_n-E_m}\langle m|v_j|n\rangle\langle n|v_i|m\rangle
\end{aligned} \tag{B.19}$$

---

[4] 公式 $\langle c_m^\dagger c_n c_p^\dagger c_q\rangle = \langle c_m^\dagger c_n\rangle\langle c_p^\dagger c_q\rangle + \langle c_m^\dagger c_q\rangle\langle c_n c_p^\dagger\rangle$ を用いる．ただし第1項は，速度演算子の対角成分を与えるため σ_{ij} には寄与しない．

付録C　トポロジー論概説

ここでは群論に関する基礎事項をまとめ，Lie 群，ホモトピー群を簡単に解説する．厳密な定義や証明は行わず，具体例からイメージをつかむことを目標とする．

C.1　群の定義と例

群論とは対称性を記述するための数学である．ある系になんらかの「操作」を施したとき，操作前後で変化がない場合に，系は対称性をもつという．物理系への操作の具体例として，並進，回転，Lorentz 変換といった連続的な変換や，時間反転，空間反転，荷電共役などの離散的変換がある．結晶中の並進や回転も離散的変換の例である．量子力学ではこれらの変換操作は状態ベクトルに作用する演算子によって記述される．もっとも簡単な例として，ゲージ変換

$$\psi \longrightarrow e^{i\theta}\psi \tag{C.1}$$

を例にとろう．波動関数 ψ の位相を変えるという操作は $g = e^{i\theta}$ という位相因子を作用させることに他ならない．この操作には「積」が定義され，$e^{i\theta_1} \cdot e^{i\theta_2} = e^{i(\theta_1+\theta_2)}$ もまた位相を $\theta_1 + \theta_2$ だけ変える操作である．ψ の位相を変える操作の全体を集合として考えると，その中には単位元 $e^{i0} = 1$ が存在し，また任意の元 $g = e^{i\theta}$ に対し，逆元 $g^{-1} = e^{-i\theta}$ が存在する．

C.1.1 定義

一般に g で与えられる操作の集合 G が，次の積演算の規則を満たすとき G は群とよばれる．

$$g_1 g_2 \in G \tag{C.2}$$

$$(g_1 g_2) g_3 = g_1 (g_2 g_3) \tag{C.3}$$

$$g\, e = g \tag{C.4}$$

$$g^{-1} g = g g^{-1} = e \tag{C.5}$$

e は単位元である．G の部分集合を H とする．H が群をなすとき G の部分群という．

[例1] U(1) 群

式 (C.1) の変換の集合は群をなす．これを U(1) 群という．U(1) 群の元 $e^{i\theta}$ は複素平面上の単位円 S^1 上の点（x 軸となす角 θ）と 1 対 1 に対応する．ただし θ は $0 \leq \theta < 2\pi$ の有限区域で定義される．

[例2] U(2) 群

式 (C.1) を拡張して

$$\begin{pmatrix} \psi_\uparrow \\ \psi_\downarrow \end{pmatrix} \longrightarrow \begin{pmatrix} u_{11} & u_{12} \\ u_{21} & u_{22} \end{pmatrix} \begin{pmatrix} \psi_\uparrow \\ \psi_\downarrow \end{pmatrix} \tag{C.6}$$

という変換を考える．量子力学の変換操作ではノルムが保存するようにユニタリー変換であることが要請される．2×2 ユニタリー行列で与えられる式 (C.6) の変換の集合は U(2) 群とよばれる．単位元は単位行列，U の逆元は $U^{-1} = U^\dagger$ で与えられる．とくにすべての元 U が $\det U = 1$ を満たす U(2) の部分群を SU(2) 群という．式 (C.6) は任意の $n \times n$ ユニタリー行列の場合に一般化され U(n) 群，$\det U = 1$ を満たすときは SU(n) 群とよばれる．SU(1) = $\{1\}$, U(1) = $\{e^{i\theta}\}_{0 \leq \theta < 2\pi}$ である．

[例3] O(3) 群

3 次元 Euclid 空間におけるベクトル $\boldsymbol{V}$ の回転は，

$$\begin{pmatrix} V_1 \\ V_2 \\ V_3 \end{pmatrix} \longrightarrow \begin{pmatrix} R_{11} & R_{12} & R_{13} \\ R_{21} & R_{22} & R_{23} \\ R_{31} & R_{32} & R_{33} \end{pmatrix} \begin{pmatrix} V_1 \\ V_2 \\ V_3 \end{pmatrix} \tag{C.7}$$

で表される.回転行列 R の逆元は $R^{-1} = R^{\mathrm{T}}$ で与えられ,ノルム $|\boldsymbol{V}|$ が保存される.このように $R^{\mathrm{T}} = R^{-1}$ を満たす $n \times n$ 実行列の集合は群をなし O(n) 群とよばれる.とくに回転行列のように $\det R = 1$ を満たす部分群を SO(n) 群という.SO(1) = $\{1\}$,O(1) = $\{1, -1\}$ である.SO(3) 群は 3 次元空間の回転を表し,SO(2) 群は 2 次元空間(あるいは 3 次元空間の z 軸まわり)の回転を記述する.

$$\mathrm{SO}(2) = \left\{ \begin{pmatrix} \cos\theta & -\sin\theta \\ \sin\theta & \cos\theta \end{pmatrix} \,\middle|\, 0 \leq \theta < 2\pi \right\} \tag{C.8}$$

これは

$$\mathrm{U}(1) = \{\, e^{i\theta} \mid 0 \leq \theta < 2\pi \,\} \tag{C.9}$$

と同じ構造をもつ.このように各元が 1 対 1 対応している二つの群(あるいはより一般に集合)を同型という.

[例 4] 整数加群 $\mathbb{Z}$

整数の集合 $\mathbb{Z}$ を考える.二つの元 n_1, n_2 の「積」を和 $n_1 + n_2$ で定義すると $\mathbb{Z}$ は群をなす.$\mathbb{Z}$ の部分集合として,偶数の集合 $2\mathbb{Z}$ は群をなし,$\mathbb{Z}$ の部分群となるが,奇数の集合 $2\mathbb{Z} + 1$ は群をなさない(単位元が存在しない).

U(n) 群や O(n) 群のように元が連続的に変化する群を連続群,$\mathbb{Z}$ のように元が不連続である群を離散群という.とくに有限の元をもつ群を有限群という.

[例 5] 巡回群 $\mathbb{Z}_n$

一つの元 c の操作を繰り返すことで生成される群を巡回群という.元 c としてある軸まわりの $2\pi/n$ 回転を考えよう.図 C.1(a) に $n = 3$ の場合を示す.n 個の元 $\{c_n, c_n^2, \cdots, c_n^n = e\}$ からなる群を C_n で表す.これは n を法とする加法群 $\mathbb{Z}_n$ と同型であり,とくに両者を区別しない.例えば C_4 群の元の積 $c_4^2 \cdot c_4^3 = c_4^1$ は $\mathbb{Z}_4$ の $2 + 3 = 1 \pmod 4$ と対応する.

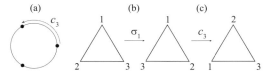

図 C.1 (a) $2\pi/3$ 回転 (b) 鏡像 σ_1 (c) c_3: $2\pi/3$ 回転．積 $c_3\sigma_1$ は σ_3 に等しい．

[例 6] 正三角形の合同変換群 C_{3v}

正三角形をそれ自身に移す変換の集合は C_{3v} とよばれ，有限群の教育的な例である．元は上で定義した c_3 と c_3^2, $c_3^3 = e$ の他に三つの鏡映変換（図 C.1(b) 参照）σ_1, σ_2, σ_3 の 6 個である．

群の直積：群 $G = \{g_1, g_2, \cdots\}$ と群 $H = \{h_1, h_2, \cdots\}$ の直積集合 $G \times H$ を考え，その元を (g, h) で表す．二つの元の積を

$$(g, h) \cdot (g', h') = (gg', hh') \tag{C.10}$$

で定義すると，$G \times H$ は群をなす．このようにして群と群の直積から新たに群を作ることができる．

[例 7] $\mathbb{R}^2 = \mathbb{R} \times \mathbb{R} \simeq \mathbb{C}$

$\mathbb{R}$ および $\mathbb{C}$ をそれぞれ実数と複素数の加群とする．このとき $\mathbb{R} \times \mathbb{R}$ の元 (x, y) は $\mathbb{C}$ の元 $z = x + iy$ と 1 対 1 に対応する．

[例 8] U(1) 群と U(1) 群の直積

$$\mathrm{U}(1) \times \mathrm{U}(1) = \left\{ \begin{pmatrix} e^{i\theta_1} & 0 \\ 0 & e^{i\theta_2} \end{pmatrix} \middle| 0 \leq \theta_1, \theta_2 < 2\pi \right\} \tag{C.11}$$

C.1.2 商群

剰余類

G を群，H をその部分群とする．群 G の元 g' は $H = \{h_1, h_2, \cdots\}$ に含まれないとする．このとき集合

$$g'H = \{g'h_1, g'h_2, \cdots\} \tag{C.12}$$

を H の左剰余類という．同様に右剰余類 Hg' が定義される．次に G にも H にも $g'H$ にも含まれない G の元 g'' があれば剰余類 $g''H$ を作る．同様の操作を続けると群 G がすべての剰余類を用いて，

$$G = H + g'H + g''H + \cdots \tag{C.13}$$

のように分解できる．G の任意の元 g に対して gHg^{-1} は群をなす．とくにこれが H 自身となるとき H を不変部分群という．

[**例 1**] $C_4 = \{e, c_4, c_4^2, c_4^3\}$ に対して，$C_2 = \{e, c_4^2 = c_2\}$ はその不変部分群となっている．C_4 は C_2 を用いて，$C_4 = C_2 + c_4 C_2 = \{e, c_4^2\} + \{c_4, c_4^3\}$ のように分解できる．

[**例 2**] $C_{3v} = \{e, c_3, c_3^2, \sigma_1, \sigma_2, \sigma_3\}$ に対して，$C_3 = \{e, c_3, c_3^2\}$ はその不変部分群となっている．C_{3v} は C_3 を用いて，$C_{3v} = C_3 + \sigma_1 C_3$ のように分解できる．

[**例 3**] $C_{3v} = \{e, c_3, c_3^2, \sigma_1, \sigma_2, \sigma_3\}$ に対して，$C_2 = \{e, \sigma_1\}$ はその不変部分群となっている．C_{3v} は C_2 を用いて，$C_{3v} = C_2 + c_3 C_2 + c_3^2 C_2$ のように分解できる．

商集合

G を群，H をその部分群とする．G の H による剰余類の集合を商集合といい，

$$G/H = \{H, g'H, g''H, \cdots\} \tag{C.14}$$

のように表す．H が G の不変部分群であるときに G/H の元に対する積を導入すると G/H もまた群をなす．まず $g'H$ の元 $g'h'$ と $g''H$ の元 $g''h''$ の積を

$$(g'h')(g''h'') = g'g''(g''^{-1}h'g'')h'' \tag{C.15}$$

と書く．このとき $g''^{-1}h'g''$ は H の元であり $(g''^{-1}h'g'')h'' \equiv \tilde{h}$ もまた H の元である．したがって

$$(g'h')(g''h'') = g'g''\tilde{h} \tag{C.16}$$

は剰余類 $g'g''H$ の元となる．こうして，集合 G/H の元の積

$$(g'H)(g''H) = (g'g'')H \tag{C.17}$$

もまた G/H の元となることが示された．単位元は H，$g'H$ の逆元は $g'^{-1}H$ となるので G/H は群をなす．これを商群という．

[**例 1**] $C_{3v} = C_3 + \sigma_1 C_3$ とその不変部分群 C_3 からなる商群 $C_{3v}/C_3 = \{C_3, \sigma_1 C_3\}$ は $\mathbb{Z}_2$ と同型である．同様に C_{3v}/C_2 は $\mathbb{Z}_3$ と同型となる．

[**例 2**] 整数加群 $\mathbb{Z}$ に対し $4\mathbb{Z}$ はその不変部分群である．$\mathbb{Z}$ を

$$\mathbb{Z} = 4\mathbb{Z} + (4\mathbb{Z}+1) + (4\mathbb{Z}+2) + (4\mathbb{Z}+3) \tag{C.18}$$

と分解できる．これら剰余類の積は，例えば，$(4\mathbb{Z}+2)$ と $(4\mathbb{Z}+3)$ の「積」は $(4\mathbb{Z}+1)$ となるが，これは $\mathbb{Z}_4$ の演算に等しい．一般に

$$\mathbb{Z}/n\mathbb{Z} \simeq \mathbb{Z}_n \tag{C.19}$$

が成り立つ．

[**例 3**] U(2) 群の不変部分群として

$$\left\{ \begin{pmatrix} e^{i\theta} & 0 \\ 0 & e^{i\theta} \end{pmatrix} \middle| 0 \leq \theta < 2\pi \right\} \simeq \mathrm{U}(1) \tag{C.20}$$

を選ぶと，U(2) の元は

$$\begin{pmatrix} e^{i\theta} & 0 \\ 0 & e^{i\theta} \end{pmatrix} \begin{pmatrix} u & -v^* \\ v & u^* \end{pmatrix} \tag{C.21}$$

(ただし $|u|^2 + |v|^2 = 1$) のよう分解できることから $\mathrm{U}(2)/\mathrm{U}(1) \simeq \mathrm{SU}(2)$．一般に

$$\mathrm{U}(n)/\mathrm{U}(1) \simeq \mathrm{SU}(n) \tag{C.22}$$

が成り立つ.

C.2 Lie 群とその構造

C.2.1 Lie 群と Lie 代数

U(n) 群や O(n) 群は Lie 群とよばれるものの代表例である.Lie 群の元は $g(\theta_1, \theta_2, \cdots) = g(\boldsymbol{\theta})$ のように連続パラメータに依存する.単位元 $g(\boldsymbol{\theta} = 0)$ は単位行列で与えられ,$g(\boldsymbol{\theta})$ の逆元が $g^{-1}(\boldsymbol{\theta}) = g(\tilde{\boldsymbol{\theta}})$ なる $\tilde{\boldsymbol{\theta}}$ が存在する.また積 $g(\boldsymbol{\theta})g(\boldsymbol{\theta}') = g(\boldsymbol{\theta}'')$ において $\boldsymbol{\theta}''$ は $\boldsymbol{\theta}$ と $\boldsymbol{\theta}'$ の関数として何回でも微分可能である.

量子力学の角運動量の理論で学んだように SU(2) 群の元は

$$g(\boldsymbol{\theta}) = \exp\left[-i\left(\theta_1 \frac{\sigma_1}{2} + \theta_2 \frac{\sigma_2}{2} + \theta_3 \frac{\sigma_3}{2}\right)\right] \tag{C.23}$$

の形で与えられる.ここで $\boldsymbol{\sigma} = (\sigma_1, \sigma_2, \sigma_3)$ は Pauli 行列で

$$\left[\frac{\sigma_i}{2}, \frac{\sigma_j}{2}\right] = i\epsilon_{ijk}\frac{\sigma_k}{2} \tag{C.24}$$

を満たす.このように Lie 群の元が $g(\boldsymbol{\theta}) = e^{-i\boldsymbol{\theta}\cdot\boldsymbol{\lambda}}$ の形で与えられるとき,$\boldsymbol{\lambda}$ は Lie 群の生成子とよばれる.生成子の満たす代数,

$$[\lambda_i, \lambda_j] = C_{ij}^k \lambda_k \tag{C.25}$$

を Lie 代数という.

SU(2) 群に対しては $\boldsymbol{\theta} = \psi \hat{\boldsymbol{n}}(\theta, \phi)$,ただし $\hat{\boldsymbol{n}}(\theta, \phi)$ は単位ベクトル,とおくと SU(2) 群の元 $g(\psi \hat{\boldsymbol{n}}(\theta, \phi))$ は (ψ, θ, ϕ) で指定される 4 次元空間中の単位球 S^3 上の点と 1 対 1 対応させることができる[1].このように曲線や曲面を任意の次元に一般化した空間や図形を多様体という.

[例 1] O(2) 群と SO(2) 群

教育的な例として O(2) 群の構造を調べる.

---

[1] S^3 上の点は (ψ, θ, ϕ) を用いて $(\sin\psi \sin\theta \cos\phi, \sin\psi \sin\theta \sin\phi, \sin\psi \cos\theta, \cos\psi)$ で与えられる.

$$M = \begin{pmatrix} a & c \\ b & d \end{pmatrix} \in \mathrm{O}(2) \tag{C.26}$$

は $MM^{\mathrm{T}} = 1$ を満たすため，$a^2 + c^2 = 1$, $b^2 + d^2 = 1$, $ab + cd = 0$ の条件が課される．はじめの二つの条件から $a = \cos\varphi$, $c = \sin\varphi$, $b = \sin\theta$, $d = \cos\theta$ とおける．これらを最後の条件に代入すると，$0 = \cos\varphi\sin\theta + \sin\varphi\cos\theta = \sin(\varphi + \theta)$, したがって $\varphi = -\theta$, $\varphi = -\theta + \pi$ が得られる．こうして O(2) 群の元は

$$A = \begin{pmatrix} \cos\theta & -\sin\theta \\ \sin\theta & \cos\theta \end{pmatrix}, \qquad B = \begin{pmatrix} -\cos\theta & \sin\theta \\ \sin\theta & \cos\theta \end{pmatrix} \tag{C.27}$$

の二つの形で与えられる．A については $\det A = 1$，一方 $\det B = -1$ であるので，$A \in \mathrm{SO}(2)$ となっている．B については

$$B = \begin{pmatrix} -1 & 0 \\ 0 & 1 \end{pmatrix} \begin{pmatrix} \cos\theta & -\sin\theta \\ \sin\theta & \cos\theta \end{pmatrix} \tag{C.28}$$

と書けるから O(2) 群は

$$\mathrm{O}(2) = \mathrm{SO}(2) + \begin{pmatrix} -1 & 0 \\ 0 & 1 \end{pmatrix} \mathrm{SO}(2) \tag{C.29}$$

SO(2) は O(2) の不変部分群である．実際

$$\mathrm{O}(2)/\mathrm{SO}(2) = \left\{ \begin{pmatrix} 1 & 0 \\ 0 & 1 \end{pmatrix}, \begin{pmatrix} -1 & 0 \\ 0 & 1 \end{pmatrix} \right\} \tag{C.30}$$

は $\mathbb{Z}_2$ 群と同型である．一般の $n \geq 1$ に対して

$$\mathrm{O}(n)/\mathrm{SO}(n) = \mathbb{Z}_2 \tag{C.31}$$

が成り立つ．

C.2.2　Lie 群の分類

Lie 群 G のある元 $g(\boldsymbol{\theta})$ とその近傍の $g(\boldsymbol{\theta} + d\boldsymbol{\theta})$ は

$$g(\boldsymbol{\theta} + d\boldsymbol{\theta}) \simeq \left(1 - id\boldsymbol{\theta} \cdot \boldsymbol{\lambda}\right) g(\boldsymbol{\theta})$$

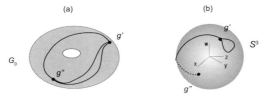

図 C.2 (a) 単連結でないパラメータ空間，(b) SO(3) $\simeq$ SU(2)/$\mathbb{Z}_2$ 群のパラメータ空間の概念図．SU(2) 群の各元は 4 次元球面上 S^3 の点と 1 対 1 対応があるが，SO(3) では球面上の直径対点を同一視するため，一点に収縮しない閉曲線が存在する．

$$\simeq e^{-id\boldsymbol{\theta}\cdot\boldsymbol{\lambda}}g(\boldsymbol{\theta}) \tag{C.32}$$

のように関係付けられる．このとき $g(\boldsymbol{\theta})$ と $g(\boldsymbol{\theta}+d\boldsymbol{\theta})$ は連結しているという．このようにして結び付けられる（連結している）元の集合を G の連結成分という．一般に Lie 群はいくつかの連結成分に分類できる．とくに単位元 $e=1$ に連結な成分 G_0 は G の不変部分群である．

$$G = G_0 + g_1 G_0 + g_2 G_0 + \cdots \tag{C.33}$$

上の O(2) の例では G_0 に相当するのは SO(2) 群である．

G_0 の元 g' と g'' は曲線 $\boldsymbol{\theta}(t)$ で互いに連結する．g' と g'' を結ぶ任意の曲線が連続的な変形ですべて重ね合わせることができるとき単連結なパラメータ空間という．単連結なパラメータ空間をもつ群を普遍被覆群という．単連結でない空間の例を図 C.2 に示す．

[例 2] SU(2) 群と SO(3) 群

SU(2) 行列の元は

$$U = \begin{pmatrix} u & -v^* \\ v & u^* \end{pmatrix}, \qquad |u|^2 + |v|^2 = 1 \tag{C.34}$$

で表される．ここで $u=x+iy$, $v=z+iw$ とおくと，行列 U は $x^2+y^2+z^2+w^2=1$ で与えられる 4 次元球面上の点と 1 対 1 に対応する．したがって同値関係

$$\mathrm{SU}(2) \simeq S^3 \tag{C.35}$$

が示される．SU(2) の元の中ですべての U と可換なものを考えると次の二つがある．

$$I = \begin{pmatrix} 1 & 0 \\ 0 & 1 \end{pmatrix}, \qquad -I = \begin{pmatrix} -1 & 0 \\ 0 & -1 \end{pmatrix} \tag{C.36}$$

群 $\{I, -I\}$ は SU(2) の不変部分群であり $\mathbb{Z}_2$ と同型である．

回転を表現する一つの方法として，回転軸 $\hat{\boldsymbol{n}}$ と回転角 ψ を指定する．これに対応する SU(2) 群の元は

$$\begin{aligned} U(\hat{\boldsymbol{n}}, \psi) &= \exp\left[-i\psi\hat{\boldsymbol{n}} \cdot \frac{\boldsymbol{\sigma}}{2}\right] \\ &= \cos\frac{\psi}{2} - i\hat{\boldsymbol{n}} \cdot \boldsymbol{\sigma} \sin\frac{\psi}{2} \end{aligned} \tag{C.37}$$

で与えられる．ここで

$$U(\hat{\boldsymbol{n}}, \psi + 2\pi) = -U(\hat{\boldsymbol{n}}, \psi) \tag{C.38}$$

の関係式に注意する．すなわち $\hat{\boldsymbol{n}}$ 軸周りに 2π 回転すると，スピノールの符号が変わる．一方，SO(3) 群では同じ回転を 3×3 行列 $R(\hat{\boldsymbol{n}}, \psi)$ によって表すが，

$$R(\hat{\boldsymbol{n}}, \psi + 2\pi) = +R(\hat{\boldsymbol{n}}, \psi) \tag{C.39}$$

の関係式が成り立つ．したがって SU(2) 群の二つの元 $U(\hat{\boldsymbol{n}}, \psi)$ と $-U(\hat{\boldsymbol{n}}, \psi)$ は SO(3) 群では一つの元 $R(\hat{\boldsymbol{n}}, \psi)$ と対応する．SO(3) 群と S^3 上の点との対応では，S^3 上の 2 点

$$(x, y, z, w), \qquad (-x, -y, -z, -w) \tag{C.40}$$

の両方が SO(3) 群では同一視される．すなわち同値関係

$$\mathrm{SU}(2)/\mathbb{Z}_2 \simeq \mathrm{SO}(3) \tag{C.41}$$

が示された．

図 C.2(b) からわかるように SO(3) 群のパラメータ空間は単連結ではない．SO(3) では直径対の 2 点を同一視するため，パラメータ空間に 1 点から始まってその直径対の点に終わる曲線は一つの閉曲線となるが，これは 1 点に収縮できないからである．

C.2.3　Lie 群の等質空間

ある空間 X を考える．X 中の点 $\boldsymbol{x}$ を他の点 $\boldsymbol{y}$ へ移す操作の集合 G が群をなすとする．空間 X の任意の点 $\boldsymbol{x}$ と $\boldsymbol{y}$ をとり，$g : \boldsymbol{x} \to \boldsymbol{y}$ なる変換 g が常に存在するとしよう．数学用語で G は X に推移的に作用するといい，X を等質空間という．推移的でない例として O(n) 群の $\mathbb{R}^n$ への作用を考えよう．$|\boldsymbol{x}| \neq |\boldsymbol{y}|$ ならば $\boldsymbol{x}$ を $\boldsymbol{y}$ に変換する O(n) の元は存在しない．一方，O(n) 群の S^{n-1} への作用は明らかに推移的である．空間 X のある点 $\boldsymbol{x}_0$ を動かさない G の元 h（$h : \boldsymbol{x}_0 \to \boldsymbol{x}_0$）の集合 H は G の部分群である．このとき，H を $\boldsymbol{x}_0$ の小群あるいは等方部分群という．ここで一つ重要な命題がある．「商集合 G/H は等質空間 X と 1 対 1 対応する．」以下でこれの具体例を示す．

[例 1] SO(3) 群の等質空間
　具体例として SO(3) 群を考える．その元は Euler 角を用いると

$$R(\phi, \theta, \psi) = R_z(\phi) R_y(\theta) R_z(\psi) \tag{C.42}$$

と書ける．ここで $R_z(\phi)$, $R_y(\theta)$ はそれぞれ z, y 軸まわりに ϕ, θ の回転を表す 3×3 直交行列である．このとき S^2 は等質空間である．

$$R_z(\psi) = \begin{pmatrix} \cos\psi & -\sin\psi & 0 \\ \sin\psi & \cos\psi & 0 \\ 0 & 0 & 1 \end{pmatrix} \in H \tag{C.43}$$

の集合は S^2 上の点 $(0, 0, 1)$ を動かさない小群 H であり，SO(2) と同型である．式 (C.42) から剰余類を作る．つまり $R(\phi, \theta, \psi)$ を，z 軸まわりの角度 ψ の回転 $R_z(\psi)$ と，$R_y(\theta) R_z(\phi)$ の積に分解する．後者は (θ, ϕ) で与えられる S^2 上の点 $\hat{\boldsymbol{n}}(\theta, \phi)$ と 1 対 1 対応する．すなわち

$$\mathrm{SO}(3)/\mathrm{SO}(2) \approx S^2 \tag{C.44}$$

の対応がある．ただし SO(2) は SO(3) の不変部分群ではないため S^2 に群の構造は入らない．より一般に

$$\mathrm{SO}(n+1)/\mathrm{SO}(n) \approx S^n \tag{C.45}$$

あるいは $\mathrm{SO}(n) \simeq \mathrm{O}(n)/\mathbb{Z}_2$ より

$$\mathrm{O}(n+1)/\mathrm{O}(n) \approx S^n \tag{C.46}$$

が示される．ユニタリー群に対しても類似の関係

$$\mathrm{SU}(n+1)/\mathrm{SU}(n) \approx S^{2n+1} \tag{C.47}$$

$$\mathrm{U}(n+1)/\mathrm{U}(n) \approx S^{2n+1} \tag{C.48}$$

が成り立つ．

[例 2] 実射影空間 $\mathbb{R}P^n$

$n+1$ 次元実空間中の単位球面 S^n において直径対点を同一視した空間を $\mathbb{R}P^n$ と書いて実射影空間という．$\mathbb{R}P^n \approx S^n/\mathbb{Z}_2$ と書ける．この空間は $\mathbb{R}^{n+1}$ の原点を通る直線全体の集合ということもできる．図 C.2(b) は $\mathbb{R}P^3$ の例である．

$\mathrm{O}(n+1)$ 群は $\mathbb{R}P^n$ に推移的に作用する．点 $(1,0,0,\cdots,0) \in \mathbb{R}^{n+1}$ を動かさない $\mathrm{O}(n+1)$ 群の小群

$$H = \begin{pmatrix} \pm 1 & 0 & \cdots & 0 \\ 0 & & & \\ \vdots & & \mathrm{O}(n) & \\ 0 & & & \end{pmatrix} = \mathrm{O}(1) \times \mathrm{O}(n) \tag{C.49}$$

を考えると，式 (C.46) や $\mathrm{O}(1) = \{1, -1\} \simeq \mathbb{Z}_2$ であることを用いて

$$\mathrm{O}(n+1)/\mathrm{O}(1) \times \mathrm{O}(n) \approx \mathbb{R}P^n \tag{C.50}$$

の関係が導かれる．

[例 3] 実 Grassmann 多様体

実 Grassmann 多様体 $\mathrm{G}_{n,n+m}(\mathbb{R})$ は，$\mathbb{R}P^n$ の拡張と見なせ，$\mathbb{R}^{n+m}$ の原点を通る n 次元平面全体の集合として定義される．商空間としては

$$\mathrm{O}(n+m)/\mathrm{O}(n) \times \mathrm{O}(m) \approx \mathrm{G}_{n,n+m}(\mathbb{R}) \tag{C.51}$$

で与えられる．

同様にして複素射影空間 $\mathbb{C}P^n$ や複素 Grassmann 多様体 $G_{n,n+m}(\mathbb{C})$ が商空間として与えられる．

$$U(n+1)/U(1) \times U(n) \approx \mathbb{C}P^n \tag{C.52}$$

$$U(n+m)/U(m) \times U(n) \approx G_{n,n+m}(\mathbb{C}) \tag{C.53}$$

C.3　ホモトピー群

　物理の問題で「場」を与えることは数学的には実空間（あるいは時空）から場の配位を表すターゲット空間への写像を定めることである．ターゲット空間は考える物理的状況によって異なる．ベクトルポテンシャルや波動関数はそれぞれ3次元 Euclid 空間 $\mathbb{R}^3$ および1次元複素空間 $\mathbb{C}$ で与えられる．また，例えば XY 模型や Heisenberg 模型などのスピン系では，スピンの向きを指定する単位ベクトルであるスピン場は単位円 S^1 や単位球 S^2 で特徴付けられる．ソリトンやインスタントンとよばれる場は時空間からターゲット空間への写像における非自明な配位をもつ．その性質は写像の連続的変化における不変量によって特徴付けられる．トポロジーの簡単な例としてしばしば用いられるのはドーナツとコーヒーカップである．これらは連続変形によって移り変わることができ，その同類物はその穴の数（一つ）によって特徴付けられる．以下ではトポロジーを記述する数学の1理論であるホモトピー群を解説する．

C.3.1　基本群

　1変数の問題から始めよう．空間 X のある点 $\boldsymbol{x}_0$ を「時刻」（あるいは一般にパラメータ）$t=0$ に出発し，閉曲線 C 上を動いて $t=1$ に点 $\boldsymbol{x}_0$ に戻ったとする．このような点と運動を，図 C.3(a) に表されているように，区間 I $(0 \leq t \leq 1)$ から空間 X の中の閉曲線 C への写像 f ととらえ，$f(t)$ を「時刻」t における点の位置 $\boldsymbol{x}(t)$ と対応させる．とくに $f(0) = f(1) = \boldsymbol{x}_0$ は基点とよばれる．

　閉曲線 C' および C'' に対する写像をそれぞれ f', f'' とする．以下では C'

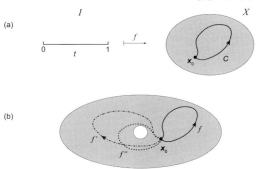

図 C.3 (a) 1次元パラメータ空間 I から空間 X 中の閉曲線 C への写像 f，(b) 写像 f によって描かれる閉曲線 C を単に f で表す．閉曲線の連続変形によって f は1点 $\boldsymbol{x}_0$ に収縮する．f' と f'' は連続変形で重ね合わせることができる同値な閉曲線．

と C'' が連続変形によって重なり合うかどうかという問題を考える．連続変形によって重なり合うとは次のように定式化される．条件

$$F(s=0,t) = f'(t), \qquad F(s=1,t) = f''(t) \tag{C.54}$$

ただし，すべての s について $F(s,0) = F(s,1) = \boldsymbol{x}_0$ を満たす $F(s,t)$ が存在するとき，f' と f'' は同値あるいはホモトープといい，$f' \sim f''$ で表す．図 C.3(b) では $f' \sim f''$ であるが，$f \sim f''$ ではない．写像 f' に同値な閉曲線全体を $[f']$ と書き，ホモトピークラスあるいはホモトピー類とよぶ．

次に f' および f'' で指定される閉曲線の「積」を導入しよう．$f' \circ f''$ はまず f' で指定される閉曲線上を動き，その後 f'' の閉曲線上を動くとする．形式的には

$$f' \circ f''(t) = \begin{cases} f'(2t) & (0 \leq t \leq 1/2) \\ f''(2t-1) & (1/2 \leq t \leq 1) \end{cases} \tag{C.55}$$

のように表される．$t=1/2$ で点 $\boldsymbol{x}_0$ を通らなければならない．さらに，二つの類（クラス）$[f']$ と $[f'']$ の積を

$$[f'] \circ [f''] = [f' \circ f''] \tag{C.56}$$

で定義する．このとき，$t=1/2$ で基点 $\boldsymbol{x}_0$ を通らなければならないという条

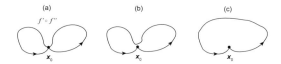

図 C.4 (a) f' と f'' との積 $f' \circ f''$, (b), (c) $[f' \circ f'']$ と同値な閉曲線.

件から解放される．実際，図 C.4 の三つの閉曲線は同じクラスに属する．このようにしてすべてのホモトピー類を元にもつ集合は群をなし，基本群あるいは 1 次元ホモトピー群とよばれ $\pi_1(X, \boldsymbol{x}_0)$ で表される．

空間 X の基本群 $\pi_1(X, \boldsymbol{x}_0)$ は閉曲線の基点 $\boldsymbol{x}_0$ を指定して定義された．しかし $\boldsymbol{x}_0$ でなく $\boldsymbol{x}_1$ を基点としても基本群の性質は変わらないことは簡単に示すことができる．$\boldsymbol{x}_0$ を基点とする閉曲線 f と，$\boldsymbol{x}_0$ を始点，$\boldsymbol{x}_1$ を終点とする経路 γ をとり，積 $\gamma^{-1} \circ f \circ \gamma = f'$ を作ると，これは $\boldsymbol{x}_1$ を基点とする閉曲線となる．$[f] \in \pi_1(X, \boldsymbol{x}_0)$ に対し $[f'] = [\gamma^{-1} \circ f \circ \gamma] \in \pi_1(X, \boldsymbol{x}_1)$ が存在し，$\pi_1(X, \boldsymbol{x}_0)$ と $\pi_1(X, \boldsymbol{x}_1)$ は同型であることがわかる．このため，とくに必要がない場合には基点をあらわには書かず，基本群を

$$\pi_1(X) \tag{C.57}$$

と表すことにする．

[**例 1**] $\pi_1(\mathbb{R}^2) = 0$

2 次元平面上の任意の閉曲線は 1 点に収縮させることができる．したがって元がただ一つ存在する自明な群である．これを 0 で表す．

[**例 2**] $\pi_1(\mathbb{R}^2 - P) = \mathbb{Z}$

2 次元平面に杭を立てると，この杭に閉曲線を巻き付けることができる．複素平面 $\mathbb{C}(\simeq \mathbb{R}^2)$ 上の周回積分

$$n = \oint_C \frac{dz}{2\pi i(z - z_0)} \tag{C.58}$$

は C が点 z_0 のまわりを何周したか，すなわち巻付き数を与える．同じ n を与える閉曲線は連続的に移り変わることができる．巻付き数によってクラス

[例3] $\pi_1(S^1) = \mathbb{Z}$

円から円への写像 $\phi = f(\theta)$ を考える．ϕ が θ の一価関数であるとすると，θ が 0 から 2π に変わるとき ϕ は原点のまわりを何周するかは

$$n = \int_{S^1} d\phi = \int_0^{2\pi} \frac{df(\theta)}{d\theta} d\theta \tag{C.59}$$

で与えられる．すなわち写像 $f: S^1 \to S^1$ 全体の集合は整数 n で分類できる．

[例4] $\pi_1(T^2) = \mathbb{Z} \times \mathbb{Z}$

トーラス $T^2 = S^1 \times S^1$ の基本群は $\mathbb{Z} \times \mathbb{Z}$．一般に二つの空間の直積の基本群はそれぞれの基本群の直積に等しい．

[例5] $\pi_1(S^2) = 0$

球面 S^2 上に閉曲線を描くと，この曲線は 1 点に収縮することができる．$\pi_1(X) = 0$ となる空間 X は単連結という．

C.3.2 高次元ホモトピー群

基本群ではあるパラメータ区間 I ($0 \le k \le 2\pi$) から空間 X 中の閉曲線への写像を考えた．まずはこれを閉曲線から閉曲面へと拡張する．基本群 ($n = 1$) の場合は，図 C.5(a) にあるように，写像 $f(k)$ に対し $f(0) = f(1) = \boldsymbol{x}_0$ とすることで閉曲線を作った．同様にパラメータ区域 $I^2 = \{(k_1, k_2) \mid 0 \le k_1, k_2 < 1\}$ から空間 X 中の閉曲面への写像 $f(k_1, k_2)$ を考える．閉曲面となるために，区域 I^2 の境界上のすべての点が基点 $\boldsymbol{x}_0$ へ移るという条件を課す．(図 C.5(b) 参照)

閉曲線の場合と同様に，写像 $f_1(k_1, k_2)$ によって与えられる閉曲面 f_1 と，写像 $f_2(k_1, k_2)$ によって与えられる閉曲面 f_2 が連続変形によって滑らかに移り重ね合うとき，閉曲面 f_1 と f_2 は同値（ホモトープ）という．閉曲面 f_1 と同値なすべての閉曲線の集合を $[f_1]$ と書いてホモトピー類とよぶ．

次に閉曲線の「積」を拡張し，閉曲面の積を定義する．f' と f'' の積を

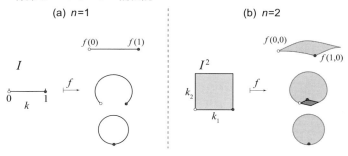

図 C.5 (a) $n=1$ ホモトピー群, (b) $n=2$ ホモトピー群.

$$f' \circ f''(k_1, k_2) = \begin{cases} f'(2k_1, k_2) & (0 \leq k_1 \leq 1/2) \\ f''(2k_1 - 1, k_2) & (1/2 \leq k_1 \leq 1) \end{cases} \quad \text{(C.60)}$$

また類の積を

$$[f'] \circ [f''] = [f' \circ f''] \quad \text{(C.61)}$$

で定義すると，類 $[f]$ を元とする集合は群をなし，これを 2 次元ホモトピー群 $\pi_2(X, \boldsymbol{x}_0)$ とよぶ．

これらは一般の n に対し拡張できる．区域 I^n $(0 \leq k_1, k_2, \cdots, k_n \leq 1)$ から空間 X への写像 $f(k_1, k_2, \cdots, k_n)$ を考える．区域 I^n の境界上の点はすべて空間 X の点 $\boldsymbol{x}_0$ に移される．互いに同値な写像からなる類とそれらの積を $n=1, n=2$ の場合と同様に定義すると，n 次元ホモトピー群 $\pi_n(X, \boldsymbol{x}_0)$ が得られる．

[例 1] $\pi_2(S^2) = \mathbb{Z}$

I^2 から S^2 への写像を考える．ただし I^2 の境界はすべて S^2 上の 1 点へ移る．この写像は球を風呂敷で何回包むか，その回数 N で分類できる．N は関数 f を $\hat{\boldsymbol{n}}(k_1, k_2)$ で表すと，

$$N = \int_{I^2} \frac{dk_1 dk_2}{4\pi} \hat{\boldsymbol{n}} \cdot \left(\frac{\partial \hat{\boldsymbol{n}}}{\partial k_1} \times \frac{\partial \hat{\boldsymbol{n}}}{\partial k_2} \right) \quad \text{(C.62)}$$

で与えられる．これは $\pi_1(S^1) = \mathbb{Z}$ の 2 次元版である．一般に

$$\pi_n(S^n) = \mathbb{Z} \quad \text{(C.63)}$$

C.3 ホモトピー群

表 **C.1** ホモトピー群の公式

	π_1	π_2	π_3	π_4	π_5	π_6
S^1	$\mathbb{Z}$	0	0	0	0	0
S^2	0	$\mathbb{Z}$	$\mathbb{Z}$	$\mathbb{Z}_2$	$\mathbb{Z}_2$	$\mathbb{Z}_{12}$
S^3	0	0	$\mathbb{Z}$	$\mathbb{Z}_2$	$\mathbb{Z}_2$	$\mathbb{Z}_{12}$
S^4	0	0	0	$\mathbb{Z}$	$\mathbb{Z}_2$	$\mathbb{Z}_2$
U(1)	$\mathbb{Z}$	0	0	0	0	0
SU(2)	0	0	$\mathbb{Z}$	$\mathbb{Z}_2$	$\mathbb{Z}_2$	$\mathbb{Z}_{12}$
SU(3)	0	0	$\mathbb{Z}$	0	$\mathbb{Z}$	$\mathbb{Z}_6$
SU($n>3$)	0	0	$\mathbb{Z}$	0	$\mathbb{Z}$	0
SO(2)	$\mathbb{Z}$	0	0	0	0	0
SO(3)	$\mathbb{Z}_2$	0	$\mathbb{Z}$	$\mathbb{Z}_2$	$\mathbb{Z}_2$	$\mathbb{Z}_{12}$
$\mathbb{R}P^1$	$\mathbb{Z}$	0	0	0	0	0
$\mathbb{R}P^2$	$\mathbb{Z}_2$	$\mathbb{Z}$	$\mathbb{Z}$	$\mathbb{Z}_2$	$\mathbb{Z}_2$	$\mathbb{Z}_{12}$
$\mathbb{C}P^1$	0	$\mathbb{Z}$	$\mathbb{Z}$	$\mathbb{Z}_2$	$\mathbb{Z}_2$	$\mathbb{Z}_{12}$
$\mathbb{C}P^2$	0	$\mathbb{Z}$	0	0	$\mathbb{Z}$	$\mathbb{Z}_2$

が成り立つ．このとき巻付き数は

$$N = \int_{I^n} \frac{d^n k}{n!\Omega(S_n)} \epsilon^{i_1,\cdots,i_n} \epsilon^{a_1,\cdots,a_{n+1}} \hat{n}_{a_1} \frac{\partial \hat{n}_{a_2}}{\partial k_{i_1}} \cdots \frac{\partial \hat{n}_{a_{n+1}}}{\partial k_{i_n}} \quad (C.64)$$

で与えられる．ただし $\Omega(S^n) = 2\pi^{(n+1)/2}/\Gamma((n+1)/2)$ は n 次元単位球 S^n の表面積である（$\Gamma(x)$ は Euler のガンマ関数）．

高次元ホモトピー群を求める一般的方法はない．よく用いられるホモトピー群の公式を表 C.1 に示す．Lie 群に対しては n が十分大きいとき $(n \geq (d+2)/2)$

$$\pi_d(\mathrm{U}(n)) = \pi_d(\mathrm{SU}(n)) = \begin{cases} 0 & (d:\text{even}) \\ \mathbb{Z} & (d:\text{odd}) \end{cases} \quad (C.65)$$

同様に n が十分大きいとき $(n \geq d+2)$

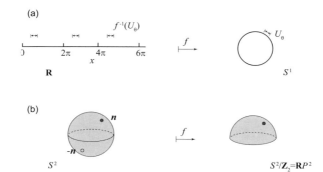

図 C.6 被覆空間の概念図. (a) $\mathbb{R}$ は S^1 の被覆空間, (b) S^2 は $S^2/\mathbb{Z}_2 = \mathbb{R}P^2$ の被覆空間.

$$\pi_d(\mathrm{O}(n)) = \pi_d(\mathrm{SO}(n)) = \begin{cases} 0 & (d = 2, 4, 5, 6 \mod 8) \\ \mathbb{Z}_2 & (d = 0, 1 \mod 8) \\ \mathbb{Z} & (d = 3, 7 \mod 8) \end{cases} \quad \text{(C.66)}$$

である.

空間の変形

空間 X の部分空間を $\tilde{X}$ とする. $\tilde{X}$ 上の点を固定したまま X 全体が $\tilde{X}$ に移されるような連続写像があるとしよう. このとき $\tilde{X}$ を X の変形縮退という. X に変形縮退な空間 $\tilde{X}$ のホモトピー群 $\pi_n(\tilde{X})$ は $\pi_n(X)$ と同型である. このことを用いると変形縮退のホモトピー群から他の空間のそれを容易に求めることができる. 例として円周 S^1 は原点を除いた 2 次元平面 $\mathbb{R}^2 - \{0\}$ の変形縮退である. 実際, $\pi_1(S^1) \simeq \pi_1(\mathbb{R}^2 - \{0\})$ である. 同様に $\pi_n(S^n) \simeq \pi_n(\mathbb{R}^{n+1} - \{0\})$ が得られる.

被覆空間

例として $\mathbb{R} = \{x\}$ から $S^1 = \{e^{i\theta} \mid 0 \leq \theta < 2\pi\}$ への写像 $f(x) = e^{ix}$ を考える. f による $\mathbb{R}$ と S^1 の間の対応は 1 対 1 ではない. ただし S^1 上の元 θ のまわりの微小区間 $[\theta - d\theta, \theta + d\theta] \equiv U_\theta$ に対して, $f^{-1}(U_\theta)$ なる領域が x 軸上の周期 2π をもつ区間のそれぞれに存在し, それらは互いに交わらない.

このような関係が成り立つとき $\mathbb{R}$ は S^1 の被覆空間という．とくにそれが単連結である場合には普遍被覆空間とよばれる．

$n+1$ 次元空間中の球面 $S^n = \{\hat{\boldsymbol{n}} \in \mathbb{R}^{n+1} \mid |\hat{\boldsymbol{n}}| = 1\}$ に対し $\hat{\boldsymbol{n}}$ と $-\hat{\boldsymbol{n}}$ を同一視した空間が $\mathbb{R}P^n$ である．S^n は $\mathbb{R}P^n$ の被覆空間である．$n \geq 2$ に対して $\pi_1(S^n) = 0$ であるから S^n は $\mathbb{R}P^n$ の普遍被覆空間となる．

$\tilde{X}$ が X の普遍被覆空間であるとき，$n \geq 2$ に対し $\pi_n(\tilde{X}) \simeq \pi_n(X)$ である．上で見た関係から，$n \geq 2$ に対し

$$\pi_n(\mathrm{SO}(3)) \simeq \pi_n(\mathbb{R}P^3) \simeq \pi_n(S^3) \simeq \pi_n(\mathrm{SU}(2)) \tag{C.67}$$

となる．

C.3.3 相対ホモトピー群

空間 X の部分空間を A とし，A 上に基点 $\boldsymbol{x}_0$ があるとする．このとき相対ホモトピー群 $\pi_n(X, A, \boldsymbol{x}_0)$ を定義する．簡単のため $n = 2$ の場合を例にとる．区域 I^2 から空間 X への写像 f を考える．ここでは I^2 の境界のうち三つの辺上の点は f によって基点 $\boldsymbol{x}_0$ へ移るが，残りの一辺は空間 A のどこかへ移るとする．図 C.7(a) には X として 3 次元実空間を，A として xy 平面をとった場合を示してある．

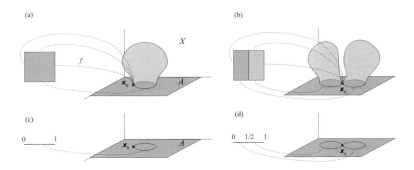

図 **C.7** 相対ホモトピー群 $\pi_n(X, A, \boldsymbol{x}_0)$ の概念図．(a) 空間 X が 3 次元実空間で A は xy 平面の場合．基点 $\boldsymbol{x}_0$ は A に含まれる，(b) 積の定義，(c), (d) $\pi_{n-1}(A, \boldsymbol{x}_0)$ との関係．

二つの写像の積は図 C.7(b) に示してある．これらの写像の同値類が 2 次元相対ホモトピー群 $\pi_2(X, A, \bm{x}_0)$ である．n 次元相対ホモトピー群は区域 I^n から A を部分空間にもつ X への写像から定義される．n 次元立方体の底以外の境界面はすべて A 上の基点 $\bm{x}_0$ へと移り，底（$n-1$ 次元立方体）は A のどこかに移される．ただし，この A 上に移される領域はその境界がすべて点 $\bm{x}_0$ になる，閉じた図形になる．

図 C.7 の (a)(b) と (c)(d) を見比べると，$\pi_n(X, A, \bm{x}_0)$ と $\pi_{n-1}(A, \bm{x}_0)$ の間の関係に気付く．すなわち $\pi_n(X, A, \bm{x}_0)$ で「空間 A から外の世界を無視するという操作」によって $\pi_{n-1}(A, \bm{x}_0)$ への写像 γ_n が定義できる．

$$\gamma_n : \pi_n(X, A, \bm{x}_0) \to \pi_{n-1}(A, \bm{x}_0) \tag{C.68}$$

ただしこの操作では $\pi_n(X, A, \bm{x}_0)$ と $\pi_{n-1}(A, \bm{x}_0)$ の元がすべて 1 対 1 対応になる保証はない．このように異なるホモトピー群を関係付ける写像としてさらに以下の二つを導入する．

A は X の部分空間である．A の各元 $\bm{x}$ を X の元として扱われる $\bm{x}$ に送る操作を包含写像（標準的単射）という．いま区間 I^n から A へのホモトピー群 $\pi_n(A, \bm{x}_0)$ はホモトピー群 $\pi_n(X, \bm{x}_0)$ の一部である．そこで包含写像

$$\alpha_n : \pi_n(A, \bm{x}_0) \to \pi_n(X, \bm{x}_0) \tag{C.69}$$

を考えることができる．

$\bm{x}_0$ は A に含まれるので，$\pi_n(X, \bm{x}_0)$ は $\pi_n(X, A, \bm{x}_0)$ の一部であるので，包含写像

$$\beta_n : \pi_n(X, \bm{x}_0) \to \pi_n(X, A, \bm{x}_0) \tag{C.70}$$

を考えることもできる．写像 α_n も β_n も 1 対 1 ではない．積演算を保つので準同型写像である．

これらの写像を連結させて見ると

$$\begin{aligned}\pi_n(A, \bm{x}_0) \xrightarrow{\alpha_n} \pi_n(X, \bm{x}_0) \xrightarrow{\beta_n} \pi_n(X, A, \bm{x}_0) \xrightarrow{\gamma_n} \\ \pi_{n-1}(A, \bm{x}_0) \xrightarrow{\alpha_{n-1}} \pi_{n-1}(X, \bm{x}_0) \xrightarrow{\beta_{n-1}}\end{aligned} \tag{C.71}$$

となる．

X, A, $\boldsymbol{x}_0$ がそれぞれ群 G, その部分群 H, 単位元 e の場合, $\pi_n(G,H)$ は $\pi_n(G/H)$ と同型になる. したがって系列は

$$\pi_n(H) \xrightarrow{\alpha_n} \pi_n(G) \xrightarrow{\beta_n} \pi_n(G/H) \xrightarrow{\gamma_n}$$
$$\pi_{n-1}(H) \xrightarrow{\alpha_{n-1}} \pi_{n-1}(G) \xrightarrow{\beta_{n-1}} \cdots \quad \text{(C.72)}$$

のように書ける. もし $G_1 \to G_2 \to G_3 \to G_4$ で G_1 と G_4 が単位元のみをもつ場合, $G_2 \simeq G_3$ であることが示される. したがって, もし $\pi_n(G) \simeq \pi_{n-1}(G) = 0$ だとすると $\pi_n(G/H) \simeq \pi_{n-1}(H)$ となる.

例として $G = \mathrm{SU}(2)$, $H = \mathrm{U}(1)$ の場合のシリーズを書き下すと

$$\begin{array}{cccccc}
\pi_4(\mathrm{U}(1)) & \xrightarrow{\alpha_4} & \pi_4(\mathrm{SU}(2)) & \xrightarrow{\beta_4} & \pi_4(S^2) & \xrightarrow{\gamma_4} \\
0 & & \mathbb{Z}_2 & & \mathbb{Z}_2 & \\
\pi_3(\mathrm{U}(1)) & \xrightarrow{\alpha_3} & \pi_3(\mathrm{SU}(2)) & \xrightarrow{\beta_3} & \pi_3(S^2) & \xrightarrow{\gamma_3} \\
0 & & \mathbb{Z} & & \mathbb{Z} & \\
\pi_2(\mathrm{U}(1)) & \xrightarrow{\alpha_2} & \pi_2(\mathrm{SU}(2)) & \xrightarrow{\beta_2} & \pi_2(S^2) & \xrightarrow{\gamma_2} \\
0 & & 0 & & \mathbb{Z} & \\
\pi_1(\mathrm{U}(1)) & \xrightarrow{\alpha_1} & \pi_1(\mathrm{SU}(2)) & \xrightarrow{\beta_1} & \pi_1(S^2) & \\
\mathbb{Z} & & 0 & & 0 &
\end{array} \quad \text{(C.73)}$$

となる. $G/(H_1 \times H_2)$ の形のホモトピー群に対しては (C.72) の系列で $G \to G/H_1$, $H \to H_2$ とおけばよい. これを用いて十分 n, m が大きいとき $\pi_d(\mathrm{U}(n+m)/\mathrm{U}(n)) = 0$ および

$$\pi_d(\mathrm{U}(n+m)/\mathrm{U}(n) \times \mathrm{U}(m)) = \begin{cases} \mathbb{Z} & (d : \text{even}) \\ 0 & (d : \text{odd}) \end{cases} \quad \text{(C.74)}$$

が得られる.

C.3.4 補足：写像

上で導入した系列の説明を補足する. 空間 X から空間 Y への写像 f を考える.

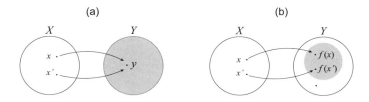

図 C.8 全射と単射．(a) 全射とは Y に含まれるすべての y に対し $f(x) = y$ となる x が少なくとも 1 つ存在する場合の写像，(b) 単射とは $x \neq x'$ であれば $f(x) \neq f(x')$ となる場合の写像

写像の種類

(1) 全射

写像 $f: X \to Y$ において Y の任意の元 y に対し，$f(x) = y$ となる X の元が少なくとも一つあるとき f を全射という．

(2) 単射

写像 $f: X \to Y$ において X の異なる二つの元 x, x' に対し，$f(x) \neq f(x')$ となるとき，f を単射という．

(3) 全単射

写像 $f: X \to Y$ が単射であり全射であるとき f を全単射あるいは 1 対 1 対応という．

核空間と像空間

写像 $y = f(x)$ によってゼロ（単位元）に移る x の集合を核空間という．核空間は X の部分空間であり，次のように表される．

$$\mathrm{Ker}(f) = \{x \in X | f(x) = 0\} \tag{C.75}$$

一方，空間 X に含まれるすべての x の写像 $y = f(x)$ の集合は Y の部分空間となる．これを像空間とよび次のように表す．

$$\mathrm{Im}(f) = \{f(x) \in Y | x \in X\} \tag{C.76}$$

[例] 2 次元ベクトル空間 $\mathbb{R}^2$，X と Y を考える．写像

図 **C.9** 核と像. (a) 核 $\mathrm{Ker} f$ は $f(x) = 0$ となる x の集合, (b) 像 $\mathrm{Im} f$ は任意の $x \in X$ に対する $f(x)$ の集合.

$$y_1 = f_1(x_1, x_2), \qquad y_2 = f_2(x_1, x_2) \tag{C.77}$$

に対し,像空間はこの連立方程式が実数解をもつ (y_1, y_2) の領域.核空間は

$$0 = f_1(x_1, x_2), \qquad 0 = f_2(x_1, x_2) \tag{C.78}$$

の解 (x_1, x_2) の集合.

完全系列

群 G_n に対して系列

$$\to G_{n+1} \xrightarrow{f_{n+1}} G_n \xrightarrow{f_n} G_{n-1} \xrightarrow{f_{n-1}} \tag{C.79}$$

が各 n に対して

$$\mathrm{Im}(f_{n+1}) = \mathrm{Ker}(f_n) \tag{C.80}$$

を満たすとき,完全系列という.

系列

$$0 \xrightarrow{f} A' \xrightarrow{f'} A'' \xrightarrow{f''} 0 \tag{C.81}$$

が完全ならば A' と A'' は同型(すなわち f' は全単射)である(0 は自明な群).まず $A' \xrightarrow{f'} A'' \xrightarrow{f''} 0$ が完全であることから f' が全射であることが次のようにしていえる.f' が全射であるとは A' の f' による像が A'' そのものである.一方,写像 $f'': A'' \to 0$ を考えると,0 は単位元しかもたないので A'' のすべての元が 0 の単位元に移される.したがって $f'': A'' \to 0$ の核は A'' そのものである.$A'' = \mathrm{Ker}(f'')$ が $\mathrm{Im}(f'')$ に等しい(完全である)こと

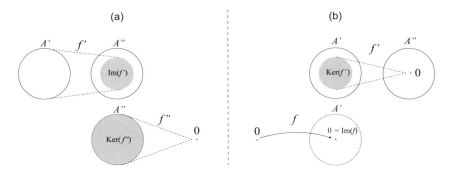

図 C.10 (a) $f': A' \to A''$ が全射であるためには $A'' = \text{Im}(f')$ が必要．(b) $f': A' \to A''$ が単射のとき $\text{Ker}(f')$ は A' の単位元そのものである．

から f' は全射である．

$f': A' \to A''$ が単射であるためには $\text{Ker}(f')$ は A' の単位元そのものでなくてはならない．一方，$f: 0 \to A'$ の像は A' の単位元そのものである．これら二つが等しいのが完全系列である．

準同型写像

二つの可換群 G_1 と G_2 が写像 $f: G_1 \to G_2$ によって関係付けられているとしよう．任意の $x, x' \in G_1$ に対して

$$f(x + x') = f(x) + f(x') \tag{C.82}$$

を満たすとき f を準同型写像という．とくに f が全単射であるとき，同型写像という．

[例 1] $f(2n) = 0$, $f(2n+1) = 1$ で定義される写像 $f: \mathbb{Z} \to \mathbb{Z}_2 = \{0, 1\}$ は準同型写像である．

[準同型定理] $f: G_1 \to G_2$ が準同型写像のとき，

$$G_1/\text{Ker} f = \text{Im} f \tag{C.83}$$

が成り立つ．

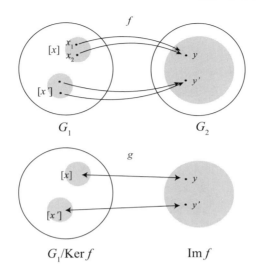

図 **C.11** 準同型定理の概念図.

[**例 2**] 例 1 で定義した準同型写像 f に対し,$\mathrm{Im} f = \{0, 1\} = \mathbb{Z}_2$ である.また $f(2n) = 0$ より $\mathrm{Ker} f = 2\mathbb{Z}$ であるから,準同型定理 $\mathbb{Z}/\mathrm{Ker} f = \mathbb{Z}/2\mathbb{Z} = \mathbb{Z}_2$ が確認できる.

[**例 3**] 複素数の全体から 0 を取り除いたもの $\mathbb{C} - \{0\}$ は掛算に対して群をなす.実数に対しても同様で,$\mathbb{R} - \{0\}$ は乗法群をなす.写像 $f(z) = |z|$ は $\mathbb{C} - \{0\}$ から $\mathbb{R} - \{0\}$ への準同型写像となる.このとき $\mathrm{Im} f$ は $\mathbb{R} - \{0\}$ である.また $\mathrm{Ker} f$ は絶対値が 1 の複素数全体,すなわち $U(1)$ である.このとき準同型定理より $\{\mathbb{C} - \{0\}\}/U(1) = \mathbb{R} - \{0\}$ が得られる.

準同型定理の証明

　群 G_1 の元に対し,$x - x' \in \mathrm{Ker} f$ を満たす x の集まりを $[x]$ と書く.$[x] \in G_1/\mathrm{Ker} f$ である.写像 $g : G_1/\mathrm{Ker} f \to \mathrm{Im} f$ を $g([x]) = f(x)$ で定義する(図 C.11 参照).写像 g が全単射であれば定理が証明される.$h, h' \in \mathrm{Ker} f$ のとき,$f(h + h') = f(h) + f(h') = 0 + 0$ より,$h + h' \in \mathrm{Ker} f$,および

$(x+h)+(x'+h') = (x+x')+(h+h')$ であるから $[x]+[x'] = [x+x']$, したがって

$$\begin{aligned}g([x]+[x']) &= g([x+x']) \\ &= f(x+x') = f(x)+f(x') \\ &= g([x])+g([x'])\end{aligned} \quad (C.84)$$

より g は準同型写像であることが示される．g が単射であることは $f(x_1) = f(x_2)$ であれば $[x_1] = [x_2]$ であることを示せばよい．$0 = f(x_1) - f(x_2) = f(x_1 - x_2)$ より $x_1 - x_2 \in \mathrm{Ker} f$, したがって $[x_1] = [x_2]$. 一方，g が全射であることは次のようにして示される．$y \in \mathrm{Im} f$ ならば $y = f(x) = g([x])$ となる $[x]$ が存在する．

付録D 参考文献

第1章

トポロジカル絶縁体およびトポロジカル超伝導体に関する本として [1],[2],[3],[4] がある．

[1] B. A. Bernevig, *Topological Insulators and Topological Superconductors*, Princeton University Press.

[2] S.-Q. Shen, *Topological Insulators: Dirac Equation in Condensed Matters*, Springer.

[3] 齊藤 英治，村上 修一「スピン流とトポロジカル絶縁体—量子物性とスピントロニクスの発展—（基本法則から読み解く物理学最前線 1)」（共立出版，2014）．

[4] 安藤陽一「トポロジカル絶縁体入門（KS 物理専門書)」講談社

第2章

量子力学の教科書は数多く存在するが，本書を読むうえでは [5] の内容を習得していることが望ましい．Aharonov-Bohm 効果や Dirac の磁気単極子，Berry の幾何学的位相の話題が丁寧に解説されている．また本書で頻繁に用いられる時間反転演算子の解説も詳しい．トポロジーの基礎および物理への応用に関しては [6] および [7] を参照されたい．

[5] J. J. Sakurai, J. Napolitano, 桜井明夫 訳「現代の量子力学」（吉岡書店，1989）．

[6] 中原幹夫「理論物理学のための幾何学とトポロジー 1, 2」（ピアソンエデュケーション，2000）．

[7] 倉辻比呂志「幾何学的量子力学（シュプリンガー現代理論物理学シリーズ 2）」（丸善出版，2005）．

第 3 章

日本語で書かれた量子 Hall 効果の教科書として [8]，[9] および [10] が挙げられる．量子 Hall 効果をはじめて観測した論文は [11]，Laughlin による Hall 伝導率量子化の説明は [12] にある．Hall 伝導率が第 1 Chern 数で与えられることをはじめて示した論文は [13] である．詳細は文献 [14] の中で数学的に整備され明快に書かれている．磁場ゼロでの量子 Hall 効果を議論した初期の文献は [15] である．

[8] R. E. Prange, S. M. Girvin, 西村 久 訳「量子ホール効果」（シュプリンガー・フェアラーク東京，1989）．

[9] 吉岡大二郎「量子ホール効果（新物理学選書）」（岩波書店，1998）．

[10] 青木秀夫，中島龍也「分数量子ホール効果（多体電子論 III）」（東京大学出版会，1999）．

[11] K. von Klitzing, G. Dorda and M. Pepper, Phys. Rev. Lett. **45**, 494 (1980).

[12] R. B. Laughlin, Phys. Rev. B **23**, 5632 (1981).

[13] D. J. Thouless, M. Kohmoto, M. P. Nightingale, and M. den Nijs, Phys. Rev. Lett. **49**, 405 (1982).

[14] M. Kohmoto, Ann. Phys. **160**, 355 (1985).

[15] F. D. M. Haldane, Phys. Rev. Lett. **61**, 2015 (1988).

第 4 章

$\mathbb{Z}_2$ トポロジカル絶縁体の代表的レビューとして [16] と [17] が挙げられる．また文献 [18] には基礎事項に加え，最近の実験データとトポロジカル絶縁体の候補物質が詳しく書かれている．この章を書く際に参考としたオリジナルの論文は [19] [20] [21] [22] である．HgTe/CdTe 量子井戸でトポロジカル絶縁体が実現すると初めて報告した論文は [23] である．格子上のフェルミオン場の理論に関する基本的な教科書として [24] がある．

[16] M. Z. Hasan and C. L. Kane, Rev. Mod. Phys. **82**, 3045（2010）．

[17] X.-L. Qi and S.-C. Zhang, Rev. Mod. Phys. **83**, 1057（2011）．

[18] Y. Ando, J. Phys. Soc. Jpn. **82** 102001（2013）．

[19] C. L. Kane and E. J. Mele, Phys. Rev. Lett. **95**, 226801（2005）．

[20] C. L. Kane and E. J. Mele, Phys. Rev. Lett. **95**, 146802（2005）．

[21] L. Fu and C. L. Kane, Phys. Rev. Lett. **98**, 106803（2007）．

[22] B. A. Bernevig, T. L. Hughes, and S.-C. Zhang, Science **314**, 1757（2006）．

[23] M. Knig *et al.*, Science **318**, 766 (2007).

[24] 青木慎也「格子上の場の理論（シュプリンガー現代理論物理学シリーズ 3）」（丸善出版，2005）．

第 5 章

この章の内容はおもに [25] [26] に書かれている．また，電荷ポンプのトポロジカルな側面をはじめに指摘したのは [27] である．

[25] L. Fu and C. L. Kane, Phys. Rev. B **76**, 045302（2007）．

[26] L. Fu and C. L. Kane, Phys. Rev. B **74**, 195312（2006）．

[27] D. J. Thouless, Phys. Rev. B **27**, 6083（1983）.

第6章

　カイラル超伝導体の優れた入門書として [28] および [29] を薦めたい．スピンレスフェルミオンのカイラル超伝導体に関する初期の代表的な論文は [30] [31] [32] [33] である．

[28] 佐藤昌利「トポロジカル超伝導体入門」物性研究 94, 311（2010）.

[29] Y. Tanaka, M. Sato, N. Nagaosa, J. Phys. Soc. Jpn. **81**, 011013（2012）.

[30] G. Moore and N. Read, Nucl. Phys. B **360**, 362（1991）.

[31] M. Greiter, X.-G. Wen, F. Wilczek, Nuclear Physics B **374**, 567（1992）.

[32] N. Read and D. Green, Phys. Rev. B **61**, 10267（2000）.

[33] A. Yu Kitaev, Phys.-Usp. **44**, 131（2001）.

第7章

　スピン3重項超伝導体の教科書として [34] [35] がある．また [36] は超伝導体のトポロジー的側面に関する多くの話題が議論されている．最近の詳しいレビューとして [37] がある．3次元ヘリウム3の超流動B相がトポロジカルに非自明であることを明らかにした論文は [38] である．

[34] 恒藤 敏彦「超伝導・超流動（岩波講座 現代の物理学 17）」（岩波書店，1993）.

[35] 山田一雄, 大見哲巨「超流動（新物理学シリーズ 28）」（培風館, 1995）.

[36] G. E. Volovik, "The Universe in a Helium Droplet"（Oxford University Press, New York, 2003）.

[37] T. Mizushima, Y. Tsutsumi, M. Sato and K. Machida, J. Phys.: Condens. Matter **27**, 113203（2015）.

[38] A. P. Schnyder, S. Ryu, A. Furusaki, and A. W. W. Ludwig, Phys. Rev. B **78**, 195125 (2008).

第 8 章

この章の内容に関して [38] および [39] が先駆的論文である．ここでの記述は [40] の議論に従った．

[39] A. Yu Kitaev, AIP Conf. Proc. **1134**, 22 (2009).

[40] S. Ryu, A. P. Schnyder, A. Furusaki, and A. W. W. Ludwig, New J. Phys. **12**, 065010 (2010).

第 9 章

この章の内容は [41] および [42] で議論されたものである．Chern-Simons ゲージ理論の優れた解説として [43] を薦めたい．アクション項に関する初期の原論文は [44]，モノポール虚像の論文は [45] である．本書では紹介できなかったが，トポロジカル絶縁体表面における特殊な磁気相互作用を用いたスピントロニクスへの応用も提案されている．レビュー [46], [47] を参照されたい．

[41] X.-L. Qi, T. L. Hughes, and S.-C. Zhang, Phys. Rev. B **78**, 195424 (2008).

[42] A. M. Essin, J. E. Moore, and D. Vanderbilt, Phys. Rev. Lett. **102**, 146805 (2009).

[43] S.-C. Zhang, Int. J. Mod. Phys. **B6**, 25 (1992).

[44] F. Wilczek, Phys. Rev. Lett. **58**, 1799 (1987).

[45] X.-L. Qi, R. Li, J.-Z. Zang and S.-C. Zhang, Science **323**, 1184 (2009).

[46] D. Pesin and A. H. MacDonald, Nat. Mat. **11**, 409 (2012).

[47] T. Yokoyama and S. Murakami, Physica E, **55**, 1 (2014).

第 10 章

トポロジカル表面における乱れのある Dirac 電子の輸送現象に関する問題は [48] [49] [50] を参照されたい．Berry 位相による後方散乱の抑制については [51] ではじめて議論された．表面状態の異常量子 Hall 効果の観測は [52] および [53] で報告されている．

[48] K. Nomura, M. Koshino and S. Ryu, Phys. Rev. Lett. **99**, 146806 (2007).

[49] K. Nomura, S. Ryu, M. Koshino, C. Mudry and A. Furusaki, Phys. Rev. Lett. **100**, 246806 (2008).

[50] K. Nomura and N. Nagaosa, Phys. Rev. Lett. **106**, 166802 (2010).

[51] T. Ando, T. Nakanishi, and R. Saito, J. Phys. Soc. Jpn. **67**, 2857 (1998).

[52] C.-Z. Chang *et al.*, Science **340**, 167 (2013).

[53] J. G. Checkelsky *et al.*, Nat. Phys. **10**, 731 (2014).

第 11 章

トポロジカル絶縁体に磁性不純物をドープして強磁性秩序を引き起こす理論的研究は [54] および [55] で行われている．実験では [56] および [57] で強磁性状態実現が報告されている．

Weyl 半金属に関する初期の論文は [58], [59], [60], [61], [62] である．本章の議論は [63] に基づく．

[54] R. Yu, W. Zhang, H.-J. Zhang, S. Zhang, X. Dai, and Z. Fang, Science **329**, 61 (2010).

[55] G. Rosenberg and M. Franz, Phys. Rev. B **85**, 195119 (2012).

[56] Y.-L. Chen *et. al.*, Science **329**, 659 (2010).

[57] J. Zhang, C.-Z. Chang, P. Tang, Z. Zhang, X. Feng, K. Li, L.-L. Wang, X. Chen, C. Liu, W. Duan, K. He, Q.-K. Xue, X. Ma, and Y. Wang, Science **339**, 1582 (2013).

[58] S. Murakami, New J. Phys. **9**, 356 (2007).

[59] X. Wan, A. M. Turner, A. Vishwanath, and S. Y. Savrasov, Phys. Rev. B **83**, 205101 (2011).

[60] K.-Y. Yang, Y.-M. Lu, and Y. Ran, Phys. Rev. B **84**, 075129 (2011).

[61] A.A. Burkov and L. Balents, Phys. Rev. Lett. **107**, 127205 (2011).

[62] G. Xu, H.-M. Weng. Z.-J. Wang, X. Dai, and Z. Fang, Phys. Rev. Lett. **107**, 186806 (2011).

[63] D. Kurebayashi and K. Nomura, J. Phys. Soc. Jpn. **83**, 063709 (2014).

第 12 章

カイラル量子異常に関するオリジナル論文は [64], [65], [66] である．場の量子論の教科書 [67] に詳しく紹介されている．日本語の入門的解説は [68] がわかりやすい．[69] は経路積分形式で量子異常を解説する教科書である．カイラル量子異常と Weyl 半金属との関係，とくにカイラル磁気効果については [70], [71], [72], [73] などで議論されている．Weyl 半金属における磁気モーメントと電荷密度の非自明な結合現象については [74] を参照されたい．

[64] S. L. Adler, Phys. Rev. **177**, 2426 (1969).

[65] J. S. Bell and R. Jackiw, Nuovo Cimento A **A60**, 47 (1969).

[66] H. B. Nielsen and M. Ninomiya, Phys. Lett. B **130**, 389 (1983).

[67] M. E. Peskin and D. V. Schroeder, "Quantum Field Theory"（Westview Press, 2010）.

[68] 静谷謙一「量子異常（物理学最前線 29 大槻義彦編）」（共立出版, 1992）.

[69] 藤川和男「経路積分と対称性の量子的破れ」(岩波書店, 2001).

[70] A. A. Zyuzin and A. A. Burkov, Phys. Rev. B **86**, 115133 (2012).

[71] Y. Chen, Si Wu, and A. A. Burkov, Phys. Rev. B **88**, 125105 (2013).

[72] M. M. Vazifeh and M. Franz, Phys. Rev. Lett. **111**, 027201 (2013).

[73] G. Basar, D. E. Kharzeev, and H.-U. Yee, Phys. Rev. B **89**, 035142 (2014).

[74] K. Nomura and D. Kurebayashi, Phys. Rev. Lett. **115**, 127201 (2015).

第 13 章

この章の内容は [75] に基づく．Hall 伝導率に対する Streda 公式は [76] で示された．電気伝導率と熱伝導率の関係は Wiedeman-Franz 則として知られている．Hall 伝導率まで含めた証明は [77] で与えられている．超伝導体の Bogoliubov 準粒子や Majorana 粒子の熱伝導率に対しては [75] および [78] を参照されたい．

[75] K. Nomura, S. Ryu, A. Furusaki and N. Nagaosa, Phys. Rev. Lett. **108**, 026802 (2012).

[76] P. Streda, J. Phys. C **15**, L717 (1982).

[77] L. Smrcka and P. Streda, J. Phys. C **10**, 2153 (1977).

[78] H. Sumiyoshi and S. Fujimoto, J. Phys. Soc. Jpn. **82**, 023602 (2013).

索 引

■欧字先頭索引
A_1 状態　144
ABM 状態　144
Aharonov-Bohm 位相　9
Anderson 局在　223
Atiyah-Singer の指数定理　270
BCS 理論　109
BdG クラス　163
Bernevig-Hughes-Zhang（BHZ）模型　52, 105
Berry 位相　15
Berry 曲率　18
Berry 接続　18
Bogoliubov-de Gennes 形式　115
Boltzmann 方程式　221
BW 状態　143
Chern-Simons 項　208
Chern 数　39
Chern パリティ　180
Clifford 代数　321
Dirac の磁気単極子　13
Dirac の量子化条件　15
Dirac 半金属　242
Dirac 表示　106
Dirac 方程式　301
Euclid 化　264
Fermi アーク　96, 251
Hall 伝導率　32

Hermite 多項式　30
Kane-Mele 模型　103
Kramers の定理　72
Kubo 公式　37
Landau ゲージ　30
Landau 準位　31
Laughlin 理論　33
Majorana 渦状態　122
Majorana エッジ状態　119
Majorana ゼロモード　118
Nambu 形式　110
Nielsen-Ninomiya の定理　249
Pauli 行列　19
Pontryagin 指数　218
quintuple　61
Riemann 曲率テンソル　27
Středa 公式　279
TKNN 公式　39
Van Vleck 常磁性　241
Wannier 状態　81
Weyl ノード　244
Weyl 半金属　242
Weyl 表示　102
Wiedemann-Franz 則　297
Wigner-Dyson クラス　163
Wilson ループ　25
$\mathbb{Z}_2$ トポロジカル不変量　60
$\mathbb{Z}$ トポロジカル不変量　163

索引

■和文索引

●あ行
アクシオン項　212
アノマリー方程式　260
アルファ行列　106

異常 Hall 効果　4
1 次元スピンレス超伝導　126

オーソゴナルクラス　156
重い正孔バンド　51

●か行
カイラリティ　317
カイラル異常　255
カイラルエッジモード　45
カイラルオーソゴナル　162
カイラルゲージ場　274
カイラルゲージ変換　258
カイラル磁気効果　275
カイラルシンプレクティック　162
カイラル対称クラス　163
カイラル対称性　160
カイラル p 波超伝導　109
カイラルユニタリー　162
仮想結晶近似　253
荷電共役演算子　117
軽い正孔バンド　51
カレント保存則　258
ガンマ行列　311

幾何学的位相　16
軌道混成　61
鏡映対称性　68
局在長　224
虚時間形式　263

経路順序積　23
経路積分形式　326
ゲージ変換　9
結晶場分裂　61

交換相互作用　240
交差相関応答　279

●さ行
磁荷密度　13
時間反転演算子　71, 97
時間反転対称性　155
時間反転不変な波数　58
時間反転不変ポンプ　88
磁気長　30
次元縮小化　179
指数定理　268
縮退系の Berry 位相行列　21
巡回群　336
シンプレクティッククラス　156

スケーリング理論　223
スピン 1 重項　133
スピン軌道相互作用　49
スピン 3 重項　133
スピン 3 重項超伝導状態　142
スピン Berry 接続　75
スピンポンプ　84

整数加群　336

相対論的量子力学　301

●た行
第 1 Chern 数　39
第 2 Chern 数　167
第 2 量子化形式　324
対称クラス　155
多様体　165
対ポテンシャル　110, 139

強いトポロジカル絶縁体　59

電荷ポンプ　81

トポロジカル結晶絶縁体　68
トポロジカル電気磁気効果　199
トポロジカル不変量　60

●な行
2 次元スピンレス超伝導体　109
二準位系の Berry 位相　19

索 引 *371*

●は行
パリティ　59
バルク–エッジ対応　81
バンドインデックス基底　76
バンド反転　52

非縮退系の Berry 位相　15
左巻フェルミオン　246
表面量子 Hall 状態　195

複素共役演算子　71

ヘリカルエッジモード　57
ヘリシティ　317
ヘリシティ演算子　246

ホモトピー群　165, 346
ポリアセチレン　160

●ま行
巻付き数　40, 43
右巻フェルミオン　246

密度行列演算子　329
ミラー Chern 数　69

モノポール　13

●や行
ユニタリークラス　156
ユニタリー状態　142

弱いトポロジカル絶縁体　59

●ら行
ラグランジアン　314

粒子正孔対称性　145, 157
量子 Hall 効果　29
量子 Hall 絶縁体　3
量子異常 Hall 効果　40
量子井戸構造　51
量子スピン Hall 系　48
量子熱 Hall 効果　282

連続近似　46

【著者】
野村　健太郎（のむら　けんたろう）
九州大学大学院理学研究院教授
博士（学術）
東京大学大学院総合文化研究科博士課程修了，東北大学大学院理学研究科，理化学研究所，東北大学金属材料研究所を経て現職
専門分野：物性理論，凝縮系理論

現代理論物理学シリーズ
【編者】
稲見　武夫（いなみ　たけお）
台湾大学物理系客員教授，理化学研究所仁科センター嘱託研究員
川上　則雄（かわかみ　のりお）
京都大学大学院理学研究科物理学・宇宙物理学専攻教授

現代理論物理学シリーズ 6
トポロジカル絶縁体・超伝導体

平成 28 年 12 月 20 日　発　　行
令和 6 年 8 月 25 日　第 8 刷発行

著　者　　野　村　健　太　郎

発行者　　池　田　和　博

発行所　　丸善出版株式会社
〒101-0051　東京都千代田区神田神保町二丁目17番
編集：電話 (03) 3512-3267／FAX (03) 3512-3272
営業：電話 (03) 3512-3256／FAX (03) 3512-3270
https://www.maruzen-publishing.co.jp

© Maruzen Publishing Co., Ltd., 2016
組版印刷・三美印刷株式会社／製本・株式会社 松岳社
ISBN 978-4-621-30103-6 C 3342　　　　　Printed in Japan

JCOPY 〈(一社)出版者著作権管理機構　委託出版物〉
本書の無断複写は著作権法上での例外を除き禁じられています．複写される場合は，そのつど事前に，(一社)出版者著作権管理機構（電話 03-5244-5088, FAX 03-5244-5089, e-mail : info@jcopy.or.jp）の許諾を得てください．